XXIII
XXII
Scheat
Pegasus
Markab
Algenib
Wassermann
Situla
Ancha
XXIII
XXII

THOMAS DE PADOVA
**DAS WELTGEHEIMNIS**

THOMAS DE PADOVA

# DAS WELTGEHEIMNIS

Kepler, Galilei und
die Vermessung des Himmels

Mit 20 Abbildungen

Piper
München Zürich

Mehr über unsere Autoren und Bücher:
www.piper.de

Von Thomas de Padova liegen im Piper Verlag vor:
*Die Kinderzimmer-Akademie*
*Wissenschaft im Strandkorb*

**Mix**
Produktgruppe aus vorbildlich bewirtschafteten
Wäldern und anderen kontrollierten Herkünften
www.fsc.org Zert.-Nr. GFA-COC-001262
FSC © 1996 Forest Stewardship Council

ISBN 978-3-492-05172-9
© Piper Verlag GmbH, München 2009
Vorsatz: bpk
Satz: BuchHaus Robert Gigler, München
Druck und Bindung: Pustet, Regensburg
Printed in Germany

# INHALT

Einleitung                                                          10

Teil I: DER BLICK DURCHS FERNROHR                                   15

DIE WELT HINTER DEN GESCHLIFFENEN GLÄSERN                           16
Wie Galilei das Fernrohr noch einmal erfindet

EINE MATHEMATISCHE HIMMELSLEITER                                    37
Keplers Traum vom Mond

DAS NEUE UNIVERSUM                                                  57
Galilei, der Augenmensch

WARUM IST ES NACHTS DUNKEL?                                         72
Kepler und die Sternstunde der Wissenschaft

VOM WUNSCH, EINEM FÜRSTEN ZU DIENEN                                 89
Professor Galilei wird Hofphilosoph

»LASST UNS ÜBER DIE DUMMHEIT
DER MENGE LACHEN!«                                                 104
Keplers leidenschaftliche Briefe mit fragwürdigem Echo

## Teil II: DER ITALIENER UND DER DEUTSCHE 119

**DER LAUTENSPIELER** 120
Musik und Mathematik im Hause Galilei

**»ICH WOLLTE THEOLOGE WERDEN«** 133
Keplers Weg vom Soldatensohn zum Mathematiklehrer

**DIE GOLDWAAGE** 148
Galilei auf den Spuren des Archimedes

**GEHEIMNISSE DES HIMMELS UND DER EHE** 161
Was Kepler aus den Sternen liest

**GEFÄHRTEN BEI DER ERFORSCHUNG
DER WAHRHEIT** 177
Galilei, der heimliche Kopernikaner

**»SEID GUTEN MUTES, GALILEI,
UND TRETET HERVOR!«** 194
Kepler im Haifischbecken der Wissenschaft

Teil III: ZWISCHEN HIMMEL UND HÖLLE 213

KURVEN IM KOPF 214
Wie Kepler seine Planetengesetze findet

DER UNAUFHALTSAME AUFSTIEG 234
Galilei im Zentrum der Macht

AM RANDE DES ABGRUNDS 249
Keplers Schicksalsjahr

DER LETZTE BRIEF AN KEPLER 266
Galilei und das Dekret gegen Kopernikus

UNHEILBRINGENDE KOMETEN 283
Inmitten des Krieges: Keplers Kritik an Galilei

DER GETEILTE HIMMEL 304
Galileis Prozess und die Entstehung des neuzeitlichen
Weltbilds

ANHANG

Zeittafeln 332
Personenregister 335
Literaturnachweis 339
Abbildungsnachweis 352
Dank 352

*Galileo Galilei im Alter von 60 Jahren, nach einem Kupferstich von Ottavio Leoni.*

*Johannes Kepler mit 40 Jahren, Gemälde von Hans von Aachen (1611).*

# EINLEITUNG

»*Drei große Ereignisse stehen an der Schwelle der Neuzeit und bestimmen die Physiognomie ihrer Jahrhunderte: die Entdeckung Amerikas und die erstmalige Erforschung und Inbesitznahme der Erdoberfläche durch die europäische Menschheit; die Reformation und die von ihr veranlasste Enteignung der Kirche und der Klöster ...; schließlich die Erfindung des Teleskops und die Entwicklung einer neuen Wissenschaft, welche die Natur der Erde vom Gesichtspunkt des sie umgebenden Universums aus betrachtet.*«

(Hannah Arendt)

Galileo Galilei ist sechzehn Jahre alt, Johannes Kepler acht, als im Herbst 1580 die Nachricht von der zweiten Weltumseglung umgeht. Francis Drake und seine Mannschaft haben mit ihren Schiffen Südamerika umfahren und sind bis nach Kalifornien vorgedrungen. Wieder müssen die Weltkarten neu gezeichnet werden. Drake und andere Seefahrer vermessen den Erdball von Grönland bis hinunter zu den Falkland Inseln, ganze Flotten englischer, spanischer und niederländischer Schiffe folgen ihnen, um die fremden Länder in Besitz zu nehmen und den globalen Handel unter sich aufzuteilen.

Europa bereichert sich mit Silber aus Argentinien, der »Terra Argentea«, Edelmetalle aus allen Teilen der Neuen Welt überschwemmen den Markt. Wirtschaftszweige wie der Farbstoffhandel mit Kermesrot brechen ein, weil in der unüberschaubaren Artenvielfalt in Übersee eine bisher unbekannte Schildlaus aufgetaucht ist, die einen neuen, ergiebigen Farbstoff liefert. Selbst Kardinäle wechseln nun die Farbe. Die Republik Venedig gerät durch die Globalisierungswelle unter Druck. Zum Atlantik, dem Meer der Zukunft, haben ihre Schiffe keinen Zugang. An der Schwelle zum 17. Jahrhundert werden bereits deutlich weniger Geschäfte als zuvor über die prächtige Metropole an der Adria abgewickelt, wo Galileo Galilei seine fruchtbarsten Jahre als Wissenschaftler verbringt, Instrumente baut und physikalische Experimente durchführt.

Im Gegensatz zu Venedig profitiert Prag zumindest für ein paar »goldene« Jahrzehnte von der Verschiebung der Machtverhältnisse. Aus Furcht vor den Türken hat der Kaiser des Heiligen Römischen Reiches seine Residenz von Wien nach Prag verlegt. Rudolf II. holt Künstler und Architekten, Alchemisten und Wissenschaftler an seinen Hof. Auch den Mathematiker Johannes Kepler zieht es hierhin, nachdem er aus Graz vertrieben wurde, wo für die Anhänger lutherischen Glaubens kein Platz mehr war.

Unter dem Schutz des toleranten Kaisers kann Kepler in Prag einer wissenschaftlichen Theorie frei nachgehen, die unter dem Verdacht steht, der Bibel zu widersprechen. Ähnliche Freiheiten genießt Galilei in der unabhängigen Republik Venedig, die alle Einmischungen der römischen Kirche strikt ablehnt. Aber die religiösen Spannungen und politischen Machtkämpfe verschärfen sich hier und an anderen Brennpunkten Europas – der Kontinent steht kurz davor, sich in einem grausamen Krieg zu zerreiben.

Im Vorspann dieses Dreißigjährigen Krieges erlebt die Wissenschaft einen ungeahnten Aufbruch. Der Beginn des 17. Jahrhunderts steht wie kaum ein anderer Zeitabschnitt in der Geschichte der Naturwissenschaften beispielhaft dafür, wie neue Techniken und das Auffinden universeller Gesetze den Erkenntnishorizont verschieben und den Blick auf uns selbst und unseren Platz im Universum verändern.

Im Sommer 1609 stellt Galileo Galilei auf dem Markusplatz in Venedig ein Fernrohr vor, das er innerhalb weniger Monate zu einem Forschungsinstrument perfektioniert. Das Teleskop lenkt sein Interesse in eine unerwartete Richtung. Durch zwei Linsen sieht er plötzlich Tausende dem bloßen Auge verborgene Ge-

*Einleitung* 11

stirne, erkennt Gebirge auf dem Mond und kann den Lauf der Venus um die Sonne verfolgen. Zum ersten Mal in der Geschichte der Wissenschaft wird auf derart frappierende Weise deutlich, dass die Forschung nicht nur durch gedankliche Konzepte, sondern auch durch technische Entwicklungen vorangetrieben wird.

Ebenfalls im Sommer 1609 veröffentlicht Johannes Kepler in Prag seine wegweisenden Planetengesetze. Er ist ein Freigeist und Querdenker, der darüber spekuliert, dass bis dahin unbekannte Anziehungskräfte die Planeten an die Sonne binden. Außerdem hat er in jahrelanger, mühseliger Rechenarbeit herausgefunden, dass die Planeten auf Ellipsenbahnen um die Sonne ziehen. Keplers neue Himmelsphysik und sein Glaube an streng mathematische Gesetze im Kosmos öffnen ein weiteres Fenster zur modernen Astronomie.

Sein Weltentwurf und Galileis Beobachtungen machen plausibel, warum die Sonne als Zentrum des Kosmos betrachtet werden muss, die Erde dagegen als randständiger Planet. Im selben historischen Augenblick wird die neue Stellung des Globus sowohl durch die Brille der Mathematik als auch durch das Fernrohr sichtbar. Keplers Begeisterung für die Schönheit und Einfachheit des Universums und Galileis Faible für Instrumente und Experimente werden programmatisch für eine Forschung, die die Wirklichkeit durch universelle Gesetze zu beschreiben versucht und durch präzise Techniken in alle Belange unseres Alltags eingreift.

Dieses Buch zeichnet den Aufstieg der neuen Wissenschaft und die damit verbundenen Umbrüche nach. Im Mittelpunkt steht der Dialog, der sich zwischen dem Italiener und dem Deutschen entspannt und den Kepler voller Enthusiasmus beginnt. Er hat auch mich in die Gedankenwelt und das soziale Netz der beiden Protagonisten hineingezogen.

In ihren Briefen beggenen sich Kepler und Galilei auf dem schmalen Grat zwischen schwärmerischer Begeisterung und nüchterner Analyse, zwischen offenem Gedankenaustausch und Geheimhaltung, zwischen Kooperation und Konkurrenz. Die bisher wenig beachtete Korrespondenz wirft auf beide Forscher ein neues Licht: Im Spiegel des jeweils anderen zeigen sich ihre Weitsicht und Engstirnigkeit, ihre gedankliche Schärfe und Ignoranz.

Eine Gegenüberstellung der beiden schillernden Figuren eignet sich in besonderer Weise dazu zu erkunden, was Forscher bis heute dazu treibt, vertraute Sichtweisen hinter sich zu lassen und ein unbekanntes Terrain zu betreten. Und wie das Neue in die Welt kommt.

Teil I
DER BLICK DURCHS FERNROHR

# DIE WELT HINTER DEN GESCHLIFFENEN GLÄSERN
## Wie Galilei das Fernrohr noch einmal erfindet

Große wissenschaftliche Entdeckungen verdanken sich oft dem Wagnis einzelner Forscher, sich einer Idee ganz zu widmen. Der Physiker Wolfgang Ketterle zum Beispiel verbrachte die kreativsten Jahre seines Lebens damit, außergewöhnliche Kühlschränke zu bauen. Er wollte Atome in einen hypothetischen, von Albert Einstein vorhergesagten Kältezustand versetzen. Das Gespräch über seinen langen Weg zum Nobelpreis, das ich im Frühjahr 2002 am Massachusetts Institute of Technology in den USA mit ihm führte, ist mir bis heute lebhaft in Erinnerung geblieben. Vielleicht liegt das an einem einzigen Wort, einer Nebensächlichkeit, auf die der Vierundvierzigjährige plötzlich zu sprechen kam, nachdem er sich warmgeredet hatte: sein Feldbett.

Der hoch aufgeschossene Wissenschaftler hatte einen provisorischen Schlafplatz in seinem Labor. Er schlug dieses Feldbett in jenen Nächten auf, in denen sein Experiment nach vielen Stunden des Justierens und der Feinabstimmung endlich so lief, wie es sollte. Wenn die in einer magnetischen Falle eingesperrten Gasatome, von Laserlicht gebremst, eine Temperatur erreicht hatten, die nur noch wenige Milliardstel Grad vom absoluten Kältepunkt entfernt war, dann konnten er und seine Mitarbeiter unmöglich nach Hause gehen. Das Team kühlte mit anderen Forschergruppen der Welt um die Wette.

Es war ein äußerst knappes Rennen. Aber selbst nachdem Ketterle die kälteste Insel im Universum erreicht hatte, ging der Wettstreit weiter. Der ehemals ambitionierte Marathonläufer setzte nun alles daran, sich einen Überblick über das unbekannte Terrain zu verschaffen. Würden sich beim Tanz der tiefgekühlten, nie ganz zur Ruhe kommenden Atome neue physikalische Gesetzmäßigkeiten zeigen. Das Feldbett versinnbildlicht Ketterles Ausdauer und Hartnäckigkeit bei dieser Entdeckungsreise. Für mich ist es zu einer Metapher für die Hingabe und Leidenschaft geworden, mit der sich Wissenschaftler verschiedener Zeiten und Fachrichtungen ihrer geistigen und handwerklichen Arbeit gewidmet haben. Um es mit Ketterles Worten zu sagen: »Pionierleistungen vollbringt man mit einer neuen Maschine, kurz bevor man todmüde umfällt.«

## Galileis neue Leidenschaft

Im Sommer 1609 stürzt sich Galileo Galilei auf den Bau des Fernrohrs. Von einem Tag auf den anderen legt er seine vielversprechenden mechanischen Experimente zur Seite und beschäftigt sich nur noch mit dem neuen Vergrößerungsinstrument, das Brillenmacher ein Dreivierteljahr zuvor in den Niederlanden erfunden haben. Es ist ein Entschluss, der seiner Forschung eine völlig neue Richtung geben und in einen jahrelangen Wettlauf um immer neue Entdeckungen einmünden wird.

Zu dieser Zeit ist Galilei Mathematikprofessor an der Universität Padua, einer ausgesprochen internationalen Hochschule, die zur Republik Venedig gehört und deren geistiges Klima von der nahen Handelsmetropole geprägt wird. In den Jahren 1546 bis 1630 studieren hier unter anderen rund 10000 Deutsche. Trotz der sich ausweitenden konfessionellen Auseinandersetzungen in Europa und trotz der zunehmenden Aufspaltung in katholische Universitäten wie Bologna, lutherische wie Leipzig oder calvinistische wie Leyden dürfen sich in Padua Anhänger verschiedener Religionszugehörigkeiten einschreiben.

Die Mathematik ist kein besonders angesehenes Fach. Seit siebzehn Jahren hält Galilei immerzu dieselben Vorlesungen über Geometrie und Himmelskunde. Seine Lehrverpflichtungen beschränken sich auf wenige Stunden, zeitaufwendiger ist dagegen sein Privatunterricht. Um einen stattlichen Palazzo zu unterhalten, regelmäßige Aufenthalte in Venedig und die Aussteuer für seine Schwestern finanzieren zu können, erteilt der fünfundvierzigjährige Patrizier Lektionen zum technischen Zeichnen und zu den Grundlagen der Geometrie, zum Bau von Festungen und Maschinen. Adlige aus Italien und Deutschland, Frankreich und Polen kommen zu dem wortgewandten Dozenten. Aus den erhaltenen Unterrichtslisten geht hervor, dass Galilei permanent zehn oder mehr Studenten bei sich beherbergt, von denen einige auch gleich ihr Dienstpersonal bei ihm einquartieren. In seinem Wohnhaus herrscht ständig Trubel, manchmal selbst in der vorlesungsfreien Zeit. Graf Alessandro Montalbano zum Beispiel wohnt seit fünf Jahren mit zwei Begleitern bei ihm. Jetzt steht er kurz vor seinen Abschlussprüfungen und bleibt die ganzen Ferien über in Padua. Von wegen einsamer Forscher!

Um den 20. Juli herum bricht Galilei nach Venedig auf, um den Lehrverpflichtungen für eine Weile zu entkommen. Seit er in Padua lebt, hat er eine besondere Affinität zur Lagunenstadt an der Adria, deren prachtvolle Paläste am Canal Grande den unermesslichen Reichtum der venezianischen Kaufleute widerspiegeln, die hier seit Jahrhunderten Handel mit Salz, Pfeffer und Gewürzen, mit Wolle und Seide, Silber und Edelsteinen treiben. Am Rialto, dem Manhattan der Renaissance, treffen sich Finanziers und ihre Agenten aus allen Teilen der Welt, rund um das Bankenviertel machen Goldschmiede und Tuchhändler ihre Geschäfte, haben Obst-, Fisch- und Weinhändler ihre Stände.

In dieser geschäftigen und sinnenfreudigen Atmosphäre hat Galilei vor mehr als zehn Jahren Marina Gamba kennengelernt, eine junge Venezianerin, mit der er drei Kinder hat. Die nicht standesgemäße Beziehung spielt sich von Anfang an im Verborgenen ab. Marina Gamba ist zwar nach Padua umgezogen, Galilei teilt seine Wohnung jedoch nicht mit ihr, sondern führt sein Junggesellenleben unbehelligt fort. So auch jetzt: In Venedig ist er bei Adelsfreunden und ehemaligen Schülern zu Gast, streift durch die Schiffswerft, das Arsenal, besucht erlesene Salons, hält sich über das Weltgeschehen auf dem Laufenden und schnappt die neuesten Gerüchte auf.

Eine Nachricht zieht ihn im Sommer 1609 in ihren Bann. Der einflussreiche Politiker und Gelehrte Paolo Sarpi dürfte ihm als

Erster Genaueres von den »Occhialini« erzählt haben, einem Instrument, mit dem man ferne Gegenstände vergrößern und ganz nah ans Auge des Betrachters heranholen kann.

Sarpi hat schon mehr als ein halbes Jahr zuvor von dem »neuartigen Sehglas« erfahren. Die Nachricht ist über diplomatische Kreise zu ihm durchgesickert. Dass es sich dabei nicht bloß um ein Gerücht handelt, ist soeben noch einmal brieflich aus Frankreich bestätigt worden. Seit dem Frühjahr verkaufen Händler in Paris Fernrohre mit schwacher Vergrößerung, in Mailand kann man die »Occhialini« inzwischen erwerben und selbst der Papst hat schon ein Exemplar erhalten!
Galilei würde gerne mehr über die Sache erfahren. Er hat eine Schwäche für technische Neuerungen und ist weitsichtig genug, den Wert eines solchen Geräts zu begreifen. Den Marktwert wohlgemerkt, denn Galilei ist kein Mathematiker im engeren Sinn: Er ist nicht nur ein theoretisch geschulter Kopf, sondern auch Ingenieurwissenschaftler und Erfinder. Als solcher hält er ein Patent auf eine Wasserpumpe, hat mit einer hydrostatischen Waage und einem Thermoskop aus Glas, einem Vorläufer des Thermometers, von sich reden gemacht. Vor allem aber mit einem nützlichen Recheninstrument, einem »geometrischen und militärischen Kompass«.
Dieser vielseitigen, für Offiziere gut handhabbaren Rechenhilfe in Form eines Zirkels verdankt er einen nicht unerheblichen Teil seiner Einkünfte und seines Rufs. Mit Marco Antonio Mazzoleni hat er einen fähigen Handwerker angestellt, der samt Familie bei ihm wohnt und kostbare Instrumente aus Messing anfertigt, für Kunden wie Cosimo II. de' Medici, den Großherzog der Toskana auch aus reinem Silber. Neben dem Kompass baut Mazzoleni Apparaturen für Galileis mechanische Experimente, die dieser seit Jahren verfolgt.
Einige von Galileis Schülern kommen eigens zu ihm, um den Umgang mit dem Kompass zu erlernen. Er hat dafür ein umfassendes Handbuch geschrieben, seine bis dahin einzige gedruckte Schrift. Mit fünfundvierzig Jahren hat der Professor noch keine explizit wissenschaftliche Arbeit publiziert.
Die technische Anleitung aber verkauft sich gut. Er sei genö-

tigt, die Schrift zum Gebrauch des geometrischen Kompasses nachzudrucken, weil keine Kopien mehr zu finden seien, hält er in einem Brief an den toskanischen Staatssekretär fest. Das Instrument sei in aller Welt so beliebt, dass gegenwärtig gar keine anderen Geräte dieser Art mehr gebaut würden. Er habe schon einige Hundert davon produzieren lassen.

Wenn ihm der Kompass bereits ganz ordentliche Gewinne beschert, sollte sich ein Fernrohr, mit dem man feindliche Truppen oder Schiffe beizeiten sichten kann, erst recht versilbern lassen. Dazu müsste Galilei jedoch innerhalb kürzester Zeit nicht nur irgendein Fernrohr bauen, es müsste ein erheblich besseres sein, als es anderswo bislang zustande gebracht worden ist.

Warum hat er nicht eher Wind davon bekommen? Womöglich ist es schon zu spät. Denn während sich Galilei noch in Venedig aufhält, ist in Padua ein ausländischer Geschäftsmann mit einem Fernrohr im Gepäck aufgetaucht.

In den ersten Augusttagen fährt Galilei nach Padua zurück. Ob er dem Fremden noch begegnet und das Instrument in Augenschein nehmen kann, wissen wir nicht, denn dieser reist nun seinerseits nach Venedig, um die »Occhialini« dort für die stolze Summe von 1000 Zecchini – das Vierfache von Galileis Jahresgehalt – zum Verkauf anzubieten. Paolo Sarpi rät der venezianischen Regierung jedoch von dem Kauf ab. Man solle erst einmal abwarten, ob Galilei nicht ein besseres Fernrohr zuwege bringe.

Tatsächlich kommt der erfahrene Experimentator schnell hinter das Geheimnis, besorgt sich die erforderlichen geschliffenen Gläser und informiert Sarpi darüber, dass er einen Entwurf in den Händen hält. Nicht einmal drei Wochen später, am 21. August 1609, tritt er mit einem Fernrohr an die Öffentlichkeit, das die venezianische Regierung und alle, die Gelegenheit bekommen, hindurchzuschauen, in Staunen versetzt.

Nachdem er von dem Gerücht gehört hatte, sei ihm, auf die Lehre von der Strahlenbrechung gestützt, die Erfindung eines ähnlichen Instruments gelungen, so Galilei rückblickend. »Ich bereitete mir zuerst ein Bleirohr, an dessen Enden ich zwei Sehgläser anbrachte, beide auf der einen Seite eben und auf der anderen das eine konvex, das andere konkav; dann legte ich das Auge an die konkave Seite und sah die Gegenstände ziemlich

In Padua baut Galilei Instrumente wie den »geometrischen und militärischen Kompass«, dessen Handhabung er in seiner ersten gedruckten Schrift erläutert. Hier das Titelblatt der Gebrauchsanleitung.

groß und nah, sie erschienen nämlich drei Mal näher und neun Mal größer, als man sie mit bloßem Auge sieht. Später baute ich mir ein genaueres Instrument, das die Gegenstände mehr als sechzig Mal größer zeigte.« Galileis knappe Darstellung vermittelt uns keinen Eindruck von seiner wirklichen Leistung. Eher wundert man sich darüber, warum es ihm im Gegensatz zu vielen anderen, die das Gleiche versuchten, in solch einer kurzen Zeitspanne gelingt, bei der Konstruktion des Fernrohrs derartige Fortschritte zu erzielen. Sein Landsmann Girolamo Sirtori zum Beispiel hat sich ebenfalls darum bemüht. Ausführlich beschreibt er, wie er durch halb Europa gereist ist, um an Glaslinsen für ein gutes Teleskop heranzukommen – vergeblich.

Erfolgreicher ist Thomas Harriot in London. Noch bevor Galilei seine Arbeiten am Fernrohr überhaupt aufgenommen hat, hält er schon eines mit mindestens sechsfacher Vergrößerung in den Händen. Er ist vermutlich der erste Wissenschaftler, der mit einem Teleskop den Mond beobachtet. Galilei aber läuft nicht nur ihm den Rang ab. Er lässt die ganze europäische Konkurrenz hinter sich und sichert sich innerhalb weniger Monate für die Vermarktung des Fernrohrs und seine späteren Entdeckungen einen entscheidenden Vorsprung, ein glänzender Coup, der bezeugt, wie sehr sein Forscher- und sein Unternehmergeist in der Republik Venedig gewachsen und zusammengewachsen sind.

## Die Brille der Wissenschaft

Venedig ist seit Jahrhunderten ein Zentrum der Glasindustrie. Schon im Jahr 1270 gab es hier eine Glasmacherzunft mit besonderen Statuten. Den Arbeitern war es etwa verboten, die Republik zu verlassen, um die Monopolstellung nicht zu gefährden. Wegen der Feuergefahr durch die Glasöfen wurde die Glasproduktion auf die Insel Murano verlegt, wo einer von Galileis engsten Freunden, Girolamo Magagnati, eine Glasmanufaktur betreibt. Magagnati schreibt ihm deftige Briefe in malerischem Dialekt, erinnert ihn an ihre gemeinsamen Bankette und Trinkgelage und dürfte seinem gern gesehenen, neugierigen Gast einiges zur venezianischen Glasmacherkunst erzählt haben.

Die ersten Brillengläser für Altersweitsichtige kamen an der Schwelle zum 14. Jahrhundert serienmäßig aus venezianischen Fabriken. Man schnitt die konvexen Linsen aus einer geblasenen Glaskugel heraus. Mit der Größe der Kugel veränderte sich die Krümmung der Linsen. Auf diese einfache Weise war es den Glasbläsern möglich, Brillengläser einer Stärke von etwa zwei bis vier Dioptrien herzustellen.

Um möglichst klares, transparentes Glas zu erzeugen, achten Magagnati und alle venezianischen Glasfabrikanten auf die Reinheit der Rohstoffe. Wie ihre Vorgänger besorgen sie sich feinen, siliziumreichen Sand aus den Flüssen im Tessin, importieren die Asche getrockneter Pflanzen von den salzreichen Küstenregionen Syriens und greifen auf ein chemisches Reinigungsverfahren zurück, das Angelo Barovier im 15. Jahrhundert in Murano entwickelte, um die oft gelb-grünliche Trübung des Glases nahezu völlig zu eliminieren.

Kristallklares Murano-Glas zählt zu den Luxusgütern der frühen Neuzeit. Venezianische Kelchgläser mit Diamantgravuren und solche, die mit feinen, weißen, eingeschmolzenen Glasfäden gemustert sind, finden ebenso reißenden Absatz wie die mit Quecksilber belegten Spiegel. Die Glasindustrie ist einer jener boomenden Wirtschaftszweige, durch die Venedig einen Teil der finanziellen Einbußen kompensieren kann, unter denen die Metropole zunehmend leidet.

Seit der Umschiffung Afrikas und der Überquerung des Atlantiks ist die Welt größer geworden. Spanische, britische und niederländische Schiffe befahren nun die Ozeane, der Kolonialhandel blüht, die Sklaverei wird zum lukrativen Geschäft, die Weltmarktpreise für Gewürze oder Edelmetalle gehen zeitweise unkontrollierbar auf und ab. In dieser schwierigen Zeit der Globalisierung versucht Venedig, seine Wirtschaft durch den Export hochwertiger Produkte zu stärken, darunter Kristall-, Achat- oder Milchglas.

Um ein gutes Fernrohr anzufertigen, benötigt Galilei aber nicht nur erstklassiges Glas. Er braucht Glaslinsen, deren Krümmungen präzise aufeinander abgestimmt sind, um sie als Okular und Objektiv einsetzen zu können.

*Wie Galilei das Fernrohr noch einmal erfindet* 23

Die alte Technik venezianischer Glasbläser ist inzwischen längst überholt, die Nachfrage nach Brillengläsern seit der Erfindung des Buchdrucks enorm gestiegen. Um den Gläsern eine vorbestimmte Form zu geben, schleifen und polieren eigens dafür ausgebildete Brillenmacher flache Glasrohlinge nun in einer vorgefertigten Metallschale mit einer feinen Schmirgelmasse. Diese Kunst beherrschen Handwerker nicht nur in Venedig, sondern auch in der Toskana, in Nürnberg, Regensburg und anderswo in Europa.

Das erste aus zwei Linsen bestehende Fernrohr kommt aus Middelburg, wo die Glashütte seit 1605 von einem Venezianer betrieben wird. Middelburg ist zu dieser Zeit die nach Amsterdam zweitgrößte Stadt in den Niederlanden. An der Grenze zu Flandern gelegen, hat sich ihre Bevölkerung durch die Flüchtlingsströme aus dem Süden binnen weniger Jahrzehnte verdreifacht. Im langwierigen Unabhängigkeitskrieg gegen die Spanier haben die Niederländer im Süden zunächst eine Stadt nach der anderen verloren, darunter das überaus reiche Antwerpen. Unter den Flüchtlingen befand sich auch der Besitzer der dortigen Glasmanufaktur. Wie viele andere wohlhabende Bürger zog er von Antwerpen fort und gründete in Middelburg ein neues Unternehmen.

Im Herbst 1608 macht ein deutscher Brillenmacher in Middelburg das Geschäft seines Lebens. Der in Wesel geborene Hans Lipperhey habe ein Instrument entworfen, mit dem man »alle entfernten Dinge sehen kann, als ob sie in der Nähe wären«, heißt es in einem Empfehlungsschreiben vom 25. September. Nur eine Woche später beantragt Lipperhey bei den Generalstaaten in Den Haag ein Patent für das Sehglas und weist auf dessen militärische Bedeutung hin. Er möchte es »für die nächsten 30 Jahre« unter Schutz stellen lassen.

Noch während in Den Haag Friedensverhandlungen laufen, mit denen nach 40 Jahren Krieg gegen die Spanier zumindest ein vorübergehender Waffenstillstand erreicht wird, nimmt sich ein Komitee umgehend der Sache an. Lipperhey führt sein kleines Rohr von einem Turm aus vor und wird damit beauftragt, weitere Ferngläser zu bauen, durch die man nicht nur mit einem, sondern mit beiden Augen schauen kann. Außerdem bittet man ihn,

Bergkristall statt Glas für die Linsen zu verwenden – und die Angelegenheit geheim zu halten. Dafür bekommt er einen Vorschuss von 300 Gulden, genug, um ein ganzes Haus zu bauen.

Ein Patent wird ihm nicht zuerkannt, denn auch der Brillenmacher Jakob Adriaanszon, genannt Metius von Alkmaar, beansprucht die Erfindung für sich. Er hat von Lipperheys Patentantrag gehört und sofort seine eigenen Ansprüche geltend gemacht. Schon vor Jahren habe er ein solches Instrument entworfen. Später aufgetauchte Dokumente bringen sogar noch einen dritten Kandidaten als potenziellen Erfinder ins Spiel, den Optiker Zacharias Janssen, ebenfalls aus Middelburg.

Hans Lipperhey aber gelingt es als Erstem, ein brauchbares Fernrohr vorzuführen. Drei Monate später erhält er noch einmal 300 Gulden für das gewünschte Binokular, ein Instrument, das außerordentlich schwer herzustellen ist, weil die Linsen für beide Augen in exakt der gleichen Weise geschliffen werden müssen.

Trotz Lipperheys herausragenden handwerklichen Fähigkeiten, lässt sich nicht mehr rekonstruieren, wer der geistige Urheber des Fernrohrs ist. Zu Beginn des 17. Jahrhunderts liegt die Erfindung in der Luft. Die technischen Voraussetzungen sind vielerorts gegeben, der gedankliche Sprung, zwei geschliffene Linsen zu einem Fernrohr zusammenzufügen, erscheint im Nachhinein klein. Und als die Idee dann einmal in der Welt ist, wird sie zu einer Inspirationsquelle für Geschäftsleute, Erfinder und Wissenschaftler.

*Imagepflege*

Galilei zufolge verdanken wir das Fernrohr in seiner einfachen Form einem Glücksfall: Ein einfacher Brillenmacher habe mit diversen Linsen herumhantiert und sei zufällig dazu gekommen, einmal gleichzeitig durch zwei von ihnen hindurchzusehen, die eine konvex, die andere konkav und in jeweils unterschiedlicher Entfernung vom Auge. Auf diese Weise habe er den Vergrößerungseffekt bemerkt und das Instrument entdeckt.»Ich aber«, so Galilei«,»angespornt durch besagte Nachricht, entdeckte dieselbe Sache durch vernünftige Überlegungen.«

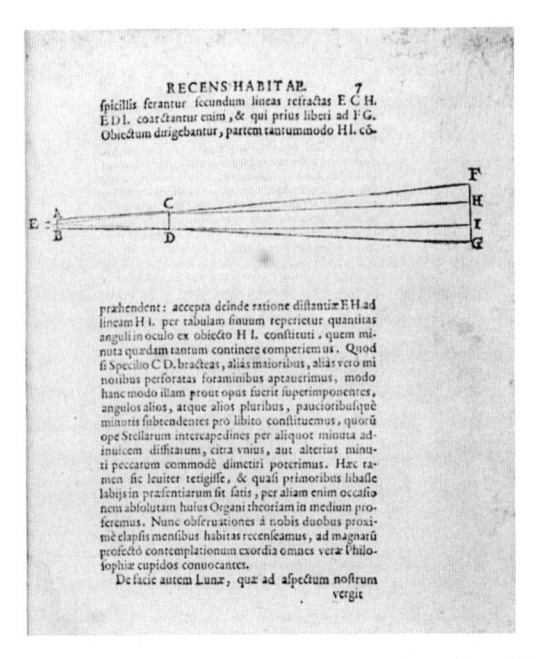

*Im »Sternenboten« stellt Galilei das Fernrohr auf kaum mehr als einer Seite vor. Im Gegensatz zu Kepler hat er sich mit der Theorie der Optik nie eingehend befasst.*

Er erzählt dies 1624 aus einem Abstand von fünfzehn Jahren. Auch zu diesem Zeitpunkt weiß niemand, von welchen »vernünftigen Überlegungen« er spricht. Ist nicht auch er in erster Linie durch einfaches Ausprobieren zum Ziel gelangt? Schiebt Galilei hier nicht Überlegungen vor, die er im Nachhinein gerne gemacht hätte?

»Ich sage, dass mir jene Nachricht nur insofern half, als sie in mir den Wunsch weckte, mich mit meinen Gedanken dieser Sache hinzuwenden, an die ich sonst möglicherweise niemals gedacht hätte; aber dass mir die Nachricht darüber hinaus die Erfindung irgendwie erleichtert hätte, glaube ich nicht. Vielmehr behaupte ich, dass es einer viel größeren geistigen Anstrengung bedarf, die Lösung eines vorgezeichneten und bekannten Problems zu finden, als die eines Problems, an das niemand zuvor gedacht und das niemand benannt hat, denn dabei kann der Zufall die größte Rolle spielen, jenes aber ist ganz und gar eine Leistung der Vernunft.«

Man kann diese gespreizten Sätze immer wieder lesen und versteht doch nicht viel mehr, als dass hier jemand um seinen Anspruch auf Originalität ringt und an seinem Selbstbild meißelt. Worin die »Leistung der Vernunft« bestanden hat, verschweigt der stolze Mathematiker. Zwar kündigt er 1610 an, der Öffentlichkeit »eine vollständige Theorie dieses Instruments« vorzulegen, dieses Versprechen jedoch löst er nie ein.

Mit den theoretischen Grundlagen des Fernrohrs hat sich Galilei nic eingehend befasst. Obschon er seinen intellektuellen Abstand zum »einfachen Brillenmacher« derart hervorhebt, ist der Schlüssel zu seinem Erfolg nicht das angebliche, tief gehende Verständnis optischer Phänomene. Anders als seine selbstgefälligen Zitate vermuten lassen, schaut der Akademiker nicht auf Brillenmacher und Handwerker herab. Gerade weil er ihre Fertigkeiten für sich nutzbar macht und weiterentwickelt, erarbeitet er sich den entscheidenden Vorsprung in der Optimierung des Instruments.

## Der nötige Schliff

Galilei habe ein außerordentliches Gespür dafür gehabt, den Wert von Geräten zu erkennen, die bereits in rudimentärer Form existierten, schreibt der Wissenschaftshistoriker Silvio Bedini. »Indem er sie verbesserte und revolutionäre Anwendungen für sie fand, machte er aus ihnen vielseitige Instrumente für die neue Wissenschaft.« Das gilt für seinen militärischen Kompass, der auf Arbeiten anderer zurückgeht, ebenso wie für das Fernrohr.

Im Besitz der nötigen Vorabinformationen bedarf es keiner großen Anstrengungen mehr, um herauszufinden, dass die gewünschte Vergrößerungswirkung mit zwei Linsen erreicht werden kann, von denen eine konkav, die andere konvex geschliffen ist: »Nimmt man ein Brillenglas von zirka 30 bis 50 Zentimetern Brennweite, wie es normale Alterssichtige zum Beispiel in einer Lesebrille benötigen, und entfernt es langsam vom Auge, so erscheinen entfernte Objekte mehr und mehr vergrößert, aber auch zunehmend unschärfer«, erzählt Rolf Riekher, ein profunder Kenner der Teleskopgeschichte. »Bringt man gleichzeitig ein stark zerstreuendes Brillenglas, wie es höhergradig kurzsichtige Brillenträger benötigen, dicht vor das Auge, so gibt es einen bestimmten Abstand für die beiden Brillengläser, wo entfernte Objekte nicht nur scharf und deutlich, sondern auch vergrößert erscheinen.«

Gleich in der ersten Nacht nach seiner Rückkehr aus Venedig nimmt Galilei diese Hürde. Danach sucht er systematisch nach besseren Linsenkombinationen, um möglichst bald ein mustergültiges Gerät vorführen zu können.

Rasch stellt er fest, dass Gläser, wie er sie für ein gutes Fernrohr wünscht, im Handel nicht ohne Weiteres erhältlich sind. Sie sind bei Brillenträgern kaum gefragt. Galilei muss daher entweder die Magazine der Brillenmacher durchforsten, die Linsen für das Fernrohr eigens von ihnen fabrizieren lassen oder, besser noch, sie selbst herstellen.

Er verfolgt im Laufe der Zeit alle drei Strategien. Anders als seine Professorenkollegen kennt Galilei nicht nur Bibliotheken und Hörsäle, sondern knüpft Beziehungen zu Venedigs Handwerkern und hat eine gut funktionierende Werkstatt im eigenen Haus. In einer Ära, in der es noch keine Forschungslabors an den Universitäten gibt und die Verbindungen zwischen Wissenschaft und Technik noch nicht besonders ausgeprägt sind, stellt sich dies als unschätzbarer Vorteil heraus. Seine Werkstatt wird zum Dreh- und Angelpunkt bei der Teleskop-Entwicklung. Er ist ein Bastler und macht sich mit der Technik vertraut, um die Gläser sukzessive den besonderen Ansprüchen anzupassen.

Bei der Bearbeitung der Linsen legt Galilei selbst Hand an. Aus einer kleinen erhaltenen Einkaufsliste vom November 1609 geht hervor, dass er alles bestellt, was man dazu braucht: Linsen, Spiegelglas, Bergkristall, zum Polieren Tonerde, Pech und Filz, zur Formgebung der Linsen Kanonenkugeln und eine Metallschale aus Eisen. Ein halbes Jahr später teilt er einem Briefpartner mit, er habe sich »einige Apparate« zur Herstellung und Verfeinerung der Linsen ausgedacht.

Vermutlich fertigt er die nach innen gewölbten Okulare im eigenen Labor an. Diese direkt vor dem Auge platzierten, stark gekrümmten Linsen lassen sich auf der Oberfläche einer Kanonenkugel schleifen, die es seinerzeit in allen möglichen Größen gibt. Da letztlich immer nur ein kleiner Ausschnitt des Okulars für eine gute Sicht benötigt wird, sind die Qualitätsanforderungen hier nicht ganz so hoch.

Die Crux ist die nach außen gewölbte Objektivlinse, für die man eine entsprechende Schleifschale als Passform benötigt. Bei einem Fernrohr sammelt sie das Licht über die gesamte Fläche ein. Eine gleichmäßige, extrem sanfte Krümmung ist maßgeblich für ihre Vergrößerungswirkung und die Qualität des Bildes.

Aus Galileis Briefen geht hervor, dass er noch in späteren Jahren große Mühe hat, an geeignete Objektive heranzukommen. So berichtet sein Freund und Gönner Giovanni Francesco Sagredo im April 1616 aus Venedig, ein Linsenschleifer namens Bacci habe 300 Linsen für ihn hergestellt, von denen dem Handwerker nach eigenen Angaben 22 »ausgezeichnet« gelungen seien. »Unter diesen«, so Sagredo, »habe ich jedoch nicht mehr als drei gefunden, die meinem Urteil nach die Bezeichnung ›gut‹ verdienen, wenn sie auch nicht perfekt sind.« Drei halbwegs gute Linsen unter 300! Es erscheint beinahe wie ein Glücksspiel, ein passendes Objektiv zu finden.

Galilei spielt dieses Spiel mit hohem Einsatz. Er scheut bei der Beschaffung der Linsen »weder Kosten noch Mühen«. Um geeignete Exemplare aufzutreiben, nimmt er Kontakt zu den besten Handwerkern in Venedig, später auch in Florenz und Neapel auf und macht ihnen konkrete Vorgaben. Objektivlinsen sind plötzlich begehrt. Sie werden so hoch gehandelt, dass Galileis eigene Mutter im Januar 1610 versucht, seinen Diener Alessandro Piersanti zu bestechen, aus dem Labor ihres Sohnes »drei oder vier« dieser Gläser zu entwenden.

Leider ist nur eine einzige Linse erhalten geblieben, die zweifelsfrei von einem Fernrohr Galileis stammt. Es handelt sich um ein zerbrochenes Objektiv von 5,8 Zentimetern Durchmesser. Mit Methoden der modernen Laseroptik haben Giuseppe Molesini und seine Kollegen aus Florenz die Linse in einem Reinraumlabor auf einer optischen Bank durchleuchtet. Ihre von einem Computer generierten Diagramme zeigen, wie formvollendet die Oberfläche der Linse ist, wie gut sie geschliffen wurde – allerdings nur in dem 3,8 Zentimeter breiten zentralen Sektor. Der Randbereich ist minderwertig, was für Brillen keine Rolle spielte, für Fernrohrbeobachtungen aber sehr wohl.

Dieses Problem löst Galilei auf praktische Art. Er verwendet für seine Teleskope große Objektivlinsen und blendet ihren Rand mit einem Ring ab. Um ein weites Gesichtsfeld zu bekommen, könne man zwar auf eine solche Blende verzichten, verrät er dem Jesuitenpater und Mathematiker Christopher Clavius aus Rom. Dann jedoch würde man entfernte Objekte nur verschwommen sehen.

Die Verwendung der Blende gilt als einer von Galileis Schlüsseln zum Erfolg. Der Schweizer Rolf Willach hat jedoch einigen Grund zu der Annahme, dass schon Lipperhey solche Blenden benutzte und dass ausgerechnet dieser kleine Ring dem Fernrohr Anfang des 17. Jahrhunderts zum Durchbruch verhalf. Willach ist durch ganz Europa gereist, um die noch auffindbaren Brillengläser und Linsen der damaligen Zeit zu untersuchen. Bei allen von ihm betrachteten Linsen nehmen die Fabrikationsfehler zum Rand hin zu, was angesichts der Massenproduktion von Brillengläsern nicht weiter verwunderlich ist. Selbst die besten Gläser waren demnach nur bedingt fernrohrtauglich.

Galilei erkennt die praktische Bedeutung der Blende im Gegensatz zu Clavius und anderen Kollegen schnell. Wieder ist er seinen Konkurrenten einen Schritt voraus. Er testet das Zusammenspiel der Linsen in seinem Labor, stimmt ihre Stärke und Abstände aufeinander ab und lässt sie von seinem Handwerker zu kunstvollen Instrumenten zusammenbauen.

Welche Rolle sein Wohnort für den Anfangserfolg spielt, lässt sich erahnen, wenn man bedenkt, dass der erste Beobachter, der Galileis teleskopische Entdeckungen im Jahr 1610 bestätigt, ebenfalls aus Venedig kommt: Antonio Santini konstruiert nur zwei Monate, nachdem Galilei seine ersten Fernrohrbeobachtungen veröffentlicht hat, ein Instrument mit der nötigen Vergrößerung ohne jegliche Hilfe des Meisters.

*Aussichten vom Markusplatz*

Am 21. August 1609 finden sich einige Patrizier am Fuß des Glockenturms von Venedig ein. Der Campanile, zwischen Dogenpalast und Markusplatz gelegen, ist das höchste Bauwerk der Stadt und ragt 99 Meter in die Höhe. Seine roten Ziegel streben in vertikalen Linien nach oben, ehe sie in den mit weißem Marmor verkleideten Glockenstuhl übergehen. Alle Aufmerksamkeit ist auf das armlange, karmesinrote Rohr gerichtet, das Galilei behutsam trägt. Angeführt von Senator Antonio Priuli schreiten die hochrangigen Vertreter erwartungsvoll die Stufen zum Eingangstor hinauf und verschwinden durch einen schmalen Gang im dunklen Innern des quadratischen Turms. In acht Windungen führt der Weg nach oben, immer an der Wand des Gemäuers entlang, nur ab und zu können die Männer durch einen Lichtschlitz einen kurzen Blick nach draußen werfen. Als sie oben angekommen wieder ins Freie treten, schweben über ihnen die Glocken, die in Venedig Beginn und Ende eines jeden Arbeitstages einläuten.

Voller Zuversicht justiert Galilei das neue Instrument, das aus zwei gegeneinander verschiebbaren Rohren zusammengesetzt ist. Seine Begleiter genießen derweil die wunderbare Aussicht vom Campanile, schauen hinunter auf die fünf blitzenden Kuppeln des Markusdoms, die in Form eines griechischen Kreuzes angeordnet sind, lassen ihre Blicke über die Dächer und Säulenreihen des Dogenpalastes schweifen, sehen im Hintergrund die hohen Mauern des Arsenals und den Lido, von wo aus Anfang des 13. Jahrhunderts jener Kreuzzug begann, der den Venezianern ihr Kolonialreich im Mittelmeer sicherte, und haben schließlich die vielen Inseln der Lagune vor Augen – hier die Toteninsel San Michele, dort die Glasmacherinsel Murano –, die sich in der Ferne verlieren. Was für ein Panorama!

Wie klein dagegen wird das Gesichtsfeld beim Blick durch Galileis langes Rohr, dessen Öffnung nur so groß wie eine Münze ist! Aber wie nah sind plötzlich all die Inseln!

»Wenn man das Rohr vor das eine Auge hielt und das andere schloss, sah jeder von uns deutlich ... bis Chioggia, Treviso und Conegliano, aber auch den Glockenturm sowie die Kuppeln und die Fassade der Kirche von Santa Giustina in Padua«, schwärmt Priuli. »Man konnte sogar diejenigen unterscheiden, die in der Kirche San Giacomo in Murano ein und aus gingen … und erkannte viele andere, wirklich erstaunliche Einzelheiten in der Lagune und der Stadt.«

Drei Tage nach der Präsentation führt Galilei das Teleskop der versammelten venezianischen Regierung vor. Noch am selben Tag schreibt er in einem Brief an den Dogen Leonardo Donato: »Galileo Galilei, Euer Durchlaucht ergebenster Diener, … tritt nun mit einem neuen Instrument vor Euch hin, einem Fernrohr, dem Resultat hintergründiger Betrachtungen zur Perspektive, welches die sichtbaren Objekte so nahe ans Auge heranbringt und sie so groß und so klar zeigt, dass etwas, das zum Beispiel neun Meilen weit weg ist, uns so erscheint, als wäre es nur eine Meile entfernt.«

Galilei bietet dem Dogen sein Fernrohr zum Geschenk an und hebt, wie zuvor der Brillenmacher Hans Lipperhey aus Middelburg, dessen Bedeutung als Kriegsgerät hervor. Man könne damit auf dem Meer aus viel größerem Abstand als üblich Schiffsrumpf und Segel des Feindes erkennen, »sodass wir ihn gut und gerne zwei Stunden früher entdecken, als er uns ausfindig machen wird, und indem wir Zahl und Ausstattung der Schiffe auskundschaften, können wir seine Kräfte ermessen, um uns auf die Verfolgung, den Kampf oder die Flucht einzurichten. In gleicher Weise können wir auf dem Land Einblick in die Befestigungen, Quartiere und Deckungen des Gegners nehmen, ob von einem entfernten Hügel aus oder auf offenem Feld, und so zu unserem größten Vorteil jede seiner Bewegungen und Vorbereitungen verfolgen.«

Seine Worte gegenüber dem Dogen sind klug gewählt. Der Republik Venedig fällt es immer schwerer, die eigenen Handelsinteressen im Mittelmeer zu wahren. Trotz des Sieges der christlichen Allianz gegen die 80 000 Mann starke türkische Flotte in der Seeschlacht von Lepanto im Jahr 1571 sind die Insel Zypern und andere venezianische Handelsstützpunkte inzwischen an das Osmanische Reich gefallen.

Venedig sieht sich eingeklemmt zwischen den Türken im Osten und den allgegenwärtigen Spaniern, die den Süden Italiens bis hinauf zum Kirchenstaat beherrschen und ihren politischen Einfluss in Rom geltend machen. Selbst das Herzogtum Mailand wird von einem spanischen Gouverneur verwaltet. Angesichts dieser Lage setzt die venezianische Regierung genau wie zuvor die niederländische einige Hoffnungen in das neue Instrument. Es ist ein Meilenstein in der Entwicklung der optischen Medien – und in Galileis beruflicher Laufbahn.

*Ein explosiver Augenblick*

Mit der neunfachen Vergrößerung der Gläser gibt er sich nicht zufrieden. Es steckt noch mehr in dieser Erfindung. Seine Aussicht auf lukrative Aufträge und seine spielerische Neugier spornen ihn dazu an, die Möglichkeiten des Instruments weiter auszuloten. Abermals vertieft sich Galilei in technische Details, versucht, Abbildungsfehler zu korrigieren, und testet massenhaft Linsen.

Noch ahnt er nicht, dass ihm dieses Instrument die Geheimnisse des Weltalls offenbaren wird. In seinen Briefen gibt es keinerlei Hinweise darauf, dass ihn der Gedanke antreibt, die Gläser zu astronomischen Zwecken zu verwenden. Das Rohr hat sein Gesichtsfeld verengt. Galilei kann damit weiter schauen als jeder andere, sieht aber vor allem das Nächstliegende: den militärischen Nutzen und die ökonomische Verwertbarkeit des Fernrohrs, das er bereits in großer Stückzahl zu produzieren begonnen hat. »Seinen Vorsprung«, so der Wissenschaftshistoriker Matteo Valleriani, »hat er sich nur erarbeitet, weil er an den militärischen Erfolg des Geräts glaubte.«

Es geht es ihm in dieser Hinsicht ähnlich wie Kolumbus, der 1492 auf dem Westweg nach Indien gelangen möchte, stattdessen aber einen neuen Kontinent entdeckt, oder wie Luther, der zu Beginn des 16. Jahrhunderts für die Gewissensfreiheit eintritt, letztlich aber die Kirche spaltet. Genauso wenig denkt Galilei zunächst daran, dass erst der wissenschaftliche Gebrauch des Fernrohrs der jungen Erfindung ihre herausragende Bedeutung geben wird.

Wann er das Instrument erstmals in den Himmel richtet, ist nicht bekannt, ob zunächst beiläufig, während er neue Linsen testet, oder aus einer abendlichen Laune heraus im Kreis seiner neugierigen Studenten. Sicher ist nur, dass er irgendwann im Herbst oder Winter 1609 mit einem Fernrohr von nunmehr zwanzigfacher Vergrößerung in den Sternenhimmel schaut. Es ist einer jener, um Stefan Zweigs Worte zu benutzen, »explosiven Augenblicke« der Menschheitsgeschichte. Der Himmel über den Dächern Paduas zeigt ein völlig neues Gesicht. Galilei sieht die Milchstraße als ein Band aus bis dahin größtenteils unbekannten Sternen und Nebeln. Es sind unzählbar viele. Er richtet sein Fernrohr bald hierhin, bald dorthin, Nacht für Nacht, entdeckt neue Himmelskörper und beobachtet den Mond, der durch die schmale Öffnung des Fernrohrs nicht nur größer, sondern auch anders erscheint – so wie ihn nie zuvor ein Mensch gesehen hat. Seine Erfolgsmeldungen kommen nun Schlag auf Schlag:

Schon Ende 1609 beginnt er mit sorgfältigen Zeichnungen der Mondoberfläche. Am 7. Januar 1610 entdeckt er den ersten von vier Jupitermonden und kündigt an, ein Teleskop mit dreißigfacher Vergrößerung sei so gut wie einsatzbereit. Bis einschließlich zum 2. März 1610 beobachtet er die Jupitermonde und dokumentiert ihre Bewegungen um den Planeten, nur zehn Tage später liegt seine Veröffentlichung, der *Sternenbote*, bereits gedruckt vor! Zu diesem Zeitpunkt hat Galilei nach eigenen Angaben außerdem schon sechzig Fernrohre gebaut beziehungsweise anfertigen lassen.

Vor allem die außergewöhnlich schnelle Publikation seiner Ergebnisse verdeutlicht, welch starkem Konkurrenzdruck sich Galilei ausgesetzt sieht. Ihn verfolgt dieselbe Angst, die Wissenschaftler heute noch dazu antreibt, die Resultate ihrer Arbeit möglichst schnell in irgendeiner Fachzeitschrift unterzubringen: die Befürchtung, ein anderer könnte ihnen zuvorkommen.

Mehrfach entschuldigt er sich für die schlechte Qualität der Abbildungen, die erst im letzten Moment eingefügt worden seien, »weil ich die Publikation wahrlich nicht aufschieben wollte, um nicht das Risiko einzugehen, dass jemand anderes auf dasselbe stoßen und mir zuvorkommen würde«. So gewinnt Galilei den vielleicht bedeutendsten Wettlauf zu Beginn der neuzeitlichen Wissenschaft.

Wie viel bei der sukzessiven Verbesserung und Vervielfältigung des Fernrohrs seiner eigenen praktischen Begabung und wie viel dem Wissen anderer geschuldet ist, lässt sich nur schwer ermessen. Galileis Ausführungen verschleiern dieses Zusammenspiel eher, als es zu erhellen. In seinem *Sternenboten* macht er weder nähere Angaben zu dem Instrument, das ihm seine Entdeckungen doch erst ermöglicht hat, noch erwähnt er irgendeinen Helfer oder Helfershelfer.

*Zurück im Labor*

Seine Vorgehensweise ist aber beispielhaft für die spätere Physik. Im Unterschied zu Wissenschaftlern vieler anderer Fachbereiche bauen Physiker und Astronomen die meisten ihrer Geräte bis heute selbst. Was dabei quasi als Rohstoff aus Handwerk und Industrie in ihre Forschungslabore wandert, wird – ähnlich wie die Glasrohlinge und geschliffenen Linsen für Galileis Fernrohr – als Baustein in neue Geräte integriert.

Wer einen Forscher wie Wolfgang Ketterle im Labor besucht, trifft dort auf viele erfahrene Experimentatoren. Seine Mitarbeiter bringen hochgradig spezialisiertes Wissen ein und treiben die Technik zur Perfektion, um sich dem absoluten Temperatur-Nullpunkt bis auf ein halbes Milliardstel Grad zu nähern. Die einen kümmern sich um die Vakuumtechnik, damit möglichst alle Fremdatome aus der Kältefalle ferngehalten werden. Andere brillieren in der Laserforschung und lenken präzise aufeinander abgestimmte Laserlichtstrahlen über eine Vielzahl kleiner Spiegel auf die zu kühlenden Atome.

Nur dank der Kreativität vieler einzelner Wissenschaftler sind solche Teams dazu in der Lage, die technischen Komponenten jederzeit zu verändern und zu optimieren. Das macht die besondere Dynamik der physikalischen Forschung aus. Und wie bereits Galilei sind auch heutige Forscher ein ums andere Mal selbst davon überrascht, wofür ihre Apparaturen letztlich zu gebrauchen sind. Die Mittel sind allgemeiner als die Zwecke und können in völlig anderen, unabsehbaren Zusammenhängen Verwendung finden.

Das Fernrohr ist ein vergleichsweise einfaches Instrument.

Schon dieses Beispiel zeigt jedoch, an wie vielen Stellen ein Forscher während seiner Arbeit auf unerwartete Schwierigkeiten stoßen kann: ob beim Einkauf oder Schleifen der Linsen, beim Ausblenden der nicht passend geformten Randzonen der Gläser oder beim Auftreten farbiger Bildverzerrungen.

Galilei lässt sich durch solche Hindernisse nicht aufhalten. Sie fordern vielmehr seine Erfindungsgabe heraus. Auf seinem Weg zum Ruhm wird er noch viele Widerstände ganz anderer Art auf virtuose Weise meistern.

# EINE MATHEMATISCHE HIMMELSLEITER
## Keplers Traum vom Mond

Hat er das alles zu Papier gebracht? Hunderte Seiten voller Berechnungen, Tabellen mit den Entfernungen der Planeten von der Sonne, Sinustafeln und Triangulationen?

Als Johannes Kepler im Sommer 1609 mit seiner *Neuen Astronomie* nach Prag zurückkehrt, an der er sechs Jahre gearbeitet und auf deren Druck er weitere drei Jahre gewartet hat, sind ihm die eigenen Worte und Gedanken beinahe fremd. Selbst die Übersichtstafel, die er dem Leser als Leitfaden an die Hand gegeben hat, um sich in dem Labyrinth aus insgesamt siebzig Kapiteln zurechtzufinden, erscheint ihm verwickelter als der gordische Knoten.

Es sei heutzutage ein hartes Los, mathematische Bücher zu schreiben. »Wahrt man nicht die gehörige Feinheit in den Sätzen, Erläuterungen, Beweisen und Schlüssen, so ist das Buch kein mathematisches. Wahrt man sie aber, so wird die Lektüre sehr beschwerlich.«

Der Kreis möglicher Adressaten ist klein, Kepler macht sich diesbezüglich keine Illusionen. »Ich selber, der ich als Mathematiker gelte, ermüde beim Wiederlesen meines Werkes mit den Kräften meines Gehirns.«

Diesmal hat der leidenschaftliche Mathematiker besonders dicke Bretter gebohrt. Seit er vor neun Jahren mit seiner Familie von Graz nach Prag gezogen ist, hat er den verwickelten Lauf der Gestirne anhand der besten verfügbaren Beobachtungsdaten entwirrt.

Es waren Jahre des fieberhaften Grübelns. Mal dachte er, die Ordnung des Planetensystems mithilfe der physikalischen

Grundannahmen erklären zu können, dann wiederum vertiefte er sich ganz in die Mathematik. Gegen tausend Wände sei er bei seinen Überlegungen gestoßen, für einen einzigen kleinen Schritt in seiner Argumentationskette habe er »mindestens in 40 Fällen je 181 Mal die gleiche Rechnung ausführen« müssen.

Hätte er sich wenigstens in Ruhe auf sein Werk konzentrieren können! Doch Kepler ist kaiserlicher Mathematiker, und seine Aufgaben am Hof – astrologische Gutachten und die Verwaltung des umfangreichen Erbes seines berühmten Vorgängers, des Astronomen Tycho Brahe – halten ihn immer wieder von seinen Studien ab. »Ich glaube, sie nehmen die halbe Zeit in Anspruch.« Mehr Zeit, als dem Hofmathematiker lieb ist.

*Der Herrscher und sein Hof*

Als er noch in der Prager Neustadt nahe beim Emmaus-Kloster wohnte, dauerte allein der tägliche Fußmarsch zur Burg eine Stunde. Inzwischen lebt er mit seiner Frau und den drei Kindern in der Altstadt, von seiner Wohnung aus sind es nur ein paar Schritte bis zur Karlsbrücke, über die er den Hradschin schnell erreicht.

Die über Jahrhunderte gewachsene Burgstadt ist eine Welt für sich. Auf dem Hügel liegt, umringt von den Palästen böhmischer Adelsfamilien, das Machtzentrum der Habsburger. Gleich zu Beginn seiner Regierungszeit hat Rudolf II. seinen Amtssitz von Wien nach Prag verlegt, hier kann er sich vor den Türken sicherer fühlen.

Rudolf II. ist Kaiser eines Reiches, das unüberschaubare Interessenkonflikte zersplittert haben. Seit dem Augsburger Religionsfrieden 1555 ist die konfessionelle Spaltung Deutschlands besiegelt, die teils katholischen, teils protestantischen Kurfürsten- und Herzogtümer, Grafschaften, Bischofssitze und Reichsstädte raufen sich selbst dann kaum noch zusammen, wenn sie sich gegen äußere Feinde wehren müssen.

Er hat ein schwieriges Erbe angetreten. Als Kaiser des Heiligen Römischen Reiches ist Rudolf II. den Interessen der katholischen Kirche verpflichtet, in seinem Königreich Böhmen aber sind von zehn seiner Untertanen neun Protestanten. Immer wieder fühlt er sich von den Regierungsgeschäften überfordert und sitzt die sich auftürmenden Probleme aus. Zwar hat er dem Reich nicht zuletzt durch seine Passivität mehr als 30 Jahre den inneren Frieden bewahrt, seine Herrschaft aber bröckelt. Inzwischen sogar in Böhmen, der einzigen ihm verbliebenen Hausmacht. Botschafter und Gesandte aus aller Welt umlagern die Hofburg. Besonders einflussreich sind die spanischen und päpstlichen Diplomaten, momentan jedoch geben die böhmischen Barone den Ton an, die wie viele andere die Schwäche des Kaisers für ihre eigenen Zwecke nutzen möchten. Anstatt sie zu empfangen, widmet sich Rudolf II. lieber der Malerei, der Alchemie und den Wissenschaften. Von überall her hat er herausragende Künstler und Gelehrte nach Prag geholt. Johannes Kepler steht mit seiner Leidenschaft für die Astronomie am Hof längst nicht so alleine da wie zuvor in Graz. In der Weltstadt Prag verkehrt er mit brillanten Mathematikern wie dem Instrumentenbauer Jost Bürgi und wissenschaftlich gebildeten Hofräten wie Matthäus Wackher von Wackenfels.

In die Politik mischt sich Kepler nicht gerne ein, obschon er immer wieder um sein astrologisches Urteil gebeten wird. Rudolf II. verspricht sich, von den Sternen zu erfahren, wie es um Zukunft des türkischen Reiches und um sein eigenes Schicksal bestellt ist. Keplers Vorgänger, Tycho Brahe, hat dem abergläubischen Kaiser seinerzeit prophezeit, Opfer eines Attentats zu werden. Seither interessiert sich der Kaiser noch brennender für Horoskope.

Kepler sagt von sich selbst, er lebe auf der Weltbühne wie ein einfacher Privatmann. Er ist in bescheidenen Verhältnissen aufgewachsen und über eine Reihe von glücklichen und unglücklichen Zufällen an den Prager Hof gelangt. Adelstitel bedeuten ihm wenig. Er sei zufrieden, wenn er dem Hof einen Teil seines Gehalts entreißen könne.

Aber selbst das erweist sich als schwierig. Die Reichskasse ist ständig leer. Um die finanzielle Unterstützung für den Druck seiner *Neuen Astronomie* hat er ähnlich lange ringen müssen wie um die Eingliederung des Planeten Mars in ein geordnetes Weltbild.

*Keplers Traum vom Mond* 39

Rudolf II. hatte ursprünglich vierhundert Gulden für die Publikation bewilligt, »zur erweitterung unserer und unserer hochgeehrten Vorfahren am Hauss Österreich angewohnten lieb zur beförderung der Astronomiae«. Der Betrag reichte für den Druck nicht aus. Erst nach langem Hin und Her machte der Herrscher noch einmal fünfhundert Gulden locker.

Die Summe entspricht einem vollen Jahresgehalt seines Hofmathematikers – nur dass Kepler seinen Lohn kaum noch ausbezahlt bekommt. Während der Kaiser seine vielen Zahlungsverpflichtungen seltener und seltener einhält, muss die Familie den Lebensunterhalt immer öfter aus den spärlichen Rücklagen seiner Frau Barbara bestreiten, was zu gelegentlichen Streitereien im Hause Kepler Anlass gibt.

Seine Gattin wolle nicht »Hand an ihr geringes Schatzgeldlin legen, als würde sie darüber an den Bettelstab kommen«. »Frau Sternseherin«, wie sie in Prag gelegentlich genannt wird, ist unglücklich über die miserable Lage, sieht sich genötigt, an ihrer Kleidung und allem anderen zu sparen. Ihr Mann, in seine Studien vertieft, reagiert gereizt, wenn sie ihn zu Unzeiten mit häuslichen Dingen belästigt. Doch habe er sich in Geduld geübt und meine es gut mit ihr, so Kepler. »Es hat wohl viel Beißens und Zürnens gesetzt, ist aber nie zu keiner Feindschaft kommen, ... wir haben zu beiden Teilen wohl gewusst, wie unsere Herzen gegeneinander seien.«

*Im Dickicht der Gestirne*

Als er im Juli 1609 von einer dreimonatigen Reise zurückkehrt, hadert der Mathematiker weder mit der Knauserigkeit seiner Frau noch mit dem Kaiser und seinem für die Finanzen zuständigen Kammerpräsidenten. Er kommt von der Drucklegung seiner *Neuen Astronomie* in Heidelberg und hat zuvor die Frankfurter Frühjahrsmesse besucht. Nun hält der Siebenunddreißigjährige einen großformatigen, prächtigen Band in den Händen, und einmal mehr erscheint es ihm als glückliche Fügung, vor neun Jahren nach Prag gekommen zu sein, wo ihm sämtliche Beobachtungsdaten seines Vorgängers, des von Messinstrumenten besessenen Sternenguckers Tycho Brahe, zugefallen sind.

Kepler hat diesen Schatz gehoben. In aufreibender Kleinarbeit hat er Brahes präzise Daten ausgewertet und mit eigenen physikalischen Hypothesen verbunden. Seinen Berechnungen zufolge ziehen sämtliche Planeten, inklusive der Erde, in elliptischen Bahnen um die Sonne. Sie ist der Motor des ganzen Planetenkarussells: über riesige kosmische Distanzen hinweg wirkt eine Sonnenkraft auch auf die Erde ein. Gleichzeitig hebe die Anziehungskraft des sehr viel näheren und kleineren Mondes die Weltmeere an und verursache auf diese Weise Ebbe und Flut. Nicht einmal Galilei wird ihm das abnehmen.

Die *Neue Astronomie* gründet auf astronomischen Beobachtungen, physikalischen Überlegungen, mathematischen Beschreibungen und nicht zuletzt auf Keplers tiefen religiösen Überzeugungen. Der gebürtige Schwabe hat Theologie studiert. Er wollte Pfarrer werden, ehe man ihn als Mathematiklehrer nach Graz schickte. Am Anfang seiner Begeisterung für die Himmelskunde steht sein fester Glaube, dass das Universum ein wohlgeordnetes Ganzes bildet: Gott habe den Kosmos nach rationalen Kriterien entworfen, die für den Menschen einsichtig sind. Als Mathematiker hat Kepler es sich zur Aufgabe gemacht, diese rationale Struktur des Universums zu erkennen und die disparaten Himmelserscheinungen zu einem einheitlichen, einsichtigen Bild zusammenzufügen.

Genau darum haben sich vor ihm schon viele Gelehrte bemüht. Sie alle aber haben sich im Dickicht der Planetenbewegungen mehr oder weniger verrannt. Von der Erde aus betrachtet, malt zum Beispiel ein Planet wie der Mars bei seinen nächtlichen Wanderungen wundersame Schleifen an den Himmel. Immer wieder kommt es vor, dass der Planet seine Bewegungsrichtung umkehrt und kurzzeitig den entgegengesetzten Kurs einschlägt.

Solche Unregelmäßigkeiten in Gottes Schöpfungsplan nimmt Kepler nicht hin. Zumal die Marsschleifen verschwinden, sobald man die von Nikolaus Kopernikus aufgestellte Theorie ernst nimmt und konsequent weiterdenkt: Nicht die Erde bildet das Zentrum des Kosmos, um das der Mars und alle anderen Planeten kreisen, sondern die Sonne. Und es ist auch nicht die ganze

*Keplers Traum vom Mond* 41

Sternenschar, die sich Nacht für Nacht um unseren Globus dreht, sondern lediglich die Erdkugel, die in 24 Stunden einmal um ihre Achse rotiert.

Für seine Zeitgenossen ist das eine bizarre Vorstellung. Selbstverständlich hält jedermann die Erde für den Mittelpunkt der Welt. Keine alltägliche Erfahrung deutet darauf hin, dass der Globus in rasender Fahrt durch das Universum jagen könnte.

Wohl aber die Ergebnisse der astronomischen Studien Keplers. Er hat die kopernikanische Theorie anhand der seinerzeit präzisesten und umfangreichsten Beobachtungsdaten geprüft. Um als Zuschauer auf einer sich drehenden Erde die »wahre« Bahn des Mars um die Sonne zu ermitteln, hat er mathematisch äußerst anspruchsvolle Berechnungen angestellt. Die Schlussfolgerungen daraus sind ihm zunächst alles andere als willkommen gewesen.

Er hat sich gegen die eigene Vernunft gesperrt und die Daten immer wieder hin und her gewendet. Erst in einem jahrelangen Kampf, seinem »Kampf gegen den Mars«, hat er sich zu der These durchgerungen, dass die Planeten nicht in Kreisen, sondern auf weniger schönen Ellipsenbahnen um die Sonne ziehen. Und das nicht einmal gleichmäßig. Auf ihrem Weg ändern sie auch noch ihre Geschwindigkeiten.

Kepler bricht mit den traditionellen Vorstellungen vom Aufbau des Kosmos, die das Denken der Astronomen über zweitausend Jahre geprägt haben. Seit der Antike ist die gleichförmige Kreisbewegung Ausdruck für die Regelmäßigkeit und Perfektion sämtlicher Abläufe am Himmel gewesen. Sie gilt als »natürliche« Bewegung der Gestirne, die sich ohne jegliche Veränderung bis in alle Ewigkeit fortsetzt. Kopernikus und Brahe haben an diesem Gedanken festgehalten und den Kosmos in ein unübersichtliches Räderwerk aus ineinander geschachtelten Kreisen verwandelt, um den Beobachtungsdaten gerecht zu werden.

Nur widerstrebend hat sich Kepler von dieser Denkfigur verabschiedet. Fieberhaft hat er versucht, das Spiel der Bewegungen mit derselben Mathematik zu beschreiben wie seine Vorgänger, sich dadurch aber nur in immer neue Nöte gestürzt. Doch anders als Galilei lacht Kepler über die eigenen Fehler, um sich kurz darauf über seine Erkenntnisfortschritte zu freuen. Wer nie verzweifle, sei sich nie einer Sache sicher, so sein Kommentar zu den letzten Verirrungen im theoretischen Gestrüpp.

In seinem Brief an den Mathematiker David Fabricius vom Oktober 1605 sah er dann bereits das rettende Ufer vor Augen. »Nun aber habe ich das Ergebnis, mein Fabricius: Die Planetenbahn ist eine vollkommene Ellipse.« Es ist das unbedingte Vertrauen in die Präzisionsmessungen Tycho Brahes, das ihn schließlich zu diesem Resultat gebracht hat.

Damit hat Kepler das kopernikanische Modell in eine völlig neue Form gegossen. Er hat die Sonne tatsächlich ins Zentrum der Welt gerückt, die Bewegungen der Planeten erstmals auf Anziehungskräfte, also auf physikalische Ursachen zurückgeführt und jedem Planeten eine klar definierte Bahn zugeschrieben. Sein epochales Werk ist die Basis der modernen Astronomie, auf der Isaac Newton achtzig Jahre später die allgemeine Gravitationstheorie formulieren wird.

Bis ins kleinste Detail hinein beschreibt Kepler seine langjährige Odyssee. Sie liegt nun glücklicherweise hinter ihm, das Buch, die *Neue Astronomie*, das er Seiner Majestät, dem Kaiser, gewidmet hat, ist endlich gedruckt.

*Der Kaiser in Nöten*

Als Kepler Rudolf II. das Werk überreichen möchte, steckt dieser in einer der schwersten Krisen seiner Regierungszeit. Der Streit mit seinem Bruder Matthias hat sich so weit zugespitzt, dass die Zukunft des ganzen Reiches auf dem Spiel steht. Der wechselseitige Hass der beiden Habsburger setzt Kräfte frei, die die Bevölkerung in Böhmen und anderen Teilen des Reiches aufwiegeln und ein paar Jahre später im Dreißigjährigen Krieg eskalieren.

Matthias hat sich mit den protestantischen Ständen von Österreich, Ungarn und Mähren verbündet und seinem Bruder auf diese Weise einen Großteil der Macht entrissen. Um wenigstens in Böhmen Herr zu bleiben, muss Rudolf II. dem protestantischen Adel nun auch in seinem Hoheitsgebiet weitreichende Zugeständnisse machen. Die unangenehmen Verhandlungen hat er lange hinausgezögert und dabei so ungeschickt agiert, dass ihm die böhmischen Stände nun mit den Waffen drohen.

Am 9. Juli 1609, dem siebten Geburtstag von Keplers Tochter Susanna, kann endlich eine Einigung erzwungen werden. Im sogenannten Majestätsbrief tritt Rudolf II. einen Teil seiner Macht ab und sichert den Protestanten zu, dass sie »ihre Religion frei und unbehindert ausüben dürfen«. Während die Jesuiten im Zuge der Gegenreformationen landauf, landab katholische Schulen und Universitäten gründen und immer mehr Menschen dazu bewegen, zum alten Glauben zurückzukehren, gestattet der Kaiser den Protestanten, neue »Gotteshäuser und Kirchen zum Gottesdienst oder auch Schulen zur Bildung der Jugend« zu errichten.

Unter Beifallsstürmen der Bevölkerung wird der Majestätsbrief am Rathaus ausgehängt. Ganz Prag feiert ein Freudenfest. Auch Kepler, der seines Glaubens wegen seinen vorherigen Posten in Graz verloren hat, nimmt die Nachricht begeistert auf. »Wir haben durch Gottes Gnade gesiegt«, schreibt er an den Theologieprofessor Stephan Gerlach in Tübingen. »Man hält öffentlich deutsche Predigten in Kirchen und Wohnhäusern.«

Die katholische Fraktion am Hof dagegen ist in heller Aufregung. Wie lange wird sich der Kaiser nach dieser Demütigung noch halten können? Hinter den Kulissen spricht man von seiner baldigen Ablösung, einige Diplomaten träumen sogar von einem neuen katholischen Bündnis unter spanischer Führung, um das zerfallene Reich Karls V. wieder zu errichten, in dem die Sonne nicht unterging.

Nicht nur die Souveränität Rudolfs II., auch seine moralische Integrität ist angeknackst. Neben dem Majestätsbrief wird am Hof der mysteriöse Tod Don Julios heiß diskutiert, über den erst nach und nach Einzelheiten durchsickern.

Don Julio war der Lieblingssohn Rudolfs II., eines seiner zahlreichen unehelichen Kinder. Aber je älter er wurde, umso weniger Freude hatte der Kaiser an ihm. Insbesondere Don Julios sexuelle Neigungen nahmen krankhafte Züge an. In seiner Residenz auf Schloss Krumau an der Moldau führte er sich auf wie ein Tyrann.

Eine seiner Geliebten warf er, nachdem er sie zusammengeschlagen und mit Messerstichen traktiert hatte, in den Schlossteich. Die Tochter des Krumauer Baders überlebte das Verbrechen – und Don Julio forderte sie nach ihrer Genesung sofort zurück. Er ließ den Vater einkerkern, drohte ihm mit dem Galgen und bewog das Mädchen dadurch dazu, zu ihm zurückzukehren, was sie schließlich mit ihrem Leben bezahlte. Im Februar 1608 ermordete Don Julio sie auf brutale Weise und zerstückelte ihren Leichnam.

In ganz Europa empörte man sich über das grausame Verbrechen. Rudolf II. ließ seinen wahnsinnig gewordenen Sohn zwar einsperren, aber man lastete ihm die fehlgeschlagene Erziehung an, führte sie auf seine mangelnde Frömmigkeit, seine undurchsichtigen Frauengeschichten und seinen Umgang mit Alchemisten und Zauberern zurück.

Don Julio lebte nach dem Mord noch etwas mehr als ein Jahr, wusch sich nicht mehr und bedrohte seine Diener mit dem Messer. In der letzten Juniwoche 1609 ist er unter ungeklärten Umständen gestorben. Hat Rudolf II. seinen Sohn womöglich ermorden lassen? Don Julios grässliche Tat und die Rolle des Kaisers werden nun noch einmal in allen Details aufgerollt.

*Die Mondfahrt*

Angesichts der dramatischen Ereignisse hat Rudolph II. wenig Sinn für das Werk seines Mathematikers. Keplers großartige Denkleistung geht in tagespolitischen Wirren unter. In Prag ruft die *Neue Astronomie* so gut wie keinen Widerhall hervor.

Matthäus Wackher von Wackenfels ist einer der Wenigen, die sich nach dem Werk erkundigen. Der zwanzig Jahre ältere Hofrat stammt wie Kepler aus Süddeutschland, hat unter anderem in Padua Jura studiert, ist zum Katholizismus konvertiert, vom Kaiser geadelt und zu einem seiner wichtigsten Berater in rechtlichen Fragen geworden. Mit ihm spekuliert Kepler über die Konsequenzen aus dem neuen Bild des Universums.

Wackher möchte wissen, ob nicht auch der Mond und die Gestirne von Lebewesen bevölkert sind. Wenn die Erde nur ein Himmelskörper unter vielen ist, die um die Sonne laufen, warum sollte der Kosmos dann allein für den Menschen geschaffen sein?

Was die beiden in jenen Sommertagen umtreibt, ist der Nachwelt nur in groben Zügen bekannt. Ihre Debatten aber gehen in einen der bemerkenswertesten und kurzweiligsten Traktate ein, die Kepler je zu Papier gebracht hat. Seinem Freund Wackher zuliebe schreibt er noch im selben Jahr seinen *Traum vom Mond* nieder.

Während Galilei in Padua intensiv an einer Verbesserung des Fernrohrs arbeitet, stellt der acht Jahre jüngere Kepler eine gedankliche Leiter zum Mond auf. Jahrelang hat er die Bewegungen der Planeten von der Erde aus studiert. Nun verlässt er seinen Heimatplaneten und betrachtet ihn vom fiktiven Standpunkt des Mondes aus.

Der kopernikanischen Sichtweise zufolge dreht sich die Erde nicht nur um ihre eigene Achse, sondern auch um die Sonne. Um die Diskrepanz zwischen unserer alltäglichen Erfahrung und der rotierenden Erde zu überwinden, wechselt Kepler die Perspektive. Dem Leser, den er auf die Reise mitnimmt, vermittelt er die fremde Vorstellung von der doppelten Bewegung des Globus dadurch, dass er den Erdball neu vor ihm in Stellung bringt.

Keplers *Traum vom Mond* ist ein Paradebeispiel dafür, wie mathematisch-abstraktes Denken der Wissenschaft neue, überraschende Einblicke eröffnet. Der wunderbare Text ist heute kaum noch bekannt. Vielleicht liegt das an seiner phantastischen Rahmenhandlung. Ein Dämon tritt darin auf und wird zum Erzähler. Er schildert die Reise zum Mond als gefährliches Abenteuer, für das ein besonderes Auswahlverfahren vonnöten sei, denn schon der Aufstieg sei lebensgefährlich. »Keinen von sitzender Lebensart, keinen Wohlbeleibten, keinen Wollüstling nehmen wir mit, sondern wir wählen solche, die ihr Leben im eifrigen Gebrauch der Jagdpferde verbringen oder die häufig zu Schiff Indien besuchen und gewohnt sind, ihren Unterhalt mit Zwieback, Knoblauch, gedörrten Fischen und anderen von Schlemmern verabscheuten Speisen zu fristen.«

Wie wichtig die Tauglichkeitsprüfung ist, geht aus der Beschreibung des Starts hervor. »Diese Anfangsbewegung ist für ihn die schlimmste, denn er wird gerade so emporgeschleudert, als wenn er durch die Kraft des Pulvers gesprengt über Berge und Meere dahinflöge.« Deshalb müsse jeder Mondfahrer zuvor durch Opiate betäubt werden. Während des rasanten Aufstiegs habe er dann vor allem eine »ungeheure Kälte sowie Atemnot« zu erleiden.

Später wird die Reise unbeschwerter. Keplers Vorstellung von der wechselseitigen Anziehung von Erde und Mond klingt an dieser Stelle beinahe modern. Die Schwerewirkung der Erde auf die Raumfahrer nimmt ab, die des Mondes zu, »sodass schließlich ihre Körpermasse sich von selbst dem gesteckten Ziele zuwendet«. Gefahr droht allerdings bei der Landung »durch zu harten Anprall an den Mond«. Die Dämonen eilen als Reisebegleiter schützend voraus, um eine möglichst weiche Landung der Mondtouristen zu sichern.

»Gewöhnlich klagen die Menschen, wenn sie aus der Betäubung erwachen, über große Mattigkeit in allen Gliedern, von der sie sich erst ganz allmählich wieder erholen können, sodass sie imstande sind zu gehen.« Mit dieser Wiederbelebung der Ankömmlinge endet die abenteuerliche Fahrt zum 50 000 Meilen, also rund 390 000 Kilometer entfernten Mond, der in Keplers Text von nun an »Levania« heißt. »Volva« dagegen ist Keplers phantastischer Name für seinen Heimatplaneten, die Erde.

Der erste Blick nach der Ankunft geht – wie könnte es im Traum des kaiserlichen Astronomen anders sein – hinauf zu den Sternen. Der Fixsternhimmel über Levania sieht ähnlich aus wie der über der Erde. Er ist von immer wiederkehrenden Sternbildern geprägt. »Denn ebenso wie uns unsere Erde, scheint auch Levania seinen Bewohnern stillzustehen und scheinen die Sterne sich im Kreise zu bewegen.«

Der Ortswechsel bringt jedoch einige Veränderungen mit sich. Wie Kepler leicht errechnen kann, laufen die Uhren auf dem Mond langsamer. Die Sonne geht hier nur zwölf Mal pro Jahr auf und unter, Tag und Nacht zusammen dauern so lange wie auf der Erde ein ganzer Monat. Das hat für die Lebensbedingungen erhebliche Konsequenzen.

In der langen Nacht »erstarrt alles vor Eis und Schnee unter eisigen wütenden Winden«. Auf sie folgt ein nicht weniger ausgedehnter Tag, während dem »unaufhörlich eine vergrößerte und nur langsam von der Stelle rückende Sonne herniederglüht«. Mit diesen Extrema, einer Hitze sengender als in Afrika »und dann wieder einer Kälte unerträglicher als irgendwo auf Erden«, müssen alle Mondbewohner zurechtkommen.

Nachdem die Mondfahrer die ersten Schritte auf dem fremden Himmelskörper gemacht haben, nähert sich der dramatische Höhepunkt seines Traumes. Und der erinnert auf überraschende Weise an die Ereignisse in jenem Sommer 360 Jahre später, in dem tatsächlich zum ersten Mal in der Geschichte der Menschheit Astronauten den Mond erreichen.

*Der Blick zurück*

Am 20. Juli 1969 verfolgen die Fernsehzuschauer auf der ganzen Welt, wie Neil Armstrong aus der Landefähre klettert, von einer Leiter auf die Mondoberfläche springt, als erster Mensch einen Fußabdruck auf einem fremden Himmelskörper hinterlässt und gemeinsam mit Edwin Aldrin Mondgestein einsammelt, um es zur Erde zurückzubringen. Michael Collins, der Dritte im Bunde, bekommt nur über Funk mitgeteilt, dass soeben die amerikanische Fahne auf dem Mond entrollt und aufgepflanzt wurde. »Du bist wahrscheinlich der Einzige weit und breit, der kein Fernsehen hat«, sagt ihm ein Sprecher im Kontrollzentrum der amerikanischen Weltraumbehörde NASA in Houston.

Collins ist ganz dicht am Geschehen dran und doch außen vor. Während Armstrong und Aldrin mit der Landefähre zur Mondoberfläche herabgesunken sind, hat er als einziger Astronaut der Apollo-11-Mission im Orbit bleiben müssen. Seither kreist er in zirka 95 Kilometern Höhe über einer von Kratern gezeichneten, grauen Steinwüste.

Nach der Landung seiner Kollegen verbringt Collins einen Großteil der Zeit in absoluter Funkstille: hinterm Mond. Zweifellos wäre auch er in diesem historischen Moment lieber dort unten gewesen und hätte den kleinen Schritt von der Leiter hinunter auf den Mond gemacht, der ein großer für die Menschheit werden würde. Aber Collins fällt bei dieser Reise eine andere Rolle zu.

Während die ganze Welt auf den Mond blickt, schaut er zurück zur Erde. Er sieht sie als weißblaue Kugel im pechschwarzen Weltraum schweben. Weiß sind die Wirbel der Wolken, tiefblau und dunkel die Ozeane, die Kontinente dagegen zeichnen sich in einem helleren, zarten Braunton ab. Etwa dreißig Runden dreht Collins mit dem Raumschiff um den Mond, dreißig Mal verfolgt er, wie die Erde am Horizont des Mondes auf- und untergeht und hält das Schauspiel mit seiner Kamera fest.

Drei Jahre zuvor, im Juli 1966, konnte Collins die Erde schon einmal aus dem nahen Weltraum betrachten, aus zirka 800 Kilometern Höhe. Damals verließ er die Gemini-Raumkapsel kurzzeitig für Experimente. Bei diesem spektakulären Ausstieg ins All verlor der Astronaut seine Hasselblad-Kamera, während er mit einem Manövriergerät hantierte. Der Fotoapparat entglitt ihm und schwebte in den Weltraum davon. Collins brachte kein einziges Bild von seinem Ausflug zurück.

Im Juli 1969 ist er wie im Rausch. Diesmal hat er zwei Hasselblad-Kameras an Bord und schießt ein Foto nach dem anderen. Während die Fernsehzuschauer nur eine staubige Gesteinswüste zu sehen bekommen, macht Collins phantastische Bilder vom Erdaufgang und -untergang. Diese Aufnahmen sind zum Inbegriff der einzigartigen Schönheit und auch der Zerbrechlichkeit unseres Planeten geworden. Sie haben ihre Wirkung bis heute nicht verloren.

Andere Apollo-Astronauten, die nach Collins zum Mond aufgebrochen sind, haben unter einem ähnlichen Eindruck gestanden wie er. »Jetzt weiß ich, warum ich hier bin. Nicht um den Mond genauer zu betrachten, sondern um zurückzuschauen. Auf unser Zuhause, die Erde!«, hielt etwa Alfred Worden fest, der 1971 an der Apollo-15-Mission teilnahm und wie Collins im Mondorbit blieb.

Es ist bezeichnend für Keplers Vorstellungskraft, dass er eine ebensolche Rückschau zum magischen Augenblick seiner fiktiven Mondreise macht. Mitten in seiner Erzählung geht sein Blick zurück zur Volva, zur Erde.

»Das großartigste Schauspiel ... ist indessen der Anblick ihrer Volva, die sie als Ersatz unseres Mondes besitzen.« Sie ist riesig. Wie Kepler ermittelt hat, nimmt sie vom Mond aus besehen am Himmel eine fünfzehn Mal größere Fläche ein als unser Trabant.

*Keplers Traum vom Mond* **49**

Und sie bewegt sich nicht, sondern steht fest, »wie mit einem Nagel an den Himmel geheftet«.

Je nachdem, wo man sich auf dem Mond befindet, sieht man den Globus genau in der Himmelsmitte oder – wenn man sich auf der erdabgewandten Hemisphäre aufhält – überhaupt nicht. »Für die aber, denen die Volva immer am Horizont steht, hat sie die Gestalt einer in der Ferne glühenden Kuppe.«

Vor seinem geistigen Auge sieht Kepler bereits 1609 die glühende Kuppe am Horizont aufgehen, die Collins 360 Jahre später mit seiner Kamera aufnehmen wird. Er nimmt aber noch andere Dinge wahr. Denn die Erde zeigt sich nicht immer in gleicher Gestalt. In den Augen des fernen Betrachters nimmt sie zu und wieder ab, hat wie der Mond mal die Form einer Sichel, dann einer Kugel, »aus gleicher Ursache, nämlich des Beschienen- und Nichtbeschienenwerdens von der Sonne«.

Kepler nimmt sich viel Raum, um das Zu- und Abnehmen des himmlischen Globus zu erläutern, ehe er auf eine weitere Eigenheit der Erdkugel zu sprechen kommt. Sie dreht sich »an ihrem Platz um sich selbst und zeigt der Reihe nach einen wunderbaren Wechsel von Flecken, und zwar so, dass diese von Osten nach Westen gleichmäßig vorüberziehen«. Da die Erde so regelmäßig rotiert wie ein Uhrwerk, könnten die Mondbewohner ihre Zeit anhand der jeweils sichtbaren Fleckenkonstellation einteilen.

Das fällt ihnen nicht schwer. Während wir von der Erde aus nur ein vages Mondgesicht erkennen, bietet der fünfzehn Mal größere Erdball den Mondbewohnern einprägsame Bilder. Um den Globus aus der Perspektive des Mondes zu beschreiben, greift Kepler auf die geografischen Kenntnisse seiner Zeit zurück. Er teilt die Erdkugel zunächst in zwei Hemisphären ein: die alte Welt, bestehend aus Europa, Asien und Afrika, und ihr gegenüber, durch einen Ozean getrennt, die neu entdeckten Kontinente Nord- und Südamerika.

In der alten Welt erkennt er einen menschlichen Kopf (Afrika), »dem sich ein Mädchen in langem Gewande zum Kusse hinneigt« (Europa mit Spanien als Kopf und Asien als Gewand), »mit dem nach rückwärts lang ausgestreckten Arm eine heranspringende Katze anlockend« (der Arm ist Großbritannien, die Katze Skandinavien). Für Südamerika findet er das Bild einer

Glocke mit dem südlichsten Zipfel, Patagonien, als Klöppel. Diese Glocke ist über einen Strick (Mittelamerika) mit dem nördlichen Kontinent verbunden.

*Der überzeugte Kopernikaner*

Ohne die jüngsten Entdeckungen der Seefahrer wären diese Figuren und Bilder undenkbar. Während Kepler seinen *Traum vom Mond* schreibt, segelt der Brite Henry Hudson gerade an der Insel Manhattan vorbei und dringt über den später nach ihm benannten Hudson River mehr als zweihundert Kilometer ins Landesinnere nördlich von New York vor. Von Nordamerika und Grönland bis hinunter nach Patagonien und zu den Falklandinseln haben Hudson und andere Seefahrer die Welt kartografiert.

Die mehrfach umrundete, nahezu bis in den letzten Winkel vermessene Erde ist der sichere Boden, von dem aus Kepler in den Weltraum vorstoßen kann. Die Expeditionsberichte aus den neu entdeckten Ländern oder Gabriel Rollenhagens *Vier Bücher wunderbarlicher indianischer Reysen* verleihen seiner Phantasie jene Flügel, mit denen sie sich zu möglichen Welten jenseits der Erde aufschwingt.

Der Mond ist ihr nächstgelegener Rastplatz. Für Kepler ist der Trabant ein willkommener Ort, noch einmal auf andere Weise über seine *Neue Astronomie* zu reflektieren und die Bedenken gegen den Kopernikanismus auszuhebeln. Von hier aus lässt sich der Globus als ganzer begreifen.

Wie später für Collins wird die Reise zum Mond für Kepler zu einer Entdeckung der Erde. Während der Apollo-Astronaut im Moment der Ergriffenheit seine Kamera nimmt, um den überwältigenden Eindruck einzufangen, bietet Kepler seine geballte Sachkenntnis auf. Sein tief gehendes mathematisches Verständnis gepaart mit seinem astronomischen und geografischen Wissen erlaubt es ihm, einen neuen Standort im Kosmos einzunehmen und zu berechnen, welche Anblicke sich einem Beobachter von dort aus darbieten.

Geschickt dreht und wendet er den Globus, beobachtet die Erde in ihren verschiedenen Phasen und malt sich die eigentümlichen Erd- und Sonnenfinsternisse aus, die die Mondbewohner genießen. Kepler meint es ernst mit der kopernikanischen Idee. Er setzt das Spiel aus Projektion und Rückprojektion ein, um die vertraute Sichtweise zu relativieren und Alternativen zum geozentrischen Weltbild aufzuzeigen.

Auf verführerische Weise schmückt Kepler im *Traum* das mit Bildern aus, was die neuen, mathematisch geprägten Naturwissenschaften besonders kennzeichnet: dem Augenschein zu misstrauen, sich selbst und den eigenen Standpunkt aus einem gewissen Abstand zu betrachten, das Bezugssystem zu wechseln, um ein realistischeres Bild zu gewinnen. Es ist diese Freiheit des Umdenkens, die die Mathematik zu einem innovativen Instrument der Naturwissenschaften macht.

Sie eröffnet neue Blickwinkel auf ein und dasselbe Problem. Oft haben Mathematiker Lösungen parat, die gegen die Intuition sprechen. Wer etwa möglichst schnell von A nach B kommen möchte, für den kann es sich trotzdem lohnen, einen Umweg zu machen, wenn auf diese Weise zum Beispiel eine gut ausgebaute Straße zu erreichen ist.

Auch für einen Astronomen, der die Positionen der Planeten auf möglichst einfache Weise vorausberechnen möchte, kann sich ein Umweg lohnen: ein Wechsel der Perspektive. So entwirrt sich von der Sonne aus gesehen das Zusammenspiel der Planeten. Was vom irdischen Standpunkt aus äußerst komplex erscheint, vereinfacht sich, wenn man die Sonne ins Zentrum des Geschehens rückt. Und dafür gibt es auch einen physikalischen Grund, wie Kepler richtig vermutet: Eine unvergleichlich starke Anziehungskraft der Sonne hält die Planeten in ihrem Bann. Diese Erkenntnis macht ihn zum Begründer der modernen Himmelsphysik.

*Belebte Welten*

Erst im knappen Schlussteil seines *Traums* rückt endlich auch der Mond als solcher in sein Blickfeld. Jetzt erst flackert kurz die Imagination des Mondutopisten auf.

»Obgleich nun ganz Levania nur ungefähr 1400 deutsche Meilen im Umfang hat, das heißt, nur den vierten Teil unserer

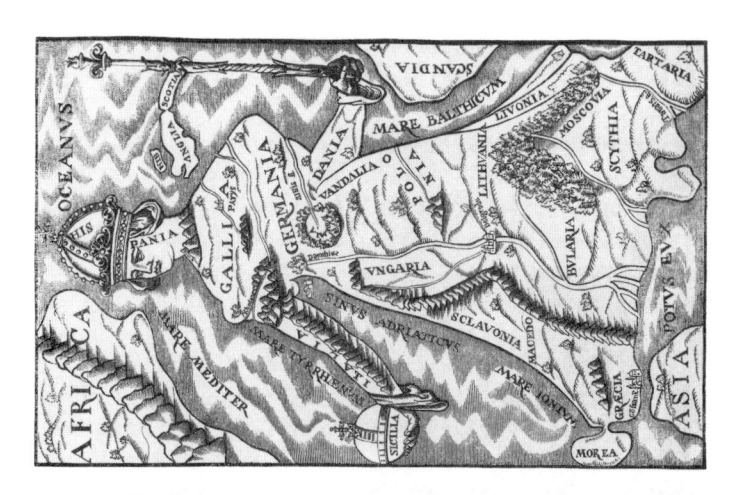

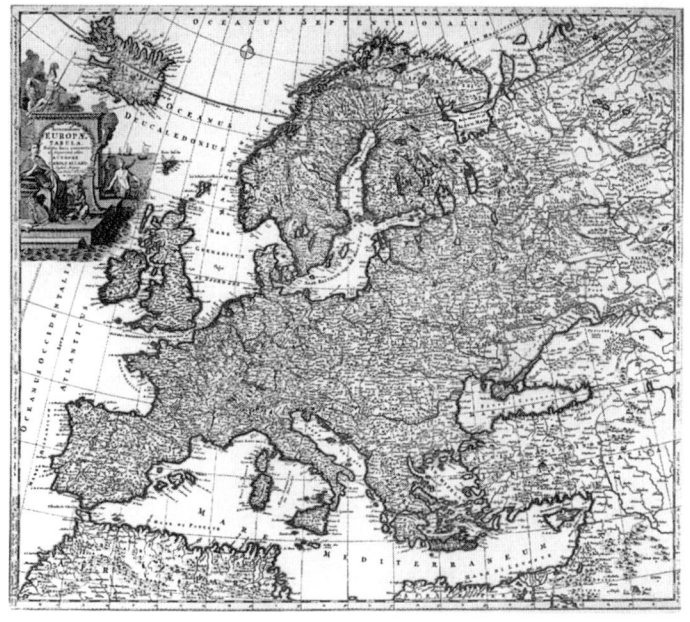

*Wenn Kepler den europäischen Kontinent als Mädchen im langen Gewand beschreibt, hat er berühmte Vorbilder in Kartenzeichnungen, wie sie vom 17. bis zum frühen 19. Jahrhundert üblich waren.*

Erde, so hat es doch sehr hohe Berge, sehr tiefe und steile Täler.« Stellenweise sei die Landschaft ganz porös, von Höhlen und Löchern durchbohrt.

Nicht nur die Gebirge, sondern auch das, was Levania hervorbringe oder was darauf umherschreite, sei ungeheuer groß, schließt Kepler aus der geringeren Anziehungskraft der kleinen Mondkugel. »Das Wachstum geht sehr schnell vor sich. Alles hat nur ein kurzes Leben, weil es sich zu einer so ungeheuren Körpermasse entwickelt.« Einige Mondgeschöpfe hätten Beine, die länger seien als die unserer Kamele, teils trügen sie Flügel. Im Allgemeinen herrsche jedoch die schlangenartige Gestalt vor.

»Die meisten sind Taucher, alle sind von Natur aus sehr langsam atmende Geschöpfe, können also ihr Leben tief am Grunde des Wassers zubringen.« Dabei wüssten sie sich wohl mit Tauchgeräten zu helfen, imaginiert Kepler, und bei längeren Wanderungen oder wenn sie sich vor Sonne oder Kälte verkriechen müssten, benutzten sie Kühlsysteme.

Der Leser erfährt noch, dass auf der der Erde zugewandten Seite des Mondes Wolken und Regen vorherrschen, die die Mondbewohner vor übermäßiger Hitze schützen und sich manchmal über die ganze Hemisphäre erstrecken. Dann bricht die Erzählung überraschend ab. »Als ich so weit in meinem Traum gekommen war, erhob sich ein Wind mit prasselndem Regen, störte meinen Schlaf und entzog mir den Schluss ...«

Ein abruptes Ende. Es erweckt beinahe den Eindruck, als sei Kepler vor der Kühnheit der eigenen Gedanken zurückgeschreckt.

In seiner fiktiven Mondbiologie hat er sich dem Spiel der Phantasie hingegeben. In der Fiktion wagt er sich noch weiter vor als in seiner *Neuen Astronomie*: Der studierte Theologe skizziert hier einen radikal anti-anthropozentrischen Kosmos, der mit der Heiligen Schrift kaum noch in Einklang zu bringen ist. Gerade im letzten Teil seiner Schrift ist einiges von der Verlockung zu spüren, die gesetzten Grenzen zu überschreiten und sich als freier Denker zu behaupten.

Zu seiner Überraschung bekommt er schon wenige Monate später Rückendeckung aus Padua. Galilei liefert ihm scheinbar glänzende Indizien für seine Ansichten. Durch sein neues Instrument sieht der Italiener den Mond tatsächlich als erdähnlichen Himmelskörper mit Bergen und Tälern.

Ermutigt durch Galileis Mondbeobachtungen knüpfen in der Folgezeit zahlreiche Gelehrte an Keplers *Traum vom Mond* an. Die Schrift trägt maßgeblich dazu bei, dass die mögliche Existenz belebter Welten jenseits der Erde im Verlauf des 17. Jahrhunderts und im ganzen Zeitalter der Aufklärung zu einem beliebten Gesprächsstoff wird.

So legt der britische Geistliche Robert Burton 1621 eine wissenschaftliche Abhandlung zum bewohnten Universum vor und fragt sich, ob Kepler mit seiner Vermutung über Lebewesen auf anderen Himmelskörpern recht hat. »Bewohnen sie einen besseren Teil der Welt als wir? Sind sie die Herren der Welt, oder sind wir es?« Francis Godwin, der Bischof von Hereford, orientiert sich in seiner 1638 publizierten Erzählung *The Man in the Moon* an Keplers Traktat. Und noch Cyrano de Bergerac erweist sich mit seiner populären *Reise zum Mond* als Kenner der keplerschen Astronomie.

Kepler selbst bezieht sich in seiner Mondreise ausdrücklich auf antike Vorbilder, in erster Linie auf Plutarch und dessen *Mondgesicht*. Doch auch noch im 16. Jahrhundert ist der Mond ein beliebtes Ausflugsziel der Dichter gewesen. Herausragendes Beispiel ist der 1532 erschienene Renaissance-Bestseller *Der rasende Roland*. Galilei etwa kennt die Geschichte, in der Graf Astolf Rolands Verstand auf dem Mond wiederfinden möchte, in- und auswendig. Sie ist für alle Gebildeten Italiens eine Pflichtlektüre, die Figuren des Romans von Ludovico Ariosto sind auch am Hof in Prag bestens bekannt.

Bücher wie dieses sind mit Keplers Schrift allerdings kaum zu vergleichen. Sie changiert zwischen Traumdichtung, Expeditionsbericht und Astronomielehrbuch und enthält einige Charakteristika der erst wesentlich später aufkommenden Science-Fiction. Dem Mathematiker geht es in erster Linie darum, Denkbarrieren einzureißen. Die Absicht, die er mit seinem *Traum* verfolge, sei, »am Beispiel des Mondes für die Bewegung der Erde zu argumentieren und so dem allgemeinen Widerspruch bei den Menschen gegen diese Annahme entgegenzuwirken«, hält er in seinen umfangreichen Anmerkungen fest. Sie sind erheblich länger als der eigentliche Text. Keplers kurze Erzählung hat 223 Fußnoten!

Handschriftliche Kopien des Manuskripts kursieren nach 1609 in Deutschland, kurz darauf auch in England. Sie bringen Kepler und seine Familie in große Schwierigkeiten. In Tübingen sei sogar in den Barbierstuben darüber geschwatzt worden, so Kepler, verleumderische Redereien seien zu Gerüchten angeschwollen, von Unwissenheit und Aberglauben aufgeblasen worden. Es ist die Rahmenhandlung, die ihm in Zusammenhang mit einem langjährigen Hexenprozess gegen seine Mutter Katharina übel ausgelegt wird. Die Mutter ist offensichtlich das Vorbild für deren zentrale Figur: die Gestalt der Fiolxhilde, eine Magierin, die mit Kräutern handelt. Sie weiht ihren Sohn Duracoto – Kepler selbst – in geheime Künste und Zeremonien ein und beschwört so den Dämon erst herbei, der die ganze Reise zum Mond schildert.

Erst nach dem Hexenprozess, von 1621 an, versieht Kepler den *Traum vom Mond* mit Anmerkungen. Den Druck gibt er selbst noch in Auftrag, ehe er 1630 stirbt.

Seinen Lesern hinterlässt er die düsteren Zeilen: »Groß ist die Vorahnung des Todes bei einer tödlichen Wunde, bei Leerung des Giftbechers, aber nicht geringer schien sie mir bei der Veröffentlichung dieser Schrift.«

# DAS NEUE UNIVERSUM
## Galilei, der Augenmensch

Es sind erhabene Orte. Das großzügige Landhaus in Arcetri, von wo aus Galilei über Weinberge, Felder und Olivenhaine der toskanischen Hügellandschaft schaut, ist einer von ihnen. Oder die etwas näher an Florenz gelegene »Villa dell'Ombrellino«. Sie bietet dem Wissenschaftler einen unvergleichlichen Blick über das Arnotal und die roten Dächer der Stadt, mittendrin die alle Häuser überragende, imposante Kuppel des Florentiner Doms.

Die Villen, in denen Galilei sein letztes Lebensdrittel verbringt, beeindrucken durch ihre Panoramen. In seinen mittleren Lebensjahren trifft man den Forscher nicht nur außerhalb, sondern auch innerhalb der Stadtmauern an. Er pendelt hin und her. In Florenz etwa wohnt er in einem nicht näher bekannten Haus »mit hohem Terrassendach«, dem er allerdings den entlegenen Landsitz seines Freundes Filippo Salviati vorzieht. Und verlässt man die Toskana, um auf seinem Lebensweg bis nach Padua zurückzugehen, sieht man ihn auch hier der Universitätsstadt bei vielen Gelegenheiten den Rücken kehren. Wenn er keine Vorlesungen zu halten hat, zieht es ihn in die Lagune Venedigs.

Als schlecht bezahlter Mathematikprofessor muss sich Galilei in den ersten seiner Paduaner Jahre mit engen Räumen und fremdem Mobiliar begnügen. Kaum aber hat er seine erste Gehaltserhöhung bekommen und sich als Privatlehrer etabliert, mietet er in der Via dei Vignali einen ganzen Palazzo: ein zweigeschossiges Gebäude mit breiter Fensterfront, das die Nachbarhäuser heute überragt. Es ist geräumig genug, um hohe Herrschaften zu empfangen und ein Dutzend Studenten mit ihren

Dienstboten unterzubringen. Der Hausherr selbst richtet sich ein Labor ein und nutzt seine Mußestunden dazu, im großen Garten hinter dem Haus eigenen Wein anzubauen. Das Grundstück grenzt an Park und Palais der Mäzenatenfamilie Cornaro; ein paar Schritte weiter, und man steht vor der Basilika des Heiligen Antonius von Padua.

Im Winter des Jahres 1609/10 verwandelt sich Galileis repräsentatives Wohnhaus in eine Sternwarte. Von seinem Palazzo aus beginnt der fünfundvierzigjährige Professor eine Weltinventur, die in der mehrere Tausend Jahre alten Geschichte der Astronomie einzigartig ist. Auf einmal wird aus dem Dozenten ein nächtlicher Beobachter, aus dem Bastler ein Entdecker und aus dem Fernrohr ein Instrument der Wissenschaft. Wohin auch immer er am Nachthimmel mit seinem Fernrohr schaut – das Universum zeigt ihm bisher ungeahnte Dimensionen.

Wo vorher dunkle Flecken waren, flimmert hinter Glas ein Meer von Sternen, »die die Anzahl der alten und bekannten um mehr als das Zehnfache übersteigen«. Im Siebengestirn der Plejaden zum Beispiel sind auf engstem Raum »mehr als vierzig weitere, unsichtbare gelegen«. Ähnlich ist es bei anderen Sterngruppen. »Zuerst hatte ich mir vorgenommen, das ganze Sternbild des Orion zu zeichnen«, erinnert sich Galilei. »Aber überwältigt von der ungeheuren Menge der Sterne und aus Mangel an Zeit verschob ich dieses Unterfangen auf eine andere Gelegenheit.«

Der Streit um die Zusammensetzung der Milchstraße, der die Philosophen seit so vielen Jahrhunderten gequält habe, könne nun getrost beigelegt werden: »Die Galaxis ist nämlich nichts anderes als eine Ansammlung zahlloser, haufenförmig angeordneter Sterne, denn auf welches ihrer Gebiete sich das Fernrohr auch richtet, bietet sich dem Auge unverzüglich eine gewaltige Menge von Sternen dar.«

Inmitten dieser unermesslichen Fülle nimmt Galilei bedeutende Unterschiede zwischen den Himmelskörpern wahr. Fixsterne und Planeten, die sich bis dahin gleichermaßen als winzige Lichtpunkte am Himmel gezeigt hatten, lassen sich jetzt mühelos auseinanderhalten. »Die Planeten nämlich bieten ihre kleinen Kugeln vollkommen rund und wie mit dem Zirkel gezogen dar, und wie kleine, überall vom Licht umhüllte Monde wirken sie kreisförmig.« Die Fixsterne dagegen seien nicht rund, sondern nach wie vor funkelnde Pünktchen und »von gleicher Gestalt wie mit dem bloßen Auge gesehen«.

All dies erfasst Galilei mehr oder weniger auf den ersten Blick. Jeder andere Forscher, dem man sein Teleskop in die Hände gegeben hätte, hätte wohl dasselbe gesehen. Wie schon bei der Konstruktion des Teleskops bringt ihn das neue Instrument schon wieder in eine schwer überschaubare Konkurrenzsituation: Er kann sich nicht sicher sein, ob er der Erste ist, der diese Beobachtungen macht. Fernrohre sind bereits seit mehr als einem Jahr im Umlauf. Und seit er selbst eines seiner Instrumente in Venedig vorgestellt hat, sind Monate vergangen. Genügend Zeit, um das Rohr mit den beiden Linsen nachzubauen, genügend Zeit für Entdeckungen am Nachthimmel.

Als Galileo Galilei im März 1610 in aller Eile seinen *Sternenboten* veröffentlicht, beginnt er die Schrift dennoch selbstbewusst mit den Worten: »Großes fürwahr unterbreite ich ... den einzelnen Naturforschern zur Anschauung und Betrachtung. Großes, so sage ich, zum einen wegen der Erhabenheit des Gegenstandes selbst, zum anderen wegen der bislang unerhörten Neuheit und schließlich wegen des Instruments, durch dessen Hilfe es sich unseren Sinnen offenbart.«

Er erhebt diesen Anspruch zu Recht, denn er ist nicht nur ein erfindungsreicher Instrumentenbauer. Sein eigentliches Hauptwerkzeug, das Auge, sieht zunächst mehr als das seiner Konkurrenten.

Unter anderem hat Galilei herausgefunden, dass der Mond »nicht glatt, gleichmäßig und von vollkommener Kugelgestalt ist, wie eine große Schar von Philosophen von ihm und den anderen Himmelskörpern glaubte, sondern ungleich, rau, mit vielen Vertiefungen und Erhebungen, nicht anders als das Antlitz der durch Bergketten und tiefe Täler allerorts unterschiedlich gestalteten Erde«.

*Das Mondgesicht*

Die Spekulationen darüber, dass der Mond keine perfekte Kugel, sondern der Erde ähnlich sein könnte, sind Jahrtausende alt. Schon Plutarch hat in seinem *Mondgesicht* die dunklen Bereiche des Mondes für Meere und die hellen Gegenden für Kontinente erklärt. Dieser antike Text scheint auf Galilei einen ähnlich großen Eindruck gemacht zu haben wie auf Kepler. Beide besitzen dieselbe Plutarch-Übersetzung.

Durch das Fernrohr sieht er jetzt vergrößerte Ausschnitte aus dem vertrauten Mondgesicht, eine gefleckte Mondscheibe mit hellen und dunklen Bereichen. Viele der Flecken sind kreisrund und in manchen Regionen so zahlreich und auffällig wie »die Augen in einem Pfauenschwanz«. Dazwischen nimmt Galilei helle Lichtreflexe wahr, die aber ganz lapidar durch Abbildungsfehler der Glaslinsen zustande kommen können. Was hat all dies zu bedeuten?

Das fragt sich auch der Brite Thomas Harriot, der den Mond schon ein halbes Jahr vor Galilei durch ein Fernrohr betrachtet und vermutlich als erster Wissenschaftler in dieser Weise von dem neuen Gerät Gebrauch gemacht hat. Sein Teleskop mit sechsfacher Vergrößerung ist zwar nicht ganz so leistungsfähig wie Galileis Instrument, trotzdem hat der Astronom bereits vor seinem italienischen Kollegen eine vielversprechende Fährte aufgenommen.

Wie aus Harriots erhalten gebliebenen Aufzeichnungen hervorgeht, skizziert er den Mond während seiner Beobachtungen im Juli 1609 grob auf einem Blatt Papier und wundert sich über dessen Fleckigkeit. Zwischen der sonnenbeschienenen Mondhälfte und der dunklen Seite zeichnet er eine Trennlinie ein, den Terminator. Harriot malt diese Grenzlinie zwischen Licht und Schatten als gebogene Linie. Es ist keine ebenmäßige Kurve, wie man es bei einer vollkommenen Mondkugel erwarten würde, sondern sie ist gezackt. Harriot stellt sie so dar, kommentiert den seltsamen Befund aber nicht.

Galilei nimmt die Zacken im Terminator ernst. Er deutet seine Auswüchse und Lichtreflexe als Gebirge und Vertiefungen, sieht in ihnen die Folge eines Lichtspiels, das entsteht, wenn die

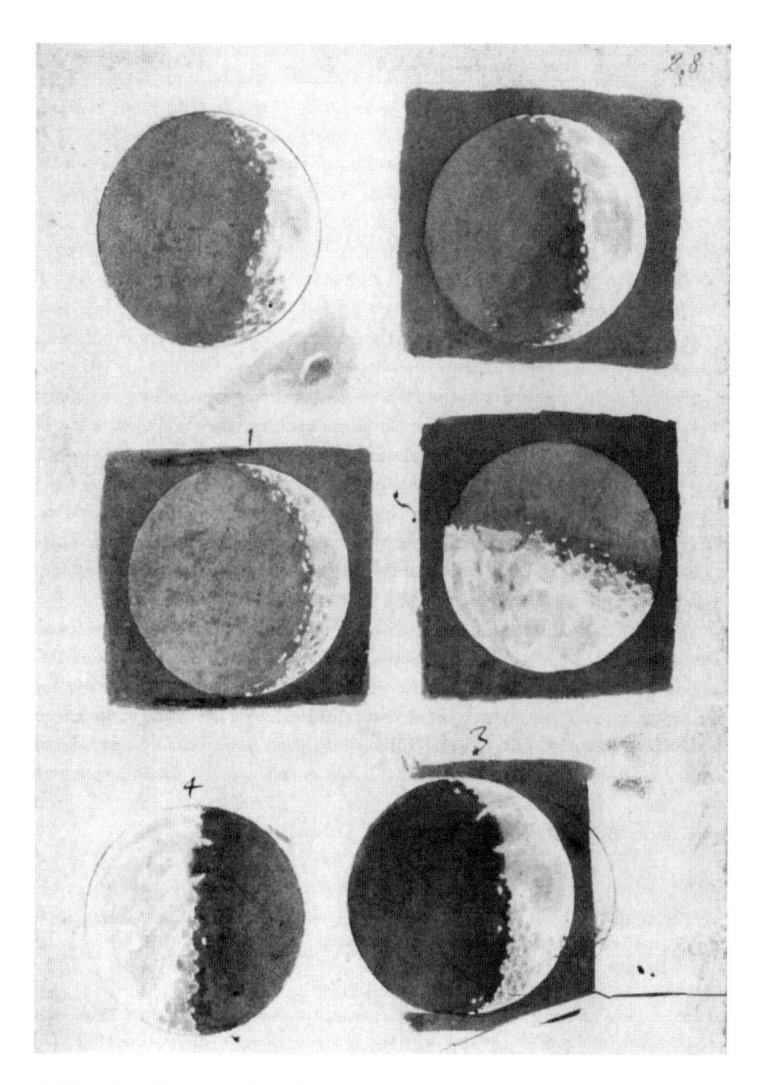

*Galileis berühmte Tuschzeichnungen des Mondes in seinen verschiedenen Phasen, dazwischen die Skizze eines typischen Mondkraters.*

Sonne die Gipfel der Mondgebirge bereits anstrahlt, während die Täler noch im Schatten liegen.

Ein Jahr später, nachdem er Galileis *Sternenboten* gelesen hat, sieht Harriot dasselbe, wenn auch mit einem etwas besseren Fernrohr als im Jahr zuvor. In eine Skizze des Mondes trägt er nun ebenfalls die Mondgebirge ein. Harriot zeichnet außerdem eine ausgesprochen detaillierte, aber nicht genau datierbare Mondkarte. Nichts davon veröffentlicht er. Bis heute ist ungeklärt, ob ihm erst Galilei die Augen geöffnet hat oder ob der Brite seine teleskopischen Entdeckungen – ähnlich wie im Fall seiner mechanischen Experimente – vielleicht doch parallel zu Galilei gemacht hat.

Die Schwierigkeiten, vor denen beide Forscher stehen, beschreibt der Brite Robert Hooke 1665 eindrucksvoll am Beispiel eines anderen Vergrößerungsinstruments, des Mikroskops, das nach seiner Erfindung noch fünfzig Jahre auf seinen großen Auftritt warten muss. Hooke schaut mit seiner Apparatur in einen bis dahin unerforschten Mikrokosmos hinein. Er betrachtet eine Fliege und möchte eine Vorstellung von ihren Facettenaugen gewinnen.

»Die Augen einer Fliege erscheinen in der einen Art der Beleuchtung nahezu wie ein Gitter, durchbohrt von vielen Löchern ... Bei Sonnenschein sehen sie aus wie eine Fläche, die mit goldenen Nägeln bestückt ist; in einer anderen Haltung wie eine Fläche, die mit Pyramiden besetzt ist, in einer anderen mit Kegeln«, schreibt Hooke in der Einleitung seiner *Micrographia*.

Bei seinen Untersuchungen geht Hooke systematisch vor. Durch die Linsen seines Mikroskops beobachtet er das Fliegenauge und andere Objekte bei verschiedenen Beleuchtungssituationen. Um ein einheitliches Bild zu gewinnen, muss er diese verschiedenen Anschauungen am Ende zusammenführen.

»Und daher fing ich niemals an zu zeichnen, bevor ich nicht durch viele Untersuchungen bei unterschiedlichen Beleuchtungsverhältnissen und in unterschiedlichen Positionen zu den Lichtquellen die wahre Form entdeckt hatte. Denn es ist bei einigen Objekten äußerst schwierig, zwischen einer Erhebung und einer Mulde zu unterscheiden, zwischen einem Schatten und einem schwarzen Fleck, zwischen einem Reflex und einer weißlichen Färbung.«

Während Hooke die Beleuchtung selbst regulieren kann, wird der Mond, den Galilei im Winter 1609/10 beobachtet, von der Sonne angestrahlt. Sie ist das Pendant zu Hookes Lampe. Allerdings mit einem entscheidenden Unterschied: Sie lässt sich nicht regulieren. Um die Struktur der Mondoberfläche aufzudecken, bleibt Galilei daher nichts anderes übrig, als sich die natürlich vorgegebenen Beleuchtungssituationen zunutze zu machen. Über Wochen hinweg fasst er den Mond ins Auge, während dieser aus unterschiedlichen Winkeln von der Sonne angestrahlt wird.

Wenn die Sonne zum Beispiel bei Vollmond hoch über dem Trabanten steht, verschwinden nahezu alle Schatten und Konturen. Unter dem starken Lichteinfall erscheint die Mondoberfläche dann fast strukturlos. Entlang der Schattengrenze dagegen, dem Terminator, geht die Sonne auf oder unter. Hier werfen die Mondgebirge entsprechend lange Schatten.

Um die Topografie des Mondes zu enthüllen, schlägt Galilei denselben Weg ein wie nach ihm Hooke. Er beobachtet und zeichnet den Mond in seinen verschiedenen Phasen: als Sichel und Halbmond, zu- und abnehmend, vom Sonnenlicht von rechts und links beschienen. Mit den Erfahrungen aus seinen mechanischen Experimenten und einer künstlerischen Ausbildung im Rücken analysiert er die Mondoberfläche in einer zeitlichen Bildfolge und registriert die Veränderungen im Wechselspiel von Licht und Schatten.

Dabei stellt er fest, »dass die besagten kleinen Flecken alle und immer darin übereinstimmen, dass sie einen schwärzlichen, dem Ort der Sonne zugewandten Teil haben; in dem von der Sonne abgewandten Teil hingegen werden sie von leuchtenden Begrenzungen, glühenden Bergrücken gleich, gekrönt«.

Galilei vergleicht diese Situation mit einem Sonnenaufgang auf der Erde, »wenn wir die noch nicht mit Licht erfüllten Täler sehen, die Berge aber, die sie auf der von der Sonne abgewandten Seite umgeben, bereits voll erglänzen«. So wie die Schatten in diesen Tälern auf der Erde kleiner werden, wenn die Sonne

*Galilei, der Augenmensch*  63

aufsteigt, sei dies auch bei den kleinen Mondflecken zu beobachten. Aus dem Schattenwurf meint Galilei sogar, die Höhe der Mondgebirge berechnen zu können. Er schätzt, dass die Gipfel dort noch höher sind als auf der Erde.

Anders als mit den kleinen verhält es sich mit den großen Mondflecken. Hier kann Galilei keinerlei Konturen ausmachen. Die dunklen Mondgebiete seien eben wie die Ozeane, es gebe darin weder Höhlungen noch Erhebungen, »sodass, wollte man die alte Auffassung der Pythagoreer wiederaufnehmen, dass nämlich der Mond gleichsam eine zweite Erde sei, sein leuchtender Teil recht gut die Landfläche und der dunklere die Wasserfläche darstellen würde«.

*Mit dem Auge des Künstlers*

So genau Galilei seine Eindrücke mit Worten schildert, so meisterhaft sind seine Zeichnungen. Obschon er durch das Fernrohr immer nur einen Teil der Mondoberfläche sehen kann und die Ausschnitte wie in einer Montage zu einem Gesamteindruck zusammenfügen muss, hält er in beeindruckender Weise fest, was er erkennt.

Der Kunsthistoriker Horst Bredekamp hat die Mondbilder Galileis analysiert, nachdem im Jahr 2005 in einem New Yorker Antiquariat ein bislang unbekanntes Exemplar des *Sternenboten* aufgetaucht war. Es enthält keine Stiche, sondern Tuschzeichnungen, bei denen es sich laut Prüfung durch zahlreiche Experten vermutlich um Originale handelt.

Bredekamp hebt hervor, mit welcher Plastizität Galilei die zerklüftete Mondoberfläche darstellt. »Es ist für mich das Erstaunlichste, dass es Personen gab, die den Mond ohne diese zeichnerischen Fähigkeiten betrachteten, aber nicht das sahen, was Galilei sah. Das bezeugt, dass zwischen Erkennen und Zeichnen ein unmittelbarer Bedingungszusammenhang besteht. Galilei hat sehend und zeichnend erkannt.«

Sicherlich ist es kein Zufall, dass die neuzeitliche Wissenschaft der Malerei der Renaissance und ihrer neuen Bildsprache auf dem Fuße folgt. Kein geringerer als Leonardo da Vinci hat in seinem Versuch, die Malerei als Wissenschaft zu begründen, seine Kunst als angewandte Mathematik und sich selbst als Mathematiker bezeichnet.

So fremd uns die Darstellungen des Mittelalters teils sind, so vertraut erscheinen uns die Bilder und Zeichnungen eines Leonardo oder Raffael, van Eyck oder Dürer. Nicht zuletzt die Mittel der Perspektive und der Geometrie eröffnen der Malerei ein bis dahin verschlossenes Fenster zur Welt. Der Künstler übersetzt das, was er sieht, in ein System aus Sehstrahlen, die in streng geometrischem Sinn und mit technischen Hilfsmitteln auf die Bildebene projiziert und dort zu einem Abbild zusammengesetzt werden.

Allerdings möchte Leonardo nicht bloß festhalten, was das Auge sieht. In seinen Zeichnungen analysiert er das Zusammenspiel der Muskeln des menschlichen Körpers oder die Strömung des Wassers, zerlegt seine Objekte, vergrößert einzelne Ausschnitte, integriert unterschiedliche Perspektiven in ein und dasselbe Bild. Das Zeichnen ist für ihn ein Erkenntnisinstrument. Leonardo hinterlässt Zehntausende Skizzen, anatomische und botanische Zeichnungen, systematische Studien zur Mechanik und Hydrodynamik.

Zu Galileis Studienzeit in Florenz sind Leonardos Zeichentechniken bereits in Lehrbücher eingegangen, er selbst ist mit der Kunst der Perspektive und des Schattenwurfs bestens vertraut. Als Student hat er die Mathematik über den Umweg der Kunstakademie bei Ostilio Ricci gelernt und dort jene Fertigkeiten erworben, die er später bei seinen Mondzeichnungen einsetzt. In Florenz wird Galilei als Kunstkenner geschätzt, er berät sich mit seinem langjährigen Freund, dem seinerzeit bekannten Maler Ludovico Cigoli, und wird 1613 selbst zum Mitglied der Accademia del Disegno gewählt.

Galilei macht die Zeichnung, die in Medizin und Botanik längst Einzug in wissenschaftliche Werke gefunden hat, auch in der Astronomie zu einem Erkenntniswerkzeug. Sie findet hier ebenfalls schnell Verbreitung. In den 1640er-Jahren zeichnet der belgische Mathematiker Michael Florent van Langren eine wunderbare Mondkarte, kurz darauf gibt der Danziger Astronom

Johannes Hevelius ein Astronomiebuch heraus, in dem Zeichnungen vom Mond eine zentrale Rolle spielen.

*Bilder der Wissenschaft*

Bis zu Galileis Fernrohrbeobachtungen war die Astronomie eine nahezu bilderlose Wissenschaft. Abgesehen von gelegentlich vorbeiziehenden Kometen gab es nichts abzubilden. Der nächtliche Himmel bestand aus vielen kleinen Sternenpünktchen. Man konnte sie zwar zur besseren Orientierung zu phantasievollen Sternbildern gruppieren, aber das war keine Aufgabe der Wissenschaft. Der Astronom beschränkte sich darauf, das regelmäßige Vorüberziehen der Gestirne in Tabellen und Diagrammen festzuhalten.

Ein krasser Gegensatz zur heutigen Astronomie! Der Besuch eines modernen astronomischen Forschungsinstituts ist ein sinnliches Erlebnis. Die Forscher plakatieren ihre Arbeitszimmer und Flure wie Galerien, stellen aktuelle Fotos von Spiral- oder Balkengalaxien aus, Ansichten der neuesten Sonneneruptionen, farbenprächtige Aufnahmen der Saturnringe oder der Marslandschaften. Die Fotosequenzen verschieden alter Galaxien zum Beispiel geben Aufschluss darüber, wie sich die fernen Milchstraßen im Lauf der Jahrmilliarden entwickelt haben, wie kleine Sternsysteme zu großen Welteninseln zusammengewachsen sind.

Nicht weniger beeindruckend ist der Blick in das Familienalbum der Planeten. 3-D-Aufnahmen vom Mars vermitteln eine Vorstellung von der geologischen Geschichte unseres Nachbarplaneten. Anhand solcher Bilder erkennt auch ein Laie sofort die Ähnlichkeit zwischen Mars und Erde: dass es dort Canyons gibt wie in Arizona, Wüsten wie in Afrika, Eis wie in der Arktis und Vulkane wie – nein, so riesige Schildvulkane wie auf dem Mars findet man auf der Erde nicht. 22 000 Meter ragt Olympus Mons in die Höhe, und in den riesigen Krater des Marsvulkans, seine Caldera, würde der gesamte Berliner Autobahnring hineinpassen.

Um den Wunsch nach immer neuen Aufnahmen und Einblicken ins Universum zu befriedigen, werden Raumsonden wie »Mars-Express« und Weltraum-Teleskope wie »Hubble« auf Reisen geschickt. Wo sich der Horizont der Erkenntnis noch nicht weit genug hinausschieben lässt, müssen schließlich Computersimulationen herhalten und virtuelle Bilder erzeugen, die eine Fülle von Informationen bieten und oft selbst für Laien zugänglich sind.

Auch Galileis *Sternenbote*, obschon auf Latein verfasst, soll für den Nichtfachmann lesbar sein. Den Zeichnungen kommt daher als Beweismittel eine besondere Bedeutung zu. Der gebürtige Florentiner malt die Mondoberfläche, wie sie sich ihm in den verschiedenen Mondphasen zeigt, wirft Sternhaufen, Nebel und Ausschnitte der Milchstraße aufs Papier.

Die Deutung der Mondflecken ist ein kniffliger Aspekt seiner Arbeit. Er erkennt die gebirgige Struktur erst in einem Wechselspiel aus Beobachtung, Zeichnung und Reflexion. Dabei versucht er zunächst, anhand bekannter Phänomene auf der Erde plausibel zu machen, dass der Mond der Erde ähnlich ist, und wendet anschließend das Blatt, um zu zeigen, dass die Erde ein Himmelskörper ist wie der Mond.

Auch sie werde von der Sonne angestrahlt, ein Teil des von der Erde reflektierten Sonnenlichts falle auf den Mond zurück. Durch diese indirekte Beleuchtung werde die Nachtseite des Mondes ein wenig aufgehellt. Für den Erdbewohner schimmere sie aschgrau und fahl, ein Phänomen, das Leonardo bereits beschrieben hat.

Galilei hält sich bei diesem Lichtspiel nicht allzu lange auf. Er stellt eine ausführlichere Abhandlung dazu in Aussicht, um denjenigen noch mehr Beweise vorlegen, »die da behaupten, man müsse die Erde aus dem Reigen der Sterne vor allem deshalb fernhalten, weil sie ohne Bewegung und ohne Licht sei. Dass sie sich aber in der Tat bewegt und den Mond an Glanz übertrifft, ... werden wir beweisen und mit zahllosen natürlichen Gesetzen bekräftigen.«

Das avisierte Werk, dessen Titel er sogar schon bekannt gibt, lässt 22 Jahre auf sich warten. Johannes Kepler wird nicht mehr lesen können, wie Galilei in seinem *Dialog über die beiden hauptsächlichen Weltsysteme* Stellung für das kopernikanische Weltbild bezieht. Den *Sternenboten* jedoch erlebt er als epochalen Einschnitt, als völlig überraschende Entdeckung einer bis dahin unsichtbaren Realität, die die Astronomie in eine Zeit vor und eine Zeit nach dem Fernrohr einteilt.

## Ein Planetensystem im Kleinen

»Was aber über alle Maßen staunen macht«, schreibt Galilei, »und uns vornehmlich veranlasst, alle Astronomen und Philosophen zu unterrichten, ist indes, dass wir vier niemandem vor uns bekannte und noch nie beobachtete Wandelsterne entdeckt haben.« Mehr noch als die Mondgebirge kennzeichnen die vier neuen Himmelskörper die durch das Teleskop eingeleitete Wende. Galilei widmet die vier Monde dem Großherzog der Toskana und nennt sie die »Mediceischen Gestirne«.

Das Ensemble ist ein ausgezeichnetes Modellsystem. Galilei gelingt es nachzuweisen, dass die vier Himmelskörper den Jupiter umkreisen wie unser Mond die Erde. Das aber bedeutet, dass sich nicht alle Gestirne um die Erde drehen, diese also nicht der unbestreitbare Nabel der Welt ist. Es gibt mindestens ein weiteres Zentrum im Kosmos.

Um diese These zu stützen, geht Galilei wiederum systematisch vor. Über Wochen hinweg zeichnet er die Positionen der neu entdeckten Monde auf. Da sie sich nur als kleine Pünktchen in Jupiters Nachbarschaft zeigen, bedarf es dazu keines zeichnerischen Geschicks. Erstaunlich ist vielmehr, dass Galilei die Jupitermonde überhaupt so schnell entdeckt. Wieder widmet er einer irritierenden, zunächst jedoch belanglos erscheinenden Einzelheit seine volle Aufmerksamkeit. Er beschreibt selbst, wie es dazu kommt:

»Als ich nun am siebenten Januar des gegenwärtigen Jahres 1610 um die erste Stunde der anbrechenden Nacht die Gestirne des Himmels durch das Fernrohr betrachtete, zeigte sich mir Jupiter; und da ich mir ein vortreffliches Instrument verfertigt hatte, erkannte ich (was mir zuvor wegen der Schwäche des anderen Geräts nie begegnet war), dass bei ihm drei zwar sehr kleine, aber sehr helle Sterne standen.« Zwei davon sieht er östlich von Jupiter, einen westlich vom Planeten.

Zwar fasst er in diesem Moment noch nicht den Plan, der Sache auf den Grund zu gehen. Aber die hellen Sterne versetzen ihn in Erstaunen, »weil sie genau auf einer gerade Linie parallel zur Ekliptik zu liegen schienen und glänzender waren als andere Sterne gleicher Größe«.

Am selben Tag schreibt er einen Brief an Antonio de' Medici. Er spricht darin ausführlich von den Mondgebirgen, erwähnt die drei Fixsterne, die er an diesem Abend in Jupiters Nachbarschaft gesehen habe und die wegen ihrer Kleinheit mit bloßem Auge nicht zu sehen seien, allerdings nur in einer Randbemerkung.

Stattdessen lässt er sich über die Launen seines Instruments aus: Die Linsen müssten immer wieder mit einem Tuch gereinigt und vor dem Atem geschützt, das Rohr stets ruhig gehalten werden, um das anvisierte Ziel nicht aus dem Auge zu verlieren. »Und man sollte das Fernrohr an einer stabilen Auflage fixieren, um das Zittern der Hände auszuschalten, das von der Bewegung der Arterien und der Atmung herrührt.«

Schon am nächsten Tag verunsichern ihn seine erneuten Fernrohrbeobachtungen. »Als ich mich aber, ich weiß nicht, durch welche Fügung, am achten wiederum derselben Untersuchung zugewandt hatte, fand ich eine ganz andere Anordnung vor. Die drei Sternchen waren alle westlich von Jupiter, einander näher als in der vorausgegangenen Nacht.«

Galilei hält inne. Er beginnt zu zweifeln. Gibt es eine plausible Erklärung für diese seltsame Veränderung? Möglich, dass Jupiter die Sterne in der Zwischenzeit überholt hat. Dann aber würde die Bewegung dieses Planeten anders verlaufen, als in astronomischen Tabellen festgehalten ist.

»Deshalb wartete ich mit Ungeduld auf die folgende Nacht.« Die ist bewölkt. Erst am 10. Januar zeigt sich Jupiter wieder. Und diesmal sind nur zwei Sternchen bei ihm. »Der dritte war, vermutete ich, unter Jupiter versteckt.«

In dieser Nacht begreift er, dass es nicht Jupiter ist, der sich bewegt hat. »Da wurde aus Zweifel Staunen, und ich wusste nun, dass die auftretende Veränderung nicht von Jupiter, sondern von besagten Sternen herrührt.«

Von nun an beginnt eine nächtliche Fleißarbeit. Vom 7. Januar bis zum 2. März sitzt er Nacht für Nacht vor seinem ein bis anderthalb Meter langen Teleskop, wenn man von wenigen unerwünschten Unterbrechungen wegen schlechten Wetters absieht. Statt die Abende in geselliger Runde zu verbringen, zieht sich Galilei schon vor Einbruch der Dämmerung zurück. Für seine Studenten ist er kaum noch ansprechbar.

Wieder fertigt er eine sorgfältige Zeitreihe an. Von seinem Palazzo in Padua aus notiert er die Anordnung der wandelnden Objekte, ihre Abstände und ungefähre Helligkeit in kleinen Diagrammen, die er im Schein einer Kerze auf ein Blatt Papier zeichnet. »Ich vermerkte darüber hinaus auch die Uhrzeiten der Beobachtungen, vor allem, wenn ich mehrere in derselben Nacht anstellte; denn die Umdrehungen dieser Planeten sind so schnell, dass man gewöhnlich auch stündliche Unterschiede wahrnehmen kann.«

Am 13. Januar sieht er erstmals vier Himmelskörper zusammen mit Jupiter auf einer Linie. Ihre Zahl ändert sich ständig, weil sie immer wieder hinter dem großen Planeten verschwinden, von dem Galilei annimmt, dass ihn eine große Dunsthülle umgibt. In insgesamt 65 kleinen Skizzen dokumentiert er, was er bis zur endgültigen Drucklegung der Schrift beobachtet. Es folgt eine kurze, prägnante Analyse:

Für niemanden könne es nach dem Gesagten zweifelhaft sein, dass die vier Monde Umdrehungen um Jupiter vollziehen. Sie bewegten sich dabei auf ungleichen Kreisen, weil sie nur dann, wenn sie ganz nah bei Jupiter stünden, dicht zusammengedrängt seien. In größerem Abstand von ihm finde man dagegen nie zwei von ihnen eng beieinander. Außerdem sei anzunehmen, dass sich die Monde, die engere Kreise um Jupiter ziehen, schneller bewegen, während der Mond mit der größten Kreisbahn einen halben Monat für einen Umlauf brauche. Bezüglich der Umlaufzeiten ist er sich nicht ganz sicher. Daher ruft er »alle Astronomen auf, sich der Erforschung und Bestimmung ihrer Umläufe zu widmen«.

Nach der ausführlichen Dokumentation seiner Beobachtungen verteidigt Galilei erstmals in seiner wissenschaftlichen Laufbahn öffentlich die kopernikanische Theorie. Er habe nun einen ausgezeichneten Beweis, um denjenigen jeden Vorbehalt zu nehmen, die im kopernikanischen System die Umdrehung der Planeten um die Sonne zwar noch hinnehmen würden, »von der Annahme aber, der Mond allein umkreise die Erde, während beide ihre jährliche Bahn um die Sonne vollführen, so sehr aus der Fassung gebracht werden, dass sie meinen, man müsse einen solchen Aufbau des Universums als unmöglich verwerfen«. Jetzt zeigten sich unseren Sinnen gleich vier Gestirne, die den Jupiter umkreisten wie der Mond die Erde und die alle zusammen in einem Zeitraum von zwölf Jahren in einem großen Kreis um die Sonne zögen.

Weiter wagt er sich nicht vor. Ein entschiedenes Plädoyer für die kopernikanische Weltsicht bleibt vorerst aus, denn noch mangelt es ihm an Beweisen. Er möchte sich nicht gleich durch Spekulationen angreifbar machen. Die Entdeckungen sollen erst einmal für sich sprechen.

# WARUM IST ES NACHTS DUNKEL?
## Kepler und die Sternstunde der Wissenschaft

Rudolf II. hat sich in seiner Prager Burg verschanzt. Er ist verbittert und voller Hass auf seinen Bruder Matthias, der nach seiner Krone greift. Die böhmischen Adligen, die eigentlichen Gewinner des Bruderzwists, haben sich auf dem Hradschin und der Kleinseite der Moldau breitgemacht.

In seiner Burg sitzt der Kaiser wie in einer Falle. Manchmal spielt er mit dem Gedanken zu fliehen. Oder sollte er kämpfen? Dazu stachelt ihn sein ehrgeiziger Vetter an, Erzherzog Leopold, Bischof von Passau. Er möchte Prag und ganz Böhmen lieber heute als morgen rekatholisieren und sich dann selbst die Kaiserkrone aufsetzen. Leopold hat damit begonnen, eine Armee zusammenzuziehen, der Kaiser dagegen scheut sich davor, politische Beschlüsse zu fassen.

Die Vertreter einer hochrangigen toskanischen Gesandtschaft, die sich 1609 in Prag aufhält, zeichnen ein trauriges Bild von den Verhältnissen am Hof. Verwirrt und in krankhafter Melancholie wolle der Kaiser nur mehr allein sein. Er schließe sich in seinem Schloss wie in einem Gefängnis ein, beschreibt Daniel Eremita den Eindruck, den Rudolf II. bei der Delegation hinterlassen hat. Der Kaiser vernachlässige seine Staatsgeschäfte, treibe sich stattdessen in den Ateliers der Maler und in den Labors der Alchemisten herum. Er habe all das zerstört, was früher einmal das Fundament seiner Regierung gewesen sei.

Nicht ohne Grund nennt man ihn »Rodolfo di poche parole«, den Wortkargen. Was in seinem Kopf vorgeht, bleibt selbst seinen engsten Vertrauten verborgen. Er sitzt allein zu Tisch, ist nervös und lärmempfindlich. Manchmal schnitzt er, hört Kammermusik, kauft sündhaft teure Bilder und Bücher, lässt sich Rhinozeroshörner und Magensteine exotischer Tiere, Talismane und Gemmen kommen. Der Kaiser glaubt an die astrale Kraft der Steine und an himmlische Vorzeichen, konsultiert astrologische Berater lieber als den spanischen Botschafter und andere hochrangige Politiker.

Kepler sieht sich mit in der Verantwortung, ihn vor Wahrsagern und Magiern zu schützen. »Die Astrologie bringt den Monarchen ungeheuren Schaden, wenn ein pfiffiger Astrolog mit der Leichtgläubigkeit der Menschen spielen will«, schreibt er an einen Vertrauten des Kaisers. »Dass dies nicht unserem Kaiser zustößt, muss ich mir Mühe geben. Der Kaiser ist leichtgläubig.«

Einer der meistgefragten Sterndeuter am Hof ist Kepler selbst, dessen vorsichtig abwägende Vorhersagen sich von den oft reißerischen Prognosen seiner Kollegen abheben. Von vielen Seiten wird er um Horoskope gebeten, so zum Beispiel von Albrecht von Wallenstein, dem später berühmten Feldherrn im Dreißigjährigen Krieg. Von ihm zeichnet Kepler ein so treffendes wie widersprüchliches Charakterbild.

Astrologische Vorhersagen sind ein heikles Geschäft. Galilei hat sich daran im Januar 1609 die Finger verbrannt. Mit einem Horoskop für den Großherzog der Toskana lag er so daneben, dass sein eigener Stern am Hof der Medici erst einmal sank.

Als die Gefolgsleute des Thronanwärters Matthias schließlich Keplers Auskünfte über die Beschlüsse des Himmels wünschen, kommt auch er in eine brenzlige Situation. Absichtlich macht er ihnen falsche Angaben: Obwohl der Kaiser ungünstige Direktionen hätte, habe er ihm ein langes Leben vorausgesagt, erzählt er einem kaiserlichen Berater.

Den vielen Hofastrologen wirft er unverantwortliches Handeln und Profilierungssucht vor. »Ich bin der Meinung«, so Kepler, »dass die Astrologie nicht nur aus dem Senat heraus muss, sondern auch aus den Köpfen jener, die heute dem Kaiser am besten raten wollen; man muss sie aus dem Gesichtskreis des Kaisers völlig fernhalten.«

*Eine Welt hinter Glas*

Rudolf II. interessiert sich für alles, was auch nur im Entferntesten mit der Sternkunde zu tun hat. Außerdem hat er ein Faible für optische Phänomene, sammelt Kristallkugeln, Linsen und gewölbte Spiegel aus Glas und Bergkristall, die die Gegenstände vergrößern oder verkleinern. Eines der Prachtexemplare in der reichen kaiserlichen Kunstkammer, die sich über vier Räume erstreckt und nicht zuletzt der Forschung und alchemistischen Experimenten dient, ist ein Spiegel von 1,90 Metern Durchmesser auf einem zweieinhalb Meter hohen Gestell.

Natürlich darf auch das in Flandern erfundene Fernrohr in seiner Galerie nicht fehlen. Über zahlreiche Mittelsmänner besorgt sich Rudolf II. die jeweils neuesten Versionen des Vergrößerungsinstruments. Das Inventar aus dem Jahr 1611 verzeichnet achtzehn verschiedene Fernrohre, viele davon aus Venedig.

Wenn man Keplers Äußerungen Glauben schenken darf, richtet der Kaiser aber schon im Januar 1610 ein primitives Fernrohr zum Himmel – just zu der Zeit, als Galilei den Mond von Padua aus mit dem Fernrohr betrachtet und seine wunderbaren Zeichnungen der Mondoberfläche anfertigt. Kepler nimmt die Sache nicht sonderlich ernst. Er beachtet das kleine Guckrohr nicht weiter. Was soll er mit dem Spielzeug? Der seit seiner Geburt kurzsichtige Astronom verspricht sich nicht viel von einer zwei- oder dreifachen Vergrößerung. Anders als Galilei sieht er das Potenzial dieser Erfindung zunächst nicht.

Seine Majestät, Kaiser Rudolf II., dagegen ist begeistert: Er sei überzeugt davon, in den Flecken des Mondes spiegele sich das Antlitz der Erde, notiert Kepler. Der Kaiser sei »in der Meinung befangen, dass die Bilder und Kontinente der Erde vom Monde wie von einem Spiegel zurückkommen. Vor allem führte er an, ihm komme es so vor, als sehe er das Bild von Italien mit den beiden daran anstoßenden Inseln ausgeprägt.«

In Keplers Augen eine Schnapsidee, die ihm aus antiken Schriften geläufig ist. Wenn es sich tatsächlich so verhielte, müsste sich das Spiegelbild verändern, während der Mond am Himmel seine Bahnen zieht. Der Mond aber zeigt den Erdbewohnern stets dasselbe eigentümliche Gesicht.

Die astronomischen Neigungen des Kaisers beunruhigen Kepler bisweilen mehr, als dass er sich über sie freuen kann. Während der schwermütige Herrscher zu den Sternen schaut, kehrt er dringenden Reichsgeschäften den Rücken. Um den Bruderzwist beizulegen, schlagen unter anderen die Spanier vor, ein Treffen der katholischen Reichsfürsten und Erzherzoge in Prag einzuberufen. Denn im Westen des Reiches ist ein Erbstreit um das kleine Herzogtum Jülich-Berg entbrannt. Die deutschen Protestanten haben in dieser Angelegenheit ein Bündnis mit Heinrich IV., dem König von Frankreich, geschlossen, der eine schlagkräftige Armee zusammentrommelt.

Rudolf II. weiß nicht, ob eine solche Zusammenkunft in Prag Gutes für ihn bedeutet. Er hofft zwar darauf, die Fürsten bei dieser Gelegenheit auf seine Seite ziehen und gegen seinen Bruder Matthias einnehmen zu können. Aber schon kurz nachdem im Januar 1610 die Einladungen verschickt sind, möchte der zaudernde Kaiser die Verhandlungen am liebsten wieder abblasen.

Kepler blickt sorgenvoll in die Zukunft. Schon mehrfach hat er sich an den Herzog von Württemberg und an seine ehemalige Universität Tübingen gewandt, um vielleicht dort eine sichere Stelle zu finden. Bislang ohne Erfolg. Genauso vergeblich spekuliert er auf einen Posten an der Universität Wittenberg.

Auch wartet er schon den ganzen Winter über auf irgendein Echo auf seine *Neue Astronomie*. Wie werden die Kollegen auf seine Himmelsphysik reagieren? Was werden sie zu der Ellipsenbahn sagen, die den Lauf des Planeten Mars so präzise wiedergibt?

Bisher ist die erhoffte Resonanz ausgeblieben. Zwei lächerliche Briefe von Giovanni Antonio Magini! Der Astronom aus Bologna äußert sich nicht einmal zu den Planetengesetzen, er hat sich an einem dummen Rechenfehler festgebissen.

Kepler quält sich mit einer Erwiderung herum. Gerne würde er Magini für eine Zusammenarbeit gewinnen, denn er möchte eine möglichst verlässliche astronomische Datensammlung herausgeben, die die Positionen der Gestirne für die beiden zurückliegenden und die kommenden sechs Jahrzehnte enthalten soll – ein Vorhaben, das er kaum allein bewältigen kann.

Schließlich wendet er sich an den Kollegen in Bologna und bittet ihn um seine Hilfe. Einen Anfang habe er bereits mit dem Mars gemacht, schreibt er nach Italien. »Wenn ich aushalte und nicht überdrüssig werde, so kann ich in sechs bis sieben Stunden hintereinander die Ephemeriden des Mars für ein Jahr schreiben … Wäre es möglich, dass wir uns zu einer sicheren und vertrauensvollen Zusammenarbeit verbinden …? Das würde die Bücher wegen des Rufes, den wir beide genießen, leichter verkäuflich machen und die Sache selber fördern.«

Kepler lädt den auch vom Kaiser geschätzten Professor zu einem Forschungsaufenthalt nach Prag ein. Er kann ihm allerdings keine finanziellen Sicherheiten geben. Mit der prekären Lage Rudolfs II. ist bereits seine eigene Stellung am Hof unsicherer denn je.

Sämtliche kaiserlichen Hofdiener haben zu Beginn des Jahres im Schlosshof protestiert und den Kammerpräsidenten beschimpft, weil ihnen die Löhne nicht mehr ausbezahlt werden. Kepler selbst hat seine *Neue Astronomie* komplett veräußern müssen. Nicht einmal an seine Mathematikerkollegen hat er Freiexemplare senden können, weil ihm der Kaiser sein Gehalt nicht zahlt. »Da er mich stramm hungern lässt, sah ich mich genötigt, alle ohne Ausnahme an den Drucker zu verkaufen.« Kein Wunder, dass Magini unter solchen Umständen dankend ablehnt.

*Unfassbare Neuigkeiten*

Keplers berufliche Aussichten in Prag sind trist, als er Mitte März 1610 von einer Nachricht überrascht wird, die sich in der Gelehrtenwelt wie ein Lauffeuer verbreitet: In Padua soll Galileo Galilei mit einem Fernrohr zum Nachthimmel geschaut haben. Mithilfe der geschliffenen Gläser habe er vier bislang unbekannte Planeten entdeckt.

Die Neuigkeit reißt ihn aus seiner Winterstarre. Als ihm sein Freund Wackher von Wackenfels im Vorbeifahren davon erzählt, ist Kepler so verwirrt, dass er für einen Augenblick den Boden unter den Füßen verliert. Mit einem Mal sieht er all das infrage gestellt, was er selbst bisher am Firmament gesehen, was er darüber gedacht und geschrieben hat.

Was sind das für neue Planeten? Und gleich vier an der Zahl? Seine ganze Anspannung entlädt sich in einem unwillkürlichen Lachen, das er zu Beginn eines langen Briefes an Galilei beschreibt:

»Schon lange saß ich untätig zu Hause herum, immer nur in Gedanken an dich und einen Brief von dir, unübertrefflicher Galilei! Auf der vergangenen Messe habe ich nämlich ein Buch ..., die Frucht langjähriger Arbeit, an die Öffentlichkeit gegeben. Und seit der Zeit, als hätte ich in schwerstem Kriegszug Ruhm genug erworben, machte ich eine Pause in meinen Studien. Es müsse doch sein, glaubte ich, dass unter anderen auch Galilei, der Fähigste von allen, brieflich mit mir über die von mir verkündete neue Art der Astronomie oder Himmelsphysik in Gedankenaustausch trete, und den vor zwölf Jahren begonnenen, aber abgebrochenen Briefwechsel wiederaufnehme.

Ganz unvermutet kommt da aber um den 15. März durch Kuriere die Nachricht nach Deutschland, mein Freund Galilei sitze statt an der Lektüre des Buches eines andern an einer eigenen Arbeit ganz ungewöhnlichen Inhalts, nämlich (von den andern Kapiteln seines Büchleins zu schweigen) über vier bisher unbekannte, durch Anwendung einer zweifachen Linse gefundene Planeten. Als mir das der erlauchte Rat Seiner Kaiserlichen Majestät und Berichterstatter des hohen kaiserlichen Konsortiums, Herr Joh. Matthäus Wackher von Wackenfels, vom Wagen herab vor meiner Wohnung verkündet hatte, befiel mich bei näherem Nachdenken über das Unglaubliche, was ich gehört hatte, solches Staunen, bestürmten mich solche Gemütserregungen (ganz unvermutet war nämlich eine alte Streitfrage zwischen uns entschieden), dass er vor Freude, ich vor Schamgefühl, jeder lachend in der Verwirrung über die Neuigkeit, er nicht genug erzählen, ich nicht genug hören konnte.«

Keplers ganze Aufregung spiegelt sich in der Schilderung dieser Szene. Wackher teilt ihm die mitreißenden Neuigkeiten zwischen Tür und Wagen mit, und noch bevor er irgendwelche Einzelheiten erfahren hat, spürt Kepler die Bedeutung des historischen Augenblicks bereits am eigenen Leib.

Er lacht. Er lacht, als stünde er neben sich und könnte sich und seine Situation für einen Moment aus einer anderen Warte betrachten: Wenn Galilei recht hat, dann haben ihn die eigenen Augen bisher getäuscht. Sie haben ihm nur einen kleinen Ausschnitt aus einer Wirklichkeit gezeigt, die viel umfassender ist. Und nicht nur ihm ist es so ergangen, sondern allen Protagonisten der Jahrtausende alten astronomischen Wissenschaft, ob sie nun Hipparchos oder Ptolemäus hießen, Kopernikus oder Tycho Brahe. Wenn Galilei recht hat, dann gibt es eine Welt, die jenseits der menschlichen Sinne liegt, und es bedarf von nun an eines aus Linsen zusammengesetzten Instruments, um in »die unausgeschöpften Schatzkammern des Schöpfergottes« zu schauen.

Die Tragweite dieser Gedanken muss Kepler erst einmal ausloten. An anderer Stelle spricht er auch von einer »großen Angst«, die ihn übermannt habe. Gemeinsam mit Wackher, dem Taufpaten seines Sohnes Friedrich, lässt er seinen Gefühlen freien Lauf.

Vier neue Planeten? Kepler fragt sich, ob eine solche »Vermehrung der Zahl der Planeten möglich wäre ohne Schaden für mein *Mysterium Cosmographicum*, das ich vor dreizehn Jahren herausgebracht habe«. Vor allem diese frühe Schrift über den Aufbau des Kosmos, über die Abstände der Planeten von der Sonne und die Ursachen ihrer Bewegung, könnte sich nun als falsch erweisen.

Ungewissheit quält ihn. Was sind das für Himmelskörper, die Galilei gesehen hat? Sind es nur kleine Begleiter der schon bekannten Planeten? Oder laufen sie um ferne Fixsterne? Diese Ansicht jedenfalls vertrete Wackher, den Kepler – etwas delikat für den zum katholischen Glauben konvertierten Hofrat – Galilei als Anhänger der kosmologischen Ideen Giordano Brunos vorstellt, jenes Wandermönchs, der vor zehn Jahren in Rom als Ketzer verbrannt worden ist. Wenn die Planeten tatsächlich um Fixsterne laufen, »was sollte uns dann hindern zu glauben, dass weitere unzählige nach diesem Anfang entdeckt werden und dass entweder diese unsere Welt selbst unendlich sei ... oder dass unendlich viele andere Welten ... existierten, ähnlich der unsrigen«. Plötzlich scheint alles möglich.

»So war meine, so seine Ansicht, während wir inzwischen das Buch Galileis, da uns nun einmal Hoffnung gemacht war, mit außerordentlicher Begierde erwarteten.«

Drei Wochen dauert es, ehe sie Genaueres erfahren. Das erste Exemplar erhält vermutlich der Kaiser, der seinem Mathematiker einen kurzen Blick in den *Sternenboten* gewährt und ihn um ein rasches Urteil ersucht. Kepler kann die »höchst seltsamen Wunderwerke« nur in aller Eile überfliegen. Nach der Lektüre sucht er Wackher auf, um ihm Näheres von den Mondgebirgen und den vier Satelliten zu erzählen, die den Planeten Jupiter umkreisen. »Als ich zu dem ohne das Buch kam und ihm doch gestehen musste, dass ich darin gelesen hatte, gab es Neid und Zank.«

*Dem Kolumbus des Himmels*

Am 8. April lässt der toskanische Gesandte in Prag, Giuliano de' Medici, Kepler ein persönliches Exemplar überbringen und lädt ihn zu sich ein. Als ihn der Mathematiker in der Prager Niederlassung der Medici aufsucht, liest ihm der Botschafter eine persönliche Mitteilung aus Padua vor: Galilei fordert Kepler dazu auf, ihm seine Ansichten zum *Sternenboten* zu eröffnen.

Darum muss ihn der Italiener nicht zweimal bitten! »Wen lassen die Nachrichten von solchen Dingen schweigen?« Kepler kann es kaum erwarten, in einen Gedankenaustausch mit Galilei zu treten, der ihm schon vor zwölf Jahren mitgeteilt hat, ebenfalls mit der kopernikanischen Weltsicht zu liebäugeln. Zwar hat er kein Fernrohr zur Hand, das geeignet wäre, die im *Sternenboten* aufgeführten Entdeckungen zu prüfen, aber auch auf die Gefahr hin, unbesonnen zu erscheinen, ist Kepler sofort bereit zu glauben, dass Galilei ein neues Fenster zum Himmel aufgestoßen hat.

Er bezeichnet ihn als hochgelehrten Mathematiker, dessen Stil schon für die Richtigkeit des Urteils spreche. Solle er, Kepler, »dem florentinischen Patrizier die Glaubwürdigkeit absprechen in den Dingen, die er gesehen hat? Ich mit dem schwachen Gesicht dem Scharfsichtigen, der zudem mit Instrumenten für das Auge ausgerüstet ist, während ich selbst mit bloßem Auge und ohne solche Hilfsmittel dastehe? Ich soll dem nicht glauben, der uns alle einlädt, dieselben Wunder zu schauen? ... Oder wäre es vielleicht eine Kleinigkeit für ihn, die Familie der Großherzoge von Etrurien zum Besten zu halten und seinen Hirngespinsten den Namen Medici vorzuhängen, indem er vorzeitig wirkliche Planeten verkündet?«

Schon Galileis Herkunft und der Name der Medici bürgen in Keplers Augen dafür, dass dieser seine Beobachtungen gewissenhaft durchgeführt hat. Das entspricht nicht gerade den Kriterien, an denen wissenschaftliche Publikationen gemessen werden sollten. Trotzdem ist seine Antwort auf den *Sternenboten* nicht Ausdruck seiner gelegentlichen Leichtgläubigkeit.

Kepler ist ein kongenialer Mitdenker. Er besitzt die Gabe, sich auf die Erfahrungen anderer einzulassen, eigene Denkmuster zu verlassen und lieb gewonnene Ansichten gegebenenfalls über Bord zu werfen. Sofort fasst er Vertrauen in das neue Instrument. Kaum hat er von Galileis Verwendung der »zweifachen Linse« erfahren, ist ihm, als hätte er die Konstruktion selbst aushecken können. Wenn er nur früher so klar gesehen hätte wie jetzt!

»Vielen scheint der Gedanke eines so starken Fernrohres unglaublich«, teilt er Galilei mit. »Aber unmöglich oder neu ist er keineswegs.« Ausführlich zitiert er den vermeintlichen Vordenker, Giambattista della Porta, und dessen Ansichten über die Wirkungen der Kristalllinse. Er weist Galilei auch auf eigene Studien zu Brillengläsern und Linsen hin, die er vor sechs Jahren in einem Büchlein zusammengefasst hat, der *Astronomia Pars Optica*, einem maßgeblichen Werk auf dem Gebiet der optischen Theorie.

Kepler vermutet, dass irgendein fleißiger Handwerker durch Zufall auf den Zuschnitt des Fernrohrs gekommen ist. »Ich sage das nicht, um den Ruhm des erfinderischen Mechanikers zu schmälern, wer der auch gewesen sein mag. Ich weiß wohl, wie groß der Unterschied ist zwischen rein verstandesmäßigen Überlegungen und dem sichtbaren Experiment, zwischen der Disputation des Ptolemäus über die Antipoden und der Entdeckung der neuen Welt durch Kolumbus, so auch zwischen den allgemein verbreiteten zweilinsigen Tuben und deinem Kunstwerk, Galilei, mit dem du sogar den Himmel durchstoßen hast.«

Er selbst hat das Rohr mit den zwei Linsen bisher kaum beachtet, nun spricht er unverblümt von seinen Irrtümern. Völlig falsche Vorstellungen habe er sich von der scheinbar undurchdringlichen Dichte und bläulichen Farbe der Luft sowie von der Natur der eigentlichen Himmelssubstanz gemacht.

»Nun aber, erfindungsreicher Galilei, preise ich deinen unermüdlichen Fleiß, wie er es verdient. Du hast alle Hemmungen beiseite geschoben, bist geradewegs darauf ausgegangen, deine Augen die Probe machen zu lassen, und hast, da nun durch deine Entdeckungen die Sonne der Wahrheit aufgegangen ist, alle jene Gespenster der Ungewissheit mit ihrer Mutter, der Nacht, vertrieben und durch die Tat gezeigt, was gemacht werden konnte. Unter der Kraft deines Beweises anerkenne ich die unglaubliche Feinheit der himmlischen Substanz.«

In den folgenden Absätzen seines Briefes bietet Kepler sein geballtes Wissen auf dem Gebiet der Optik dar. Als er auf die Funktionsweise des Fernrohrs zu sprechen kommt, ist er ganz in seinem Element. Obwohl er Galileis Instrument bisher nicht hat begutachten können, führt er detailliert aus, was aus seiner Sicht bei der Herstellung der Linsen zu beachten ist. Auch ohne Anschauung ist ihm klar, dass eine in einer Kugelschale geschliffene, sphärische Linse die Lichtstrahlen nicht alle in einem Brennpunkt zusammenführt. Die vom Rand her kommenden Lichtstrahlen werden von einer solchen Objektivlinse stärker gebrochen, das Bild ist dadurch leicht verschwommen. Kepler schlägt ein System aus mehreren Linsen vor oder, alternativ dazu, eine einzelne Linse mit hyperbolischer Oberfläche. Sein wegweisender Gedanke scheitert allerdings vorerst an den praktischen Möglichkeiten. Es ist für Brillenmacher bereits eine ziemliche Herausforderung, kugelförmige Linsen so genau zu schleifen, dass sie für ein Fernrohr taugen.

Mit jedem neuen Satz steigen die Hoffnungen, die Kepler in das Gerät setzt. »Soll ich dir sagen, was ich denke? Ich wünsche mir dein Instrument bei der Beobachtung einer Mondfinsternis.« Der Erfinder hält jedoch vorerst die Hand auf sein Fernrohr und wahrt seinen Anspruch auf weitere Entdeckungen. So bleibt dem kaiserlichen Mathematiker nichts anderes übrig, als zur Kenntnis zu nehmen, was Galilei angeblich durch die Linsen gesehen hat.

*Neue Meere des Denkens*

Da wäre zunächst der Mond, dem sich Kepler gerade in seinem *Traum* gewidmet hat und dem daher sein besonderes Interesse gilt. Durch Galileis Beobachtungen sieht er sich in seiner Vermutung bestätigt, dass auch der Mond Berge und Täler besitzt. Er zollt Galileis nächtelangen Musterungen des Schattenwurfs und der Lichtflecken gehörigen Respekt.

»Was soll ich über deine peinlich genaue Untersuchung an den altbekannten Mondflecken sagen?« Unumwunden räumt er ein, selbst die falschen Schlüsse gezogen zu haben. Hatte er doch Plutarch, der die dunklen Mondflecken für Seen und Meere hielt, die hellen Stellen dagegen für Festland, widersprochen. Aber seine zuvor geäußerten Ansichten hinderten ihn nun »in keiner Weise, dich anzuhören, wenn du in scharfer und unwiderleglicher Schlussfolgerung für Plutarch gegen mich mit mathematischen Gründen plädierst«. Galilei habe ihn mit seinen Beobachtungen und Argumenten »völlig überzeugt«.

Wieder korrigiert er eine seiner bisherigen Auffassungen. Er hat keine Scheu zu sagen: »Ich habe mich geirrt!« Oder: »Ich weiß nicht!« Kepler ist ein Suchender und verkörpert als solcher in besonderer Weise das, was die Dynamik der neuzeitlichen Wissenschaft ausmacht: das Bewusstsein, keine definitiven Gewissheiten erlangen zu können. In der Forschung geht es nicht um endgültige Wahrheiten, sondern darum, bestehende Urteile zu hinterfragen und verschiedene Hypothesen mithilfe allgemein zugänglicher Methoden zu prüfen. Dass dies ein offener Prozess ist, lässt sich am Beispiel des Mondgesichts nachvollziehen.

Der Mond erzeugt sein Licht nicht selbst, sondern erhält es von der Sonne und wirft es zurück. Aristoteles betrachtete ihn als eine perfekt gestaltete Kugel und führte die Flecken darauf zurück, dass der Mond aus einem Gemisch aus Äther und Luft besteht. Dagegen vertrat Plutarch die Minderheitsmeinung, das Nachtgestirn sei wie die Erde aus Landflächen und Meeren zusammengesetzt.

Anderthalbtausend Jahre später lesen Galilei und Kepler Plutarchs *Mondgesicht* mit neuen Augen, denn inzwischen hat sich das Bild der Erde gewandelt. Hatte man über Jahrtausende geglaubt, die andere, unerforschte Hälfte der Globus sei nichts als Wasser, sind nun mit Nord- und Südamerika riesige Landmassen hinzugekommen. Der marmorierte Mond, auf dem Galilei und

Kepler Kontinente und Ozeane vermuten, steht in direkter Analogie zu diesem Globus aus Erd- und Wassermassen.

Nach heutigem Kenntnisstand gibt es jedoch keine Meere auf dem Mond. Was uns von der Erde aus dunkler erscheint und was wir noch heute als »Mare« bezeichnen, sind riesige Becken, die sich vermutlich schon vor Jahrmilliarden mit Lava gefüllt haben. Sie bestehen aus dunklem Basalt, während die helleren Gebiete von glasartigem Silikatgestein bedeckt sind. Zusammen geben sie dem Mond sein plastisches Gesicht, das Galilei anhand seiner Beobachtungen zu deuten versucht.

Über die vielen kreisrunden Becken, die Galilei im helleren Teil des Mondes entdeckt hat, ist Kepler überrascht. »Du vergleichst sie mit Tälern unserer Erde, und ich gestehe, es gibt solche Täler, vor allem in der Steiermark, von annähernd runder Gestalt ... Da du aber hinzufügst, diese Flecken seien so zahlreich, dass sie den hellen Teil des Mondkörpers einem Pfauenschwanz ähnlich machen, der in mannigfache Spiegel, gleichsam Augen, aufgeteilt ist, so drängt sich die Vermutung auf, ob etwa auf dem Mond diese Flecken eine andere Bedeutung haben.«

Es ist typisch für Kepler, dass er sich mit Galileis Vergleich nicht zufriedengibt. Seine Neugierde treibt ihn weiter. Er möchte den Grund für diese seltsamen Erscheinungen wissen, kann aber über den Ursprung der vielen kreisförmigen Vertiefungen nur spekulieren: »Ist es mir erlaubt, die Vermutung auszusprechen, der Mond sei wie ein Bimsstein, ringsum von zahllosen, großen Poren klaffend?«

Nach diesem immerhin physikalischen Erklärungsversuch bringt Kepler eine noch originellere These vor: Es könnte sich vielleicht sogar um künstliche Bauwerke handeln, um riesige Erdwälle, die die Mondbewohner ausheben, um beispielsweise Ebenen tiefer zu legen und Wasser zu finden. Die Wälle könnten ihnen Schutz vor der schier unerträglichen Hitze des so lange andauernden Mondtages gewähren, indem sie »hinter den aufgeworfenen Erdwällen im Schatten liegen und ... mit der Bewegung der Sonne dem Schatten folgend herumwandern«.

Kepler hat eine blühende Phantasie, tappt in dieser Angelegenheit jedoch völlig im Dunkeln. Es vergehen Jahrhunderte bis zu ihrer Aufhellung. Am längsten hält sich die Meinung, bei den zahllosen Mondkratern handele es sich um Vulkane. Erst als im Juli 1964 erstmals eine amerikanische Raumsonde Nahaufnahmen vom Mond zur Erde übermittelt, wird erkennbar, wie sehr die Mondoberfläche mit kreisrunden Trichtern übersät ist. Die Krater liegen dicht an dicht, es gibt sie in allen Größenordnungen: von 100 Kilometern Durchmesser, 100 Metern oder auch nur 100 Zentimetern – richtige Dellen im Mond. Aus dem Weltraum herabstürzende Meteoriten haben die durch keine Atmosphäre geschützte Mondoberfläche im Lauf der Zeit völlig durchlöchert. Ein solches Chaos im Sonnensystem konnten sich weder Kepler noch Galilei noch Generationen von Astronomen nach ihnen ausmalen.

*Warum ist es nachts dunkel?*

Galilei und Kepler erkunden ein völlig unbekanntes Terrain. Nach den bahnbrechenden Entdeckungen sieht der kaiserliche Mathematiker »alle Liebhaber wahrer Philosophie zur Eröffnung großer Spekulationen aufgerufen«. Er möchte eine breite Diskussion über die neuen Beobachtungen anregen, um die Wissenschaft aus den »gewohnten Grenzpfählen der aristotelischen Enge« zu befreien.

Sein Vorhaben wird besonders deutlich, als er sich dem Sternenhimmel zuwendet. Galilei hat eine »kaum glaubliche Schar anderer, dem natürlichen Blick verborgener Sterne« entdeckt, die auch bei erheblicher Vergrößerung nur als Pünktchen zu sehen sind, die Planeten dagegen als kreisrunde Scheibchen. Galilei ist dies nur einen Nebensatz wert, Kepler eine ausführliche Betrachtung.

»Was sollen wir daraus für einen andern Schluss ziehen, Galilei, als dass die Fixsterne ihr Licht aus dem Innern aussenden, dass dagegen die dichten Planeten nur äußerlich abgezeichnet werden. Das heißt, um die Worte von Bruno zu gebrauchen: Jene sind Sonnen, diese Monde oder Erden.«

Die Unterscheidung zwischen den selbst leuchtenden Sternen oder Sonnen einerseits und den nur von außen angestrahlten Planeten und Monden andererseits wird grundlegend für die moderne Astrophysik. Kepler insistiert folgerichtig auf dieser Differenzierung und macht Galilei auf eine Frage aufmerksam, die Wissenschaftler bis in die jüngste Vergangenheit hinein beschäftigt und die nach wie vor schwer zu beantworten ist: Warum ist der Nachthimmel dunkel, obwohl es derart viele Sonnen gibt?

Auf diese Frage muss man erst einmal kommen! Für Kepler stellt sie sich nach einem gedanklichen Puzzlespiel. Er setzt die vielen Sternchen am Himmel – Galilei spricht von mehr als 10 000 – im Kopf zu einer Scheibe zusammen und folgert, dass diese mindestens so groß sein müsste wie die Sonnenscheibe.

Wenn das aber stimmt, sollten sie dann nicht alle zusammen die Helligkeit der Sonne erreichen? Müsste es dann nicht auch nachts taghell sein? Oder geht das Licht der Sterne unterwegs irgendwie verloren?»Verdunkelt sie vielleicht der Äther im Zwischenraum? Keineswegs, wir sehen sie nämlich mit ihren Szintillationen, mit ihren unterschiedlichen Gestalten und Farben. Das wäre nicht der Fall, wenn die Dichte des Äthers irgendein Hindernis wäre.«

Kepler löst dieses Paradoxon, indem er der Sonne ihre Einzigartigkeit zurückgibt. Er schließt aus dem Gedankenspiel, »dass der Körper unserer Sonne in unschätzbarem Verhältnis heller ist als alle Fixsterne zusammen, dass folglich diese unsere Welt nicht irgendeine aus einer einheitlichen Schar unendlich vieler anderer ist«. Ein unendliches Universum ist für ihn undenkbar. Mit seiner Argumentation wendet er sich gegen Giordano Bruno, der an ein Universum ohne Anfang und Ende, ohne Schöpfung und jüngstes Gericht glaubte.

*Eine amüsante Zwischenbemerkung*

Schließlich kommt Kepler in seinem Brief auf die vier neu entdeckten Himmelskörper zu sprechen, die von allen Entdeckungen am meisten Aufsehen erregen. Der Planet Jupiter habe vier Begleiter, »die vom Anbeginn der Welt bis zu unserer Zeit noch nie erblickt wurden«, schreibt Galilei im *Sternenboten*.

Kepler ist »entzückt«, dies zu lesen. Seine vorherigen Befürchtungen, das Universum könnte unendlich groß sein, scheinen unbegründet.»Für den Fall, dass du die Planeten um einen der

Fixsterne umlaufend gefunden hättest, waren für mich schon Fesseln und Kerker bei den Bruno'schen Unzähligkeiten bereit oder, besser gesagt, die Verbannung in jenen unbegrenzten Raum.«
Dagegen fügen sich die vier Monde Jupiters bestens in sein Bild vom Aufbau der Welt. Warum sollte nur die Erde einen Begleiter haben, während sie wie alle anderen Planeten um die Sonne zieht? Der kaiserliche Mathematiker sieht noch Platz für jede Menge weiterer Monde, die »des Mars und der Venus, wenn du solche eines Tages auffinden wirst«.
Welche Entdeckungen stehen sonst noch bevor? Ausgehend von der Annahme, dass alle Fixsterne Sonnen sind, fragt sich Kepler, ob eine Pluralität der Welten im Sinne Brunos nicht doch möglich wäre. Noch habe niemand solche Planeten gesehen, die andere Sonnen umkreisen. »Die Frage wird also in der Schwebe bleiben, bis einer, der in außerordentlicher Feinheit der Beobachtung geschult ist, auch diese Entdeckung macht, die uns nach dem Urteil mancher Leute dein Erfolg allerdings verspricht.«
Die Frage bleibt bis zum Ende des 20. Jahrhunderts in der Schwebe. Erst im Jahr 1995 weisen Michel Mayor und Didier Queloz erstmals die Existenz von Planeten in einem fernen Sonnensystem nach.

Wie weit Galileis Entdeckungen Keplers Phantasie in die Zukunft tragen, illustriert der Schluss seines Briefes. Nachdem Galilei die Verwandtschaft des Mondes mit der Erde dargelegt hat, kann sich Kepler den Gedanken nicht verkneifen, »dass nicht nur der Mond, sondern gerade auch Jupiter Bewohner habe ... Komme erst mal einer, der die Kunst des Fliegens lehre, dann werde es an Kolonisten aus unserem Menschengeschlecht nicht fehlen. Wer hätte doch ehedem geglaubt, das Befahren des unendlichen Ozeans werde ruhiger und sicherer sein als das der engen Adria, der Ostsee oder des Ärmelkanals? Gib nur Schiffe oder richte Segel für die Himmelsluft her, und es werden auch die Menschen da sein, die sich vor der entsetzlichen Weite nicht fürchten. Und so, als ob die wagemutigen Reisenden schon morgen vor der Tür stünden, wollen wir die Astronomie für sie begründen, ich die des Mondes, du, Galilei, die des Jupiter. So weit

die amüsante Zwischenbemerkung zum Wunder der menschlichen Kühnheit, die sich in besonderem Maß bei Menschen dieses Jahrhunderts zeigt.«
Die »amüsante Zwischenbemerkung« fällt 350 Jahre vor Beginn der Raumfahrt. Von Galileis Neuigkeiten beflügelt, reist Kepler in die Zukunft. Noch kühner als in seinem *Traum vom Mond* skizziert er hier in wenigen Sätzen das, was Romanautoren wie Jules Verne eines Tages zu wunderbaren Geschichten ausgestalten werden.

## Gegen die griesgrämigen Kritiker alles Neuen

Keplers Antwort auf den *Sternenboten* hat, mit dem Wissenschaftshistoriker Emil Wohlwill gesprochen, »in der Geschichte der Wissenschaften vielleicht nicht ihresgleichen«. Auf eindrucksvolle Weise verbindet er die neuen Erkenntnisse mit dem bereits Vertrauten. Er weist Galileis Entdeckungen umgehend ihren Platz in der Geschichte der Astronomie zu, bemüht sich um die Klärung neuer Begriffe, markiert Brüche mit der traditionellen Astronomie, benennt Anknüpfungspunkte für künftige Forschungsprojekte und kritisiert seinen Kollegen dafür, dass dieser keinen seiner Vordenker beim Namen nennt. »Auch dir wird trotzdem noch Ruhm genug bleiben.« Natürlich vergisst Kepler auch nicht, seine eigenen Werke zu erwähnen, wo immer es ihm möglich ist.

Den umfangreichen Kommentar verfasst er innerhalb weniger Tage nach Einblick in den *Sternenboten*. Er begreift, dass dies eine Sternstunde der Wissenschaft ist. Mit der Erfindung des Fernrohrs bahnt sich eine neue Weltsicht ihren Weg. Weil er den Brief unbedingt dem Kurier mitgeben möchte, der gleich nach Ostern wieder von Prag abreisen und nach Italien aufbrechen wird, beeilt sich Kepler mit seinen Ausführungen.

Er ist sich darüber im Klaren, dass sein Schreiben ein äußerst wichtiges Gutachten für Galileis Karriere sein wird. »Da viele meine Meinung über Galileis *Sternenboten* hören wollten, entschloss ich mich aus Gründen der Arbeitsersparnis, ihnen allen dadurch zu genügen, dass ich meinen Brief an Galilei (wiewohl ich ihn in großer Eile zwischen dringenden Arbeiten hinwerfen musste, um die vorgeschriebene Frist einzuhalten) im Druck veröffentliche.« Die Kosten dafür trägt er selbst.

Der kaiserliche Mathematiker macht seinen Brief öffentlich, ohne zuvor die Möglichkeit gehabt zu haben, Galileis Beobachtungen zu überprüfen. Er hofft, der Brief werde dem Kollegen dazu verhelfen, gegen die »griesgrämigen Kritiker alles Neuen« besser gewappnet zu sein.

Der Kritik, der er sich damit selbst aussetzt, begegnet er in einem nachträglich eingefügten Vorwort, einer »Ermahnung an den Leser«: Er habe »nichts über Galilei geschrieben, was geschminkt wäre ... Nie habe ich fremdes Gedankengut verachtet oder verleugnet, wenn mir eigenes mangelte; nie habe ich mich auch anderen gegenüber unterwürfig gezeigt oder mich selbst in den Hintergrund gestellt, wenn ich etwas aus eigener Kraft besser oder früher gefunden hatte. Und ich glaube auch gar nicht, dass der Italiener Galilei mich Deutschen so zu Dank verpflichtet hätte, dass ich ihm auf Kosten der Wahrheit oder meiner innersten Überzeugung als Gegenleistung Schmeicheleien sagen müsste.«

Er ist Galilei in der Tat nichts schuldig. Vor zwölf Jahren hat Kepler ihm sein erstes Buch, das *Mysterium Cosmographicum* oder kurz: *Weltgeheimnis*, zukommen lassen und versucht, in einen Gedankenaustausch mit ihm zu treten. Galilei hat den Kontakt nach einem einzigen Brief wieder abgebrochen. Auch nach der Publikation sämtlicher späterer Werke hat Kepler vergeblich auf eine Reaktion des Italieners gewartet – kein Wort der Anerkennung oder der Kritik.

Doch statt es ihm gleichzutun und ihm seinerseits die kalte Schulter zu zeigen, sich so lange bedeckt zu halten, bis ihm selbst ein Fernrohr zur Verfügung steht, ergreift Kepler postwendend Partei für ihn. Er verteidigt ihn jetzt und auch weiterhin gegen alle Angriffe, von denen ihm die ersten bereits zu Ohren gekommen sind. Kepler wird für einige Zeit der einzige namhafte Wissenschaftler bleiben, der für Galilei offen das Wort ergreift.

# VOM WUNSCH, EINEM FÜRSTEN ZU DIENEN
Professor Galilei wird Hofphilosoph

Die 550 Exemplare des *Sternenboten* sind sofort ausverkauft. Am 13. März 1610 schickt der britische Botschafter in Venedig, Sir Henry Wotton, die soeben gedruckte, »seltsamste Neuigkeit, die Ihnen jemals aus irgendeiner Weltgegend zugekommen ist«, an Jakob I., den König von England. Derzeit gebe es in der Lagunenstadt kein anderes Gesprächsthema, Galilei werde entweder unsterblichen Ruhm erlangen oder sich ewig blamieren.

In einer Mischung aus Skepsis und Bewunderung diskutiert man zuerst in Venedig, dann auch in anderen Städten Italiens und Europas über das Fernrohr und Galileis Beobachtungen. Viele Gelehrte bezweifeln, dass Galilei mit seinem Instrument tatsächlich neue Gestirne entdeckt hat, oder halten sich mit einem Urteil zurück. Anders der neapolitanische Mäzen Giovanni Battista Manso: Er sieht in Galilei bereits einen »neuen Kolumbus« und schreibt im März 1610 an den Jesuiten Paolo Beni in Padua:

»Ich habe große Hoffnung, dass, so wie das zurückliegende Jahrhundert mit Recht stolz darauf sein kann, neue und bis dahin unbekannte Welten entdeckt zu haben, dieses triumphieren wird, neue und bis dahin unvorstellbare Himmel ausfindig gemacht zu haben.« Das Erstaunen kommender Zeitalter werde so groß sein, »dass sie uns darum beneiden werden, in so ereignisreichen Zeiten geboren zu sein«.

Das Aufspüren nie gesehener Himmelskörper verleiht Galileis Forschung einen Glanz, der alle anderen Errungenschaften der Wissenschaft seiner Zeit in den Schatten stellt. Wotton, Manso und allen Lesern des *Sternenboten* ist sofort klar, dass die Entdeckungen, falls sie sich bewahrheiten sollten, den bisher kaum bekannten Mathematiker Galilei mit einem Schlag so berühmt machen werden wie Christoph Kolumbus oder Amerigo Vespucci, mit denen er schon jetzt in einem Atemzug genannt wird.

*Aus der Neuen Welt*

Galileis Landsmann, der Florentiner Amerigo Vespucci, ist eine der rätselhaftesten Figuren in der Geschichte der Seefahrt. Nur durch eine unvorhersehbare Kette von Zufällen wurde er zum Taufpaten Amerikas. Sein Nachruhm hätte ihn selbst wohl am meisten überrascht.

Vespucci war Angestellter einer Bankfiliale der Medici in Spanien. Als solcher half er Kolumbus bei der Finanzierung der ersten Amerikafahrt 1492 und fing an, sich für Entdeckungsreisen zu interessieren. 1497, wenige Jahre später, heuerte er selbst bei einer Expedition nach Übersee an.

Schon während seiner ersten Überfahrt vertiefte der Florentiner seine nautischen Kenntnisse und machte sich mit Quadranten und Astrolabien vertraut, um die Höhe der Gestirne und die jeweilige Position des Schiffes zu bestimmen. Seine Beobachtungen hielt er schriftlich fest und sandte binnen weniger Jahre mehrere Reiseberichte an seinen Arbeitgeber, den Bankenchef Lorenzo Pierfrancesco de' Medici in Florenz.

Seine bedeutendste Forschungsfahrt in die neuen Länder jenseits des Atlantiks machte Vespucci 1501 unter portugiesischer Flagge. Er war inzwischen kein unbekannter Seemann mehr, sondern hatte den privilegierten Posten eines astronomischen Navigators inne.

Die lange Seereise führte an einer fremden Küste entlang immer weiter in Richtung Süden, ohne dass das Land ein Ende nahm. Vespucci begann, an den ihm bekannten Kartenwerken zu zweifeln. Den Aufzeichnungen nach konnte es sich weder um Indien geschweige denn um China handeln. Nach und nach wurde ihm bewusst, mit seinem Schiff einen neuen Kontinent erreicht zu haben.

Bald erfuhr man in Florenz aus seiner Feder, dass »die Alten von diesen Gebieten keine Kenntnis besaßen und deren Existenz allen, die davon hören, völlig neu ist«. Während Kolumbus glaubte, auf dem Westweg Indien erreicht zu haben, erzählte Vespucci von einer neuen Welt, die Erinnerungen an das sagenumwobene Atlantis wachrief: ein Kontinent, »der mit Völkern und Tieren dichter besiedelt ist als unser Europa oder Asien und Afrika«, ein Paradies auf Erden, wo es Bäume und Früchte im Überfluss gibt, die Menschen tagein, tagaus nackt herumlaufen und sich sinnlichen Freuden hingeben. Unverblümt schilderte er die Freizügigkeit der Bewohner, die Vorzüge der wollüstigen Frauen, ihre archaischen Riten und ihre vielfältigen Sexualpraktiken.

Bei seinem Medici-Boss machte all dies großen Eindruck. Der Reisebericht ging unter dem Titel *Mundus Novus* in Druck und verbreitete sich über die Kanäle der Medici, wenig später erschienen auch Vespuccis restliche Briefe in einem erfolgreichen Sammelband.

Vespuccis Reiseerzählungen waren eine Sensation auf dem Buchmarkt, sie wurden in kürzester Zeit zu Bestsellern. Prompt tauchte 1507 erstmals der Name »America« auf einer Weltkarte auf und multiplizierte sich im Zuge der vielen Neuzeichnungen von Karten und Globen rasch. So stieg Vespucci, der kluge Beobachter aus der zweiten Reihe, und nicht dessen Freund Kolumbus, der eigentliche Entdecker, zum Taufpaten des neuen Kontinents auf.

»Denn nie entscheidet die Tat allein, sondern erst ihre Erkenntnis und ihre Wirkung«, so Stefan Zweig über Vespuccis plötzlichen Ruhm. »Der sie erzählt und erklärt, kann der Nachwelt oft bedeutsamer sein als der sie geschaffen, und im unberechenbaren Kräftespiel der Geschichte vermag oft der kleinste Anstoß die ungeheuersten Wirkungen auszulösen.«

Mit beiden Seefahrern, Kolumbus und Vespucci, wird Galilei jetzt immer wieder verglichen. In Prag stellt ihn der Schotte Thomas Segeth auf eine Stufe mit Kolumbus, in Florenz singt Francesco Maria Gualterotti eine patriotische Hymne auf Vespucci und Galilei, die beiden seiner Ansicht nach größten Entdecker.

Das beginnende 17. Jahrhundert steht noch stark unter dem Eindruck der Entdeckung Amerikas. Galilei, Kepler und andere Intellektuelle lesen Berichte über Indios, über die Reisen spanischer und portugiesischer, britischer und niederländischer Seefahrer in die Karibik, nach Brasilien oder Kalifornien. Die in viele Sprachen übersetzten Werke bilden den Hintergrund, vor dem Galileis Vorstoß zu neuen Gestirnen betrachtet wird. Er bekommt dadurch sofort eine historische Dimension.

Galilei ist sich dieser Chance von Anfang an bewusst. »Und so, wie mich unendliches Staunen erfüllt, so unendlichen Dank weiß ich Gott gegenüber, weil Er mich allein zum ersten Beobachter bewundernswürdiger und den bisherigen Jahrhunderten verborgen gebliebener Dinge auserkoren hat«, hat er dem toskanischen Staatssekretär Belisario Vinta bereits vor der Veröffentlichung seiner Beobachtungen geschrieben und um strengste Geheimhaltung gebeten.

»Mich allein« – Galilei muss sich beeilen, um diese Worte wahr werden zu lassen. Das Fernrohr ist weder eine besonders komplexe Konstruktion, noch ist die Fertigung außergewöhnlich teuer. Er selbst hat nur ein paar Monate gebraucht, um den Gläsern den nötigen Schliff für ihren Einsatz in der Forschung zu geben. Um weitere Pionierleistungen zu vollbringen und die Welt auch in Zukunft mit neuen spektakulären Enthüllungen in Atem zu halten, nimmt er sich nun der Reihe nach die Planeten Mars und Saturn, Venus und Merkur, dann auch die Sonne vor, sammelt neue Beobachtungsdaten und drängt mit nüchternen, präzisen Einordnungen sämtliche Philosophen aus dem Rampenlicht.

Anders als Kolumbus lässt sich Galilei das Heft nicht mehr aus der Hand nehmen. Und anders als Vespucci kämpft er mit allen Mitteln darum, selbst dort nicht nur als Erklärer, sondern auch als der eigentliche Entdecker zu gelten, wo ihm andere zuvorkommen sind. Etwa bei der Beobachtung der Sonnenflecken.

*Publicity für ein kostbares Rohr*

Im Frühjahr 1610 konzentriert er sich ganz auf die für ihn vordringlichen Dinge. Er möchte seine lang gehegten Karrierewünsche realisieren und so viel wie möglich aus dem technischen Vorsprung, den er mit der Verbesserung des Fernrohrs gewonnen hat, herausholen. Nachdem er seinen *Sternenboten* dem Großherzog der Toskana gewidmet hat, treibt er die Bewerbung um eine Stelle als Hofphilosoph und Mathematiker der Medici mit Nachdruck voran.

Nur eine Woche nach der Veröffentlichung des *Sternenboten* fragt Galilei beim toskanischen Staatssekretär Belisario Vinta an, ob er die Verbindungswege des Medici-Fürsten nutzen dürfe, um Fernrohre und die kleine Schrift nach Urbino und Frankreich, Spanien und Polen zu senden. Der Kardinal del Monte, der Kurfürst von Köln und der Herzog von Bayern hätten ihn schon um eine solche Lieferung gebeten.

Mit diesem Schachzug gelingt es ihm, einige ausgewählte internationale Adressaten, keine Wissenschaftler, sondern hohe weltliche und geistliche Würdenträger, mit Teleskopen zu versorgen. Plötzlich erweist es sich für ihn als Vorteil, dass das Fernrohr in seiner simplen Ausführung bereits im Umlauf ist. Viel begehrter als das Spielzeug ist jetzt natürlich das Rohr, das die sensationellen Entdeckungen am Himmel möglich gemacht haben soll.

Durch eine geschickte Publicity kurbelt Galilei die Nachfrage noch mehr an. Bald klopfen von allen Seiten Adlige und Angehörige des hohen Klerus, aber auch Freunde und Gelehrte bei ihm an, die ebenfalls ein Fernrohr haben möchten, sei es, um die verborgenen Gestirne mit eigenen Augen zu sehen, sei es zur eigenen Belustigung. Galilei wird von Anfragen, unter ihnen auch eine von Kepler aus Prag, regelrecht überrannt.

Der Kardinal Borghese lässt ihm aus Rom mitteilen, dass er ein Gerät wünscht, ebenso der Herzog Paolo Giordano Orsini sowie der spanische König Philipp IV. Der französische König Heinrich IV. spekuliert gar darauf, Galilei werde nach den Mediceischen Gestirnen noch weitere Planeten entdecken und einen davon nach ihm benennen. Für diesen Fall verspricht er dem Italiener und dessen Familie ewigen Reichtum.

Derart umworben sieht Galilei nun die Zeit gekommen, in seine Heimatstadt zurückzukehren und in den Dienst des Großherzogs der Toskana zu treten. Nicht dass er in der Republik Venedig unglücklich wäre. Er wird die siebzehn Jahre, die er hier verbracht hat, später einmal als »die besten meines Lebens« bezeichnen. Aber als Professor, der seine hauptsächlichen Einkünfte aus Lehrveranstaltungen, der Unterbringung von Studenten und dem Verkauf von Instrumenten bezieht, ist Galilei längst nicht am Ziel seiner Träume. Er setzt alles auf eine Karte.

Seit Jahren hat er Zugang zum Hof in Florenz, mehrfach wurde ihm die Gunst gewährt, den jungen Fürsten Cosimo in den Sommermonaten zu unterrichten. Derselbe Cosimo hat nach dem überraschenden Tod seines Vaters, Ferdinands I., vor gut einem Jahr den Thron bestiegen. Seither macht sich Galilei große Hoffnungen auf einen Karrieresprung.

In einem Brief an den Haushofmeister des Großherzogs hat er seine Ambitionen schon im Februar 1609 unmissverständlich dargestellt: Sein Sinnen und Trachten sei stets darauf gerichtet gewesen, seine Entdeckungen »meinem natürlichen Fürsten und Herrn darzubringen, damit diesem anheimgestellt bliebe, über sie und den Erfinder nach seinem Belieben zu verfügen und, so er Gefallen daran hat, nicht nur den Stein, sondern auch das Bergwerk entgegenzunehmen, da ich Tag für Tag neue finde«. Er würde noch mehr Wunderdinge auftun, wenn er mehr Muße und eine besser eingerichtete Werkstatt hätte und sich nicht um den Verkauf seiner Instrumente kümmern müsste. »Betreffs der täglichen Verrichtungen ist mir nichts mehr zuwider als diese hurerische Sklaverei, einem jeglichen Kunden meine Mühe zum willkürlichen Preis feilbieten zu müssen; aber einem Fürsten oder großen Herrn, der von ihm abhinge, zu dienen, wird mir nie zuwider sein, sondern wohl erwünscht und erstrebt.«

Nur ein Jahr später sieht er sich diesem Ziel sehr nahe. Er macht dem Medici-Fürsten das Fernrohr zum Geschenk, nicht irgendeines, sondern genau das Instrument, mit dem er die Jupitermonde entdeckt hat und von dem er nun hofft, Cosimo werde es in seinem Originalzustand aufbewahren, schmucklos und unpoliert.

»Der Schöpfer der Gestirne selbst schien mich mit deutlichen Zeichen zu gemahnen, diese neuen Planeten für den weit gerühmten Namen Eurer Hoheit, und für niemand anderen, auszuersehen ... Jupiter, sage ich, Jupiter hatte bei der Geburt Eurer Hoheit den trüben Dunst des Horizonts bereits überschritten, stand mitten am Himmel und beleuchtete mit seinem Hofstaat den östlichen Winkel; er blickt von diesem erhabenen Thron auf

*Galilei protokolliert seine Beobachtungen der Jupitermonde im Jahr 1610 Nacht für Nacht.*

die glückverheißende Geburt und erfüllte die reine Luft mit all seinem Glanz und seiner Großartigkeit.«

Als Zeichen des Himmels bezeichnet Galilei auch ein anderes Zusammentreffen: den zeitgleichen Beginn der Regentschaft Cosimos und das Erscheinen der vier Jupitermonde, die aus dem vornehmen Stand der Wandelsterne stammten. Cosimos Name werde »nicht eher verdunkeln, als bis der Glanz der Gestirne selbst erlischt«.

Vergeblich habe einst der römische Kaiser Augustus versucht, seinen Vorkämpfer Julius Cäsar in den Kreis der Gestirne einzuführen, aber »als er einen zu seiner Zeit aufgestiegenen Stern, es war einer von denen, die bei den Griechen Kometen und bei uns Schweifsterne heißen, Julisches Gestirn nennen lassen wollte, verschwand jener bald darauf«. Der Komet erlosch. Dem Großherzog dagegen seien Jupiters würdige Nachkommen vorbehalten. Und die würden niemals erlöschen!

Als Galilei den Fürsten auf diese Weise umschmeichelt, hat er schon einige wohlwollende Signale vonseiten des Hofes erhalten. Zu Ostern lädt der Fürst ihn nach Pisa ein, wo der Medici-Clan die Ferien verbringt. Dem Entdecker wird die Gelegenheit gegeben, den Herrschaften persönlich die Jupitermonde zu zeigen.

Das Bewerbungsgespräch läuft bestens. Als vorläufiges Dankesgeschenk bekommt er vom Fürsten eine Goldkette mit wertvollem Medaillon und verlässt Pisa mit der Aussicht darauf, dass konkrete Verhandlungen über eine Anstellung am Hof in Kürze beginnen können. Im Grunde muss er nur noch eine Hürde nehmen: Er braucht eine Beglaubigung seiner Entdeckungen.

Ein solches Qualitätsurteil ist damals wie heute Sache der Fachkollegen. Deren Stellungnahme möchte Galilei gleich auf der Rückreise von Pisa nach Padua einholen. In Bologna warten Giovanni Antonio Magini und andere Gelehrte schon auf ihn.

*Neid unter Wissenschaftlern*

Das Gutachterwesen in der Wissenschaft ist eine Welt mit eigenen Gesetzen. Auf die Unvoreingenommenheit der Forscherkollegen kann man dabei nicht unbedingt zählen. Die Gutachter stammen meist aus der unmittelbaren fachlichen Nachbarschaft, und das heißt bei der geringen Zahl an Mathematikern zu Galileis Lebzeiten: Man kennt sich bestens.

Es gibt wohlwollende Kollegen wie Kepler, aber auch solche, die nur darauf warten, dass der andere Schwächen zeigt, wie Magini. Die größte Gruppe bilden in der Regel diejenigen, die sich erst einmal gar nicht festlegen und das Problem so lange aussitzen, bis genügend Beweismittel auf dem Tisch liegen.

Zu diesen Verfechtern des organisierten Skeptizismus gehört der in Bamberg geborene Jesuit Christopher Clavius, eine der wichtigsten Stimmen unter den in Italien lebenden Mathematikern. Er hat sich vor allem bei der Einführung des Gregorianischen Kalenders 1582 einen Namen gemacht und arbeitet seither an seinem Lebenswerk: die Mathematik durch eine Reihe neuer Lehrbücher in der ganzen christlichen Welt zum zentralen Bestandteil der wissenschaftlichen Ausbildung zu machen.

Clavius ist bereits Anfang Siebzig, als der *Sternenbote* erscheint. Er kennt Galilei seit mehr als zwanzig Jahren, hat dessen Talent schon früh erkannt und ihm zumindest indirekt zu seiner ersten Anstellung in Pisa verholfen. Durch den Wirbel um den *Sternenboten* lässt sich der Mathematikprofessor jedoch in keiner Weise aus der Ruhe bringen. Es dauert fast ein Dreivierteljahr, bis er sich zu Galileis Entdeckungen anders äußert als durch gelegentliche, bisweilen abfällige Scherze: Man müsse eben nur ein Glas herstellen, »das die Sterne erzeuge und in dem man sie dann sehen könne«.

Galilei hat großen Respekt vor Clavius. Er möchte dem führenden Mathematiker am römischen Jesuitenkolleg nicht zu nahe treten. Noch ein Jahr später, als Clavius die Existenz der Jupitermonde endlich bestätigt hat, die Gebirge auf dem Mond dagegen noch immer in Zweifel zieht, hält er es für unangebracht, einen durch Alter und Gelehrsamkeit »so verehrungswürdigen Greis« mit seinem Anliegen zu belästigen.

Giovanni Antonio Magini dagegen ist nur zehn Jahre älter als Galilei. Ihm ist er schon des Öfteren begegnet, allerdings weniger als Freund denn als Konkurrent.

Als sich Galilei 1587 Hoffnung auf einen Lehrstuhl an der Universität Bologna machte, unterlag er dem erfahrenen und besser qualifizierten Mathematiker bei der Bewerbung um den begehrten Posten. Fünf Jahre später wurde dann ein Lehrstuhl in Padua frei, und wieder konkurrierte der aus Padua stammende Magini mit dem Florentiner. Nichts wäre ihm lieber gewesen, als in seine Heimat zurückzukehren. Diesmal jedoch machte ihm der Emporkömmling die Stelle streitig.

Das alles wäre vielleicht noch zu ertragen gewesen. Aber Galilei, der bis vor Kurzem nichts veröffentlicht hatte, was ihm im internationalen Forschungsranking einen der vorderen Plätze hätte sichern können, ist durch die Verbesserung des Fernrohrs ein schier unglaublicher Gehaltssprung gelungen. Es ist ein offenes Geheimnis, dass der Professor aus Padua inzwischen weit mehr verdient als sein Kollege aus Bologna – dank eines fragwürdigen Instruments, das er nicht einmal selbst erfunden hat! Und nun stellt dieser Galilei in seinem *Sternenboten* mir nichts, dir nichts die Grundlagen der Astronomie infrage, und als ob das noch nicht genug wäre, auch gleich die der Astrologie, mit der Magini bis dahin gute Geschäfte gemacht hat.

Im Frühjahr 1610 tut Magini einiges dafür, die Mathematiker- und Gelehrtenwelt gegen Galilei zu mobilisieren. Sein Verhalten Galilei gegenüber ist von Neid geprägt. Noch bei seinen nächsten Gehaltsverhandlungen wird er entschieden auf Galileis höheres Einkommen hinweisen und betonen, dass er ihm keinesfalls nachstehe, sondern »bei Weitem mehr« leiste als er.

Solchen Grabenkämpfen begegnet man gerade im akademischen Umfeld über sämtliche Jahrhunderte hinweg. Nichts scheint schwerer zu ertragen, als wenn ein Kollege das große Los zieht. Kann man darauf anders reagieren als mit Neid?

Die Gelehrten seien »die unbändigste und am schwersten zu befriedigende Menschenklasse – mit ihren ewig sich durchkreuzenden Interessen, ihrer Eifersucht, ihrem Neid, ihrer Lust zu regieren, ihren einseitigen Ansichten, wo jeder meint, dass nur sein Fach Unterstützung und Beförderung verdiene«, schreibt Wilhelm von Humboldt im Mai 1810, etwa 200 Jahre nach Galilei, an seine Frau. Wiederum etwa 200 Jahre später, stellt die deutsche Medizin-Nobelpreisträgerin Christiane Nüsslein-Volhard aus der Warte einer Beneideten fest: »Nicht einmal ist mir von meinen Kollegen zu irgendetwas gratuliert worden. Als dann der

Preis kam, war das für manche, als habe eine Bombe direkt neben ihnen eingeschlagen, und sie sind heut noch nicht drüber weg. Die Rache war, mich mit Ämtern und Verwaltung vollständig zuzumüllen.«

## Trügerisches Gastmahl

Auch neben Magini schlägt eine Bombe ein. Mehr als jeder andere fühlt er sich dazu herausgefordert, die ganze Sternenbotschaft als optische Täuschung zu entlarven. Da kommt ihm die Präsentation des Fernrohrs in Bologna gerade zupass.

Die Möglichkeit für ein solches Heimspiel ergibt sich auf Galileis Rückweg von Pisa nach Padua. Auf der Hinreise hat er noch einen Bogen um Bologna gemacht, nun unterbricht Galilei seine Tour – nach dem Erfolg in Pisa vermutlich in bester Laune und voller Optimismus. Magini richtet ein Essen mit erlesenen Gästen für ihn aus, im Anschluss daran soll Galilei den Bologneser Gelehrten die vier neuen Planeten zeigen.

Doch als Galilei das Fernrohr bereitgestellt hat, kann keiner der Anwesenden die Existenz der Jupitermonde bestätigen. Es heißt, durch die Linsen sehe man sämtliche Fixsterne doppelt. Wie kann man dem Instrument da noch irgendwie trauen?

Von dem Reinfall berichtet ein Schüler Maginis, Martin Horky, umgehend an Johannes Kepler nach Prag: »Nichts hat Galilei ausrichten können, denn mehr als zwanzig hochgelehrte Männer waren zugegen, aber keiner hat die neuen Planeten deutlich gesehen; ... Alle haben erklärt, dass das Instrument täusche; darüber ist Galilei verstummt, und am 26. ist er traurig in aller Frühe davongegangen und hat, in Gedanken versunken, weil er ein Märchen feilgeboten, für das ehrenvolle und köstliche Gastmahl, das ihm der Herr Magini ausgerichtet hatte, nicht einmal Dank gesagt.«

In der letzten Aprilwoche endet Galileis Siegeszug unter dem Bologneser Nachthimmel. Er hat zu große Hoffnungen in sein Forschungsinstrument gesetzt. Wie er aus eigener Erfahrung hätte wissen können, setzt die Beobachtung ferner Himmelsobjekte mit einem Fernrohr einige Übung voraus. Untrainierte und besonders altersschwache Augen müssen sich erst an die Lichtsituation, den Tunnelblick, das kleine Gesichtsfeld und die Abbildungsfehler der Linsen gewöhnen. Einige völlig unspektakuläre Lichtkleckse am Himmel dann auch noch im Visier zu behalten und sie als Satelliten Jupiters zu identifizieren, die sich langsam um den Planeten bewegen, verlangt zumindest einige Nächte geduldiger Beobachtung.

Galilei dürfte mit einigem Frust aus Bologna abgereist sein. Magini und Horky dagegen haben viel mehr Vertrauen in das Gerät, als sie öffentlich zugestehen, denn zumindest bei irdischem Einsatz funktioniert das Fernrohr einwandfrei. Es holt die Geschlechtertürme und Kirchen Bolognas ganz nah ans Auge des Betrachters heran.

Horky bekennt gegenüber Kepler, er habe heimlich Abdrücke von Galileis Linsen gemacht, um damit »ein viel besseres Fernrohr« zu bauen. Obwohl er eine bösartige Schmähschrift gegen Galilei verfasst, wünscht er sich inständig, selbst in den Besitz eines Teleskops zu kommen. Auch Magini besorgt sich schleunigst Gläser aus Venedig, und ein halbes Jahr später zeichnet er selbst die Positionen der Jupitermonde auf.

Galilei bekommt bei seiner Rückkehr nach Padua den nächsten Dämpfer. Einige Universitätsangehörige weigern sich, auch nur einen Blick durch das Rohr mit den beiden Linsen zu werfen. Der bestdotierte Philosophieprofessor in Padua, Cesare Cremonini, sieht zeit seines Lebens nicht ein einziges Mal durch ein solches Instrument, das seinen »Kopf nur verwirren könne«. Warum sollte man ausgerechnet durch ein paar Gläser am Himmel irgendetwas real Existierendes sehen können, das dem unbewaffneten Auge verborgen bleibt? Über die Funktionsweise des Fernrohrs hat Galilei in seinem *Sternenboten* kein klärendes Wort verloren.

Kepler wird später in Prag in ähnlicher Weise erleben, wie breit der Graben ist, der ihn als Mathematiker von anderen Gelehrten trennt. Als er den Schweizer Humanisten Melchior Goldast dazu auffordert, sich mit einem Blick durch das Fernrohr selbst von den Unebenheiten der Mondoberfläche zu überzeugen, winkt dieser ab. »Ich aber«, so Goldast, »wolt es ihme lieber glauben, dann hinauff steigen und besichtigen.«

*Mit Keplers Hilfe zum Erfolg*

Mit drei öffentlichen Vorlesungen versucht Galilei, Boden gut zu machen. Voller Stolz berichtet er, die ganze Universität Padua sei zu diesem Anlass erschienen, selbst die schärfsten Kritiker habe er überzeugen können. Von seinen wahren Gedanken und seiner Stimmung in jenen Tagen kann man sich nur schwer eine Vorstellung machen.

Höchstwahrscheinlich hat er eine Achterbahnfahrt der Gefühle hinter sich, als er bald nach seiner Rückkehr genau das Gutachten bekommt, das ihm für sein offizielles Bewerbungsschreiben noch fehlt: das Urteil eines angesehenen Fachmanns. Und was für eines!

»Eure Exzellenz und durch Euch auch seine Hoheit sollen wissen, dass ich vom Mathematiker des Kaisers einen Brief, nein, eine ganze Abhandlung auf acht Bogen erhalten habe, in der er alles, was in meinem Buch geschrieben steht, billigt, ohne auch nur irgendeiner Einzelheit zu widersprechen oder sie in Zweifel zu ziehen«, schreibt Galilei am 7. Mai euphorisch an den toskanischen Staatssekretär. »Und glaubt mir, Eure Exzellenz, dasselbe würden in der selben Weise auch Italiens Gelehrte von Anfang an gesagt haben, wenn ich in Deutschland oder weiter weg gewesen wäre.«

Für Galilei ist Keplers Gutachten zu diesem Zeitpunkt kaum zu überschätzen. Der Deutsche ist der erste Wissenschaftler von Rang, der sich auf seine Seite stellt. Durch sein rundum positives Urteil bleibt Galilei das Ringen um die Anerkennung seiner Ergebnisse zwar nicht erspart, aber er kann seinen Widersachern nun einen Kommentar zu seinem *Sternenboten* vorlegen, der an gedanklicher Schärfe und Weitblick kaum zu überbieten ist. Dass die Expertise vom Mathematiker des Kaisers stammt, verleiht ihr auch außerhalb der Fachkreise höchstes Gewicht. Noch im selben Jahr wird das Dokument in Florenz nachgedruckt.

Dem Neid seiner Widersacher seien nun alle Angriffspunkte genommen, schreibt Galilei an Belisario Vinta in der Toskana und teilt ihm ein paar Sätze später seine Gehaltsvorstellungen mit. Der Entdecker will sich keinesfalls unter Wert verkaufen. Er malt dem Staatssekretär aus, was er bisher in Padua neben seiner monatlichen Universitätsbesoldung noch alles durch Privatstunden und den Verkauf von Instrumenten hinzuverdient hat und was der Fürst von ihm erwarten darf, wenn er ihn seiner Lehrverpflichtungen enthebt.

Solcher Unterricht sei ohnehin nur ein Hindernis und keine Hilfe bei der Vollendung seiner Werke. »Wie es mir die größte Ehre ist, Prinzen zu unterrichten, so möchte ich bei anderen doch gerne darauf verzichten. Stattdessen sollen mir meine Bücher (immer unserem Herrscher gewidmet) meine zusätzliche Einkommensquelle sein ebenso wie meine Erfindungen.«

Der Umfang der Werke, die Galilei fertigstellen möchte, ist beträchtlich: zwei Bücher über Aufbau und Beschaffenheit des Universums, drei Bücher über die Ortsbewegung, die er als »vollkommen neue Wissenschaft« bezeichnet, sowie drei über die Mechanik, daneben Abhandlungen über Ton und Stimme, das Sehen und die Farben, über die Gezeiten des Meeres, das mathematische Kontinuum und natürlich auch über militärische Angelegenheiten, die Praxis des Festungsbaus, das Geschützwesen, Angriff und Belagerung, die Artillerie und vieles mehr.

»Was aber den Titel angeht, so erbitte ich mir, dass Seine Hoheit zu dem Titel ›Mathematiker‹ den des ›Philosophen‹ hinzufügen möge; denn ich kann mich darauf berufen, mehr Jahre mit dem Studium der Philosophie als Monate mit dem der Mathematik verbracht zu haben.«

Am toskanischen Hof bleibt man angesichts der zwiespältigen Reaktionen auf Galileis Entdeckungen noch eine Zeit lang zurückhaltend. Dem Wissenschaftshistoriker Mario Biagioli zufolge hat Cosimo jedoch letztlich kaum eine andere Wahl, als Galilei den heiß ersehnten Titel des Philosophen und ein stattliches Gehalt zu gewähren.

»Alle, die in Europa etwas zählten, wussten von Galileis Entdeckungen und ihrer Widmung.« Galilei hatte vielen von ihnen über die diplomatischen Kanäle der Medici Fernrohre und Exemplare des *Sternenboten* als Geschenke übersandt. »In gewissem Sinne hatte Galilei die Medici langsam in ein kontrolliertes Potlatch verwickelt«, meint Biagioli. »Als Cosimo Galileis Widmung der Mediceischen Gestirne erst einmal angenommen hatte, lagen die prüfenden Blicke all der Könige und Königinnen, Herzöge und Kardinäle, die Galilei mit Teleskopen versorgt hatte, auf ihm, und es wäre ihm schwergefallen, mit einem angemessenen Gegengeschenk aufzuwarten, mit dem er seine Großzügigkeit und seinen Edelmut hätte beweisen wollen.«

Im Frühsommer 1610 erhält Galilei die Nachricht, dass einem Umzug nach Florenz nichts mehr im Weg stehe. Der Posten am Hof der Medici ist nur ein vorläufiger Höhepunkt seiner Laufbahn. Binnen Jahresfrist macht er weitere spektakuläre Entdeckungen. Und im Jahr darauf gewährt sogar Papst Paul V. dem inzwischen weltberühmten Forscher eine Audienz. Der Professor aus Padua gibt die Richtung vor, in die sich die astronomische Beobachtungspraxis in nächster Zeit weiterentwickelt.

## »LASST UNS ÜBER DIE DUMMHEIT DER MENGE LACHEN!«
Keplers leidenschaftliche Briefe mit fragwürdigem Echo

Der Mai geht vorüber, dann der Juni und der Juli. Kepler wartet noch immer auf eine Reaktion aus Padua. Er selbst hat alles stehen und liegen lassen, hat den Mut gehabt, ins Unreine zu sprechen, um Galileis aufsehenerregende Entdeckungen gebührend zu würdigen. Galilei schweigt.

»Ich habe ihn gelobt«, so Kepler, »ohne dem Urteil irgend jemandes vorgreifen zu wollen, und wenn ich hier auch eigene Lehrsätze zu verteidigen unternommen habe …, so verspreche ich doch, sie ohne Vorbehalt aufzugeben, sobald mir einer, der gescheiter ist als ich, einwandfrei einen Irrtum nachweist.«

Irrtümer weist man ihm zwar nicht nach. Trotzdem bekommt Kepler den geballten Widerstand der Fachkollegen zu spüren, denn für Galileis Behauptungen gibt es erst einmal keine Zeugen. Nach seinem enthusiastischen Brief fühlt sich Kepler in Prag von Woche zu Woche mehr und mehr in die Enge getrieben.

Pikanterweise erfahren wir dies in erster Linie aus Galileis Korrespondenz. Galilei ist bestens vernetzt. Die ganze Zeit über steht er mit Giuliano de' Medici in Verbindung, dem toskanischen Botschafter in Prag. Mit Martin Hasdale hat er einen weiteren Informanten vor Ort, der ihm mitteilt, wie seine Entdeckungen in Prag aufgenommen werden.

Hasdale wirbt bei jeder sich bietenden Gelegenheit für Galileis »bewundernswerte und erstaunliche Schrift«. Er ist zugegen, als der spanische Botschafter Anfang April 1610 ein Exemplar des *Sternenboten* ausgehändigt bekommt, kurz darauf ergreift er bei einem Essen in der sächsischen Botschaft die Chance, Johannes Kepler auf die Neuigkeiten aus Padua anzusprechen.

*Europäische Aufrüstung und wissenschaftlicher Kleinkrieg*

Im Frühjahr 1610 ist die Atmosphäre am kaiserlichen Hof gereizt. Seit Anfang Mai tagen in Prag die katholischen Kurfürsten und Erzherzoge mit großem Gefolge. Der Kaiser hofft immer noch, seine Macht im Reich und in Böhmen zurückzugewinnen. Er möchte sich an seinem Bruder rächen und sieht nicht, welcher Zündstoff in dem aktuellen erbrechtlichen Streit um das an der Grenze zu Frankreich gelegene Herzogtum Jülich-Berg steckt.

Der französische König Heinrich IV. paktiert gegen den Kaiser und hat sich mit den protestantischen Fürsten, den Niederlanden und dem König von England verbündet. Fest entschlossen, die Gunst der Stunde zu nutzen, bereitet der Franzose einen großen Feldzug vor.

Ein schlagkräftiges habsburgisches Bündnis ist immer noch nicht in Sicht, obschon die Reichsfürsten alles daransetzen, im Konflikt zwischen Rudolf II. und seinem Bruder Matthias zu vermitteln.

Durch seinen Vetter, den Erzherzog Leopold, hat der Kaiser Truppen anwerben lassen, angeblich wegen der Ereignisse in Jülich-Berg. Doch geht es ihm ebenso sehr darum, seine Herrschaft in Böhmen zu erneuern und sich gegen Matthias zu behaupten. Rudolf II. treibt ein Doppelspiel: Während die Friedensverhandlungen mit seinem Bruder laufen, rüstet er gegen denselben auf.

Mitten in die Bemühungen um eine Beilegung des Streits platzt die Nachricht von der Ermordung Heinrichs IV. Am 14. Mai, wenige Tage vor Beginn seiner geplanten Militäroffensive, ist der französische König in Paris auf offener Straße von einem religiösen Fanatiker mit drei Messerstichen erdolcht worden. Damit ist der drohende europäische Krieg erst einmal abgewendet. Der französische Thronfolger ist noch zu jung, um gleich in die Rolle seines Vaters zu schlüpfen. Maria de' Medici aber korrigiert sofort den Kurs ihres ermordeten Gatten. Als gute Katholikin hört sie auf ihre italienischen Ratgeber. Europa bekommt noch einmal ein paar Jahre Aufschub, ehe der Dreißigjährige Krieg 1618 von Prag aus entflammen wird.

Mit dem Tod Heinrichs IV. geraten die ohnehin mühsamen Vermittlungsversuche zwischen Prag und Wien erst recht ins Stocken. Den Kaiser ängstigt das Schicksal des Monarchen, auch ihm haben astrologische Berater bereits düstere Vorhersagen gemacht. Matthias verlangt, dass Rudolf II. seine Passauer Truppen sofort entlässt, der aber denkt nicht daran, sich von seinem Bruder irgendwelche Vorschriften machen zu lassen, obwohl der bankrotte Kaiser selbst nicht weiß, wie er für das 12 000 Mann starke Söldnerheer aufkommen soll. Die unbändige Soldatenhorde wird ihm das Leben noch zur Hölle machen und halb Prag verwüsten.

Einer der wichtigsten Vermittler im Streit zwischen dem Kaiser und seinem Bruder Matthias ist der Kurfürst Ernst von Köln. In seinem Geleit hält sich der Mathematiker Eitel Zugmesser am Prager Hof auf. Selbstverständlich hat auch er Galileis *Sternenboten* bereits gelesen, allerdings eine ganz andere Meinung dazu als Kepler.

Als der quirlige Hasdale mit Zugmesser ins Gespräch kommt und Galileis Entdeckungen rühmt, zieht der Mathematiker einen Brief aus der Tasche. Er stammt aus der Feder seines Kollegen Giovanni Antonio Magini. Der Astronom aus Bologna sei, wie viele in Italien, der Ansicht, dass es sich bei den neuen Himmelskörpern um Sinnestäuschungen handele. Vermutlich wäre es Galilei so ergangen wie Magini selbst, als dieser die Sonne einmal durch ein gefärbtes Stück Glas betrachtet und statt der einen plötzlich drei Sonnen am Himmel gesehen habe.

Zugmesser hat nichts als Spott für Galilei übrig. Vor etlichen Jahren hat er Galileis Vorlesungen in Padua besucht, seinen einstigen Professor jedoch wegen dessen rücksichtslosem Verhalten in einem Plagiatsstreit in äußerst schlechter Erinnerung behalten. Hasdale gegenüber bezeichnet er Galilei sogar als seinen »Todfeind«.

Umso mehr freut sich Zugmesser, als publik wird, dass Galilei mit einer Demonstration des Teleskops an der Universität Bologna sang- und klanglos gescheitert ist. Dort habe niemand die vier neuen Planeten durch das Fernrohr erkennen können.

»Die Feinde brüllen lauter denn je«, schreibt Hasdale Ende Mai nach Padua. Er will inzwischen erfahren haben, dass Magini auch Gelehrte in Polen, Frankreich, England und anderswo angeschrieben hat. Das internationale Kommunikationsnetz der Wissenschaft funktioniert ausgezeichnet. Während Magini im Hintergrund die Fäden zieht, kippt die Stimmung in Prag, wo sich angesichts der schleppenden Beratungen viele für die Mondgebirge und neuen Himmelskörper interessieren. »Bevor Zugmesser mit seinem Herrn nach Wien abgereist war, hatte er bereits den ganzen Hof infiziert.« Hasdale zufolge kann der arme Kepler den vielen Kontrahenten nicht länger Paroli bieten.

Der toskanische Botschafter weist Galilei ebenfalls auf Keplers Nöte hin. Doch selbst Giuliano de' Medici erreicht nichts. Galilei schickt ihm zwar ein paar aktuelle Ergebnisse seiner andauernden Jupiterbeobachtungen zu, von denen der Botschafter Kepler am 17. Juli berichten kann. Aber vergeblich bittet dieser Galilei darum, dem kaiserlichen Mathematiker ein ordentliches Teleskop zur Verfügung zu stellen, mit dem alle am Hof von der Existenz der Jupitermonde überzeugt werden könnten.

In Prag macht man sich inzwischen lustig über das Fernrohr, das nichts als Trugbilder hervorbringe. Während der Kaiser seine Mittelsmänner damit beauftragt, Linsen besserer Qualität aus Venedig zu beschaffen, hat sich Kepler unter den Gelehrten weitgehend isoliert. Sogar aus seinem überschwänglichen Kommentar zu Galileis *Sternenboten* picken andere nun ungeniert die Worte heraus, die sich für eine Kritik an Galilei am besten eignen, unter ihnen Maginis Schüler Martin Horky, dessen Pamphlet gegen den Himmelskaufmann aus Venedig und seinen »kranken Sternenboten« am Hof zirkuliert.

*Galileis verschlüsselte Botschaften*

Am 9. August, knapp vier Monate nach seinem Kommentar zum *Sternenboten*, wendet sich Kepler noch einmal an Galilei. Zuerst bringt er sein »heftiges Verlangen« zum Ausdruck, endlich selbst einen Blick durch eines der galileischen Fernrohre zu werfen. Die Qualität der Instrumente am Hof sei zwar ausreichend, um viele neue Sterne zu erkennen, nicht aber Jupiters vier Satelliten.

Die gerade veröffentlichte Publikation Horkys macht Kepler besonders zu schaffen. Der junge Böhme erhebe ausgerechnet ihn zum Zeugen gegen Galilei. »Nun will jener behaupten, ich hätte unumstößliche Gründe und Beweise gegen Euren *Sternenboten* vorgebracht!« Aber weder durch diesen »Lump« noch durch die ablehnende Haltung der Menge lasse er sich beirren. Er hege nicht den geringsten Zweifel an Galileis Entdeckungen, brauche allerdings Belege.

»Drum bitte ich Euch, mein Galilei, gebt mir sobald als möglich Zeugen an! Aus verschiedenen Briefen von Euch an andere habe ich nämlich erfahren, dass es Euch an solchen Zeugen nicht fehlt. Aber ich kann außer Euch keine anderen anführen, um die Zuverlässigkeit meines Sendschreibens zu verteidigen. Ihr seid der einzige Gewährsmann für die Beobachtung.«

Trotzdem stehe er unverbrüchlich zu ihm. Die Würfel seien längst gefallen. »Ihr, mein Galilei, habt das Allerheiligste des Himmels aufgetan. Was bleibt da anderes übrig, als dass Ihr den Lärm, der erregt worden ist, verachtet.«

Während er noch auf eine Antwort wartet, treffen unerwartete Neuigkeiten aus Padua ein: eine neue Entdeckung Galileis. Worum es sich dabei handelt, verrät der eigenwillige Beobachter nicht. Galilei möchte das Geheimnis zu diesem Zeitpunkt noch nicht preisgeben, seine Prioritätsansprüche aber schon einmal sicherstellen, indem er die Nachricht verschlüsselt. Das Buchstabenrätsel, das auf Keplers Schreibtisch landet, lautet:
»SMAISMRMILMEPOETALEUMIBUNENUGTTAUIRAS«

Es wird nicht das letzte Versteckspiel sein, das Galilei mit Kepler und anderen Gelehrten treibt. Wochenlang zerbricht sich der kaiserliche Mathematiker den Kopf über der Buchstabenfolge. Er kann sich keinen Reim daraus machen, reiht sie zu »halbbarbarischen« Versen zusammen, wie er selbst bekennt: »Salve umbistineum geminatum Martia proles.« – »Seid gegrüßt, doppelter Knauf, Kinder des Mars.« Könnte es sein, dass auch der Mars Monde hat?

Kepler komme nicht mehr zur Ruhe. Er verzehre sich danach, endlich zu erfahren, um welche Entdeckung es sich diesmal dreht, schreiben der Botschafter und Hasdale nach Padua. Galilei lässt ihn zappeln. Erst Monate später lüftet er das Geheimnis auf Drängen des Kaisers. Des Rätsels Lösung, die richtige Anordnung der Buchstaben, lautet: »Altissimum planetam tergeminum observavi« – »Ich habe den höchsten der Planeten als Dreigestirn beobachtet.« Der Saturn habe »zwei Diener, die ihn in seinem Lauf stützen und nie von seiner Seite weichen«.

Was für ein Theater um zwei Himmelskörper, die es in Wirklichkeit gar nicht gibt! Galilei hat zu beiden Seiten des Saturns einen Wulst gesehen und daraus geschlossen, es handele sich um zwei große Begleiter des Planeten, einen auf jeder Seite. Die angeblichen Monde entpuppen sich fünfzig Jahre später als ein System aus Ringen und damit als ein völlig neues Himmelsphänomen. Modernen Erkenntnissen zufolge haben sich diese Ringe vor langer Zeit aus den Trümmern anderer Himmelskörper um den Saturn gebildet.

*Die lang erwartete Antwort aus Padua*

Inzwischen ist Keplers Brief in Padua angelangt. Nachdem Galilei den eindringlichen Appell gelesen hat, greift er endlich zur Feder. Es ist nach dreizehn Jahren der erste Brief, den Kepler von ihm bekommt, und man kann sich die Erregung vorstellen, in der dieser das Schreiben öffnet.

Durch die Fernrohrbeobachtungen ist Galilei für ihn zur Leitfigur einer neuen Wissenschaft geworden. Außerdem hat ihm Galilei schon vor langer Zeit, in einem Brief aus dem Jahr 1597, anvertraut, ein Anhänger des kopernikanischen Weltbilds zu sein. Kepler sieht ihn schon als Mitstreiter an seiner Seite. »Wir sind eben beide Kopernikaner«, hat er im Mai an Magini geschrieben und in seinem Kommentar zum *Sternenboten* kaum eine seiner eigenen Publikationen unerwähnt gelassen. Er hofft darauf, endlich auch von Galilei als Forscher wahrgenommen zu werden. Voller Spannung beginnt er zu lesen:

»Ich habe Eure beiden Schreiben erhalten, mein gelehrtester Kepler. Auf das Erstere, das Ihr bereits der Öffentlichkeit übergeben habt, werde ich in der zweiten Ausgabe meiner Beobachtungen antworten«, schreibt Galilei. »Inzwischen danke ich Euch, dass Ihr als Erster und fast als Einziger mit dem Freimut und der geistigen Überlegenheit, die Euch auszeichnen, ohne die Sache selber gesehen zu haben, meinen Aussagen vollen Glauben geschenkt habt.« Auf den zweiten Brief, den er eben erst erhalten habe, wolle er nur ganz kurz eingehen, es seien nur noch wenige Stunden zum Schreiben übrig.

Mit einem Fernrohr könne er ihm leider nicht dienen, fährt Galilei fort. Nachdem er sein Gerät dem Großherzog der Toskana zum Geschenk gemacht habe, besitze er keines mehr. Erst nach seinem bevorstehenden Umzug nach Florenz werde er sobald als möglich neue Instrumente herstellen und seinen Freunden schicken.

»Ihr wünscht weitere Zeugen, mein lieber Kepler. Ich nenne den Großherzog der Toskana. Nachdem er in den vergangenen Monaten die Mediceischen Planeten öfters mit mir in Pisa beobachtet hatte, gab er mir bei der Abreise ein Geschenk, das mehr als 1000 Dukaten wert ist, und beruft mich soeben in seine Vaterstadt mit einem Jahresgehalt von ebenfalls tausend Dukaten und mit dem Titel eines Philosophen und Mathematikers Seiner Durchlaucht.« Dabei seien ihm keine weiteren Verpflichtungen auferlegt. Er genieße nun vollkommen freie Muße, um seine Bücher zu vollenden: über die Mechanik, den Aufbau des Weltalls und einiges mehr.

»Ferner stelle ich mich selber als Zeugen vor, der ich an unserem Gymnasium mit einem besonderen Gehalt von 1000 Gulden ausgezeichnet wurde, das noch kein Mathematikprofessor je bekommen hat und das ich in Sicherheit mein Leben lang genießen könnte, auch wenn die Planeten uns foppen und verschwinden würden. Ich ziehe aber weg und begebe mich dorthin, wo ich für meine Täuschung mit Not und Schande büßen müsste.«

Galilei führt noch den Bruder des großherzoglichen Gesandten als Gewährsmann auf, allerdings niemanden vom Fach. Wenn der Gegner irre, was brauche er da weitere Zeugen!

»Wir wollen über die ausnehmende Dummheit der Menge lachen, mein Kepler. Was sagt Ihr über die Hauptphilosophen unseres Gymnasiums, die mit der Hartnäckigkeit einer Natter nie, wenn ich auch tausendmal mir Mühe gab und ihnen von mir aus ein Anerbieten machte, die Planeten, den Mond oder das Fernrohr sehen wollten! Wahrhaftig, wie jene die Ohren, so haben diese die Augen gegenüber dem Licht der Wahrheit zugehalten.«

Das sei betrüblich, wundere ihn aber nicht. Diese Gattung von Menschen halte nämlich die Philosophie für ein Buch wie die *Äneis* oder die *Odyssee*. Sie seien in dem Glauben befangen, man müsse die Wahrheit nicht in der Welt oder in der Natur suchen, sondern im Vergleich der Texte.

»In was für Lachsalven würdet Ihr ausbrechen, mein freundlichster Kepler, wenn Ihr hören würdet, was in Pisa von dem Hauptphilosophen des dortigen Gymnasiums gegen mich vor dem Großherzog vorgebracht wurde, als er mit logischen Gründen wie mit Zauberformeln die neuen Planeten vom Himmel reißen und wegdisputieren wollte! Aber die Nacht bricht ein, und ich kann mich nicht mehr länger mit Euch unterhalten. Lebt wohl, hochgelehrter Herr, und bleibt mir wie bisher gewogen.«

Keplers hohe Erwartungen bekommen mit diesem Brief einen weiteren Dämpfer. Während eine Antwort auf den ersten Brief völlig ausbleibt, ist die auf Keplers zweites Schreiben schlichtweg enttäuschend. Galilei geht auf keine einzige der wissenschaftlichen Fragen ein, mit denen er ihn konfrontiert hat. Er zieht sich mit dem Versprechen aus der Affäre, in einer zweiten Ausgabe seines *Sternenboten* Stellung zu beziehen, die allerdings nie erscheinen wird.

Dass Galilei ihm kein Fernrohr schickt, da er in ihm einen Konkurrenten sieht, kann man vielleicht noch verstehen. Als Zeichen des Danks hätte er ihm jedoch wenigstens ein paar Tipps hinsichtlich der Auswahl der Linsen oder für die Beobachtungspraxis geben können, wie er sie wenig später Christopher Clavius aus Rom zukommen lässt. Galilei benennt auch keinen glaubwürdigen Zeugen für die Existenz der Jupitermonde, sondern einen absoluten Laien: den Medici-Fürsten, dem er die Jupitermonde gewidmet hat.

Vor allem jedoch sagt ihm Galilei unverhohlen, worauf es ihm nun in erster Linie ankommt: nicht auf philosophische Diskussionen, wie Kepler sie wünscht, sondern darauf, dass er für seine Entdeckungen ordentlich bezahlt wird. Tausend Dukaten hier, tausend Gulden dort – Kepler, der kaum weiß, wie er seinen

Unterhalt bestreiten soll, und sich schon lange grämt, dass er seiner Frau, die aus gutem Hause stammt, kein besseres Leben bieten kann, muss Galileis Prahlerei bitter aufstoßen.

## Dem Entdecker auf den Fersen

Obschon Galilei einem Dialog ausweicht, ist Kepler aber viel zu leidenschaftlich und schon viel zu sehr involviert, um nun einen Schritt zurückzutreten und seinem Kollegen mit einer größeren Distanz zu begegnen. Der Zufall will es, dass ihm just in dem Moment, da er den Brief beiseitelegt, das gewünschte Fernrohr in die Hände fällt, mit dem er endlich selbst nach den Jupitermonden Ausschau halten kann.

Der Kurfürst von Köln, der zwischenzeitlich als Unterhändler nach Wien gereist ist, kehrt Ende August wieder an den Hof zurück. Nach monatelangem Hin und Her ist ein Einigungsvertrag zwischen dem Kaiser und seinem Bruder in greifbare Nähe gerückt. Im Reisegepäck des Kurfürsten befindet sich ein Fernrohr, und zwar ein besonders gutes. Galilei hat es ihm persönlich übersandt. Nun stellt er das Instrument dem von ihm geschätzten kaiserlichen Hofmathematiker für einige Nächte zur Verfügung.

Vom 30. August bis zum 9. September 1610 hat Kepler Zeit, Galileis Behauptungen zu prüfen. Er nutzt diese Gelegenheit, um alle Zweifel an der Existenz der Jupitermonde ein für allemal aus der Welt zu schaffen. Kepler lädt Franz Tengnagel, Benjamin Ursinus und andere Experten zu einer nächtlichen Beobachtungsreihe ein. Jeder der Anwesenden soll das, was er mit dem Fernrohr sieht, für sich mit Kreide auf eine Tafel aufzeichnen, hinterher werden die Ergebnisse miteinander verglichen.

Die wenigen Beobachtungsnächte werden zu einer glänzenden Bestätigung für Galilei. Pünktlich zu seinem Umzug nach Florenz kann der Philosoph und Mathematiker der Medici erneut mit wunderbaren Nachrichten aus Prag aufwarten und dem toskanischen Großherzog mitteilen, dass selbst der habsburgische Kaiser die Jupitermonde zu Gesicht bekommen habe.

Mit dieser Botschaft verbreitet sich in Florenz das Gerücht, Kepler habe, als er die Jupitermonde zum ersten Mal sah, ausgerufen: »Viciste Galilei!« – »Du hast gesiegt, Galilei!« Diesmal jedoch versucht Kepler, nüchterner zu bleiben, und protokolliert die Beobachtungsergebnisse ähnlich schnörkellos, wie Galilei dies in seinem *Sternenboten* vorexerziert hat. Auch diese kleine Schrift wird sofort in Florenz nachgedruckt.

»Dies ist alles, teurer Leser, was ich dir von den wenigen und übereilten Beobachtungen öffentlich mitteilen zu müssen glaubte, damit du entweder auf mein und meiner Zeugen Zeugnis hin in Zukunft unter Abweisung jeden Zweifels die offenbare Wahrheit anerkennst oder dir selbst ein gutes Instrument verschaffst, das dich durch den Augenschein überzeuge.«

Der eifrige Kepler ist Galilei erneut dicht auf den Fersen. Nur wenige Tage nach Erhalt des unbefriedigenden Schreibens aus Padua kommt ihm jener schon wieder nicht mehr so unnahbar und unerreichbar vor. Wie wir der Korrespondenz des Botschafters Giuliano de' Medici entnehmen können, macht sich Kepler sogar Hoffnung, die in Padua frei gewordene Professorenstelle zu übernehmen. Weil er in Prag seine Felle wegschwimmen sieht, spielt er mit dem Gedanken, in Galileis Fußstapfen zu treten.

Und Galilei ist anscheinend dazu bereit, sich für seinen deutschen Kollegen zu verwenden. Er habe es nicht versäumt, sofort nach Venedig zu schreiben, lässt er ihn am 1. Oktober 1610 über Giuliano de' Medici wissen. Kepler sei in Padua bestens bekannt, man werde bestimmt auf ihn zurückkommen, was ihm, Galilei, wegen der Annehmlichkeit, ihn ganz in der Nähe zu haben, eine unendliche Freude wäre.

Was für eine Chance! Kepler hat bis dahin nie an einer Universität gelehrt. Seine Freunde Matthias Wackher von Wackenfels und Johannes Jessenius oder der Mathematiker des Kurfürsten von Köln, Eitel Zugmesser, haben alle in Padua studiert, er selbst dagegen ist nie zu einer Bildungsreise nach Italien aufgebrochen. Eine Berufung an die ehrwürdige Hochschule, von deren anregendem Umfeld er schon viel gehört hat, würde Keplers Leben noch einmal eine ganz neue Wendung geben. Eine ganze Weile träumt er davon, »das Abenteuer in der Fremde zu suchen«, auch von persönlichen Gesprächen mit Galilei und von einer kopernikanischen Achse Padua-Florenz.

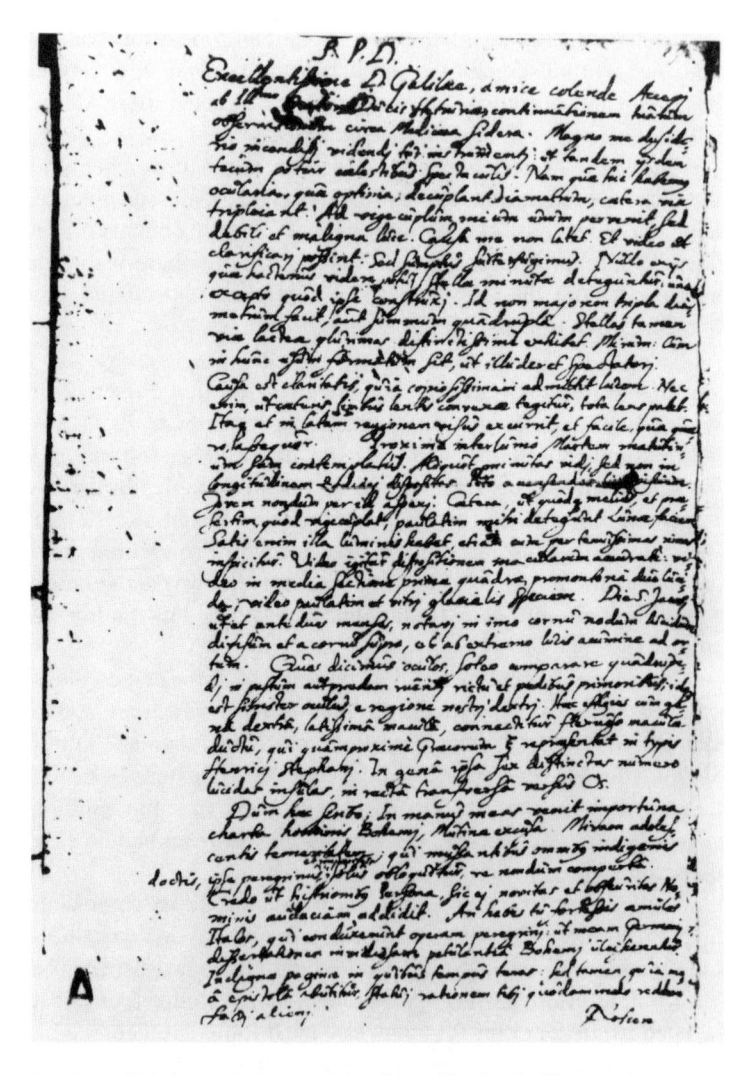

*In einem Brief vom 9. August 1610 bittet Kepler Galilei um die Angabe von Zeugen für die Beobachtung der Jupitermonde.*

Doch es wird nichts daraus, die Stelle bleibt jahrelang vakant und wird schließlich anderweitig besetzt. Als Kepler Jahre später, nach dem Tod Giovanni Antonio Maginis, ein Angebot der Universität Bologna erhält, lehnt er ab. »Von Jugend an bis in mein gegenwärtiges Alter habe ich als Deutscher unter Deutschen eine Freiheit im Gebaren und Reden genossen, deren Gebrauch mir wohl, wenn ich nach Bologna ginge, leicht, wenn nicht Gefahr, so doch Schmähung zuziehen, Verdächtigungen hervorrufen und mich den Angebereien von Schnüfflern aussetzen könnte«, schreibt er nach Italien.

Bologna ist dem Protestanten ein zu heißes Pflaster. Anders als die Republik Venedig, die internationale Allianzen gegen Rom knüpft, gehört die katholische Universität Bologna zum direkten Einflussbereich der päpstlichen Inquisition. Und die ächtet 1616 die Schrift des Kopernikus.

Kepler wird sein Leben lang nicht nach Italien reisen, darf sich jedoch eine Weile über Galileis Angebot freuen, sich für ihn in Padua verwenden zu wollen. Inwieweit der sich tatsächlich für Keplers Unterstützung erkenntlich zeigt, bleibt ungewiss, dessen Nähe jedenfalls sucht er nicht.

*Ein Gedanke, zwei Theorien*

In seiner neuen Stellung als Philosoph und Mathematiker der Medici schreibt Galilei nicht mehr persönlich an Kepler. Er wählt den sichersten und schnellsten Postweg, der zudem der höfischen Etikette entspricht, und lässt die Korrespondenz über den toskanischen Botschafter in Prag laufen, verfasst seine Briefe nicht mehr in der lateinischen Gelehrtensprache, sondern auf Italienisch.

Die Begeisterung seines Kollegen erwidert Galilei nicht. Zwar hält er ihn noch mindestens bis zum Sommer 1612 über aktuelle Beobachtungen mit dem Fernrohr auf dem Laufenden und ist jedes Mal gespannt auf dessen Urteil. Doch während Kepler die Forschung zusammen mit Galilei aus den »gewohnten Grenzpfählen der Aristotelischen Enge« befreien möchte, prescht der Italiener lieber im Alleingang vor.

Besonders überrascht sein Verhalten gegenüber Keplers wissenschaftlichem Werk. Galilei ignoriert dessen großartige Leistungen völlig, und das nicht nur in der hektischen Phase eigener Entdeckungen. Selbst als er 1632, also zwanzig Jahre später, seine lang angekündigte Schrift über den Aufbau der Kosmos herausgibt, den *Dialog über die beiden hauptsächlichen Weltsysteme*, kehrt er Keplers fundamentale Erkenntnisse unter den Teppich.

Wieso nimmt Galilei die gewissenhaft überprüften Planetengesetze nicht auch als Argument für sich in Anspruch? Diese bis heute offene Frage der Wissenschaftsgeschichte stellt sich umso drängender, weil beide für die kopernikanische Sache kämpfen.

Galilei betont die Bedeutung von Beobachtung und Empirie In seinem Brief an Kepler macht er sich lustig über diejenigen, die sich weigern, durch das von ihm gebaute Fernrohr hindurchzuschauen, und die Augen vor dem »Licht der Wahrheit« verschließen. Von sich selbst dagegen behauptet er, im »Buch der Natur« zu lesen, und knüpft damit an grundlegende Erfahrungen des vergangenen Jahrhunderts an.

Hätte der Florentiner Amerigo Vespucci feststellen können, dass jenseits des Atlantiks eine »Neue Welt« liegt, wenn er nicht selbst aufgebrochen wäre, um ihre Küste zu vermessen? Hätte der Arzt Andreas Vesalius, der in Padua promovierte, die Anatomie des menschlichen Körpers in sieben Büchern neu beschreiben können, ohne Leichen zu sezieren und die antiken Lehrmeinungen mit eigenen Augen zu überprüfen? In ähnlicher Weise vermisst Galilei den Himmel mit dem Fernrohr und seziert das traditionelle geozentrische Weltbild in vielen Facetten.

Allerdings ist der Empirismus, der Keplers *Neuer Astronomie* zugrunde liegt, nicht weniger bewundernswert. Als Mathematiker hat er in mühseliger Rechenarbeit die jahrzehntelangen Planetenbeobachtungen ausgewertet, die Tycho Brahe zuvor mit seinen Präzisionsinstrumenten gewonnen hatte. Mithilfe dieser Daten hat Kepler die Astronomie endlich von der verwirrenden Vielzahl ineinander geschachtelter Sphären und Kreise befreit und jedem Planeten eine einzelne, mathematisch bestimmte und physikalisch begründete Bahn um die Sonne zugewiesen.

Erkennt Galilei die Bedeutung von Brahes einzigartiger Datensammlung nicht? Warum knüpft er nicht an Keplers wegweisende Arbeit an? Wieso begnügt er sich selbst sogar mit einem kopernikanischen Modell, das den Beobachtungen schlicht nicht gerecht wird?

Galilei geht eigene Wege. Anders als Kepler ist er nicht in der klassischen Astronomie zu Hause, sondern in der Mechanik. Aus ihr schöpft er physikalische Konzepte, die mit denen Keplers nicht in Einklang zu bringen sind und die für seine eigenen Gedanken über den Aufbau des Weltalls maßgebend sind.

Galilei und Kepler gelangen zu völlig verschiedenen Auffassungen der kopernikanischen Theorie. In ihren individuellen Denkansätzen und Motiven, ihrer jeweiligen Herkunft und Inspiration spiegeln sich auf besondere Weise die Umbrüche der Wissenschaft an der Schwelle zum 17. Jahrhundert. Die Briefe, die sie miteinander wechseln, gehören zu einem faszinierenden Mosaik von der Entstehung der neuzeitlichen Forschung, in dem noch etliche Steine fehlen.

Teil II

DER ITALIENER UND DER
DEUTSCHE

## DER LAUTENSPIELER
Musik und Mathematik im Hause Galilei

Vincenzo Galilei ist Anfang vierzig, als er sich in der alten See- und Handelsstadt Pisa niederlässt. Als Musiker ist die Stadt für ihn nicht gerade erste Wahl. Zwischenzeitlich zu einem versumpften Provinznest herabgesunken, leidet Pisa immer noch unter einem schlechten Ruf. Bis vor Kurzem schickte man wegen der Krankheitsgefahr sprichwörtlich »nur seine Feinde« hierher.

Inzwischen residiert immerhin der toskanische Hof jedes Jahr für einige Monate in der Stadt. Cosimo I. hat die Sümpfe trockenlegen und die häufig überfluteten Uferpromenaden des Arno befestigen lassen, die Universität wurde wiedereröffnet und ein Botanischer Garten – eine völlige Neuheit in Europa – angelegt. Die Piazza dei Miracoli, der Platz der Wunder, das glanzvolle architektonische Ensemble aus »Schiefem Turm«, Dom und Baptisterium, liegt wieder im Herzen einer pulsierenden Stadt. Mit ihren rund 10 000 Einwohnern ist Pisa nach Florenz die zweitgrößte in der Toskana.

Hier versucht Vincenzo Galilei, sich eine Existenz als Musiklehrer aufzubauen. Er hat seine berufliche Laufbahn als Lautenspieler begonnen. Aus einer alteingesessenen Patrizierfamilie stammend, haben sich für ihn ganz selbstverständlich jene Verbindungen zur Florentiner Aristokratie ergeben, die seiner Karriere förderlich gewesen sind. Nun erteilt er Studenten und Adligen in Pisa regelmäßigen Unterricht und pflegt weiterhin seine Kontakte zum Hof.

Der Hauptgrund für seinen Wohnortwechsel dürfte die Hochzeit mit Giulia Ammanati gewesen sein, die aus Pescia stammt und deren Verwandten teilweise in Pisa leben. Giulia ist deutlich jünger als er und hat es vermutlich nicht leicht mit ihrem Mann, dessen Leidenschaft für die Musik vieles in den Hintergrund drängt: ständig ist er auf Tour, und seine Kompositionen widmet er anderen Frauen.

Als Komponist hat Vincenzo eine Vorliebe für volkstümliche Melodien, die er mit anspruchsvollen literarischen Texten von Dante, Petrarca oder Ariost verbindet. Diese Art von Gesang ist am Hof der Medici beliebt, die Vertonung von Dichtung ein viel diskutiertes Thema an den Florentiner Akademien. Vincenzo beteiligt sich lebhaft an solchen Debatten. Anders als die meisten seiner Berufskollegen beherrscht er nicht nur sein Instrument meisterhaft, ihn interessiert auch die Musiktheorie.

1563, im Jahr nach seiner Hochzeit mit Giulia, wird sein erstes Buch zur Lautenmusik gedruckt. Es ist eine Sammlung von dreißig, teils selbst komponierten Stücken, die er Alessandro de' Medici widmet, um sich für die Unterstützung bedanken, die ihm dessen Familie gewährt hat. Arm, wie er nun einmal sei, habe er dazu kein anderes Mittel als seine Musik.

Giulias Verwandte greifen dem jungen Ehepaar in den ersten Jahren ein ums andere Mal unter die Arme, vor allem nachdem die junge Frau am 15. Februar 1564 ihr erstes Kind zur Welt gebracht hat: Galileo. Der Junge hält sich während seiner ersten zehn Lebensjahre viel im Haus seiner Tante auf, während der Vater oft auf Reisen geht: nach Florenz, Rom und Venedig, später wird Vincenzo auch den Hof Albrechts V. von Bayern besuchen.

## Der »edle Florentiner«

Vincenzo ist Musiker mit Leib und Seele. Seinen Kindern bringt er das Lautenspiel wohl noch vor dem Lesen und Schreiben bei. Der Jüngere, Michelangelo, wird einmal Berufsmusiker am Hof des Herzogs von Bayern werden. Auch Galileo musiziert von klein auf viel auf der Laute, das Instrument wird ihm noch im hohen Alter ein Trost sein, als er von der Inquisition zum Hausarrest verurteilt wird und erblindet.

Galileo ist gerade vier Jahre alt, als sein Vater mit seiner nächsten Publikation auf sich aufmerksam macht. In der als Dialog verfassten Schrift erläutert ein Lautenspieler einem Laien die zeitgenössische Musik anhand zahlreicher Beispiele. Auf dem Titelblatt stellt sich der Autor der Leserschaft als »edler Florentiner« vor, eine Wendung, die sein Sohn später auch für sich in Anspruch nehmen wird.

In Pisa hat Vincenzo auf Dauer kaum Möglichkeiten, sein Talent zu entfalten. Die Bemühungen Cosimos I., der Universität zu mehr Glanz zu verhelfen, indem er international bekannte Ärzte und Philosophen nach Pisa holt, haben nur mäßigen Erfolg. Der Zulauf an Studenten bleibt gering, Vincenzo fehlt es an Schülern und fachlichem Austausch.

1572 zieht Galileos Vater in die 60 000 Einwohner zählende Hauptstadt Florenz um, zwei Jahre später holt er seine Familie nach. Es ist das Jahr, in dem Cosimo I. stirbt und mit seinem Sohn Francesco ein neuer Großherzog und potenzieller Mäzen an die Macht kommt. An seinem Hof, dem Zentrum des geistigen und künstlerischen Lebens in Florenz, bekommt Vincenzo mehr Aufträge als in Pisa, hier begegnet er Komponisten und Musikern, Dichtern und Gelehrten und schärft sein Kunstverständnis.

Galileo hat vorerst wenig Gelegenheit, mit der neuen Heimatstadt warm zu werden. Für ihn beginnt nun der für alle Patriziersöhne typische humanistische Bildungsweg. Er soll eine Klosterschule besuchen: die Benediktinerabtei von Vallombrosa.

Das Kloster liegt etwa vierzig Kilometer außerhalb von Florenz in einem Waldgebiet in über tausend Metern Höhe. Es ist ein idyllischer Ort im Sommer, wenn die Weintrauben reifen, von deren Ernte die Mönche leben, abweisend im Winter, wenn die Kälte durch alle Ritzen der hohen Steinmauern in die Klosterzellen eindringt. Dorthin, in die Obhut der Mönche, übergibt Vincenzo seinen elfjährigen Sohn im Jahr 1575, nachdem Galileo zuvor noch eine Zeit lang Privatunterricht in Florenz erhalten hat.

Es ist nicht bekannt, ob dem Jungen die Trennung von der Familie schwerfällt oder ob er sich rasch an das Klosterleben gewöhnt, an die religiöse Ordnung und die täglichen Unterweisungen in Logik, Grammatik und Rhetorik. Galileo äußert sich weder in seinen Briefen noch in seinen sonstigen Aufzeichnungen über die Eltern, seine Kindheit oder die klösterliche Erziehung.

Eine der wenigen überlieferten Jugenderinnerungen Galileos betrifft bezeichnenderweise seine erste Begegnung mit der Astronomie. Im Alter von dreizehn Jahren sieht er einen hellen Kometen am Nachthimmel, dessen gekrümmten Schweif er noch Jahrzehnte später vor Augen hat. Es ist vielleicht die früheste astronomische Beobachtung, die er mit Johannes Kepler teilt, der den vorbeiziehenden Schweifstern zur selben Zeit, ein paar hundert Kilometer weiter, im Alter von nicht einmal sechs Jahren bestaunt. Vielleicht schauen die beiden Jungen mit einer gewissen Furcht in den Himmel, denn Kometen werden dies- und jenseits der Alpen als göttliche Zeichen interpretiert, meist als Unglücksboten, die zum Beispiel den Tod eines Fürsten ankündigen.

*Unter dem Einfluss der Kirche*

Das Kloster gibt Galileo zumindest vorübergehend eine neue Lebensorientierung. Nach drei Jahren bei den Benediktinern möchte er Novize werden, ist offenbar empfänglich für die gemeinschaftsstiftenden Glaubensinhalte und Rituale, vielleicht auch beeindruckt von der Gelehrsamkeit der Mönche, die die Abtei weit über Florenz hinaus bekannt gemacht hat.

Bedeutende Persönlichkeiten kommen nach Vallombrosa, im Jahr 1575 unter anderen der Kardinal und spätere heiliggesprochene Carlo Borromeo, eine der Schlüsselfiguren der Gegenreformation. In einer Zeit, in der die katholische Kirche als dekadent und korrupt gilt, in der Kardinalswürden vererbt und verkauft werden, in der die Bischöfe fern ihrer Diözesen in großem Prunk leben und nicht im Ferntesten daran denken zu predigen, zieht der Erzbischof von Mailand als Kirchenhirte durchs Land und verkündet das Evangelium, geißelt die Missstände und den Sittenverfall im Adel und in der Kirche.

Auch er ist durch Nepotismus zur Kardinalswürde gelangt und hat als Lieblingsneffe des Papstes das langwierige, sich über viele Jahre erstreckende Reformkonzil von Trient mitgestaltet. Am 26. Januar 1564, wenige Tage vor Galileos Geburt, hat Pius IV. die wegweisenden Beschlüsse dieses Konzils bestätigt. Die päpstliche Bulle versteht sich als Bollwerk gegen Protestantismus, gegen die Anhänger Luthers und Calvins. Die Auslegung

*Als vermeintliche Unglücksboten sorgen Kometen immer wieder für Aufsehen, wie dieser Kupferstich aus dem 17. Jahrhundert zeigt.*

der Heiligen Schrift soll wieder alleinige Sache der katholischen Kirche werden.

Um die Konzilsbestimmungen durchzusetzen, ist in Rom ein neues Inquisitionsgericht eingerichtet worden, 1572 hat der Papst die Index-Kongregation ermächtigt, eine offizielle Liste verbotener Bücher herauszugeben. Die kopernikanischen Schriften gehören allerdings nicht dazu. Vorerst nicht.

Carlo Borromeo tritt wie kaum ein Zweiter dafür ein, dass die umstrittenen Konzilsbeschlüsse schnellstmöglich in die Praxis umgesetzt werden. Er stellt die Seelsorge in den Mittelpunkt seiner Arbeit, reformiert sein Erzbistum von Grund auf und stiftet ein Krankenhaus, als in den Jahren 1575 bis 1577 die Pest ganz Italien heimsucht und allein in Mailand 16 000 Todesopfer fordert. Der Kardinal wird für seine Wohltaten genauso bekannt wie für seine Strenge und Härte gegenüber Andersgläubigen – grausame Hexenverfolgungen eingeschlossen.

Sein Besuch in Vallombrosa ist als herausragendes Ereignis in der Geschichte des Klosters festgehalten, wo Galileo und seine Mitstudenten nach strengen Glaubensregeln erzogen werden. Einige von ihnen sehen bereits einer religiösen Bestimmung entgegen. Auch Galileo hat im Alter von fünfzehn Jahren ein solches Ziel vor Augen. Er bleibt bis an sein Lebensende ein überzeugter Anhänger seiner Kirche, auch noch, als diese ihn der Ketzerei bezichtigt und verurteilt.

Als Vincenzo von den Absichten seines Sohnes erfährt, holt er ihn sofort nach Florenz zurück. So plötzlich die Erziehung in dem entlegenen Kloster für Galileo begonnen hat, so abrupt endet sie im Jahr 1578 wieder. Es wird nicht das letzte Mal sein, dass er sich der Autorität seines Vaters beugt.

Der hat andere Pläne mit ihm. Sein ältester Sohn soll den angesehenen Beruf des Arztes ergreifen, zum Unterhalt der wachsenden Familie beitragen und eine angemessene Aussteuer für seine beiden Schwestern erwirtschaften. Vincenzo weiß bloß noch nicht, wie er das Medizinstudium bezahlen soll. Vergeblich bemüht er sich um ein Stipendium für Galileo, eine kostenlose Unterbringung im Collegio di Sapienza in Pisa.

So bleibt der Fünfzehnjährige erst einmal bei der Familie in Florenz, bekommt Einblick in das Künstlermilieu, in dem sich sein Vater bewegt, und lernt die Stadt kennen, die mehr als jede andere in Italien für ihre Baukunst berühmt ist und deren Erscheinungsbild von den prachtvollen Renaissance-Palästen der mächtigen Adelsgeschlechter, der Medici, Strozzi, Pitti und anderen Familien dominiert wird.

*Die alte und die neue Musik*

In Florenz hat Vincenzo einen besonderen Gönner in Giovanni de' Bardi gefunden. Der vielseitig interessierte Graf gehört zu den Organisatoren der Feste der Medici und richtet selbst musikalische Abende aus, schreibt Gedichte und engagiert sich in der ersten Sprachenakademie, der Accademia della Crusca, zu deren Mitglied 1605 auch Galileo gewählt wird. Bardi wird sich später auch für Galileos berufliches Weiterkommen einsetzen, zunächst aber unterstützt er den Vater mit Büchern und Instrumenten.

Schon lange beschäftigt sich Vincenzo mit den unterschiedlichen Formen des solistischen Gesangs. Ihm schwebt eine Musik vor, die sich dem Text unterordnet und mit deren Mitteln sich Gefühle wie Schmerz oder abgründiger Hass ausdrücken lassen. Angeregt durch Bardi studiert er antike Schriften, um herauszufinden, wie die Verbindung zwischen Musik und Theater in der griechischen Antike geklungen haben könnte. Wie haben sich die Sänger damals auf ihre Rollen vorbereitet? Wie haben die Rhapsoden verschiedene Personen mit musikalischen Mitteln charakterisiert und individuelle Gefühle zum Ausdruck gebracht?

Vincenzo komponiert Sprechgesänge, die er in Bardis Salon vorträgt, und schlägt von ihnen aus eine Brücke zu den zeitgenössischen Theateraufführungen der Commedia dell'arte. Als Galileo siebzehn ist, schreibt sein Vater seinen bedeutenden *Dialog über die alte und neue Musik*. Darin habe er das vorweggenommen, was zwanzig Jahre später der Ausgangspunkt für die Entstehung der Oper werden sollte, erzählt die Musikwissenschaftlerin Silke Leopold. Mehr und mehr wird Vincenzo zum Verfechter einer expressiven Musik, die mit den strengen Kompositionsregeln, wie sie an den Universitäten gelehrt werden, nicht mehr in Einklang zu bringen ist. Er vertritt die Ansicht, dass bei der Vertonung der Dichtung auch unkonventionelle Mittel erlaubt sein müssen.

An den Hochschulen ist die Musik im 16. Jahrhundert ein Zweig der Mathematik. Im Bildungskanon der freien Künste steht sie nicht von ungefähr neben Astronomie, Arithmetik und Geometrie, denn dieselbe harmonische Ordnung, die die regelmäßigen Vorgänge am Himmel charakterisiert, spiegelt sich in der irdischen Musik wider. Diesen traditionellen Gedanken wird Johannes Kepler in seiner *Weltharmonik* noch einmal zu einer großartigen kosmischen Gesamtschau ausbauen. Kepler wird sich dabei in manchen Aspekten sogar auf das Werk Vincenzo Galileis berufen, obschon dieser eine völlig andere Auffassung von Musik hat und damit beginnt, die Idee der Kunst neu zu definieren.

Grundlegend für die klassische Musiktheorie ist die antike Vorstellung der Pythagoreer, nach der sich musikalische Intervalle durch einfache Zahlenverhältnisse ausdrücken lassen. So ergibt sich zum Beispiel das Verhältnis der Oktave von 1 zu 2 dadurch, dass man die Saite einer Laute genau auf die Hälfte verkürzt. Bei der Quinte sind es genau zwei Drittel der ursprünglichen Länge, bei der Quarte beträgt das Verhältnis 3 zu 4.

Dem angesehenen Kapellmeister des Markusdoms in Venedig, Gioseffo Zarlino, bei dem auch Vincenzo studiert hat, genügen die ersten sechs natürlichen Zahlen, um aus ihnen eine Theorie konsonanter Intervalle zu entwickeln und einfache Kompositionsregeln abzuleiten. Zarlino ist im 16. Jahrhundert die unumstrittene Autorität auf diesem Gebiet, und Vincenzo ist einer der wenigen, wenn nicht sogar der Einzige, der es wagt, ihm laut zu widersprechen.

Warum Zarlinos Theorie ins Abseits führt, wie Vincenzo richtig sieht, lässt sich unter anderem mathematisch und besonders prägnant am Beispiel des Quintenzirkels begründen:

Wer auf der Tonleiter jeweils um eine Quinte weiterspringt – also in den Schritten C-G-D-A-E-H-FIS/Ges-Des-As-Es-B-F-C –, der landet nach zwölf Sprüngen wieder beim C. Dieses C liegt der Abfolge nach genau sieben Oktaven höher als das C, mit dem der Zirkel begonnen hat. Den sieben Oktavsprüngen entspricht die pythagoreische Folge von 1 zu 2 zu 4 zu 8 zu 16 zu 32 zu 64 zu 128.

Zwölf Quinten müssten also zu exakt demselben Zahlenverhältnis führen. Dem ist jedoch nicht so. Multipliziert man das pythagoreische Zahlenverhältnis von 2 zu 3 für die Quinte zwölf Mal mit sich selbst, ergibt sich ein enttäuschend krummer Wert von 1 zu 129,746. Der kleine, aber hörbare Unterschied zwischen 1 zu 129,746 und 1 zu 128, um die der Zirkel von zwölf Quinten größer ist als sieben Oktaven, das sogenannte pythagoreische Komma, bringt die ganze mathematische Notenleiter durcheinander: Der Quintenzirkel schließt sich in der Theorie der einfachen Zahlenverhältnisse nicht.

Vincenzo legt die Inkonsistenzen des seinerzeit gängigen Systems an anderen Beispielen offen und stützt seine Argumente mit Experimenten, bei denen er Saiten unterschiedlicher Dicke und aus verschiedenen Materialien testet. Er wirft Zarlino vor, sich wider besseren Wissens über solche Ungereimtheiten auszuschweigen, und errechnet selbst ein neues Zahlenverhältnis für die Halbtonabstände. Damit kommt er der modernen, temperierten Stimmung nahe, die auf irrationalen Zahlen aufbaut.

Doch eigentlich soll die Mathematik seiner Ansicht nach in der musikalischen Praxis gar nicht über die Tauglichkeit oder die Unzulänglichkeit von Intervallen entscheiden, sondern allein das menschliche Ohr. Die Wissenschaften gingen anders vor und hätten andere Ziele als die Künste. Das Denken in allzu strengen Kompositionsregeln steht seiner Meinung nach dem eigentlichen Zweck der Musik im Weg: beim Hörer Empfindungen zu wecken.

In einer für seine Zeit außergewöhnlichen Weise verbindet Vincenzo Galilei Theorie und Praxis miteinander. In Florenz fallen seine Gedanken auf fruchtbaren Boden, die Pioniere der Opernmusik teilen seine Vorstellungen. So erläutert auch der Komponist Jacopo Peri die erste Opernaufführung im Palazzo Pitti im Oktober 1600 mit den Worten, er habe bestimmte Kompositionsregeln missachtet, um Empfindungen auszudrücken.

### Medizinstudent wider Willen

Dem jungen Galileo dürfte es imponiert haben, wie hartnäckig sein Vater seine Erkenntnisse verteidigt. Vermutlich ist er beeindruckt davon, mit wie viel rechnerischem Scharfsinn Vincenzo seinen einstigen Lehrer Zarlino attackiert und damit gegen jede Art von Autoritätsgläubigkeit polemisiert. Toren seien diejenigen, die anderen folgten, ohne dafür selbst hinreichende Gründe anzuführen. Er wolle seine Antworten frei geben, ohne jede Schmeichelei. Auch Galileo wird das Wissen anderer an den eigenen Erfahrungen messen und als Forscher diejenigen beschimpfen, die ihre Augen vor der Welt verschließen und blind übernehmen, was in Büchern geschrieben steht.

Die typischen Verfechter dieser sterilen Gelehrsamkeit lernt Galileo rascher kennen, als ihm lieb ist. Auf Geheiß des Vaters schreibt er sich im September 1580 zum Medizinstudium ein und kehrt wieder nach Pisa zurück. An der Universität muss er sich damit abfinden, dass die Lehren des Aristoteles den Unterrichtsstoff fast völlig beherrschen. Über einen seiner Pisaner

Professoren, Girolamo Borro, gibt es eine charakteristische Passage in den Reisebeschreibungen des französischen Essayisten Michel de Montaigne, die genau in Galileis Studienzeit fällt. Im Sommer 1581 hält sich Montaigne in Pisa auf, besichtigt den Dom, den »Schiefen Turm« und den Camposanto, der ihm »über alle Maßen« gefällt, während die Stadt als Ganze in seinen Augen ziemlich reizlos ist. Pisa kommt ihm beinahe wie ausgestorben vor. Und genauso blutleer erscheint ihm Galileos Professor, der Arzt Borro, den er als hundertfünfzigprozentigen Aristoteliker schildert: »Sein vornehmster Lehrsatz hieß: Der Probierstein aller gegründeten Meinungen, aller Wahrheiten sei die Übereinstimmung mit den Lehren des Aristoteles. Außer dem gäbe es weiter nichts als Chimären und Possen; denn Aristoteles habe alles ergründet und alles gesagt.«

Einem derartigen Verständnis von Wissenschaft kann Galileo nichts abgewinnen. Schon als Student habe er sich durch seine vielen Einwände schnell »den Titel eines Zänkers und Widerspruchsgeistes« eingehandelt, so sein letzter Assistent und Biograf, Vincenzo Viviani. Ob der einstige Klosterschüler tatsächlich von Beginn an so aufmüpfig ist, darf man bezweifeln. Aus seinen Handschriften lässt sich dergleichen nicht herauslesen. Es sind gewissenhafte Aufzeichnungen des Unterrichtsstoffs, Auszüge aus den seinerzeit gängigen Aristoteles-Kommentaren.

Diese Art des Lernens hat Galileo jedoch bald satt. Die Werke griechischer Mediziner langweilen ihn. Weitaus mehr interessiert ihn die Kunst, vor allem die Malerei und die Musik. Allerdings gibt der Vater die Hoffnung nicht so schnell auf, seinen Sohn irgendwann in der Position zu sehen, die das bis dahin berühmteste Mitglied der Familie, der Arzt Galileo Galilei, vor wenigen Generationen bekleidete. Vincenzo drängt den Achtzehnjährigen, das Medizinstudium fortzuführen und sich endlich auch mit der Mathematik zu befassen. Und er macht seinem Sohn die Sache mit dem Hinweis darauf schmackhaft, dass die Mathematik eine der wichtigsten Grundlagen aller Künste sei.

Irgendwann im dritten oder vierten Studienjahr besucht Galilei erstmals eine Mathematik-Vorlesung. Er hat das große Glück, einen Freund seines Vaters zu hören, Ostilio Ricci, der seit wenigen Jahren Hofmathematiker der Medici ist. Dessen Vorlesungen sind längst nicht so trocken wie Galileos bisheriger Unterricht, sondern gespickt mit Beispielen aus der Praxis: perspektivischen Darstellungen in der Malerei, Problemen der Landvermessung, der Militärarchitektur und des Ingenieurswesens.

Zwar ist der Unterricht den Bediensteten des Hofes vorbehalten, aber Ricci erkennt die außergewöhnliche Begabung seines Gasthörers. Galileo wird einer seiner eifrigsten Schüler. Fasziniert von der Exaktheit der Mathematik, legt er die Medizinbücher ad acta und widmet sich dem Studium der Euklidischen Geometrie.

Ricci nimmt Galileo schließlich in den kleinen, illustren Kreis seiner Privatschüler auf. Zu ihnen zählt neben dem Medici-Prinzen auch Ludovico Cigoli, der als Maler eine glänzende Karriere machen wird. Galileo freundet sich mit ihm an und bleibt ihm zeitlebens verbunden.

Seinem Biografen Viviani zufolge wäre Galileo als junger Mann selbst am liebsten Maler geworden, wenn er die Wahl gehabt hätte. Leider sind nur wenige Skizzen aus seiner Studienzeit erhalten geblieben. Dass es ihm mit seinen Absichten ernst ist und dass er das Zeichnen auch nach seiner Entscheidung für die Mathematik nie aufgibt, belegen die meisterhaften Zeichnungen des Mondes und der Sonnenflecken aus späteren Jahren.

### Das Experiment, der »Lehrer aller Dinge«

Vincenzo ist von alldem nicht begeistert. Er ist mittlerweile über sechzig, sorgt sich um die Zukunft seiner Familie und kann Galileos Studium nicht weiter finanzieren. 1585 muss sein Sohn die Universität von Pisa verlassen, da er nach wiederholtem Antrag kein Stipendium bekommen hat. Ohne einen akademischen Abschluss zieht der Einundzwanzigjährige zurück zur Familie nach Florenz. Dort kann sich Vincenzo schon bald von dessen mathematischen Fähigkeiten überzeugen. Galileo besucht weiterhin den Unterricht von Ostilio Ricci, schreibt innerhalb weniger Jahre mehrere bemerkenswerte mathematische Abhandlungen und nimmt außerdem lebhaften Anteil an der Arbeit seines Vaters.

Vincenzo Galilei, der im Experiment den »Lehrer aller Dinge« sieht, hat seine musikalischen Studien inzwischen zu einem experimentellen Forschungsprogramm ausgebaut. In einer Reihe akustischer Messversuche untersucht er das Verhalten von Saiten, Glocken und Orgelpfeifen, um die pythagoreische Zahlenmystik endgültig zu entzaubern.

Im Spätwerk Galileos, dem *Dialog über die Mechanik*, finden sich einige Abschnitte zur Akustik, die zweifellos auf die Experimente seines Vaters zurückgehen. Mit der für beide typischen analytischen Methode seziert Galileo darin das pythagoreische Musikverständnis.

Die Zahlenverhältnisse von 1 zu 2 für die Oktave und 2 zu 3 für die Quinte könnten schon deshalb nicht als die einzig wahren bezeichnet werden, weil sich der Ton einer Saite auf dreierlei Art erhöhen lasse: durch eine Verkürzung der Saite, durch eine Änderung ihrer Spannung oder ihrer materiellen Beschaffenheit. »Bei gleicher Spannung und Beschaffenheit bringen wir die Oktave hervor durch Verkürzung auf die Hälfte, d.h. wir schlagen erst die ganze, dann die halbe Saite an. Bei gleicher Länge und Beschaffenheit erhalten wir durch Anspannung die Oktave; aber es genügt hierzu nicht die doppelte Kraft, sondern die vierfache; war sie zuerst mit einem Pfund gespannt, so brauchen wir derer vier, um die Oktave zu erhalten. Endlich bei gleicher Länge und Spannung muss die Dicke auf ein Viertel reduziert werden, um die Oktave zu erhalten ... Diesen exakten Versuchen gegenüber schien es mir ganz unbegründet, das Verhältnis 1 zu 2 für die Form der Oktave anzunehmen, wie die scharfsinnigen Philosophen tun.« Genauso gut könnte man nämlich das Verhältnis 1 zu 4 als »natürlich« für die Oktave bezeichnen.

Der Galilei-Experte Stillman Drake ist nicht der Einzige, der meint, dass Galileo direkt an den Experimenten seines Vaters beteiligt war und erst durch ihn in die experimentelle Methode eingeführt wurde. Demnach hätte der Naturwissenschaftler von dem Musiker nicht nur gelernt, Erfahrungstatsachen zum Ausgangspunkt der eigenen Überlegungen zu machen, sondern auch, wie man mit bescheidenen Mitteln präzise Messungen durchführt, um aus ihnen mathematische Gesetzmäßigkeiten abzuleiten und weiterführende Schlussfolgerungen zu ziehen.

Vincenzos künstlerisches Umfeld und seine Verbindungen zum Hof prägen auch Galileos Karrierewünsche. Er lässt sich von der geistigen Unruhe und Skepsis des Vaters anstecken und verteidigt wie dieser Erfahrungen und experimentelle Befunde gegen überzogene Hypothesen, verbindet Praxis und Theorie miteinander.

Und doch ist es weder die Musik noch die Malerei, sondern die Mathematik, die Galileo den Weg zur Selbstverwirklichung ebnet. In der Welt der Maße und der Logik kann er vor dem Vater bestehen, als Mathematiker übertrifft er ihn sogar und schüttelt die Bevormundung durch das autoritäre Familienoberhaupt schließlich ab.

Die Mathematik wird ihm ein Leben lang den Rücken stärken. Seine Sicherheit und seine Überzeugungen wachsen auf dem Boden quantitativer Begriffe. Je mehr es ihm gelingt, Beobachtungen und Erfahrungen in die ihm vertraute Sprache der Geometrie zu übersetzen, umso besser kann er zwischen bloß überliefertem Wissen und geprüften Erkenntnissen unterscheiden.

# »ICH WOLLTE THEOLOGE WERDEN«
## Keplers Weg vom Soldatensohn zum Mathematiklehrer

Der Kaiser des Heiligen Römischen Reiches ist katholisch, der württembergische Landesfürst protestantisch. Die freie Reichsstadt Weil wiederum hat eine überwiegend katholische Bevölkerung, in der Johannes Keplers Eltern zur protestantischen Minderheit gehören. Und beschränkt man sich nicht auf seine nächsten Angehörigen, wird die Lage noch unübersichtlicher: Die religiösen Gräben gehen mitten durch die Familie.

Johannes Kepler wird 1571 in einem Land geboren, das konfessionell völlig zersplittert ist. Der katholische Kaiser residiert im fernen Wien. Es ist noch nicht lange her, da hat er die Tausendseelenstadt Weil für ihre Religionstreue belohnt. Weil, Wile, Wyle, Weil der Stadt oder Weilerstadt ist eine von mehr als zwei Dutzend freien Reichsstädten im Schwäbischen, die direkt dem Kaiser unterstellt sind. Von ihm hat sie das besondere Recht zugesprochen bekommen, Wegezoll einzutreiben: sechs Pfennige für jeden geladenen Wagen, vier für jeden Karren. Mit den Einnahmen können die Bürger von Weil ihre Straßen ordentlich pflastern und Brücken instand setzen. An den drei bewachten Toren der rundum ummauerten Stadt hängt zudem eine Zolltafel mit allen sonstigen Abgaben, die den Kaufleuten hier abverlangt werden: Zölle auf Salz und Leder, Fruchtzoll, Schmalzzoll, Tuchzoll, Herdzoll.

Die Keplers wohnen unmittelbar am Marktplatz, der Blick auf die imposante spätgotische Hallenkirche ist zu jener Zeit noch nicht durch das wenig später erbaute Rathaus verdeckt. Es ist ein katholisches Gotteshaus. Für die Lutheraner in Weil gibt es dagegen innerhalb der Stadtmauern keine Kirche, weder einen Geistlichen noch eine eigene Schule.

Vergeblich kämpfen sie um eine Ausweitung ihrer religiösen Rechte. Zwar steht der württembergische Herzog auf ihrer Seite und verhängt mehrfach einen Wirtschaftsboykott gegen Weil, um der Forderung Nachdruck zu verleihen, aber die katholische Ratsmehrheit lässt sich nicht umstimmen. Um eine lutherische Predigt zu hören, müssen sich Keplers Eltern und Großeltern auf den Weg nach Schafhausen oder in eine andere Nachbargemeinde machen.

Die religiösen Verhältnisse in Weil sind so verwickelt wie fast überall im Reich. Manch einer wechselt die Konfession, ein anderer ist gläubig bis zum Fanatismus; einerseits wächst der Anteil der Protestanten, weil mit jeder größeren Pestwelle ein zweistelliger Prozentsatz der Stadtbevölkerung stirbt und neue Bürger aus dem Umland aufgenommen werden, die meist evangelisch sind, andererseits wird die Gegenreformation in Weil der Stadt immer stärker.

Ihre kaiserlich honorierte Religionstreue hindert die Katholiken in Weil übrigens nicht daran, in Glaubensfragen hin und wieder eigene Wege zu gehen. So erlauben sie ihrem Pfarrer Jakob Möchel, seine langjährige Geliebte zu heiraten, und richten sogar eine öffentliche Hochzeitsfeier für ihn aus. Zufrieden mit der neuen Regelung, beschließt der Rat in den 1580er-Jahren, das Zölibat ganz aufzuheben und künftig nur noch »beweibte« Priester anzustellen. Der Bischof von Speyer mag darüber zürnen, erst einmal ist er machtlos.

Trotz katholischer Mehrheit stellen die Protestanten in Weil einen Großteil der finanzkräftigen Oberschicht, zu der auch Sebald Kepler gehört, Johannes' Großvater. Er handelt mit Eisen, Nägeln, Farben, Kerzen und Tuchwaren, an seinen gut gehenden Laden am Marktplatz, gleich unterhalb des Brunnens, ist eine Schankwirtschaft angeschlossen.

Um 1570 wird Sebald Kepler vom Rat zum Bürgermeister von Weil der Stadt gewählt, ein Ehrenamt, das er etwa neun Jahre lang bekleiden wird. Johannes Kepler charakterisiert den Großvater später als »anmaßend im Auftreten, hochgetragen in der Kleidung, jähzornig, hartnäckig, beredt, mehr bei anderen als bei sich selbst auf Befolgung weiser Lehren bedacht«. Ob Sebald Kepler und seine »religiös übereifrige« Frau dafür Sorge tragen, dass ihr Enkelkind zur Taufe zu einem protestantischen Geistlichen gebracht wird? Oder wird der Junge von einem katholischen Pfarrer getauft und dann lutherisch erzogen? Keplers eigene Aussagen lassen eher Letzteres vermuten.

*Hexen und dämonische Wesen*

Johannes, kürzer: Hans. Im 16. Jahrhundert heißt etwa jeder dritte Deutsche so. Der Nachname liest sich mal Kepler, dann Khepler, Kepner, Käppeler oder Köpler. Im Katalog der Frankfurter Buchmesse taucht er erstmals 1597 auf: Repleus heißt es dort anstelle von Keplerus. Und in Galileis Korrespondenz ist auch schon mal vom »Signor Glepero« die Rede, was wohl ebenfalls der Beliebigkeit der damaligen Rechtschreibung geschuldet ist.

Johannes Kepler ist der älteste Sohn von Katharina und Heinrich Kepler, die im Mai 1571 geheiratet haben. Am 27. Dezember desselben Jahres wird der Junge geboren, angeblich als Siebenmonatskind. Dazu passt seine eher schwache körperliche Konstitution, die ihm ein Leben lang zu schaffen machen wird. Er bekommt häufig Fieberanfälle und klagt über Kopfschmerzen. Außerdem ist er von Geburt an kurzsichtig, sieht ferne Objekte manchmal doppelt und dreifach.

Seine Sehschwäche prädestiniert ihn nicht gerade für den Beruf des Astronomen. Aber Johannes Kepler macht aus der Not eine Tugend: Als erster Forscher beschreibt er die Entstehung des Bildes auf der Netzhaut des menschlichen Auges richtig und deckt die Ursachen der Kurzsichtigkeit auf. In der Astronomie dagegen befasst er sich weitgehend mit theoretischen Fragen und nimmt bei gelegentlichen Beobachtungen Brillengläser oder Apparaturen wie die Camera obscura zu Hilfe.

Äußerlich ist Johannes der Mutter ähnlicher als dem Vater. Rückblickend beschreibt er sie als »klein, mager, dunkelfarbig« und charakterisiert sie als »schwatzhaft und streitsüchtig« – eine nicht gerade schmeichelhafte Personenbeschreibung, die freilich nicht für die Öffentlichkeit gedacht, sondern seinen privaten Aufzeichnungen für ein Familienhoroskop entnommen ist.

Katharina stammt aus Eltingen bei Leonberg, wo ihr Vater, Melchior Guldenmann, ebenfalls Bürgermeister ist und ein Wirtshaus betreibt. Katharinas Mutter ist anscheinend frühzeitig schwer erkrankt. In dem späteren Hexenprozess gegen die »Keplerin« wird man Johannes' Mutter anschuldigen, in der Obhut einer Hexe in Weil aufgewachsen zu sein, ihrer Base nämlich, die – wie sie selbst auch – Kräuter gesammelt und an magische Kräfte geglaubt habe und später verbrannt worden sei.

Dem Glauben an Hexen und Zauberer, die ihr Unwesen treiben, begegnet man in dieser Zeit über alle Gesellschaftsschichten und Glaubensgemeinschaften hinweg. Den geistigen Nährboden dafür kann man in der päpstlichen Hexenbulle, in Luthers Hexenwahn oder in Calvins Hinrichtungsexzessen finden, aber auch in weltlichen Texten, die die Überzeugung von der sündhaften Natur des Menschen manchmal ähnlich krass zum Ausdruck bringen.

Die massive Zunahme der Hexenverbrennungen an der Schwelle zum 17. Jahrhundert hat vermutlich nicht nur mit den Religionsfehden und den daraus entstehenden Streitereien um kleinste Unterschiede zu tun. »Die Hexerei kann als das paradigmatische Verbrechen der Kleinen Eiszeit betrachtet werden«, schreibt der Historiker Wolfgang Behringer. »Die Hexen wurden direkt für das Wetter verantwortlich gemacht, ebenso für fehlende Fruchtbarkeit der Felder, Kinderlosigkeit und natürlich für die ›unnatürlichen‹ Krankheiten, die im Gefolge der Krise auftraten.«

Johannes Kepler kommt in einer außergewöhnlichen Kälteperiode zur Welt, die eine der schlimmsten Hungerkatastrophen der deutschen Geschichte mit sich bringt. Im letzten Drittel des 16. Jahrhunderts fallen der »Kleinen Eiszeit« wiederholt große Teile der Ernte zum Opfer. Auf die schneidende Winterkälte folgen Überschwemmungen im Frühjahr und nasse Sommer, die Getreidepreise steigen um das Vier- bis Sechsfache. Große Handelsstädte wie Augsburg oder Nürnberg schaffen teuren Roggen und andere Lebensmittel aus der Ferne herbei und verteilen Brot an die Bevölkerung, während vor ihren Stadttoren die Bettler von den Wächtern abgewiesen werden. Krankheiten und Epidemien grassieren, vor allem die Pest, die 1571 wie so oft durch Württemberg zieht. Es ist die Zeit, in der sich in den protestantischen Ländern der Karfreitag als Gedenktag für die Leidtragenden etabliert.

Die harten Winter, Hagelstürme, Missernten und Plagen wie die Pest gelten als Strafen Gottes. Die Sündenböcke sind schnell gefunden: Ketzer und Ungläubige, Hexen und Magier, die die Unwetter herbeirufen, die Früchte verderben, die aber oft auch aus völlig anderen Gründen denunziert werden. In den meisten Fällen trifft es Frauen. Auch wenn die Anklagepunkte noch so dürftig sind, werden sie auf schreckliche Weise gefoltert und hingerichtet. Die zweiundvierzig registrierten Hexenanklagen in Weil der Stadt enden bis auf zwei Ausnahmen alle mit dem Scheiterhaufen: eine Frau stirbt vor der Vollstreckung des Urteils, einer anderen, der Tagelöhnerin Maria Vischerin, gelingt nach ihrer Folter die Flucht. Sie habe sogar den Mut gehabt, anschließend beim Reichskammergericht eine öffentliche Anklage gegen die Stadt Weil zu erheben, so Wolfgang Schütz, Leiter des Stadtmuseums.

## Der Vater im Krieg

Als Johannes Kepler geboren wird, stehen die schlimmsten Hexenverfolgungen noch bevor – seine Mutter kann sich vorerst vor Anschuldigungen sicher fühlen. Sie hat den Sohn des Bürgermeisters von Weil der Stadt geheiratet und eine auf den ersten Blick gute Partie gemacht. Ihr Ehemann Heinrich hat eine kaufmännische Lehre absolviert. Als ältester Sohn Sebald Keplers soll er einmal in die Fußstapfen seines Vaters treten und das Geschäft am Markt übernehmen. Für das gemeinsame Eheleben hat er eine ordentliche finanzielle Basis bekommen, die Braut eine noch stattlichere Mitgift.

Johannes' Vater aber ist ein Hitzkopf. Für einen von ihm angezettelten Streit hat ihm der Rat der Stadt bereits eine gehörige Geldstrafe aufgebrummt. Auch die Ehe macht ihn nicht sanfter. Hart und lieblos geht er mit seiner Frau ins Gericht, treibt sich herum, während Katharina mit dem »jähzornigen, starrköpfigen« Schwiegervater und der »neidischen, gehässigen« Schwiegermutter klarkommen muss, wie Johannes die Großeltern später charakterisiert.

Der Junge ist gerade zwei Jahre alt, als sich sein Vater auf und davon macht. Heinrich Kepler zieht als Söldner in einen der vielen

Kriege, die in Europa als Vorboten des großen, verworrenen und grausamen Dreißigjährigen Kriegs wüten. Am Ende dieses Krieges wird auch Weil der Stadt in Flammen aufgehen, das keplersche Geburtshaus, ein typisches Fachwerkhaus mit kleinen, niedrigen Räumen, das nach außen mit Lehm und Stroh isoliert ist, wird größtenteils zerstört.

Bis dahin vergehen noch Jahrzehnte. Einige Ereignisse werfen aber bereits dunkle Schatten voraus, so etwa das unbeschreibliche Blutbad, das die Königinmutter Katharina de' Medici 1572 im benachbarten Frankreich anrichten lässt. Die Bartholomäusnacht, der Tausende Hugenotten zum Opfer fallen, wird zu einem Schreckensbild der Zeit.

Heinrich Kepler kommt als Soldat an einem anderen Brennpunkt zum Einsatz: in den reichen Niederlanden, einer neuen Drehscheibe des internationalen Seehandels und der Bankgeschäfte, wo ein offener Machtkampf zwischen der Monarchie und dem aufstrebenden Bürgertum ausgebrochen ist. Die katholischen Spanier unter dem Kommando des Herzogs von Alba gehen mit rücksichtsloser Härte gegen die Aufständischen vor.

Obwohl Heinrich Kepler Protestant ist, lässt er sich von den Spaniern anwerben. Gegen eine ordentliche Bezahlung willigt er ein, Seite an Seite mit den Katholiken zu kämpfen. An kriegswilligen Landsknechten mangelt es nicht. Von dem zwischenzeitlich drastischen Bevölkerungsrückgang hat sich Europa längst erholt. Die deutschen Städte sind im 16. Jahrhundert trotz Pestwellen und hoher Kindersterblichkeit weiter gewachsen, im bevölkerungsreichen Süden gibt es gerade während der Hungerkrise viele Notleidende, aber auch Draufgänger vom Schlag Heinrich Keplers, die sich vom Abenteuer des Soldatenlebens, einem festen monatlichen Sold und dem Recht, im Erfolgsfall Beute zu machen, aufs Schlachtfeld locken lassen.

Katharina Kepler ist entsetzt. Landsknechte gelten als Plünderer und Vergewaltiger, zum berüchtigten Lagerleben gehören Prostitution und Betrügereien. Ihr gelingt es jedoch nicht, Heinrich von seinem Entschluss abzubringen. Sie ist erneut schwanger, bringt nach längerer Krankheit ihren zweiten Sohn zur Welt und sammelt danach all ihre Kräfte, um den Ehemann an der Front zu suchen und heimzuholen. Mit dem Mut der Verzweiflung macht sich die junge Frau in das entlegene Kriegsgebiet auf.

Johannes bleibt zusammen mit seinem jüngeren Bruder Heinrich bei den Großeltern zurück. Eine schwere Pockeninfektion fällt in die Zeit der Trennung von der Mutter. Man verbindet ihm die Hände, damit er sich die erbsengroßen, hochgradig infektiösen Blasen nicht aufkratzt.

Als Katharina tatsächlich mit ihrem Mann zurückkehrt und Johannes die lebensgefährliche Krankheit überstanden hat, zieht die Familie ins benachbarte Leonberg um und kauft ein Haus am Marktplatz. Heinrich Kepler hält es aber auch hier nicht lange aus. Schon im Jahr darauf mischt er sich wieder unter die Soldaten des niederländischen Kriegs, der noch ewig dauern und dessen Ende selbst sein Sohn Johannes nicht mehr erleben wird.

Diesmal macht Heinrich in der Fremde von sich reden: Er entkommt in dem wilden Söldnerhaufen 1577 nur knapp dem Galgen. Johannes Kepler bezeichnet den Vater später als »einen lasterhaften, schroffen und händelsüchtigen Menschen«. Doch er entschuldigt dessen üble Seiten mit der Konstellation der Gestirne zum Zeitpunkt der Geburt: Der »Saturn im Gedrittschein zum Mars« habe einen Soldaten aus ihm gemacht.

Der Vater treibt die Familie in den Ruin. Wieder zurück in Leonberg, verliert er sein Vermögen durch eine Bürgschaft, ein explodierendes Pulverhorn entstellt ihm das Gesicht. Schließlich pachtet er den »Gasthof zur Sonne« in Ellmendingen, und die Familie zieht erneut um. Bald darauf ist sie aber schon wieder zurück in Leonberg. Und um es gleich vorwegzunehmen: Ein paar Jahre später meldet sich Heinrich Kepler abermals zum Kriegsdienst, aus dem er nicht mehr heimkehrt. Auch das wird der »Keplerin« später in ihrem Hexenprozess angelastet. Sie hätte ihren Mann »ohn zweiffenlich mit Unholdenwerkh« von zu Hause vertrieben, sodass dieser im Krieg erbärmlich habe sterben müssen.

Von da an steht Katharina Kepler nun alleine mit der Sorge für den zweijährigen Sohn Christoph und das drei Jahre ältere Töchterchen Margarethe da. Ihr zweitältester Sohn Heinrich, der unter epileptischen Anfällen leidet, lebt zu diesem Zeitpunkt schon nicht mehr zu Hause. Er ist weggelaufen, nachdem er viel

*Keplers Weg vom Soldatensohn zum Mathematiklehrer* **139**

Prügel hat einstecken müssen und der Vater ihm gedroht hat, ihn zu verkaufen. Bettelnd und als Soldat schlägt er sich durch, wird ausgeraubt, verwundet und kehrt später zur Mutter zurück.

*Was Hänschen lernt*

Man kann sich nur darüber wundern, dass Johannes Kepler unter derartigen Umständen seinen Weg zu den Naturwissenschaften findet. Obschon die vielen Umzüge das Familienleben strapazieren, ist es für den ältesten Sohn ein Glück, dass seine Eltern in Leonberg Fuß zu fassen versuchen. Denn anders als in Weil gilt im protestantischen Württemberg die allgemeine Schulpflicht. Der württembergische Herzog hat sich in der »Großen Kirchenordnung« von 1559 sogar dazu verpflichtet, ständig zweihundert Stipendiaten bis zu ihrem Universitätsabschluss zu fördern.

Den größeren Zusammenhang, in dem solche Bildungsbestrebungen zu sehen sind, beschreibt der kaiserliche Rat Lazarus von Schwendi in einer 1574 verfassten Denkschrift: »Die Truckerey hat der Welt die Augen zum Guten und Bösen aufgethan, die Heimligkeit vieler Ding und sonderlich vill Missbräuche in Religionssachen entdeckt, welches alles den Leuten wieder zuzudecken und aus den Herzen zu bilden oder mit forcht und straff daraus zu zwingen nit möglich, und will sich die Welt nicht mehr durch Einfalt, Unwissenheit und allein durch eusserliche Disciplin und Ceremonien wie vor alten Zeiten führen, leiten und zwingen lassen, sondern in der Religion gründlicher und vollkommener Unterricht geführt und gelehrt werden wöllen.«

Humanismus und Buchdruck haben eine zuvor nicht gekannte Bildungsbegeisterung in Europa ausgelöst, Protestanten wie Katholiken gründen Universitäten und Schulen. In Württemberg wird das Schulsystem auf Anordnung des Herzogs »zur Ehre Gottes und zur Verwaltung des gemeinen Nutzens« ausgebaut. Überall im Land sucht man qualifizierten Nachwuchs, um Theologen auszubilden und weil man kluge Köpfe zur Bewältigung der wachsenden bürokratischen Aufgaben benötigt.

Johannes Kepler ist ein aufgewecktes Kind. Die Lehrer loben ihn seiner Begabung wegen, obschon er nach eigener Einschätzung

»die schlechtesten Sitten unter seinesgleichen« besitzt. Um die ersten drei Klassen der Lateinschule abzuschließen, braucht er fünf Jahre, denn die Eltern schicken ihren Ältesten lieber aufs Feld statt in die Schule. Auch nach Beendigung der Lateinschule lassen ihn die Eltern erst einmal weiter ackern.

Als Jugendlicher notiert er, wie stark sein Widerwille gegen die körperliche Arbeit in seiner Kindheit gewesen sei und dass er sich, um den Strapazen der Landarbeit zu entgehen, in der Schule von Beginn an besondere Mühe gegeben habe.

Vermutlich überzeugen seine Lehrer die Eltern und Großeltern davon, dass der Hänfling für die harte Landarbeit nicht taugt, während die schulische Ausbildung den talentierten Jungen zu einem geistlichen Amt führen könnte. Diese Chance erkennen seine beiden Großväter wohl am ehesten. Sebald Kepler unterstützt seinen Enkel bei den Bemühungen um ein Stipendium, während Großvater Guldenmann dem jungen Universitätsstudenten den finanziellen Ertrag einer Wiese überschreibt. Doch das sind späte und vergleichsweise kleine Hilfestellungen auf einem Weg, den ihm vor allem die württembergische Schulordnung ebnet.

Als Johannes Kepler seine ersten Schuljahre gemeistert hat, kommt er aufgrund seiner Leistungen ohne besondere elterliche Unterstützung weiter. Als einer von zweihundert Auserwählten wird er nach bestandenen Prüfungen in die Klosterschulen von Adelberg und Maulbronn aufgenommen und bekommt später ein Stipendium für das Tübinger Stift.

In den evangelischen Seminaren von Adelberg und Maulbronn lebt er in Klausur, trägt eine Mönchskutte und beginnt im Sommer schon um vier Uhr morgens mit dem Psalmensingen, muss sich mit kargen Mahlzeiten und wenig Schlaf begnügen. Mit seinen Mitschülern darf er nur in lateinischer Sprache reden. Er wird dazu angehalten, die Vergehen seiner Kameraden anzuzeigen, was er nur unter Qualen befolgt. Von seinen Rivalen wird er geschnitten, wenn er als guter Schüler mit seinen Leistungen auf sich aufmerksam macht, ist jedoch selbst genauso eifersüchtig, wenn andere gelobt werden.

Im Internat lebt er in einer Atmosphäre ständiger Konkurrenz und Verdächtigungen. Unter den Stipendiaten hat er viele Feinde, »in Adelberg Lendlin, in Maulbronn Spangenberg, in Tübingen Kleber, in Maulbronn Rebstock, Husel, in Tübingen Dauber, Lorhard, Jaeger, ein Verwandter, Joh. Regius, Murr, Speidel, Zeiler ...« Kepler zählt hier nur die langjährigen auf. Von Freundschaften lesen wir in dieser Zeit nichts.

Wegen seiner teils schonungslosen Offenheit und Selbstkritik ist über Keplers persönliches Schicksal, sein Verhältnis zu den Eltern und Mitschülern oder über seine Ehen viel mehr bekannt als über Galilei. Obwohl er leicht verletzbar ist, verführt ihn seine Intelligenz immer wieder dazu, seine Mitschüler zu provozieren, sie mit »bissigstem Witz« anzugreifen und sich selbst zur Zielscheibe ihrer Angriffe zu machen. Der Streit mit ihnen macht ihn regelrecht krank, ganz zu schweigen von den sonstigen körperlichen Leiden, von denen er immer wieder spricht: Hautausschläge, Geschwüre, Fieber, Kopfschmerzen.

Es überfordert ihn maßlos, all die Gegensätze und Widersprüche des familiären, schulischen und religiösen Alltags zu vereinen. Er schämt sich für seine Herkunft, verteidigt den Vater aber zugleich gegen Diffamierungen vonseiten der Klassenkameraden, ist hin und her gerissen zwischen Selbstvorwürfen und Selbstgefälligkeit, Selbsterniedrigungen und Selbstüberschätzungen, bezeichnet sich als fromm bis zum Aberglauben und erlegt sich selbst Strafen auf.

*Unter einem schlechten Stern geboren?*

Wie stark sein Wunsch nach Anerkennung und wie prägend der Einfluss der Mutter ist, geht unter anderen aus seinem *Traum vom Mond* hervor, den er als Siebenunddreißigjähriger schreibt. Trotz ihrer phantastischen Elemente trägt die kurze Rahmenhandlung des Textes autobiografische Züge, sie liest sich wie der sehnsüchtige Wunsch, endlich mit der Mutter ins Reine zu kommen: Held der Geschichte ist der Junge Duracoto, mit dem sich Kepler offensichtlich identifiziert. Der Vater stirbt, als Duracoto drei Jahre alt ist, die Mutter verstößt ihn. Wegen einer nichtigen Begebenheit verkauft sie den Tunichtgut an einen Schiffer.

Der Knabe erkrankt, gelangt aber schließlich zu dem Astronomen Tycho Brahe, unter dessen Fürsorge er seine astronomischen Kenntnisse erwirbt. »Auf diese Weise machte ich, nach meinem Vaterlande ein halber Barbar und von dürftiger Herkunft, die Bekanntschaft jener göttlichen Wissenschaft, die mir den Weg zu Höherem ebnete.«

Die Jahre gehen dahin, Duracoto hat Sehnsucht, seine Heimat wiederzusehen. »Ich meinte, man würde mich wegen meiner Kenntnisse, die ich mir erworben, gern dort aufnehmen und mich vielleicht zu einer gewissen Würde erheben.« Und tatsächlich freut sich die alte und inzwischen kranke Mutter über alle Maßen über die Rückkehr des Sohnes, nachdem sie ihr ganzes Leben von Gewissensbissen geplagt worden ist. Sie lässt sich von allem berichten, was Duracoto erlebt und erfahren hat, und erfährt vieles über die astronomische Wissenschaft.

Die Mutter weiht ihn nun ihrerseits in ihre eigenen, geheimen magischen Künste ein. Schließlich versichert sie ihm, »da sie den Sohn als Erben einer Wissenschaft zurücklassen könne, die sie bis jetzt allein besessen«, sei sie nun bereit zu sterben.

In dieser Episode gibt Johannes Kepler wie nirgends sonst zu erkennen, wie ihn die ambivalente Beziehung zu seiner Mutter noch als Erwachsener quält. Als er längst zu den größten Wissenschaftlern seiner Zeit zählt, sehnt er sich immer noch nach ihrer Anerkennung. Sie ist es gewesen, die dem nicht einmal Sechsjährigen erstmals einen Kometen am Himmel gezeigt hat. Im *Traum vom Mond* kehrt er als erfahrener Astronom zu ihr zurück und versöhnt seinen Wissensschatz mit ihrem.

Vom Glauben seiner Mutter an okkulte Kräfte wendet er sich nie ganz ab. Zeit seines Lebens erkennt er neben physikalischen Kräften auch andere, verborgene an, die das menschliche Schicksal mitbestimmen. Johannes Kepler behält beide Fäden in der Hand. In einem seltsamen Doppelspiel treibt er sowohl die Erneuerung der astronomischen Wissenschaft als auch die der Astrologie, der Sterndeutung, voran.

Sein Hang zur Astrologie erlaubt es ihm unter anderem, seine ganze Familie mit einer Art Generalamnestie von aller Schuld freizusprechen. Auch wenn die Mutter »streitsüchtig« ist, der Vater »lasterhaft«, der Großvater »jähzornig« und die Großmutter »lügnerisch« – was können sie schon dafür? Sind sie nicht lediglich unter einem schlechten Stern geboren?

*Der unbequeme Theologiestudent*

Die Suche nach Bestätigung treibt ihn zu außergewöhnlichen Leistungen an. »Dieser Mensch«, so Kepler über sich, »ist unter dem Fatum geboren, seine Zeit meist mit schwierigen Dingen zu verbringen, vor denen andere zurückschrecken.« Mit »Feuereifer« habe er sich auf die »ausgefallensten Stoffe« gestürzt, schon als Knabe Versmaße gelernt, versucht, Komödien zu schreiben und die allerlängsten Psalmen auswendig zu lernen. Als Forscher wird es ihn zu den großen kosmologischen Fragen hin- und über die Grenzen des Wissens seiner Zeit hinausführen.

Von allen Fächern ist ihm die Mathematik schon in der Schule das liebste. Hier habe er an vielen Problemen so herumgebohrt, als sei des Rätsels Lösung noch nicht entdeckt, »wovon er aber nachträglich sehen musste, dass es längst gefunden war«. Ungeachtet seiner herausragenden mathematischen Leistungen spielt das Fach in seiner Ausbildung allerdings nur eine Nebenrolle. Als Klosterschüler setzt er sich in erster Linie mit theologischen Fragen auseinander.

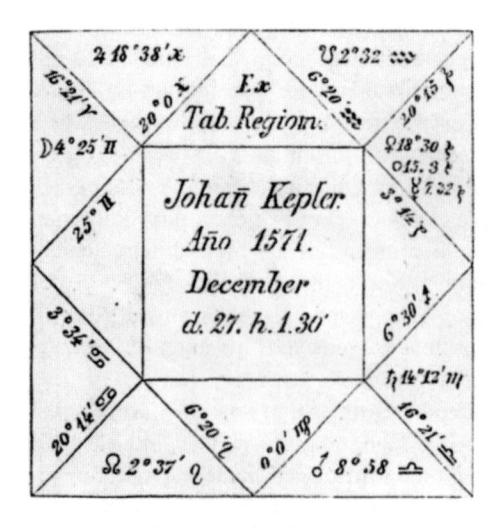

*Kepler erstellt in jungen Jahren ein Horoskop von sich, in dem er von seiner genauen Geburtsstunde ausgeht.*

Die Spaltung der christlichen Religionen bereitet ihm einen »tiefen Kummer«, die Uneinigkeit der Glaubensrichtungen beunruhigt ihn. Da wettert zum Beispiel einer der Priester gegen die Abendmahlslehre der Calvinisten, der zufolge Jesus Christus beim Abendmahl lediglich geistig zugegen ist, während Martin Luther lehrte, dass der wahre Leib und das wahre Blut Christi dabei ausgeteilt würden.

Um zu prüfen, welche Ansicht wohl die vernünftigste sei, zieht sich der Stipendiat in die Einsamkeit und die Lektüre zurück. Schließlich kommt er zu dem Schluss, dass es gerade die ist, die »ich später von der Kanzel als die calvinistische abweisen hörte. Da sah ich also, dass ich meine Ansicht korrigieren müsse.« Was ihm allerdings nicht recht gelingen will, sodass seine Überzeugung in manchen Punkten von der lutherischen Lehrmeinung abweicht.

Jakob Andreä und andere Theologen haben die lutherische Lehre 1577 neu ausgelegt und ihre Exegese im *Konkordienbuch* zusammengefasst. Auf dieser Basis führen die Protestanten in Württemberg ein ähnlich strenges Kirchenregiment wie die katholischen Spanier auf der gegenreformatorischen Seite. Mit zunehmendem Alter bekommt Johannes Kepler die Kehrseite des Kirchenstaats immer stärker zu spüren.

Der Dogmatismus der Theologen, egal welcher Konfession, stößt ihn ab. Hat nicht Luther das Priestertum als Vermittlerinstanz ausgeschaltet und verkündet, der Einzelne habe sich nach seinem Gewissen direkt vor Gott zu verantworten? An solchen Fragen schult er nach und nach eine kritische Denkfreiheit, die er sein Leben lang behalten wird, obwohl sie ihn in größte Schwierigkeiten bringt. Der fromme Kepler bleibt bei seinen eigenen Ausdeutungen, auch wenn sie nicht in der Institution Kirche aufgehen. Er ist ein Nonkonformist, ein unbequemer Geist in protestantischer Tradition.

Man wird ihn dafür anklagen, teils calvinistisch, teils katholisch zu denken, ihn dazu drängen, die lutherische Konkordienformel zu unterschreiben oder, von der anderen Seite, zum Katholizismus überzutreten. Im Laufe seines Lebens wird er vertrieben, exkommuniziert, verliert seine Chancen auf eine adäquate Anstellung als Forscher an einer Universität. Sein großer Wunsch, nach langer Zeit in der Fremde in seine württembergische Heimat zurückzukehren, wird immer wieder zunichtegemacht. Anders als Galilei, der in die elitären Kreise von Florenz hineinwächst und rasch eine Stelle an einer Universität bekommt, bleibt Kepler sein Leben lang ein Außenseiter. Er ist an keinem Ort und in keiner Gemeinschaft wirklich zu Hause.

*Abschiebung nach Graz*

Als er kurz davor steht, in den Kirchendienst einzutreten, nimmt sein Leben eine unvorhergesehene Wendung. Noch ehe er die Ausbildung abgeschlossen hat, empfiehlt ihn der Senat der Tübinger Universität für einen gerade frei gewordenen, aber nicht eben angesehenen Posten an der evangelischen Stiftsschule in Graz. Der tüchtige, renitente Theologiestudent soll dort als Mathematiklehrer anfangen.

Während seines Studiums hat sich Kepler in Geometrie und Astronomie hervorgetan, hat die Mathematik Euklids schätzen gelernt und sogar schon eine Disputation zur Verteidigung der kopernikanischen Lehre geschrieben. Doch all das war für ihn lediglich Teil der Vorbereitung seiner theologischen Laufbahn. Es ist nie seine Absicht gewesen, den einmal eingeschlagenen Weg zum Priesteramt zu verlassen und Mathematiker zu werden.

Das Studium sei ihm durch die Gnade Gottes so lieb und teuer geworden, »dass ich, was immer dereinst mir geschehen mag, nicht daran denke, es je zu unterbrechen«, erklärt er gegenüber der theologischen Fakultät. Zwar widersetzt er sich einer Versetzung nach Graz nicht, erreicht aber zumindest, dass ihm die Möglichkeit einer späteren Rückkehr eingeräumt wird. Da sein Alter und seine äußere Erscheinung ohnehin noch nicht genug auf die Kanzel passten, wünsche er sich, in Graz Gelegenheit zu praktischer Übung im kirchlichen Dienst zu erlangen und sich privat durch das Studium der Heiligen Schrift weiterzubilden.

Ein frommer Wunsch. Kepler wird nie ein Pfarramt bekleiden. Er findet in Graz rasch in seine neue Rolle hinein und bewährt sich auf einem Gebiet, in dem er bislang kaum mehr als solide Grundkenntnisse, aber offenbar eine außergewöhnliche Begabung besitzt. »Ich wollte Theologe werden«, schreibt er ein paar Jahre später an den für seine weitere Karriere wichtigsten Universitätsprofessor der Tübinger Zeit, den Astronomen Michael Mästlin. »Lange war ich in Unruhe. Nun aber seht, wie Gott durch mein Bemühen auch in der Astronomie gefeiert wird.«

# DIE GOLDWAAGE
Galilei auf den Spuren des Archimedes

Galilei und Kepler, der eine geprägt durch ein künstlerisches Umfeld in Florenz, der andere durch ein theologisches Studium in Württemberg, beginnen ihre berufliche Laufbahn beide als Mathematiklehrer. Wer eine solche Wahl trifft, muss damit rechnen, nur von wenigen verstanden zu werden. Denn für die mathematische Bildung im 16. Jahrhundert gilt wohl in noch schärferer Form das, was der Schriftsteller Hans Magnus Enzensberger über die heutige Zeit sagt: dass es kein zweites Gebiet gebe, auf dem der kulturelle »time lag« derart enorm sei. »Man kann kaltblütig feststellen, dass große Teile der Bevölkerung ... über den Stand der griechischen Mathematik nie hinausgekommen sind.«

Die allerdings war nicht eben unterentwickelt. Galilei und Kepler, beide nicht ausreichend auf ihre künftige Tätigkeit vorbereitet, wenden sich erst einmal den Genies der Vergangenheit zu: Euklid, Archimedes und Apollonius.

Archimedes gilt an der Schwelle zur Neuzeit als der scharfsinnigste Mathematiker aller Zeiten. Man kennt ihn als Erfinder von Planetarien und Hebemaschinen, mit seinen Seilzügen soll er den Stapellauf des größten Schiffes der Antike, des mindestens 3000 Tonnen fassenden Prunkschiffs »Syrakosia«, ganz allein gemeistert haben. Nur mit der Kraft seiner Gedanken habe er den Frachter in Bewegung versetzt – eine Aufgabe, an der zuvor einige hundert Männer gescheitert waren.

Solche Erzählungen gewinnen noch an Reiz, wenn man die extravaganten Wünsche der Fürsten und Päpste im 16. und 17. Jahrhundert in Rechnung stellt. Jeder neue Papst, in der Regel aus einem der reichen italienischen Adelsgeschlechter stammend, will das Image seiner Familie und zugleich das der Weltstadt Rom aufpolieren, die von Martin Luther als sündhaftes Babylon bezeichnet worden ist. In der Zeit der Gegenreformation bekommt Rom nicht nur ein völlig neues Gesicht, hier werden auch neue Superlative aufgestellt: Als etwa 1586 auf dem Petersplatz ein 300 Tonnen schwerer und 25 Meter hoher Obelisk aufgestellt wird, braucht man dazu 900 Männer, 150 Pferde und knapp 50 Seilwinden.

Archimedes-Anekdoten sind in aller Munde. Mit seinen präzise justierten Wurfmaschinen soll er die römischen Streitkräfte noch als alter Mann quasi allein in Schach gehalten haben, bis die Stadt Syrakus im Jahr 212 vor Christus schließlich doch erobert wurde. Es heißt, Archimedes habe riesige Brennspiegel benutzt, um die Sonnenstrahlen auf die Schiffe der feindlichen Flotte zu fokussieren und diese in Brand zu setzen.

Eine solche Wunderwaffe besäßen viele Herrscher gerne, unter ihnen der habsburgische Kaiser Rudolf II. Er bestellt große Spiegel in Italien und lässt im August 1610 bei Galilei anfragen, ob dieser nach dem Bau des Teleskops auch das Geheimnis des archimedischen Brennspiegels gelüftet habe.

Das Beispiel illustriert, dass man mit guten Kenntnissen der archimedischen Wissenschaft auch als Mathematiker auf sich aufmerksam machen kann. Galilei greift sich schon als Zweiundzwanzigjähriger zielsicher eine der vielen Archimedes-Anekdoten heraus. Es ist die Geschichte von der goldenen Krone des Königs Hieron II., wie sie der römische Architekt Vitruv überliefert hat.

## Archimedes in der Badewanne

Hieron hatte einen Schmied damit beauftragt, als Weihgabe für die Götter einen Kranz aus purem Gold anzufertigen. Als dieser sein Werk vollendet hatte, wurde dem König gemeldet, der Schmied habe einen Teil des Goldes durch Silber ersetzt und sich so unrechtmäßig bereichert. Hieron bat Archimedes, die Sache zu prüfen.

»Während dieser darüber nachdachte, ging er zufällig in eine

Badestube, und als er dort in die Badewanne stieg, bemerkte er, dass ebensoviel wie er von seinem Körper in die Wanne eintauchte, an Wasser aus der Wanne herausfloss.« Da kam ihm die geniale Idee, er sprang »voller Freude aus der Badewanne, lief nackend nach Haus und rief mit lauter Stimme, er habe das gefunden, wonach er suche ... Heureka! Heureka!«

Vitruv zufolge wog Archimedes die Krone aus, besorgte sich einen Klumpen aus reinem Gold mit exakt demselben Gewicht und einen zweiten aus Silber. Er füllte eine Schüssel bis zum Rand mit Wasser, legte den Goldklumpen hinein und prüfte, wie viel Wasser überschwappte. Dasselbe machte er mit dem Silber und zuletzt mit dem Kranz. Da dieser tatsächlich Silber enthielt, nahm der Kranz ein größeres Volumen ein als das Stück aus purem Gold, aber weniger Raum als das reine Silber. »Und so errechnete er ... die Beimischung des Silbers zum Gold und wies sie und die handgreifliche Unterschlagung des Goldarbeiters nach.«

Galilei zweifelt diesen Bericht an. Das von Vitruv angegebene Verfahren sei, »mit Verlaub, sehr grob und von Genauigkeit weit entfernt«. Er selbst habe Archimedes lange studiert und darüber nachgedacht, auf welche Weise dieser mithilfe von Wasser die Mischung zweier Metalle »auf das Genaueste« herausgefunden haben könnte. Schließlich habe er eine Lösung gefunden.

Wenn zwei Metallstücke gleich schwer sind, aber nicht dasselbe Volumen einnehmen, dann verdrängen sie eine unterschiedlich große Wassermenge, wie Vitruv richtig sah. Das ist der Grund dafür, dass sich der Auftrieb, den sie im Wasser erhalten, unterscheidet, anders gesagt: Im Wasser wiegen sie nicht gleich viel.

Galilei hängt die verschiedenen Metallstücke nacheinander am Ende einer Balkenwaage auf und wiegt sie zuerst in der Luft, dann im Wasser. Mit dieser »hydrostatischen Waage« kann er den Unterschied zwischen Gold, Silber und einer Gold-Silber-Legierung zuverlässig bestimmen.

Um sehr kleine Differenzen zu registrieren, schlingt er einen haarfeinen Messingdraht um den Arm der Waage, und zwar so, dass die Drahtwindungen die Strecke in viele gleiche Teile unterteilen. Auf diese Weise lässt sich der Abstand, in dem das jeweilige Gegengewicht hängt, einfach ermitteln. Dazu fährt Galilei mit einem spitzen Stilett über die Drahtwindungen. »Denn so wird man besagte Drähte teils durch das Gehör, teils dadurch, dass die Hand bei jedem Draht das Hindernis spürt, mit Leichtigkeit zählen können.«

Galileos Messkunst muss in den Ohren seines Vaters wie Musik geklungen haben. Vincenzo Galilei erlebt die experimentellen Fortschritte seines Sohnes hautnah mit, vermutlich teilen sich Vater und Sohn zu dieser Zeit sogar ein Arbeitszimmer. Während der Lautenspieler und Musiktheoretiker Vincenzo Galilei die Tonhöhen von Darm-, Messing- und Goldsaiten unterschiedlicher Länge, Dicke und Spannung untersucht, stimmt sich der Mathematiker Galileo Galilei mit seiner drahtumwundenen Balkenwaage auf seinen neuen Beruf ein.

*Von der Erfahrung zum Experiment*

Vitruv zufolge orientierte sich Archimedes an einer einfachen Sinneserfahrung: dem Überlaufen des Wassers in der Wanne. Galilei traut dieser Darstellung nicht, denn die überbordende Wassermenge kann nicht mit der erforderlichen Präzision gemessen werden. Ein derart grobes Verfahren scheint ihm eines Archimedes nicht würdig. Galileis eigenes Experiment ist viel genauer. Es hebt sich deutlich von der alltäglichen Erfahrung ab, ist weniger anschaulich und stärker theoretisch begründet. Die archimedische Lehre vom Auftrieb erlaubt es ihm, die Ausgangsfrage mathematisch neu zu formulieren und daraus eine neue Messmethode abzuleiten: die »hydrostatische Wägung«, zuerst in der Luft, dann im Wasser.

Von dieser Art der methodischen Befragung der Natur durch ein Zusammenspiel von Theorie und Experiment macht Galilei immer wieder Gebrauch. Sukzessive abstrahiert er von vertrauten Erfahrungen. Das Beispiel der hydrostatischen Waage ist dabei noch vergleichsweise simpel und das Instrument nicht einmal neu.

»Es ist möglich, dass Galilei und seine Zeitgenossen selbstständig zu ihren Resultaten gelangt sind, doch steht auch der Annahme nichts im Wege, dass sie aus alten Quellen geschöpft haben«, schreibt Thomas Ibel in einer Studie über die Geschichte der Waage. Hydrostatische Waagen seien unter anderem im 12. Jahrhundert von dem Physiker Al-Chazini gebaut worden. Kenntnisse darüber könnten etwa über die Wege des Edelsteinhandels mit dem Orient nach Italien gelangt sein.

Galilei selbst stellt die hydrostatische Waage als Erfindung des großen Archimedes vor, von dessen Glanz nun ein wenig auf ihn abfärben soll. Denn sein Ziel ist eine Professur an einer nahen Universität und irgendwann vielleicht eine Anstellung am Hof, wie sie sein Lehrer Ostilio Ricci innehat. Um seine Aussichten auf einen solchen Posten zu verbessern, muss er seine mathematischen Fähigkeiten allerdings auch auf andere Weise demonstrieren.

Zum Glück ist Archimedes eine reichhaltige Quelle geometrischer Lehrsätze. Galilei vertieft sich in dessen Schriften zum Schwerpunkt, arbeitet sich Schritt für Schritt in die archimedische Wissenschaft ein und macht sich die geometrische Sprache des Griechen zu eigen. Die Algebra dagegen benutzt er, ähnlich wie Kepler, kaum. Und das, obwohl sie gerade einen enormen Aufschwung erlebt.

In Europa hat sich die indisch-arabische Ziffernschreibweise inzwischen gegenüber der römischen Zahlennotation durchgesetzt. Römische Ziffern ließen sich zwar ganz gut in Stein meißeln, zum Rechnen aber waren sie denkbar sperrig.

Im 16. Jahrhundert präsentieren populäre Bücher wie die des deutschen Rechenmeisters Adam Ries die Grundrechenarten in der uns heute vertrauten Form. Auch in Florenz gibt es viele Schulen, an denen Kaufleute das schriftliche Rechnen ohne Rechenbrett und Rechensteine erlernen. Das spart zwar zunächst kaum Zeit bei einfachen Rechenoperationen oder bei der doppelten Buchführung, aber die neue Schreibweise eröffnet ungeahnte Möglichkeiten, Beziehungen zwischen den Zahlen herzustellen: Sie erlaubt die Darstellung in Form von mathematischen Gleichungen.

Einer der Pioniere auf diesem Forschungsgebiet ist Girolamo Cardano. In seinem *Großen Buch der Algebra* löst der 1501 in Pavia geborene Mathematiker und Astrologe Gleichungen mit quadratischen Termen, solche dritten und vierten Grades. Er rechnet mit negativen Zahlen genauso wie mit positiven und macht selbst um komplexe Zahlen keinen Bogen.

Galilei nimmt kaum Anteil an der rasanten Entwicklung der Algebra. Seine rein geometrischen Beweise befremden heutige, mathematisch versierte Leser, an etlichen Stellen kommt uns seine Notation umständlich vor. Außerdem hört seine mathematische Neugier oft genau da auf, wo es für Liebhaber der reinen Mathematik spannend wird.

Für Archimedes war die reine Mathematik die höchste Form der Erkenntnis. Er verblüffte seine Kollegen mit subtilen Beweisen und Gedanken über das Unendliche. Während die meisten Physiker heutzutage die Mathematik nur als Hilfsmittel betrachten, sah er es bisweilen gerade umgekehrt: Archimedes scheute sich nicht davor, auch physikalische Kenntnisse einzusetzen, um mathematische Nüsse zu knacken. So führten ihn die Hebelgesetze der ungleicharmigen Waage zu einem selten schönen Beweis zur Quadratur einer Parabel.

Galilei wird kein zweiter Archimedes. Die strenge Formulierung und Verallgemeinerung mathematischer Sätze überlässt er anderen. Er hat die Mathematik im praxisorientierten Unterricht bei Ostilio Ricci schätzen gelernt, an der Geometrie fasziniert ihn ihre Bedeutung für Kunst und Architektur, das Verständnis technischer und physikalischer Phänomene. Deshalb kann er sich auch nicht für sämtliche archimedischen Schriften gleichermaßen begeistern. Von den Werken des Meisters studiert er mit Vorliebe die Bücher *Über schwimmende Körper* und *Über das Gleichgewicht bzw. den Schwerpunkt*.

Seine ersten handschriftlichen Aufsätze schickt er an einige ausgewählte Mathematiker in Italien und im Ausland. Er setzt alle Hebel in Bewegung, Empfehlungsschreiben einzuholen, kommt in Kontakt mit dem Marchese Guidobaldo del Monte sowie dem Jesuitenmathematiker Christopher Clavius in Rom. Trotzdem unterliegt er zunächst im Rennen um die gerade frei gewordene Mathematik-Professur an der Universität Bologna. Die Stelle bekommt ein anderer: der neun Jahre ältere Giovanni Antonio Magini, einer seiner späteren Gegenspieler, der vor allem in der Geografie und der Himmelskunde zu Hause ist.

*Arsen und Spitzenforschung*

Im Rahmen des neuen Amtes gibt Magini alljährlich astrologische Prognosen ab und wird zum Hofastrologen und Prinzenerzieher der Gonzaga-Herrscher in Mantua ernannt. Obschon die katholische Kirche mit dem Konzil von Trient Zweige der Astrologie verboten hat, behält der Glaube an den Einfluss der Gestirne viele Anhänger. Die meisten geistlichen und weltlichen Herrscher konsultieren regelmäßig Astrologen.

Galilei tut nicht allzu viel dafür, sich auf dem Jahrmarkt der Horoskope und Prognostika zu profilieren. Aber auch er möchte die Zukunft seiner eigenen Kinder aus den Sternen erfahren. Wegen seiner angeblichen Umtriebe als Astrologe wird 1604 sogar die Inquisition erstmals auf ihn aufmerksam. Ein besonders brisantes Horoskop schreibt er schließlich auf Drängen der Großherzogin. Darin sagt er ihrem Mann, Ferdinand I., ein langes Leben voraus. Nur drei Wochen später stirbt der Großherzog, und Galileis Aussichten, jemals eine Stelle am Hof der Medici zu bekommen, sinken beträchtlich. Erst die Entdeckungen mit dem Teleskop rücken ihn wieder in ein günstigeres Licht.

Der Umgang mit den Mächtigen ist ein riskantes Spiel. Etwa zu der Zeit, als sich Galilei vergeblich um die Professorenstelle in Bologna bewirbt, muss er miterleben, wie sein Vater Vincenzo am Hof in Ungnade fällt, weil sich von einem Tag auf den anderen die politischen Machtverhältnisse in Florenz verändern.

Vincenzo Galilei hat einige seiner Kompositionen der Großherzogin der Toskana gewidmet. Die schöne Bianca Capello war schon lange vor ihrer Zeit als Großherzogin die Geliebte Francescos I., der damals noch mit einer anderen Frau verheiratet war.

Francescos Bruder Ferdinand hasst seine Schwägerin. Er lebt in Rom, seit er, kaum in die Pubertät gekommen, zum Kardinal ernannt wurde. Dort unterhält er einen prächtigen Palast mit mehr als hundert Bediensteten. Als er sich im Oktober 1587 mit seinem Bruder und dessen Gemahlin in einer Villa in der Nähe von Florenz zur Jagd trifft, erkranken zuerst der Großherzog, kurz darauf die Großherzogin. Beide sterben im Abstand von 24 Stunden – an Malaria, wie es im Obduktionsbericht heißt.

Im Jahr 2004 hat man das Familiengrab der Medici noch einmal geöffnet. Der Toxikologe Francesco Mari von der Universität Florenz meint, in den Gewebeproben aus dem Oberkiefer Francescos I. Anzeichen für einen Giftmord gefunden zu haben. Die Untersuchungen sprechen seiner Ansicht nach für eine Arsenvergiftung.

Das als Rattengift gebräuchliche Arsen war damals beliebt, um Widersacher aus dem Weg zu räumen. Es ist geruchlos, schmeckt nach nichts und hinterlässt kaum sichtbare Spuren. So brachte zum Beispiel der älteste Sohn des Mathematikers und Astrologen Girolamo Cardano, Giambattista, seine Ehefrau mit einem Gebäck um, das Arsen enthielt.

Giambattista Cardano wurde 1560 nach Kerkerhaft und Folter enthauptet. Er hatte die Tat schließlich gestanden, obwohl man das Arsen im Leichnam der Ehefrau nicht hatte nachweisen können. Erst im Jahr 1806 findet ein Berliner Apotheker eine Methode, um das »Pulver, das Könige krönt«, auch im Körper des Opfers festzustellen.

Eine solche kriminalistische Untersuchung kann ziemlich verwickelt sein. Wenn der Fall – wie bei Francesco I. und seiner Frau Bianca Capello – Jahrhunderte zurückliegt, wirft die Zuordnung der Knochen-, Haar- und sonstigen Proben viele Fragen auf. Maris Ergebnisse sind umstritten, noch immer ist ungeklärt, ob es sich bei den beiden Toten vom 19. und 20. Oktober 1587 tatsächlich um Opfer einer Arsenvergiftung handelt.

Jedenfalls wird Ferdinand der neue Großherzog und heiratet die reiche Erbin Christine von Lothringen. Die Hochzeitsvorbereitungen halten ganz Florenz in Atem – nur der Komponist Vincenzo Galilei, bekannt als Verehrer Bianca Capellos, bleibt davon ausgeschlossen. Am Hof spielt nun eine andere Musik.

## *Professor in Pisa*

Vincenzos Hoffnungen ruhen jetzt ganz auf dem ältesten Sohn. Der bekommt allmählich Zugang zu den Florentiner Adels- und Intellektuellenkreisen. Als gerade einmal Vierundzwanzigjähriger hat Galilei den Mut, vor der Florentinischen Akademie aufzutreten und dort über Italiens berühmtesten Dichter zu sprechen, genauer: »Über die Gestalt, Lage und Größe von Dantes Hölle«.

Galilei übersetzt das Werk des Dichters kurzerhand in die exakte Sprache der Geometrie. Ohne mit der Wimper zu zucken, präsentiert er seinen Zuhörern eine detaillierte Vermessung der Unterwelt, ermittelt die Tiefe der Vorhölle und all jener Höllenstufen, die für die Züchtigung und Bestrafung der Wollüstigen, der Schlemmer, der Geizigen, Jähzornigen und Ketzer gedacht sind.

Selbst hier beruft er sich auf Archimedes. Ausgerüstet mit dessen Büchern über die Kugel und den Zylinder, treibt er einen sorgfältig berechneten Keil in die Wohnstätte Luzifers. Anschließend durchquert er mit dem Maßband sämtliche Schreckensgräben und Eissphären, um am anderen Ende der Welt wieder ins Freie hinauszutreten und zu den Sternen hinaufzuschauen.

Sein couragiertes Auftreten vor der Florentinischen Akademie und seine vorherigen Kabinettstückchen werden belohnt. Als er sich 1589 zum wiederholten Mal um einen Lehrstuhl in Pisa bewirbt, bekommt er den Zuschlag.

Dabei hat ihn der Marchese Guidobaldo del Monte nach Kräften unterstützt. Er ist als Militäringenieur für die Medici tätig, sein Bruder hat nach der Thronbesteigung Ferdinands I. die Kardinalswürde des Medici-Regenten übernommen. So kann der Marchese seinen Einfluss zugunsten Galileis gleich doppelt geltend machen. Parallel zum Machtwechsel in Florenz vollzieht sich der Generationenwechsel im Hause Galilei.

Vier Jahre nachdem er sein Studium aus finanziellen Gründen hat abbrechen müssen, kehrt Galileo Galilei als Hochschullehrer nach Pisa zurück. Die neue Stelle bedeutet für ihn einen beachtlichen Karrieresprung. Nur sein Lohn fällt im Vergleich zu seinen Kollegen gering aus. Als Lektor für Mathematik verdient er zehnmal weniger als der Philosoph Jacopo Mazzoni, der ein Jahr vor ihm nach Pisa gekommen ist.

Galilei hat allerdings auch kaum Vorlesungen zu halten, und außerdem sind seine Lehraufgaben nicht gerade anspruchsvoll. Er soll den Studienanfängern Grundkenntnisse der Euklidischen Geometrie und der Himmelskunde vermitteln. Dabei stützt er sich im Wesentlichen auf unveröffentlichte Manuskripte von Christopher Clavius und anderen Astronomen, ihn selbst interessiert die Himmelskunde vorerst nur am Rande. Viel mehr reizt ihn die Physik, die seinerzeit der Naturphilosophie zugerechnet wird und der er sich nun auch deshalb widmet, um im Professorenkollegium zu bestehen.

Die Forschungen seines Vaters und sein Experiment mit der hydrostatischen Waage haben ihm gezeigt, wie leicht der Augenschein zu voreiligen Schlüssen verleiten kann. Die ganze aristotelische Physik steckt voller Beispiele dafür, und Galilei entdeckt jede Menge Einfallstore für seine innovative mathematische und experimentelle Herangehensweise.

*Die neue mathematische Wissenschaft*

Aristoteles etwa verlässt sich auf alltägliche Erfahrungen, wenn er feststellt, dass schwere Körper schneller zu Boden fallen und leichte langsamer, und zwar im selben Maß, in dem ihr Gewicht zunimmt. Als Experimentator hat Galilei wenig Mühe nachzuweisen, dass das nicht stimmen kann – Aristoteles führt die Fallbewegung hier zwar auf irgendwie plausible Prinzipien, nicht aber auf wirkliche Messungen zurück.

Er selbst greift einmal mehr auf Archimedes, genauer gesagt auf dessen Buch *Über schwimmende Körper* zurück und vergleicht die Fallbewegung in der Luft mit der im Wasser. Während im Wasser manche Objekte gar nicht sinken, sondern, im Gegenteil, aufsteigen und schwimmen, setzt die Luft fallenden Körpern einen viel geringeren Widerstand entgegen. So nähern sich die Fallgeschwindigkeiten unterschiedlich schwerer Objekte in der Luft einander an.

Dieser Vergleich führt Galilei zu der These, dass im Vakuum alle Körper gleich schnell fallen würden. Er kann zwar selbst kein Vakuum herstellen, um die Theorie zu prüfen – das wird erst seinem Schüler und Nachfolger am Florentiner Hof Evangelista Torricelli gelingen. Aber indem er Kräfte wie die Reibung im Experiment reduziert und gedanklich separiert, stößt er zu einfachen Bewegungsgesetzen vor, die sich mathematisch beschreiben lassen.

Die Verbindung aus Erfahrung, mathematischer Theoriebildung und gezielten Experimenten leitet den Wandel hin zu den modernen Naturwissenschaften ein. Erst durch dieses Zusammenspiel erreichen Galilei und andere Wissenschaftler in der Physik eine neue Stufe der Erkenntnis.

Ein weiteres Beispiel für den Methodenwandel ist die schiefe Ebene, mit der Galilei viel experimentiert. Setzt man eine nahezu perfekte Kugel auf eine glatt polierte, leicht geneigte Oberfläche, beginnt sie, auf natürliche Weise abwärtszurollen. Stößt man sie in der Gegenrichtung an, kommt die gewaltsame Bewegung irgendwann zum Stillstand und kehrt sich um. Was aber, wenn die Ebene weder nach unten noch nach oben geneigt ist, sondern völlig eben? Dann, so Galilei, ändert sie ihre Geschwindigkeit nicht, die Kugel setzt ihre Bewegung unbegrenzt fort.

Die Kühnheit dieses Gedankens liegt nicht bloß darin, dass es in der Realität immer irgendwelche Widerstände gibt, die den Fortgang einer Bewegung bremsen, und Galilei seine Behauptung daher schwerlich experimentell beweisen kann. Nein, allein die Vorstellung ist seinerzeit ungeheuerlich, dass es irgendeine Form der Bewegung geben könnte, die ohne eine sie erhaltende Kraft vonstattengeht.

Mit solchen Experimenten steht Galilei aber nicht alleine da. »Das Zeitalter der wissenschaftlichen Revolution, das sich mit Galileis Namen verbindet, ist auch ein Zeitalter der Parallelentdeckungen«, so der Wissenschaftshistoriker Jürgen Renn. Thomas Harriot etwa, den man zu Recht als den »englischen Galilei« ansehen könne, findet unabhängig von ihm das Fallgesetz und macht ganz ähnliche Berechnungen zur Wurfbewegung. Harriot veröffentlicht seine Ergebnisse allerdings nie, Galilei die seinigen erst im Alter von 74 Jahren. Seine Schrift zur Mechanik wird sein Lebenswerk krönen.

Galilei wird berühmt für die Art und Weise, wie er die Natur im eigenen Labor erforscht, Messungen macht, Tabellen erstellt und daraus mathematische Gesetzmäßigkeiten ableitet. Dabei ist er immer auf der Hut vor störenden Einflüssen wie der Reibung oder dem Luftwiderstand, die sich gar nicht oder nur schwer quantifizieren lassen. Schon deshalb traut er mal den Experimenten mehr, ein andermal eher seiner Intuition oder der Theorie. Allerdings genießt Letztere in seinen Augen den höchsten Stellenwert. Er schreckt nicht davor zurück, sich im entscheidenden Moment über experimentelle Befunde hinwegzusetzen, die den mühsam geschaffenen theoretischen Rahmen zu sprengen drohen.

Schließlich wird er behaupten, das »große Buch der Philosophie« sei in der Sprache der Mathematik geschrieben. Galileis berühmter Ausspruch macht deutlich, worin er die wichtigste Quelle der Erkenntnis sieht und wie sehr er sich dem aristotelischen Empirismus überlegen fühlt: Nur der Mathematiker kennt die Zeichen und geometrischen Figuren, in denen das Buch der Philosophie verfasst ist. »Ohne sie ist es ein vergebliches Umherirren in einem dunklen Labyrinth.«

Mit den Experimenten zur schiefen Ebene beginnt Galilei wahrscheinlich bereits als Mathematikprofessor in Pisa. Sie sind wegweisend für die Entdeckung des Fallgesetzes, das Galilei allerdings – anders als die Legende besagt – nicht bei Versuchen auf dem »Schiefen Turm« von Pisa findet. Die drei Sekunden, die ein Stein braucht, um von der Spitze des Turms zur Erde zu fallen, sind zu kurz für solche Untersuchungen. Sie erlauben keine verlässlichen Messungen mit damaligen Uhren.

Genauso gehört die Geschichte vom Leuchter im Dom von Pisa, dessen Schwingungen Galilei schon als Student zum Pendelgesetz geführt haben sollen, ins Reich jener Legenden, die keinem Pisa-Besucher vorenthalten bleiben. Egal wann man den Dom betritt, immer trifft man auf eine Touristengruppe, die andächtig zur Decke schaut. Zumindest diese Lampe ist allerdings nachweislich erst nach Galileis Studienzeit dort angebracht worden.

Galilei ist ebenso wenig wie Kepler ein »Wunderkind«. Seine tiefen Einblicke in die Fall- und Wurfbewegung findet er erst über viele Umwege, die für die Physik und Mathematik genauso charakteristisch sind wie für jede andere innovative Kultur. In Florenz und Pisa hat Galilei noch keine klaren Ziele vor Augen. Vielmehr hat er im höfischen Milieu, in dem auch sein Vater verkehrt, ein Gespür dafür entwickelt, was andere an den Wissenschaften besonders fasziniert. Immer wieder greift er populäre Themen wie die Goldwaage oder die Ausmaße von Dantes Hölle auf. In späteren Jahren bastelt er an einer Wasserpumpe und an einem Recheninstrument, philosophiert über einen neuen Stern am Himmel und widmet sich wunderlichen Magnetsteinen.

»Die frühneuzeitliche Neugierde wurde zu einer Spielart des Konsumismus«, so die Wissenschaftshistorikerin Lorraine Daston. »Die Neugierde und der Luxuswarenhandel jagten hinter Neuheiten her, denn die Luxuswaren von heute – Tee, Schuhe, Weißbrot – waren die täglichen Bedarfsgüter von morgen; ganz ebenso wurde der gefräßigen Neugier nach kurzer Zeit jedes Wissen langweilig.« Die Vielfalt von Galileis Arbeitsgebieten erklärt sich nicht zuletzt aus diesem Kontext. Er ist stets auf der Suche nach Neuigkeiten und Kuriositäten, verliert dabei aber seine höfischen Ambitionen nie aus den Augen.

Seine Mechanik, die Begriffe und Formeln, in denen seine Theorie der Bewegung schließlich Gestalt annimmt, tauchen aus einem heute nur noch schwer entwirrbaren Netz aus Irrwegen und richtigen, teils aber wieder verlassenen Fährten auf. Von dieser Odyssee ist in den wissenschaftlichen Hauptwerken, die Galilei erst im hohen Alter zu Papier bringt, keine Rede mehr. Vergessen sind alle Umwege, und es scheint, als ob nur der kürzeste Weg das »Gütesiegel der Vernunft« erhalten habe, wie der Philosoph Hans Blumenberg formuliert. »Alles andere rechts und links daran entlang und vorbei ist das der Stringenz nach Überflüssige, das sich der Frage nach seiner Existenzberechtigung so schwer zu stellen vermag.«

# GEHEIMNISSE DES HIMMELS UND DER EHE
Was Kepler aus den Sternen liest

Als Johannes Kepler in der Osterzeit 1594 zusammen mit seinem Vetter in Graz eintrifft, muss er erst einmal seinen Kalender umstellen. Er hat unterwegs zehn Tage verloren. In der Steiermark gilt seit ein paar Jahren eine neue Zeitrechnung.

Mit den zehn Tagen Differenz soll ein Fehler wettgemacht werden, der sich über Jahrhunderte summiert hat. Der traditionelle, unter Julius Cäsar eingeführte Kalender hat schlicht zu viele Schalttage. Dagegen wird im neuen Gregorianischen Kalender zwar weiterhin alle vier Jahre ein Schalttag eingefügt, in großen Abständen von Jahrhunderten jedoch immer mal wieder einer weggelassen. So weicht der neue Kalender in 3000 Jahren nur noch um einen einzigen Tag gegenüber dem tatsächlichen Lauf der Sonne ab.

Trotz dieses Vorzugs schreibt Keplers ehemaliger Universitätsprofessor, der Mathematiker Michael Mästlin, scharfe Polemiken gegen die Reform – nicht aus wissenschaftlichen Gründen, sondern weil sie vom Papst kommt. Als Lutheraner setzt er sich vehement dafür ein, dass die protestantischen Teile des Reichs ihren alten Kalender behalten dürfen.

Kepler wird zwangsläufig in den Konflikt hineingezogen. Nach seinem abgebrochenen Theologiestudium in Tübingen hat der Zweiundzwanzigjährige die schwierige Aufgabe übernommen, in der katholischen Steiermark an einer evangelischen Stiftsschule Mathematik zu unterrichten. Außerdem soll er von nun an Jahr für Jahr einen astrologischen Kalender schreiben, ein Prognostikum mit Wettervorhersagen und praktischen Hinweisen fürs Säen und Ernten, mit Gesundheitstipps und Ausblicken auf politische Ereignisse des kommenden Jahres. Solche Kalender sind beliebt und für weite Teile der Gesellschaft neben der Bibel die einzige Berührung mit der Schriftkultur.

Als Kalenderschreiber ist es für Kepler unerlässlich, sich Klarheit über die korrekte Zeitrechnung zu verschaffen, insbesondere über den Ostertermin, von dem alle weiteren beweglichen christlichen Feiertage abhängen. Bisher vagabundiert das Osterfest im Kalender herum, mit der Kalenderreform, an der schon Nikolaus Kopernikus auf Bitte des Papstes mitgearbeitet hat und die 1582 zum Abschluss gekommen ist, bleibt das Kirchenfest zumindest in einem gewissen zeitlichen Rahmen.

Kepler will mit einem sachgerechten Urteil zur Debatte beitragen. »Was will denn das halbe Deutschland machen?«, fragt er seinen Tübinger Professor. »Wie lange will es sich von Europa abspalten?« Gerade die Astronomen müssten auf Ordnung und Schönheit bedacht sein, da die Natur dies erfordere. »Wenn es Gott gefallen hat, die Welt mit vollkommenen Quantitäten auszustatten, warum sollten dann die Astronomen nicht auch im Kalender eine gewisse Vollkommenheit anstreben?«

Vergeblich plädiert er jetzt und noch viele Jahre später vor dem Reichstag in Regensburg dafür, den Gregorianischen Kalender auch in den protestantischen Ländern einzuführen. Mästlin und andere Wortführer auf protestantischer Seite lassen sich jedoch nicht umstimmen, ein Beispiel dafür, wie unüberbrückbar die Gegensätze im Reich sind. Über hundert Jahre hinweg, bis zum 1. März 1700, werden in Deutschland zwei verschiedene Kalender nebeneinander bestehen bleiben, in Keplers Augen eine absurde Situation. Er hält sich an die Gregorianische Reform und macht sich damit unter seinen lutherischen Glaubensgenossen keine Freunde.

### Horoskope und waghalsige Prognosen

Auch seine astrologische Aufgabe ist heikel. Zwar hat er schon als Student damit angefangen, gelegentlich Horoskope zu schreiben, aber nie daran gedacht, seinen Lebensunterhalt mit waghalsigen Prognosen über das Weltgeschehen zu verdienen. In Graz erwartet man aber genau das von ihm.

Kepler hat offenbar gute Ratgeber und das nötige Quäntchen Glück. Für 1595 sagt er eine bittere Kälte, Türkeneinfälle und Bauernunruhen voraus. Alles treffe bisher richtig ein, hält er zu Jahresbeginn fest. »Es herrscht eine unerhörte Kälte in unserem Lande. Von den Sennen in den Alpen sterben viele an Kälte.« Außerdem habe der Türke dieser Tage die ganze Gegend unterhalb Wiens bis Neustadt durch Brandschatzung verwüstet. Die Bauernunruhen im weiteren Verlauf des Jahres nehmen geradezu anarchistische Züge an.

Die Leser ermahnt er jedoch dazu, solchen Prophezeiungen nicht allzu sehr zu vertrauen. »Dem stärckern Vnder zweyen feinden kan der Himmel nicht vil schaden, dem schwächern nicht vil nutzen«, heißt es in seinem Kalender für das Jahr 1598. »Wer sich nun mit guetem rhat, mit volck, mit waffen, mit dapfferkeit sterckhet, der bringt auch den Himmel auff seine seitten.«

Kepler schimpft über den »schrecklichen Aberglauben« derjenigen, die meinen, konkrete Ereignisse vorhersagen zu können. Insbesondere politische Entwicklungen stehen seiner Meinung nach nicht in den Sternen geschrieben. Trotzdem hält er wie die meisten seiner Zeitgenossen an dem Glauben fest, dass Sterne und Planetenkonstellationen das menschliche Schicksal beeinflussen.

Mit seinem ambivalenten Verhältnis zur Astrologie und seinem Versuch, Sterndeutung und rechnende Sternenkunde miteinander in Einklang zu bringen, steht Kepler in einer Tradition, die von Claudius Ptolemäus bis zu Girolamo Cardano reicht. Cardano ist einer der herausragenden Mathematiker des 16. Jahrhunderts, doch seine Leistungen auf dem Gebiet der Algebra verblassen neben seiner Bedeutung als Astrologe.

»Nachdem, wie man mir erzählt, vergebens Abtreibungsmittel angewandt worden waren, kam ich zur Welt im Jahre 1501, am 24. September«, schreibt Cardano zu Beginn seiner populären Autobiografie *De vita propria*. Beinahe wäre er missgestaltet zur Welt gekommen. Doch weil Jupiter im Aszendenten stand »und die Venus Herrin der ganzen Konstellation war, so ward ich nirgends verletzt als an den Geschlechtsteilen, sodass ich von meinem 21. bis zum 31. Lebensjahre nicht mit Frauen verkehren konnte und deswegen oft darob mein trauriges Schicksal beklagt, jeden anderen um sein glücklicheres Geschick beneidet habe«.

Mit großer Offenheit schildert Cardano seinen Jähzorn und die Lust am Schach- und Würfelspiel, die ihn über vier Jahrzehnte hinweg Tag für Tag packt. Für seine Selbsterforschung benutzt er genauso wie für seine Prominenten-Horoskope zahllose Regeln mit kleinem Geltungsbereich: 170. »Merkur im Widder verleiht die Gabe, angenehm zu reden.« 171. »Merkur in der Waage oder im Wassermann macht so geistreich wie in keinem anderen Zeichen.«

Trotz solcher Leitsätze gibt es für ihn in der Astrologie keine einfachen Rezepte. Es genügt nicht, die Positionen der Gestirne zu kennen, um daraus Prognosen abzuleiten. Vielmehr müsse sich der Astrologe auf eine breite Erfahrungsbasis stützen und psychologische Kenntnisse in die Arbeit einbringen. Die Welt ist in Cardanos Augen ein großer Organismus, im irdischen Leben spiegelt sich das Ganze, der Makrokosmos. Auf diese Weise bindet er seine Klienten in einen kosmischen Zusammenhang ein.

Allerdings umreißt er auch die Grenzen der Sterndeuterei. »Mit Ptolemäus hielt er an der Ansicht fest, dass die Umwelt und andere Faktoren den Lauf der Dinge, so wie er vom Rat der Sterne beschlossen war, sehr wohl modifizieren und bisweilen sogar umkehren könnten«, schreibt der Historiker Anthony Grafton über ihn.

*Die Astrologie, ein »närrisches Töchterlin«*

Kepler teilt manches mit seinem berühmten Vorgänger. Auch er sammelt Hunderte Horoskope und lotet wie Cardano zuallererst die eigene Persönlichkeit mit den Instrumenten der Sterndeutung aus.

»Dieser Mensch hat ganz und gar eine Hundenatur«, schreibt er im Winter 1597 über sich. »I. Der Körper ist beweglich, dürr, wohlproportioniert ... Er trinkt wenig. Er ist selbst mit dem Geringsten zufrieden. II. Sein Charakter ist ganz ähnlich. Zuerst macht er sich (wie ein Hund bei den Hausgenossen) beständig bei den Vorgesetzten beliebt, in allem ist er von andern abhängig, ist ihnen zu Diensten, wird gegen sie nicht wütend, wenn er getadelt wird, auf jede Art sucht er sich wieder auszusöhnen ... Er ist ungeduldig in der Unterhaltung ... Äußerste, ungezügelte Unbesonnenheit wohnt in ihm, natürlich von Merkur im Quadrat zu Mars, dem Mond im Trigon zu Mars.«

Im Unterschied zu Cardano schätzt er die Bedeutung der Sterndeutung allerdings viel geringer ein als die der Astronomie. »Es ist wol diese Astrologie ein närrisches Töchterlin ... Aber lieber Gott, wo wolt ihre Mutter die hochvernünftige Astronomie bleiben, wann sie diese ihre närrische Tochter nit hette? Ist doch die Welt noch viel närrischer ...«, hält er in seiner Schrift *Tertius Interveniens* fest. Das Honorar der Astronomen sei so gering, »dass die Mutter gewisslich Hunger leyden müste, wann die Tochter nichts erwürbe«.

Die Astrologie ist Keplers täglich Brot. Sie stärkt seine Position als Mathematiker, der sich zeit seines Lebens in einer noch kaum institutionalisierten Wissenschaft durchschlagen muss.

»Dass sich Kepler in Graz immer noch gezwungen sah, Horoskope zu erstellen, obwohl Kopernikus das Wissen um die Struktur des Kosmos bereits revolutioniert hatte, bedeutet lediglich, dass der Beginn der modernen Wissenschaft weder durch einen radikalen Bruch noch durch eine plötzliche Erleuchtung erfolgt ist«, schreibt der italienische Historiker Eugenio Garin.

Der Prozess, in dem die moderne Forschung zu sich selbst fand, ist langwierig und keineswegs linear verlaufen. Im Rückblick erscheint vieles geradezu widersprüchlich. So bekämpfen Kepler und Galilei den Aberglauben, erstellen jedoch selbst Horoskope. Sie führen heftige Auseinandersetzungen mit der aristotelischen Schulphilosophie und halten in vielen Punkten an derselben fest. Sie versuchen, eine Einheit von Physik und Astronomie herzustellen und sind blind für wegweisende physikalische Konzepte des jeweils anderen. Genauso bezeichnend wie ihre großartigen Erkenntnisse ist ihr Scheitern gerade in dem, was sie selbst für ihre größten Errungenschaften halten.

*Gottes geometrischer Schöpfungsplan*

Auch ihre Konflikte mit der Kirche und ihre gleichzeitige Treue zum christlichen Glauben gehören in dieses Spannungsfeld.

Beide stehen in einer Geistestradition, der zufolge der Schöpfer seinen Willen in zwei Büchern dargelegt hat: in der Bibel und im »Buch der Natur«. Während die Bibel spätestens mit der Reformation vieldeutig geworden ist und in ganz Europa der Streit um ihre richtige Auslegung tobt, sehen Kepler und Galilei ihre Aufgabe als Mathematiker darin, das »Buch der Natur« als eigenständiges Werk zu deuten. Je weiter sie bei ihrer Erforschung der Natur von der Schulphilosophie abrücken, umso stärker entfernen sie sich auch von der traditionellen Interpretation bestimmter Bibelstellen.

Keplers gesamtes wissenschaftliches Schaffen beruht auf der Überzeugung, dass Gott die Welt nach einem geometrischen Modell entworfen hat und dass die menschliche Vernunft dazu imstande ist, dieses zu erkennen. Nachdem er sein theologisches Studium nicht hat zu Ende führen dürfen, wird die Suche nach einer harmonischen Beschreibung des Kosmos für ihn zu einer Art Gottesdienst, eine Suche, mit der er als Dreiundzwanzigjähriger in Graz beginnt.

Die Anstellung als Landschaftsmathematiker hat er zunächst nur aus Pflichtgefühl angenommen. Noch hat er die Hoffung nicht aufgegeben, nach Tübingen zurückzukehren und Pfarrer zu werden, zumal die Perspektiven in der Steiermark für ihn als Protestant denkbar ungünstig sind. Denn der junge Erzherzog Ferdinand ist dabei, sein Land zu einer katholischen Hochburg im Reich zu machen.

In der evangelischen Stiftsschule fühlt sich Kepler nicht am rechten Ort. Schon im ersten Jahr kommen nur wenige Mathematikschüler zu ihm, was ihm die Schulleitung jedoch nicht ankreidet. Im zweiten Jahr nimmt allerdings gar niemand mehr am Unterricht des anspruchsvollen Dozenten teil, dessen Vortragsstil nach eigenem Bekunden weitschweifig und voll von Einschiebseln ist, »abstoßend oder jedenfalls verwickelt und schwer verständlich«. Ausgerechnet er muss nun, statt Mathematik zu unterrichten, in den höheren Klassen Rhetorikstunden abhalten und Vergil lesen!

Unmöglich könne er noch lange in Graz bleiben, schreibt er nach Ablauf des ersten Jahres und spielt mit dem Gedanken, als bezahlter Reisebegleiter irgendeines Adligen an eine Hochschule zu wechseln. Möglich, dass er von Italien träumt. Am liebsten aber möchte er zurück nach Tübingen.

Um diesem Ziel ein Stück näherzukommen, knüpft er an seine dort begonnenen Studien an und vertieft sich in die Mathematik und Astronomie. Schließlich habe er sich »mit der ganzen Wucht« seines Geistes auf die Himmelskunde geworfen, um die Proportionen des Kosmos zu verstehen.

Was ihn dazu treibt? Kepler winkt ab: »Wir fragen ja auch nicht, welchen Nutzen sich das Vöglein vom Singen erhofft. Wir wissen, Singen ist ihm eben eine Lust, weil es zum Singen geschaffen ist. Ebenso dürfen wir nicht fragen, warum der menschliche Geist so viel Mühe aufwendet, um die Geheimnisse des Himmels zu erforschen. Unser Bildner hat zu den Sinnen den Geist gefügt, nicht bloß damit der Mensch seinen Lebensunterhalt erwerbe …, sondern auch dazu, dass wir vom Sein der Dinge, die wir mit Augen betrachten, zu den Ursachen ihres Seins und Werdens vordringen, wenn auch weiter kein Nutzen damit verbunden ist.«

Gott habe die Welt nach rationalen Kriterien strukturiert und den menschlichen Geist dazu geschaffen, die Vollkommenheit seiner Schöpfung zu verstehen. Warum zum Beispiel gibt es nicht unzählige Planeten, sondern nur die seinerzeit bekannten sechs? Warum sind ihre Abstände und Umlaufgeschwindigkeiten genau so und nicht anders?

Das sind die Fragen, die Keplers Forschung antreiben. Bereits zu Anfang seiner mathematischen Studien geht es ihm um eine Gesamtschau der Welt, um nichts Geringeres als um Gottes Schöpfungsplan. Ihn zu erkennen ist sein ganzes Bestreben als Forscher. Dabei führen ihn sein ehemaliger Professor und seine eigene Intuition auf eine entscheidende Fährte.

*Schüler des Kopernikus*

»Schon zu der Zeit, als ich mich vor sechs Jahren in Tübingen eifrig dem Verkehr mit dem hochberühmten Magister Michael Mästlin widmete, empfand ich, wie ungeschickt in vieler Hinsicht die bisher übliche Ansicht über den Bau der Welt ist«, so

Kepler. Dagegen sei er von der kopernikanischen Sichtweise von Beginn an »entzückt« gewesen. Bei ihm ergäben sich die Planetenbewegungen aus ganz wenigen Prämissen.

In der 1543 erschienenen Schrift *De revolutionibus* nahm Nikolaus Kopernikus der Erde ihre bis dahin privilegierte Stellung im Zentrum des Universums. Seiner Theorie zufolge ruht der Globus nicht in der Mitte des Kosmos, sondern dreht sich um die eigene Achse und kreist außerdem noch zusammen mit den Planeten um ein geometrisch ermitteltes Zentrum, das ganz in der Nähe der Sonne liegt.

Den wesentlichen Vorzug der kopernikanischen Lehre sieht Kepler darin, dass sie die meisten Himmelserscheinungen allein aus der Bewegung der Erde heraus erklärt. Warum etwa ziehen Tausende Gestirne Nacht für Nacht von Ost nach West um die Erde? Bei Kopernikus lässt sich das mit einer einfachen Hypothese beantworten: Wir selbst bewegen uns als Zuschauer des Himmelsspektakels in entgegengesetzter Richtung von West nach Ost.

Im kopernikanischen Modell lösen sich außerdem viele Unregelmäßigkeiten im Lauf der Planeten auf. Die Erde dreht sich darin nämlich nicht nur um sich selbst, sondern auch um die Sonne. Ein Jahr braucht sie für einen Umlauf, und damit länger als die beiden sonnennächsten Planeten Merkur und Venus und weniger als die äußeren Planeten Mars, Jupiter und Saturn. Wegen dieser unterschiedlichen Umlaufzeiten wandern die Planeten aus Sicht eines irdischen Betrachters nicht gleichmäßig über den Himmel, sondern gelegentlich sogar rückwärts.

Wenn die Erde zum Beispiel den weiter außen kreisenden Mars auf der Innenbahn überholt, kehrt sich dessen Bewegungsrichtung scheinbar um. Aus irdischer Sicht beschreibt er dann eine Schleife. Dieses Phänomen erklärt sich jedoch aus demselben Grund, aus dem man aus einer fahrenden Kutsche heraus die Bäume am Wegesrand rückwärts laufen sieht.

Kepler erscheint diese Deutung der Planetenbewegungen plausibel. Zumindest qualitativ lassen sich auf diese Weise sämtliche Himmelsphänomene aus wenigen Annahmen ableiten. »So hat jener Mann nicht nur die Natur von jenem lästigen und unnützen Hausrat der ganz großen Zahl von Sphären befreit, er hat zudem einen immer noch unerschöpflichen Schatz von wahrhaft göttlichen Einsichten in die so herrliche Ordnung der ganzen Welt und aller Körper erschlossen«, schwärmt der Mathematiklehrer und macht sich daran, nach den Ursachen für die Zahl, die Abstände und die Umlaufzeiten der Planeten im kopernikanischen Modell zu suchen.

## Eine Welt aus platonischen Körpern

Folgt man den Ausführungen in seinem Erstlingswerk, dem *Mysterium Cosmographicum* oder *Weltgeheimnis*, beginnt sein Unternehmen mit einem munteren Rätselraten. Er jongliert mit Zahlen und folgt allerhand originellen Einfällen. »Ich schob zwischen Jupiter und Mars sowie zwischen Venus und Merkur zwei neue Planeten ein, die beide wegen ihrer Kleinheit unsichtbar seien, und schrieb ihnen Umlaufzeiten zu.« Zwar helfen ihm auch diese hypothetischen Planeten nicht dabei, eine Ordnung in den Abständen und Geschwindigkeiten der Planeten zu erkennen. Bemerkenswert ist jedoch, dass Kepler schon zu diesem Zeitpunkt in Betracht zieht, es könnte bis dato unentdeckte Planeten geben.

»Schließlich kam ich bei einer ganz unwichtigen Gelegenheit dem Sachverhalt näher.« Das Datum hält er genau fest: Am 19. Juli 1595 sei er während des Mathematikunterrichts plötzlich auf ein vielversprechendes geometrisches Schema gestoßen. Der unerwartete Fund lässt ihm keine Ruhe mehr, beschäftigt ihn Tag und Nacht. Er verfängt sich in der Logik der Mathematik und gelangt zu der Vermutung, dass ein vollkommener Kosmos am ehesten nach dem Muster der fünf platonischen Körper entworfen worden sein könne. Die Struktur des Weltalls würde sich also aus fünf regelmäßigen Vielecken ergeben, die aus gleichseitigen und gleichwinkligen Seitenflächen bestehen, darunter so bekannte wie der Würfel und die Pyramide.

Kepler hat dabei vor allem eines vor Augen: dass genau fünf platonische Körper existieren, nicht mehr und nicht weniger. Aus dem Studium Euklids weiß er, dass außer der Pyramide mit vier Seitenflächen und dem Würfel mit sechs noch der regelmäßige Acht-, Zwölf- und Zwanzigflächner dazu zählen. An dieser Zahl hängt er sein ganzes *Weltgeheimnis* auf.

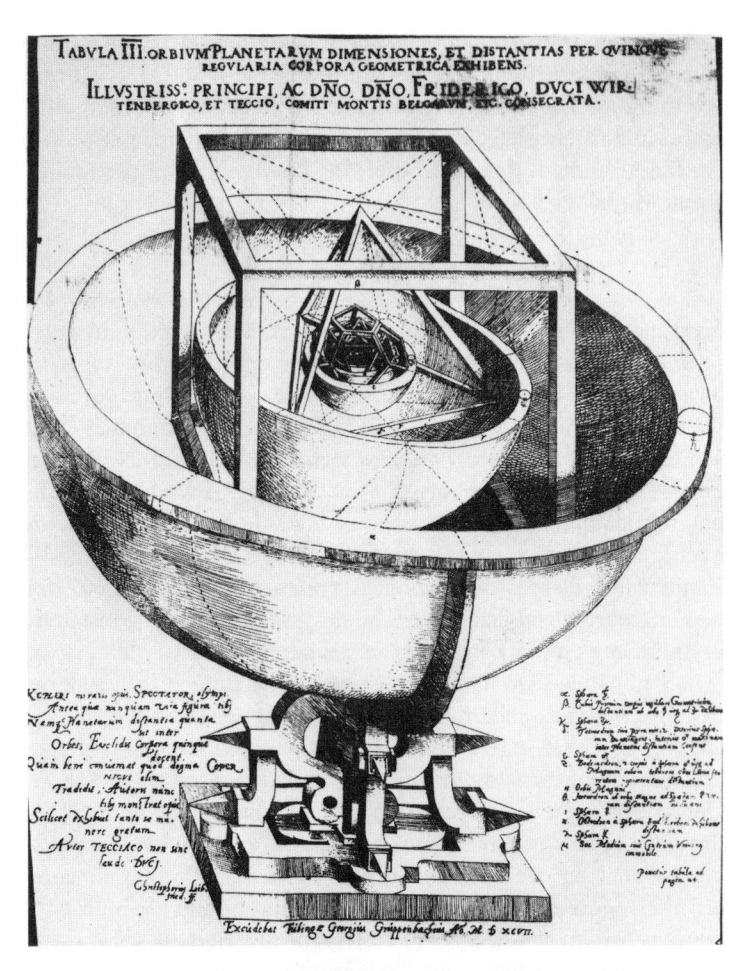

*Keplers Planetenmodell aus ineinandergeschachtelten regulären Körpern. In den Radien der verschiedenen Kugeln spiegeln sich die Abstandsverhältnisse der Planeten.*

Das kopernikanische System kennt nämlich genau sechs Planeten: Merkur, Venus, Erde, Mars, Jupiter und Saturn. Dem entsprechen in Anlehnung an die aristotelische Kosmologie sechs

Kugelschalen um die Sonne. Zwischen diese sechs Sphären könnten die fünf platonischen Körper passen: um die Kugelschale des Jupiter herum zum Beispiel der Würfel, der seinerseits von der Sphäre des Saturn eingehüllt wird. Sollte dies der göttliche Bauplan des Universums sein, würde das die Zahl der Planeten und womöglich auch ihre Abstände voneinander erklären.

In Gedanken und Skizzen baut sich Kepler ein Weltmodell aus den ineinandergeschachtelten Kugeln und platonischen Körpern zusammen. Er prüft, ob dieses System mit den bekannten Beobachtungsdaten irgendwie in Einklang zu bringen ist. Und siehe da: Es klappt! Wenn auch nur halbwegs genau.

In höchster Erregung schickt er einen Abriss seiner Idee und seine in einer Tabelle zusammengefassten Berechnungen an Mästlin. »Ihr seht, wie nahe ich der Wahrheit komme. Und da zweifelt Ihr noch, dass ich, so oft so etwas eintritt, reichlich Tränen vergieße?«

Zugleich bittet er den Experten um Hilfe. »Da und dort werdet Ihr mich in Verlegenheit finden wegen einer mangelhaften Kenntnis der kopernikanischen Astronomie«, räumt er ein. »Ihr dürft feilen, ändern, streichen, kritisieren, mahnen. Wie Ihr mir auch schreiben werdet, jeder Brief wird mir höchst willkommen sein.«

Die Antwort fällt positiv aus. Der Mathematikprofessor, selbst ein Anhänger der kopernikanischen Theorie, findet Keplers Gedanken originell und diskussionswürdig. Er stellt sich hinter seinen ehemaligen Studenten, korrigiert und kritisiert Keplers Arbeit. Ihre Kommunikation wird dadurch erleichtert, dass Kepler Ende Januar 1596 zu einer Reise nach Württemberg aufbricht, weil beide Großväter schwer erkrankt sind. Außerdem denkt er an eine Veröffentlichung seiner Ergebnisse, wofür er das Einverständnis des württembergischen Herzogs braucht.

## *Ohne »Seydenrupff« zur Hochzeit*

Kepler verlässt Graz zu einem ungünstigen Zeitpunkt. Gerade erst hat er den Entschluss gefasst zu heiraten. Zwei seiner Amtskollegen haben in seinem Namen um die Hand von Barbara Müller angehalten. Sie ist mit 23 Jahren schon zweifache Witwe und hat eine Tochter aus erster Ehe mit einem sehr viel älteren Mann, mit dem sie als Sechzehnjährige verheiratet wurde. Ihren zweiten Gatten, der die längste Zeit der kurzen Ehe im Krankenbett verbrachte, hat sie vor nicht einmal drei Monaten verloren. Als älteste Tochter des reichen Mühlenbesitzers Jobst Müller gilt sie dennoch als gute Partie. Doch kann sie hinter Keplers Brautwerbung irgendwelche ernsthaften Absichten erkennen? Seine Abwesenheit zieht sich Monat um Monat in die Länge.

In Württemberg fügt der Bräutigam neue Beobachtungsdaten in sein kosmologisches Modell ein und feilt an den Berechnungen. Der Herzog lässt ihn warten und verlangt ein Gutachten, die Verhandlungen mit dem Drucker sind zäh. Da sich Kepler auch noch das Plazet der Universität Tübingen wünscht, benötigt er ein zweites Gutachten.

Am 17. Mai erhält er einen Brief vom ehemaligen Rektor der Stiftsschule in Graz. Es stünde gut um seine Heiratsangelegenheit. Ein paar Wochen später scheint die Sache aber schon nicht mehr so klar. Man rät ihm, möglichst schnell und nicht ohne Geschenke nach Graz zurückzukehren, »mit gar gutem Seydenrupff, oder auffs wenigst der besten Doppeltaffet, zu einem gantzen kleid für euch vnd euer sponsam«.

Im Juni spricht sich Mästlin auch gegenüber der Universität für eine Veröffentlichung der Kepler'schen Arbeit aus. »Denn wer hätte je daran gedacht, geschweige denn den Versuch gewagt, die Anzahl der Bahnkreise, ihre Reihenfolge, Größe, Bewegung ... a priori darzulegen und zu begründen und solchergestalt gewissermaßen aus den geheimen Rathschlüssen Gottes des Schöpfers hervorzuholen? Dieses Problem aber hat Kepler in Angriff genommen und in glücklicher Weise gelöst.«

Dennoch hat er Einwände: Das Manuskript sei viel zu umständlich geschrieben. Es setze beim Leser zu viel voraus. Er werde Kepler dazu auffordern, seine vortreffliche Entdeckung »populärer darzustellen« – eine Kritik, mit der der Astronom auch in späteren Jahren immer wieder konfrontiert wird.

Erst im Spätsommer kehrt Kepler endlich zurück nach Graz, hat aber weder »Seydenrupff« im Gepäck noch das *Weltgeheimnis* druckreif. Ein halbes Jahr später, im Februar 1597 – er wartet immer noch auf das Erscheinen seines Buchs –, weiht er Mästlin in den Hergang seiner Heiratsaffäre ein:

*Eine um 1597 entstandene Miniatur von Keplers erster Frau Barbara, geborene Müller.*

»Die Komödie verhielt sich so: Ich erwählte im Jahr '96 eine Gattin und habe auch ein volles halbes Jahr nichts anderes gedacht, da mich die Briefe von recht ernsten Männern in meinem Vertrauen bestärkten. Froh kehrte ich nach Steiermark zurück. Als mir nach meiner Ankunft niemand gratulierte, wurde mir insgeheim mitgeteilt, ich hätte meine Braut verloren. Nachdem sich die Hoffnung auf die Ehe in einem halben Jahr tief eingewurzelt hatte, brauchte es ein weiteres halbes Jahr, bis sie wieder herausgerissen war und bis ich mich ganz davon überzeugte, dass es nichts sei.«

Als sich Kepler bereits damit abgefunden hatte, wendete sich das Blatt plötzlich noch einmal. Kepler nämlich unterrichtete die evangelische Kirchenbehörde von seinem Missgeschick, die die Vermittlung zur Braut wieder aufnahm. »Die Autorität der Behörde machte Eindruck auf die Leute, ebenso das Gespött bei ihrem Erscheinen. Daher bearbeiteten alle um die Wette den Sinn der Witwe und ihres Vaters und eroberten ihn und bereiteten mir so eine neue Heirat.«

Im April 1597, wenige Tage nach dem Druck seines Werkes, kommt es also doch noch zur Eheschließung – unter einem Unheil bringenden Himmel, wie der Astrologe zu seinem Bedauern feststellt. Die Sternenkonstellation lasse »eine mehr angenehme als glückliche Ehe« erwarten, eine Einschätzung, die durchaus zu Keplers Schilderungen aus späteren Jahren passt.

*Was Kepler aus den Sternen liest*   **173**

Ein kleines Medaillonbild mit Öl auf Kupfer gemalt, das etwa zu dieser Zeit entstanden ist, zeigt seine Frau Barbara mit selbstbewusstem Blick, streng zurückgekämmtem Haar, das unter einer exklusiven Kopfbedeckung verschwindet, und einer weißen Halskrause, die ihr bis unters Kinn reicht. Ihre elegante Kleidung, die sie mit Würde trägt, entspricht den in Deutschland vorherrschenden sittlichen Vorstellungen der Zeit.

Der Körper der Frau wird durch schwere, meist schwarze Stoffe verhüllt, in ein Korsett gesteckt, der Busen hinter Polsterungen, manchmal sogar hinter Bleiplatten verborgen, das Kleid bis zum Hals geschlossen. In weiten Teilen Italiens lehnt man diese unnatürliche Art, sich zu kleiden, ab. In Venedig etwa verzichten viele Frauen nicht auf ihr Dekolleté und tragen das Haar offen.

*Von der Größe des Scheiterns*

Die Hochzeitsfeierlichkeiten stellen Kepler vor ernsthafte Probleme, da es in Graz Sitte ist, die Hochzeit »aufs Glänzendste auszuführen«. Der Bräutigam aber hat sich schon mit dem Druck des *Weltgeheimnisses* finanziell übernommen. »Der Stand meines Vermögens ist derart, dass, wenn ich innerhalb Jahresfrist sterben würde, kaum jemand schlimmere Verhältnisse nach seinem Tod hinterlassen könnte«, gesteht er Mästlin.

Ohne dessen »Hebammendienst« wäre das Buch wohl nie erschienen. »Ich empfinde jedes Mal einen Stich, so oft ... Ihr anführt, wie viel Zeit Ihr auf den Druck verwendet habt. Ihr überhäuft mich wirklich mit allzu großer Aufmerksamkeit; ich kann das mit der Feder nicht mehr ausgleichen.«

Kepler ist voller Dankbarkeit. Durch das *Weltgeheimnis* haben seine mathematischen Studien einen neuen Sinn bekommen. Er möchte den Bau der Welt auf möglichst einfache geometrische Prinzipien zurückführen und verstehen, wie Gott den Kosmos geschaffen hat.

Viele große Theoretiker nach ihm werden sich von ähnlichen Motiven leiten lassen: Isaac Newton studiert die Natur als ein von Gott geschriebenes Buch, Albert Einstein glaubt an einen Gott, der sich in der »gesetzlichen Harmonie des Seienden« offenbart. Wissenschaft ohne Religion sei lahm, Religion ohne Wissenschaft blind, schreibt er. »Das Wissen um die Existenz des für uns Undurchdringlichen, der Manifestationen tiefster Vernunft und leuchtendster Schönheit, die unserer Vernunft nur in den primitivsten Formen zugänglich sind, dies Wissen und Fühlen macht wahre Religiösität aus.«

In der Mathematik sieht Einstein das »eigentlich schöpferische Prinzip« der Wissenschaft. Er ist sich aber auch der Gefahren bewusst, die damit verbunden sind, sich auf die Abstraktionsebene der Mathematik zu begeben. Denn letztlich bilden die Physik, die sich auf materielle Phänomene bezieht, und die Mathematik, die deren Form beschreibt, in den Naturwissenschaften immer eine Einheit. Wo man nicht von der Erfahrung ausgehe, könnten rein logisch gewonnene Sätze völlig leer sein, warnt Einstein. »Mathematik ist die einzige perfekte Methode, sich selbst an der Nase herumzuführen.«

In eben diese Falle tappt nun Kepler. Sein Modell der platonischen Körper ist eine rein mathematische Konstruktion. Ihm fehlen physikalische Anhaltspunkte dafür, warum sich die Planeten genau in den beobachteten Abständen von der Sonne befinden – eine bis heute offene Frage, die eng mit der komplexen Entstehungsgeschichte unseres Planetensystems verknüpft ist.

Keplers *Weltgeheimnis* enthält allerdings weitere Leitgedanken seiner Forschung. Der überzeugte Kopernikaner möchte wissen, warum sich die weit von der Sonne entfernten Planeten langsam bewegen, die sonnennahen Planeten dagegen schnell. Bereits in seinem Erstlingswerk gibt er eine Antwort darauf, die die gesamte Himmelskunde verändern wird: die Planeten werden von der Sonne auf Kurs gehalten.

»Entweder sind die bewegenden Seelen umso schwächer, je weiter sie von der Sonne entfernt sind, oder es gibt nur eine bewegende Seele im Mittelpunkt aller Sphären, das heißt in der Sonne, die einen Körper umso stärker antreibt, je näher er ihr ist, bei den entfernteren aber wegen des weiten Weges und der damit verbundenen Schwächung der Kraft gewissermaßen ermattet.«

Dass Kepler hier noch von »Seelen« spricht, schmälert die Bedeutung dieser Zeilen nicht. Fünfundzwanzig Jahre später kommentiert er die Ausführungen in seinem *Weltgeheimnis* mit den Worten: »Dereinst war ich nämlich festen Glaubens, dass die die Planeten bewegende Ursache eine Seele sei ... Als ich aber darüber nachdachte, dass diese bewegende Ursache mit der Entfernung nachlässt, genauso wie das Licht der Sonne mit der Entfernung von der Sonne schwächer wird, zog ich den Schluss, diese Kraft sei etwas Körperliches, freilich nicht im eigentlichen Sinn, sondern nur der Bezeichnung nach, wie wir auch sagen, das Licht sei etwas Körperliches, und damit eine von dem Körper ausgehende, jedoch immaterielle Spezies meinen.«

Näher als in diesem Absatz wird Kepler den Begriff der Kraft nicht einkreisen können. Er hat es auch hier mit einem Problem zu tun, für dessen Lösung die Zeit noch lange nicht reif ist. Isaac Newton findet zwar drei Generationen später heraus, wie sich die Schwerkraft mathematisch beschreiben lässt. Die Kraft selbst jedoch, die die Himmelskörper über Millionen Kilometer aneinanderbindet, bleibt mysteriös. Das Gravitationsgesetz, das Albert Einstein im 20. Jahrhundert in seine heute anerkannte Form gebracht hat, ist nach wie vor das geheimnisvollste unter den Naturgesetzen.

Vor diesem Hintergrund kann man Keplers physikalischen Instinkt nur bewundern. Kaum ein Wissenschaftler seiner Zeit wird die Ansichten teilen, die seiner Himmelsphysik zugrunde liegen. Man rät ihm sogar dringend von einer Vermischung von Physik und Astronomie ab.

Der junge Mathematiker lässt sich nicht beirren. Für ihn ist die Mitte des Kosmos kein fiktiver geometrischer Knotenpunkt wie für Kopernikus, sondern der Sitz der Sonne, die die Planeten durch eine mit der Entfernung schwächer werdende Kraft lenkt. In diesem Sinn hat er in seinem ersten Werk vielleicht doch ein *Weltgeheimnis* gelüftet, ohne das er seine Planetengesetze niemals hätte finden können.

Mit seinem Büchlein verschafft sich der frisch verheiratete Mathematiker sofort Zugang zu Fachkreisen. Er schickt es an Tycho Brahe, der ihn zu einem Forschungsaufenthalt nach Prag einlädt, und nach Italien. Zwei Exemplare gelangen nach Padua und fallen in die Hände eines gewissen Galileo Galilei.

# GEFÄHRTEN BEI DER ERFORSCHUNG DER WAHRHEIT
## Galilei, der heimliche Kopernikaner

Was hat er sich nicht alles ausgedacht! Schwimmwesten, Fallschirme, Bagger, Bohr- und Spinnmaschinen. Leonardo da Vinci sprüht vor Ideen. »Ich habe die Mittel, sehr leichte Brücken anzufertigen, die sich sehr bequem transportieren lassen, ... und ebenso weiß ich Mittel, die Brücken des Feindes in Brand zu setzen und zu vernichten«, schreibt er im Alter von dreißig Jahren an den Herzog von Mailand, Lodovico Sforza. »Wenn nötig, mache ich Bombarden, Mörser und anderes Feldgeschütz. Wo Bombarden nicht verwendet werden können, werde ich Steinwurfmaschinen konstruieren, Schleudern, Ballisten und andere Instrumente, wunderbar und ganz außergewöhnlich. Kurz, ich kann zahllose verschiedenartige Maschinen sowohl für den Angriff wie auch die Verteidigung herstellen.«

Nach diesem aussagekräftigen Bewerbungsschreiben stellt ihn der Fürst im Jahr 1482 ein. Siebzehn Jahre lang arbeitet Leonardo am Hof in Mailand, bis das Herzogtum an die Franzosen fällt und er die Fronten wechselt. Im Dienst der Mächtigen zeichnet er Landkarten und studiert die Bauweise von Festungen, entwirft Geschütze, die aus vielen Rohren gleichzeitig feuern, und stromlinienförmige Geschosse mit Steuerflossen, um den Luftwiderstand zu vermindern.

Leonardos furchterregende Kriegsgeräte werden nie gebaut. Die Zeichen der Zeit aber hat er erkannt: Europa rüstet auf. Und ausgerechnet der Herzog von Mailand, der die Franzosen herbeigerufen hat, bekommt die Zerstörungskraft der neuen Waffen als einer der Ersten zu spüren.

Die französischen Söldnerheere ziehen mit beweglichen Kanonen durch Italien.»In Städten wie Rapallo oder in den befestigten Vorposten des Herzogtums Mailand konnte diese Kanonenarmee binnen ein oder zwei Stunden Mauern zerstören, von denen sich die Bewohner Schutz und Zuflucht für Monate versprochen hatten«, so der Soziologe und Historiker Richard Sennett. Hinter den Stadtmauern, die im Mittelalter immer weiter in die Höhe gebaut wurden, ist man plötzlich nicht mehr sicher.

Auch ohne Rückgriff auf Leonardos Technikvisionen wächst die Waffengewalt der Artillerie im Laufe des 16. und 17. Jahrhundert weiter. Die anfänglichen Bronzekanonen werden durch billigere Eisenkanonen ersetzt, und als 1618 der Dreißigjährige Krieg beginnt, sind solche Geschütze schon zu Massenwaffen geworden. Im Jahr 1629 erobern zum Beispiel niederländische Truppen, ausgerüstet mit rund hundertdreißig Kanonen, die Stadt Herzogenbusch, deren Festung ehedem als nahezu uneinnehmbar gegolten hatte.

Gegen die neuen Angriffswaffen wappnen sich viele Städte mit aufwendigen Verteidigungsanlagen. Anstelle von hohen Mauern legen sie sternförmige Wälle in größerem Abstand zu Gebäuden und Plätzen an, Bastionen an ihren Eckpunkten dienen als Geschützstellungen. In Italien entstehen noch in der ersten Hälfte des 16. Jahrhunderts die ersten Festungen dieser Art, zum Beispiel in Padua, wo beim Bau der neuen Befestigungsanlage selbst auf Klöster und Kirchen wenig Rücksicht genommen wird. Auch Städte wie Graz lassen sich von italienischen Baumeistern mit Wällen und Gräben sichern.

Die kostspielige Militärarchitektur folgt streng geometrischen Gesichtspunkten. Unter Berücksichtigung der Reichweite der Kanonen sind die Bastionen so ausgerichtet, dass sie sich gegenseitig sichern können und keine toten Winkel entstehen, die es dem Feind erlauben würden, die Bollwerke unbedrängt zu stürmen. Ohne Kenntnisse der Perspektive und ihrer mathematischen Gesetze ist der neue »Krieg auf Distanz« nicht zu führen.

*Professor mit Nebenverdiensten*

Galilei zeigt ein ausgeprägtes Interesse am Festungsbau, den Schusslinien und Kalibern von Kanonenkugeln. Seit er 1592 in die Republik Venedig übergesiedelt ist, nehmen militärische Fragen einen breiteren Raum in seiner Arbeit ein. Zwar ist er nicht am Hof eines Fürsten angestellt, sondern Professor an der traditionsreichen Universität Padua. Aber etliche der technischen Probleme des beginnenden Artilleriezeitalters, mit denen er sich hier befasst, rücken ihn in eine größere Nähe zu Leonardo als zu Mathematikerkollegen wie Giovanni Antonio Magini von der Nachbaruniversität Bologna.

Gleich zu Beginn seiner Zeit in Padua entstehen zwei Manuskripte über die Kunst des Festungsbaus. Denkanstöße in diese Richtung hat er von seinem wichtigsten Gönner, Guidobaldo del Monte, bekommen, der eigene, für Galilei inspirierende Experimente zur Mechanik macht und ihm nach der Professur in Pisa den viel attraktiveren Posten in der Republik Venedig vermittelt hat.

Auf seiner Burg in der Nähe von Pesaro treffen sich die beiden 1592 sogar zu einem gemeinsamen Experiment: Sie tauchen eine Kugel in Tinte und werfen sie über eine schräge Fläche, sodass sich ihre Spur auf der Unterlage abzeichnet. Ob es sich bei dieser Flugbahn um eine Parabel oder eine ihr nur ähnliche Kurve handelt, können sie anhand dieses einfachen Experiments noch nicht mit der dafür nötigen Genauigkeit bestimmen. Klar ist nur, dass die symmetrische Form der Bahn überhaupt nicht dem entspricht, was in gängigen Publikationen zur Ballistik zu finden ist.

Guidobaldo del Montes Interesse an derartigen Fragen ist verständlich, schließlich beaufsichtigt er die Festungen der Medici in der Toskana – eine typische Aufgabe für einen Gelehrten seines Formats. Als Militäringenieur gehört er zu den Spitzenverdienern der Epoche. Von Francesco di Giorgio über dessen Schüler Leonardo da Vinci bis hin zu Galileis Mathematiklehrer Ostilio Ricci haben viele in dieser Funktion Karriere gemacht. An solchen Vorbildern orientiert sich auch Galilei. Er zieht seinen Privatunterricht in Padua ähnlich auf wie sein ehemaliger Lehrer Ricci.

Padua genießt mit seinen 1000 bis 1500 Studenten einen internationalen Ruf. Als Galilei hier eintrifft, tobt ein erbitterter Streit zwischen der Universität und den Jesuiten, die in Padua eine eigene Hochschule mit komplettem Fächerangebot gründen möchten. Hintergrund des Konflikts ist die päpstliche Bulle von 1564, in der festgelegt wurde, dass die Erlangung akademischer Grade künftig an das Bekenntnis zum katholischen Glauben gebunden sein soll.

Die Rektoren und Studenten der traditionsreichen Universität wehren sich mit allen Mitteln gegen den wachsenden Einfluss der Jesuiten. Eines Tages schleicht sich etwa eine Gruppe von Studenten bei den Jesuiten ein und demonstriert splitternackt in deren Hörsaal. Die eskalierende Auseinandersetzung fordert sogar ein Todesopfer unter den Rektoren.

Die anderswo so erfolgreiche Strategie der Jesuiten geht in Padua nicht auf. Sie werden aus der Republik Venedig ausgewiesen. Bis zum Jahr 1657 bleibt es ihnen verboten, venezianischen Boden zu betreten. Die Universitätsstadt Padua soll weiterhin nicht nur katholischen, sondern auch protestantischen Studenten offenstehen.

In Padua begegnet sich der junge italienische und europäische Adel, die High Society Englands und Schottlands, Fürstensöhne aus Polen und Deutschland. Viele von ihnen werden in ihrer Heimat einmal diplomatische und militärische Aufgaben übernehmen, Männer wie Albrecht von Wallenstein zum Beispiel, der in Padua studiert und im Dreißigjährigen Krieg als Feldherr berühmt wird.

Aus dieser Gesellschaft gewinnt Galilei zahlreiche Schüler, die er im Rahmen seiner privaten Lehrstunden in den Grundlagen der Geometrie, Ballistik und Militärarchitektur unterrichtet. Obschon sich seine Unterrichtsidee bezahlt macht, steckt er ständig in Geldnöten. Sein Vater Vincenzo, der ihn in jungen Jahren in das mathematische Denken und die Kunst des Experimentierens eingeführt hat, ist inzwischen gestorben und hat dem Erstgeborenen eine Reihe finanzieller Verpflichtungen hinterlassen. Unter anderem muss Galilei jetzt allein für die Aussteuer seiner Schwester Virginia und ein paar Jahre später auch für die Mitgift der jüngeren Livia aufkommen.

Um seinen Nebenverdienst weiter zu steigern, quartiert Galilei immer mehr Schüler bei sich ein und vermarktet einen »geometrischen und militärischen Kompass«, den er im Unterricht als Rechenhilfe einsetzt, und mehrere andere, ähnliche Instrumente. Während sich der jüngere Kepler mit Enthusiasmus über tiefgründige astronomische Fragen beugt und mathematische Probleme wälzt, meldet Galilei eine Wasserpumpe zum Patent an, baut ein Thermoskop zur Temperaturmessung und setzt seine Kenntnisse da ein, wo es ihm vielversprechend erscheint. Stets hat er mehrere Eisen im Feuer und sucht nach neuen Freiräumen für seine ingenieurwissenschaftlichen und physikalischen Interessen. Mit einer eigenen Werkstatt im Haus legt er ein wichtiges Fundament für seine Experimente zum freien Fall und den späteren Bau des Fernrohrs.

*Die Verlockungen Venedigs*

Sein Aktionsradius beschränkt sich nicht auf das universitäre Umfeld. Guidobaldo del Monte hat seinen Schützling erfolgreich in Salons und Intellektuellenkreise eingeführt. So auch in den um den einflussreichen Giovanni Vincenzo Pinelli, der die seinerzeit reichste Privatbibliothek Italiens besitzt. In seinem Haus verkehren Politiker, Kardinäle und Dichter wie Torquato Tasso, er unterhält Verbindungen zu Gelehrten aus allen Ländern Europas.

Galilei hat die Ehre gehabt, zu Beginn seiner Zeit in Padua bei Pinelli wohnen zu dürfen. Man schätzt seine Umgangsformen, seine Schlagfertigkeit und seine Kenntnisse in den Künsten und Wissenschaften. Bald ist er in den Gesellschaften der ganzen Republik ein gern gesehener Gast, im elitären Klub Morosini genauso wie im Haus Giovanni Francesco Sagredos, der ihm freundschaftlich verbunden ist und seine Arbeit unterstützt.

Von Padua aus sind es nur wenige Kilometer bis nach Venedig. Galilei macht häufig Abstecher dorthin. Die 140 000 Einwohner zählende Lagunenstadt ist das Tor zu den Märkten des Ostens und immer noch einer der bedeutenden Warenumschlagplätze im Mittelmeerraum. Von ihrer Schönheit ist Galilei vermutlich ähnlich hingerissen wie der im britischen Sommerset geborene Thomas Coryate, der zu den vielen Venedigbesuchern seiner Zeit gehört.

Coryate ist etwa in Galileis Alter, als er die Paläste entlang den Kanälen bewundert, mit denen sich die mächtigsten venezianischen Adelsgeschlechter gegenseitig zu übertreffen versuchen und über die er in seinen Schilderungen schreibt, dass sie »einen herrlichen und wundervollen Anblick bieten«. Vorbei an dem mit weißem, istrischem Stein verkleideten Palazzo dei Camerlenghi, dem staatlichen Finanz- und Handelgericht, spaziert Coryate über die funkelnagelneue Rialto-Brücke, die einzige, die über den Canal Grande führt und auf Tausenden Ulmen- und Lärchenholzpfählen errichtet wurde.

Ständig begegnet er Frauen, die mit gefärbten Haaren, tief ausgeschnittenen Kleidern und auf extrem hohen Schuhen über Venedigs Plätze stolzieren. Die Beschreibung ihrer Mode ist dem Puritaner viele Seiten wert. »Fast alle Frauen, Witwen und Jungfrauen haben, wenn sie ausgehen, die Brust fast völlig entblößt und viele auch den Rücken bis zur Mitte. Einige bedecken sich mit hauchdünnen Linnen.« Die venezianische Mode unterscheidet sich stark von der jenseits der Alpen. Die steife, eintönige spanische Mode mit ihren alles verhüllenden schwarzen Gewändern hat hier nie Fuß fassen können, von dem durch Reformation und Gegenreformation eingeleiteten Sittenwandel ist in der Lagunenstadt wenig zu spüren. Kein Wunder, dass die freizügige Bekleidung der Frauen Coryate unziemlich erscheint. Sie schüre lasterhafte Begierden, schreibt er.

Trotzdem besucht er eine Kurtisane, eine jener »liebestollen Calypsos«, die ihre Geschäfte nicht nur mit Seemännern und Kaufleuten machen. Er tut dies in der ehrlichen Absicht, die venezianischen Umgangsformen zu studieren und die Prostituierte zu bekehren. Umso mehr bedauert er es, dass seine Worte keine Wirkung bei der Frau zeitigen, obwohl sie doch neben ihrer »lieblich duftenden Bettstatt« ein Bild der Muttergottes hinter venezianischem Kristallglas stehen hat.

Den »entzückenden Verlockungen« Venedigs erliegt auch Galilei. Zwar erfährt man kaum etwas über seine Ausflüge und schon gar nicht über seine venezianischen Nächte, aber im Jahr 1600 taucht die Geburtsurkunde seiner ersten Tochter Virginia auf, die »in Unzucht« geboren wurde. Die Mutter ist eine Venezianerin namens Marina Gamba.

Die frühen Biografen Galileis verlieren kein Wort über die wilde Ehe. Selbst Galileis Sohn Vincenzo gibt keinerlei Auskünfte über seine leibliche Mutter. Die Hinweise auf die langjährige Verbindung Galileis mit Marina Gamba erschöpfen sich im Wesentlichen in den drei Geburtsurkunden ihrer gemeinsamen Kinder. Marina Gamba zieht zwar nach der Geburt der ersten Tochter nach Padua um, wohnt aber anscheinend nie in Galileis Haushalt.

Man bekomme die Frauen der adligen Venezianer und Männer von hohem Stand fast nie zu Gesicht, bemerkt Thomas Coryate. »Denn die Herren sperren ihre Frauen stets hinter den Mauern ihrer Häuser ein.« Selbst bei Einkäufen auf dem Markt begegne man nicht den Frauen, sondern den Männern.

*Schiffbruch in der Lagune*

Der Schiffbau ist Venedigs ganzer Stolz. Auch Coryate besucht bei seinen Streifzügen durch die labyrinthische Stadt das Arsenal, die riesige, wie eine Festung ummauerte Schiffswerft. Er bestaunt prachtvolle Galeeren wie den vergoldeten »Bucintoro« und die immense Zahl von zweihundertundfünfzig Handels- und Kriegsschiffen, die im Arsenal gewartet werden. Ständig arbeiten dort etwa eintausendfünfhundert Mann.

Seit Jahrhunderten hält die Republik den Seehandel im Mittelmeer durch technische Verbesserungen ihrer Flotte aufrecht. So überrascht es nicht, dass Galilei als Mathematiker bald nach Antritt seiner Professur mit dem künftigen Vorsteher des Arsenals, Giacomo Contarini, in Kontakt kommt. Contarini behelligt den Akademiker mit einer Frage, die angesichts der immer größer werdenden Galeeren von grundsätzlichem Interesse ist: wie nämlich die langen Ruder an die Größe der Schiffe angepasst und am besten gehandhabt werden können.

Galilei beantwortet Contarinis Anfrage rasch. Dank der Hebelgesetze hat er sofort eine Lösung parat, die allerdings viel zu kurz greift. Die archimedischen Schriften erweisen sich diesmal nämlich als unzureichende Quelle. Aus dem Antwortschreiben Contarinis nur eine Woche später geht hervor, dass Galilei an der Realität vorbeigerechnet hat. Er hat weder das enorme Gewicht der aus dem Schiff herausragenden, bis zu vierzehn Meter langen Ruder bedacht, die leicht brechen können, noch den Raumbedarf auf den Sitzbänken. Oft sitzen drei Männer pro Bank an einem Ruder. Um das historisch bedeutendste Kriegsschiff Venedigs, die schwere Galeasse, in Bewegung zu setzen, braucht man sogar sechs Männer pro Ruder.

Venedigs Seestreitmacht war mit entscheidend für den Sieg der christlichen Mittelmeerallianz gegen die Türken in der Schlacht von Lepanto 1571, bei der auf insgesamt etwa fünfhundert Schiffen sage und schreibe 150 000 Mann aufeinander trafen. In den Jahrzehnten zuvor hatten die Ingenieure im Arsenal ein neues Kampfschiff entworfen: die Galeasse, eine schwimmende Festung, bestückt mit bis zu drei Dutzend Kanonen, von denen die größte eine Reichweite von etwa drei Kilometern hatte. Die an vorderster Front postierten Galeassen trieben gleich zu Beginn der Schlacht einen Keil in die türkische Flotte. Das schwere Kampfschiff war allerdings nur deswegen manövrierfähig, weil es eine große Besatzung aufnehmen konnte: bei 26 bis 30 Rudern pro Seite allein über dreihundert Ruderer, dazu noch einmal ebenso viele Soldaten.

Galilei ist mit den langwierigen Diskussionen über die Ausstattung solcher Schiffe nicht vertraut. Wie auch? Er ist nie zuvor mit dem Schiffbau in Berührung gekommen, genauso wie er wohl kaum je etwas mit dem Bau von Festungen zu tun gehabt hat.

Im Gegensatz zum Schiffbau kann er in der Militärarchitektur jedoch von Anfang an auf das Wissen anderer zurückgreifen. Seine Manuskripte zum Festungsbau sind Kopien aus den Werken erfahrener Militäringenieure. Wie die Architekturhistorikerin Daniela Lamberini herausgefunden hat, gehen sie im Wesentlichen auf den 1575 verstorbenen Florentiner Architekten Bernardo Puccini zurück. An vielen Stellen übernimmt Galilei dessen Darstellungen bis ins kleinste Detail hinein, ergänzt nur um ein paar zeichnerische Finessen. »So kam es, dass Puccinis verkanntes Traktat im Verlauf des gesamten 17. Jahrhunderts unter dem vortrefflichen Namen Galileo Galileis an den Höfen in ganz Europa zirkulierte.«

Für den an technischen, ingenieurwissenschaftlichen Fragen orientierten Galilei liegt ein Rückgriff auf das schon Bekannte und Vertraute in der Natur der Sache. Er erfindet auch den »geometrischen und militärischen Kompass« nicht neu, sondern verbessert den alten von Guidobaldo del Monte. Dass er seine Quellen des Öfteren verschweigt, passt zu den Gepflogenheiten der Zeit und zu seinem Wunsch, sein Wissen möglichst zu privatisieren und zu vermarkten.

Auch er hat immer wieder Ärger mit Leuten, die bei ihm abkupfern. Gegen manche von ihnen geht er scharf vor, im Zusammenhang mit dem für ihn kommerziell wichtigen Kompass etwa gegen Baldassare Capra oder gegen den Mathematiker Eitel Zugmesser, der sich später bei seinem »Todfeind« Galilei dafür rächen und dessen teleskopische Beobachtungen lächerlich machen wird – zwei von vielen hässlichen Auseinandersetzungen mit anderen Gelehrten in Galileis Leben.

## Eine Geheimwissenschaft wird ausgehebelt

Im Schiffbau kann Galilei auf keine vergleichbaren Quellen zugreifen. Es handelt sich um eine Art Geheimwissenschaft. Die verschiedenen Handwerkszünfte, die in Venedigs Werft zusammenarbeiten, behalten ihre Erkenntnisse für sich. Zwar schreiben Ingenieure wie Pre Theodoro de Nicolò im 16. Jahrhundert Handbücher, um große Ruder- und Segelschiffe jederzeit nachbauen und systematisch verbessern zu können, doch solche Aufzeichnungen werden nicht veröffentlicht. Sie liefern lediglich die Schablonen für eine standardisierte vorindustrielle Produktion, die sich auf wenige bewährte Schiffstypen beschränkt. Nur so gelang es den Venezianern, vor der Seeschlacht von Lepanto binnen weniger Monate hundert neue Kriegsgaleeren zu bauen und auszustatten.

Seit diesem Krieg hat die Tätigkeit im Arsenal deutlich nachgelassen. Gründe dafür sind die große Zahl der 1571 erbeuteten türkischen Schiffe, aber auch die schreckliche Pest in den Jahren 1575 bis 1577. Der Epidemie fielen etwa 60 000 der ehemals 200 000 Einwohner Venedigs zum Opfer, unter ihnen der Maler Tizian.

In die venezianische Schiffbauindustrie, die unter der Konkurrenz der Briten und Niederländer leidet, gewinnt Galilei erst nach und nach Einblick. Bei seinen ersten Besuchen im Arsenal steht er genauso staunend wie Coryate vor riesigen Holzgerippen, aus denen einmal bis zu fünfzig Meter lange Schiffe werden sollen. Er besucht die Werft von nun an oft und informiert sich vor Ort, um für künftige Anfragen, die er aufgrund seiner neuen Stelle zweifelsohne zu erwarten hat, besser gerüstet zu sein.

Ausgehend von Contarinis Brief haben die Wissenschaftshistoriker Jürgen Renn und Matteo Valleriani überzeugend dargelegt, wie wichtig Galileis Besuche im Arsenal für sein Studium der Bruchfestigkeit von Körpern und für seine Mechanik sind. In Venedigs Schiffswerft öffnen sich Schleusen, durch die ihm unschätzbares Anschauungsmaterial zufließt: das ganze von Leonardo aufgezeichnete Alphabet der Maschinen aus Hebeln, Wellen, Winden und Pumpen. Hier nimmt Galilei in Angriff, was Leonardo am selben Ort aufgrund seiner fehlenden theoretischen Ausbildung nicht gelingen konnte: Er führt die Wirkungen der Technik auf mathematische Gesetze zurück.

Beispielhaft dafür ist sein Manuskript über die Mechanik. Darin weist Galilei nun seinerseits die Schiffbauingenieure und Handwerker in ihre Schranken. Sie irrten allesamt, wenn sie glaubten, die Natur mit ihren Maschinen überlisten zu können. Die Natur sei nicht zu hintergehen. Der Vorteil, den man durch lange Hebel, durch Kurbeln oder Flaschenzüge gewinne, bestehe lediglich darin, dass man eine Last damit als Ganzes heben könne. Ohne solche Hilfsmittel müsse man das Gewicht zerstückeln. Wer weniger Kraft einsetzen will, muss längere Wege in Kauf nehmen. An diesem »Prinzip der Energieerhaltung«, wie es heute genannt wird, ändert auch eine Maschine nichts.

### Ein Mathematiker namens Kepler

Galilei tut sich auf verschiedenen Schauplätzen als Ingenieur und Dozent um, er streift als Salonlöwe und auf Freiersfüßen durch Venedig, als im Sommer 1597 eine unerwartete Buchsendung bei ihm eintrifft. »Vorbote kosmographischer Abhandlungen enthaltend das Weltgeheimnis« heißt es auf dem Titelblatt.

Autor des Werkes ist ein deutscher Mathematiker: Johannes Kepler. Betrachtet man die bisherige Laufbahn der beiden Mathematiker, begegnen sich ein dreiunddreißigjähriger Professor einer der berühmtesten europäischen Universitäten und ein Gymnasiallehrer aus der Provinz. Auf internationaler Bühne ist Galilei allerdings ein Unbekannter. Er hat noch nichts publiziert, während der acht Jahre jüngere Kepler mit tatkräftiger Unterstützung seines ehemaligen Tübinger Universitätslehrers eine ambitionierte wissenschaftliche Arbeit herausgebracht hat, die Galilei nun in den Händen hält.

Galilei greift die Möglichkeit, mit einem Mathematiker aus dem Ausland Verbindung aufzunehmen, gerne auf. Umgehend schreibt er nach Graz zurück, um sich zu bedanken: »Euer Buch, hochgeehrter Herr, das Ihr mir durch Paulus Amberger übersandt habt, habe ich nicht schon vor einigen Tagen, sondern erst vor wenigen Stunden erhalten. Und da mir ebendieser Paulus seine Rückkehr nach Deutschland ankündigte, würde ich es in der Tat für undankbar halten, wenn ich Euch nicht durch den gegenwärtigen Brief meinen Dank zum Ausdruck bringen würde.«

Bisher, fährt Galilei fort, habe er nur von der Einleitung Kenntnis genommen, daraus aber doch einigermaßen die Absicht des Autors erkannt. Er habe »wirklich ganz besonders Glück, einen solchen Mann als Gefährten bei der Erforschung der Wahrheit und als Freund der Wahrheit zu besitzen. Denn es ist schlimm, dass die so selten sind, die nach der Wahrheit streben und die nicht eine verkehrte Art zu philosophieren verfolgen.«

Galilei verspricht, das Buch in Ruhe zu lesen. »Und dies werde ich umso lieber tun, weil ich schon vor vielen Jahren zu den Anschauungen von Kopernikus gekommen bin und von diesem Standpunkt aus die Ursachen vieler Naturvorgänge entdeckt habe, die aufgrund der gewöhnlichen Annahmen zweifellos nicht zu erklären sind.«

Galilei ein Anhänger des kopernikanischen Weltbilds? Dieses Bekenntnis kommt ziemlich überraschend. Seit Jahren lässt er sich in seinen Vorlesungen an der Universität anhand eines astronomischen Standardwerks über das geozentrische Weltbild aus, nun stellt sich heraus, dass er es im Stillen längst in Zweifel zieht. Auf einmal gibt er sich als Bewunderer des Kopernikus zu erkennen, der ebenfalls in Padua studiert hat, obwohl Galilei dessen Ansichten in seinem Traktat *Über die Sphäre*, das er noch jahrelang an seine Studenten verteilt, nicht behandelt.

Der einzige Vorbote dieses vermeintlichen Sinnenwandels ist ein Brief, den Galilei im selben Jahr an seinen Pisaner Freund Jacopo Mazzoni geschrieben hat. Es ist eine Kritik an Mazzonis neuem Buch. Der hatte versucht, die kopernikanische Weltsicht quasi nebenbei zu widerlegen. Galilei hat dem Philosophen daraufhin eine kleine Lehrstunde in Sachen Geometrie erteilt und ihm bei dieser Gelegenheit in einem Nebensatz seine eigenen Sympathien für Kopernikus eröffnet.

Der Brief an Kepler ist das zweite Zeugnis dieser Art und als solches ein erstaunliches Dokument: Der Deutsche ist dem italienischen Professor völlig unbekannt, als Mathematiker und Gleichgesinnter genießt Kepler jedoch offenbar einen Vertrauensvorschuss.

Mit seinem Brief möchte Galilei außerdem die Gelegenheit nutzen, sich dem Kollegen vorzustellen, und rückt, nachdem er seine Wertschätzung für Keplers Buch zum Ausdruck gebracht hat, sich selbst und seine eigene Arbeit ins rechte Licht. Ihn interessieren im Zusammenhang mit der kopernikanischen Theorie vor allem ihre Konsequenzen für »Naturvorgänge«. »Ich habe darüber vieles an direkten und indirekten Beweisen geschrieben, aber bisher noch nicht zu veröffentlichen gewagt.«

Gleich im ersten Brief an Kepler zeichnen sich damit – neben ihrer gemeinsamen kopernikanischen Grundhaltung – ihre verschiedenen Ausgangspositionen ab. Kepler stellt sich, ermutigt durch seine Diskussionen mit Mästlin, von Beginn an einer öffentlichen Debatte. Er sucht aktiv nach »Gefährten bei der Erforschung der Wahrheit«. Galilei dagegen hält sich zurück, denn in seinem Umfeld gibt es keinen einzigen Mathematiker, der erkennbar auf seiner Seite stünde.

Christopher Clavius aus Rom oder Giovanni Antonio Magini aus Bologna sind zwar voller Anerkennung für Kopernikus, teilweise stützen sie sich sogar auf dessen Daten. Sie schätzen die kopernikanische Theorie als mathematisches Modell, sprechen ihr allerdings jeglichen Anspruch auf eine Abbildung der Wirklichkeit ab. In dieser Hinsicht werde sie von jedermann als »absurd« zurückgewiesen, so Magini.

Angesichts dieser allgemeinen Ablehnung ist Galilei hocherfreut über Keplers Buch. Sein ganzer Brief zeugt von Anerkennung für das aufklärerische Engagement des Deutschen. Doch außer einem Lippenbekenntnis zu Kopernikus erfährt sein Briefpartner nichts Konkretes. Galilei macht in seinem Brief nur vage Andeutungen dazu, dass er die heliozentrische Weltsicht primär aus physikalischen Gründen bevorzugt. Auf welche »Naturvorgänge« er etwa anspielt, bleibt völlig offen.

Immerhin gesteht er ein, warum er sich bislang jeglichen Kommentars zu Kopernikus enthalten hat. Er sei »abgeschreckt durch das Schicksal von Kopernikus selbst, der unser Lehrmeister ist. Er hat sich bei einigen wenigen unsterblichen Ruhm erworben, von unendlich vielen aber (denn so groß ist die Zahl der Toren) wird er verlacht und ausgepfiffen.«

Galilei hat Angst, sich zu blamieren. Er lässt lieber anderen den Vortritt, wie er kleinlaut einräumt. »Ich würde es in der Tat wagen, mit meinen Gedanken an die Öffentlichkeit zu treten, wenn es mehr Leute Eurer Gesinnung gäbe; da dies nicht der Fall ist, werde ich es unterlassen.«

*Vorbehalte gegen das neue Weltbild*

Der Mathematiker aus Padua ist nicht der Einzige, der vorerst schweigt. Michael Mästlin ist ähnlich zurückhaltend. Der Mathematiker und Theologe schickt lieber seinen einstigen Schüler vor. Er weiß, wie stark die Einwände protestantischer Gelehrter gegen das kopernikanische Weltsystem sind, das schon Luther unter Berufung auf die Bibel ablehnte.

Auch Kepler ist mit seinem Manuskript zum »Weltgeheimnis« direkt auf Widerstände vonseiten des Senats der Universität Tübingen gestoßen. In einem langen Vorspann hatte er ausführen wollen, dass die kopernikanische Lehre sehr wohl mit der Heiligen Schrift vereinbar sei, musste den entsprechenden Abschnitt jedoch streichen. Die kopernikanische Lehre als mathematische

Hypothese zu behandeln ist eine Sache, sie auch nur irgendwie als wahr darzustellen, eine andere, die schon zu Kopernikus' Lebzeiten heftigen Widerspruch bei den Lutheranern, aber auch bei den Dominikanern in Florenz ausgelöst hat.

Mästlin fürchtet nicht nur Einwände vonseiten der Kirche, sondern bangt genau wie Galilei um seinen Ruf als Wissenschaftler. Als Akademiker stehen beide unter ständiger Beobachtung der Kollegen. Galilei hütet sich davor, sich mit den angesehenen Philosophen der Universität Padua anzulegen, solange er keine belastbaren Argumente für die Bewegung der Erde vorlegen kann. Lieber hält er den Mund.

Als er seinen Brief an Kepler schreibt, ist er noch kein Vorkämpfer für die kopernikanische Weltsicht. Die stärksten Verfechter der kopernikanischen Hypothese sind zunächst eher außerhalb der Universitäten zu finden. Kepler zählt dazu, der Wandermönch Giordano Bruno oder Christoph Rothmann, Mathematiker des Landgrafen von Hessen.

Rothmann hat die Theorie gegenüber dem großen dänischen Astronomen Tycho Brahe verteidigt. Den Briefwechsel der beiden hat Brahe 1596 veröffentlicht und damit in Fachkreisen für hitzige Diskussionen gesorgt. Möglicherweise ergreift Galilei in diesem Zusammenhang erstmals das Wort für Kopernikus. Das klingt umso wahrscheinlicher, da Brahe mit Kanonendonner in Galileis Forschungsgebiet vorstößt.

Der in ganz Europa berühmte Astronom hat vor allem physikalische Einwände gegen die kopernikanische Theorie. Wie ist es möglich, fragt Brahe, dass eine Bleikugel, von einem sehr hohen Turm in richtiger Weise fallen gelassen, aufs Genaueste den lotrecht darunter liegende Punkt der Erde trifft? Seiner Ansicht nach kann die Kugel nur dann punktgenau am Fuß des Turms landen, wenn die Erde ruht. Eine rotierende Erde würde sich unter der fallenden Kugel wegdrehen, der Bleikörper müsste ins Hintertreffen geraten. Aus demselben Grund könnte man auf einer rotierenden Erde mit einer Kanone nicht genauso weit in Richtung Osten schießen wie nach Westen.

Solche Argumente müssen Galileis Aufmerksamkeit erregen. Sie ähneln den Vorbehalten, die Claudius Ptolemäus schon im zweiten Jahrhundert nach Christus gegen die Erdrotation vorgebracht hat, nur erscheinen sie jetzt in moderner Form. Laut Ptolemäus würde sich auf einer rotierenden Erde »weder eine Wolke oder sonst etwas, was da fliegt oder geworfen wird, in der Richtung nach Osten ziehend bemerkbar machen«. Die sich drehende Erde würde alles überholen, was nicht mit ihr verbunden ist, sodass alle Wolken nach Westen ziehen müssten. Da dem nicht so sei, zeige sich hier »die ganze Lächerlichkeit einer solchen Annahme«.

Ptolemäus und Brahe haben gute Gründe, eine Bewegung der Erde abzustreiten, zumal man dem Globus im heliozentrischen System eine aberwitzige Geschwindigkeit zuschreiben müsste. Nach heutigem Wissensstand bewegt sich ein Punkt am Äquator mit mehr als 1600 Kilometern pro Stunde in Richtung Osten. Noch höher ist die Geschwindigkeit, mit der die Erde auf ihrer Bahn um die Sonne zieht: Mit mehr als 100 000 Kilometern pro Stunde rast sie durchs All. Es widerspricht unserer Vorstellungskraft völlig, dass man von alldem nichts spürt.

Allerdings wird man das Problem nur zum Teil los, wenn man annimmt, dass die Erde ruht. In diesem Fall müssten sich nämlich sämtliche Fixsterne in 24 Stunden einmal um unseren Globus drehen. Angesichts ihrer großen Entfernung wäre ihre Umlaufgeschwindigkeit um ein Vielfaches höher als die der rotierenden Erde. Dennoch ziehen es die meisten Gelehrten an der Schwelle zum 17. Jahrhundert vor, das Geschwindigkeitsproblem auf die Sphären außerhalb des menschlichen Erfahrungshorizonts zu verlagern.

*Eine Nische für Kopernikus*

Auch Galilei fehlt bislang eine in sich schlüssige Bewegungstheorie, aus der hervorgeht, warum man von der zweifachen Rotation der rasenden Erdkugel im Alltag nichts mitbekommt. Sein Labor ist die Nische, in der seine vielfältigen Interessen zusammenlaufen, hier reifen seine mechanischen Experimente und physikalischen Überlegungen zu neuen Konzepten heran, deren Potenzial er erst ausspielt, als er das richtige Umfeld dafür gefunden zu haben glaubt.

Aber auch wenn er erst später mit seinem Bekenntnis herausrückt, lässt sich mit ziemlicher Sicherheit sagen, dass Galilei schon 1597 erkannt hat, dass sich das kopernikanische Weltbild nur dann durchsetzen wird, wenn es gelingt, die physikalischen Einwände gegen eine Rotation der Erde und ihren Lauf um die Sonne zu entkräften. In Tycho Brahe sieht er zeitlebens einen seiner ärgsten Widersacher, während Kepler den Dänen trotz ihrer divergierenden Ansichten als astronomischen Beobachter bewundert.

Ihr Verhältnis zu Brahe, auf dessen Autorität sich im Lauf der kopernikanischen Debatte mehr und mehr Gelehrte berufen, könnte unterschiedlicher kaum sein: Galilei weicht einem direkten Kontakt mit Brahe, den Pinelli anzuregen versucht, aus, Kepler folgt schon bald einer Einladung nach Prag und wird Brahes Assistent.

In Keplers Buch sucht Galilei vergeblich nach den ihn vorrangig interessierenden physikalischen Fragen. Sie werden im *Weltgeheimnis* nicht berührt. Es ist ein astronomisches Werk, zudem theologisch inspiriert und hochgradig spekulativ.

Kepler behauptet nicht weniger, als den göttlichen Schöpfungsplan entziffert zu haben. »Ich habe mir vorgenommen, in diesem Büchlein zu beweisen, dass Gott, der Allgütige und Allmächtige, bei der Erschaffung unserer beweglichen Welt und bei der Anordnung der Himmelssphären jene fünf regulären Körper, die seit Pythagoras und Platon bis auf unsere Tage so hohen Ruhm gefunden haben, zugrunde gelegt ... hat.«

Es ist nicht bekannt, was Galilei von der mystischen Einkleidung des Buches hält, aber zwischen Keplers himmlischen Proportionen und dem von ihm selbst zu einem vielseitigen Rechengerät umgestalteten Proportionalzirkel liegen Welten. Bisher hat sich Galilei in Padua in erster Linie mit klar umrissenen technischen Problemen befasst. Allgemeinen Theorien steht er eher misstrauisch gegenüber. Zwar schätzt er die Klarheit mathematischer Beweise, hat jedoch bereits im Elternhaus gelernt, was passiert, wenn die Abstraktion zu weit getrieben wird.

So beendet er seinen Brief an den deutschen Mathematiker, ohne in irgendeiner Weise auf die spezielle Thematik des Buches und Keplers verwegenen Weltentwurf einzugehen: »Die Kürze der Zeit und der dringende Wunsch, Euer Buch zu lesen, drängen mich zu schließen, indem ich Euch meiner Zuneigung versichere und stets gerne zu Euren Diensten bereit bin. Lebet wohl und säumet nicht, mir weiter erfreuliche Nachricht von Euch zu geben.«

## »SEID GUTEN MUTES, GALILEI, UND TRETET HERVOR!«
Kepler im Haifischbecken der Wissenschaft

Im Herbst 1597 schwelgt Johannes Kepler im ehelichen Wohlbehagen. »Was damit gesagt sein will, wird die Sonne an den Tag bringen, wenn sie in Quadratur zum Anfang gelangt sein wird.« Seinem ehemaligen Professor in Tübingen, Michael Mästlin, fällt es nicht schwer, die astronomisch verklausulierte Botschaft zu entziffern: Barbara Kepler ist schwanger. Vor einem halben Jahr haben die beiden in Graz geheiratet, nun erwarten sie ihr erstes Kind.

Kepler scheint nun endlich in Graz angekommen zu sein. In seinen ersten Jahren als Mathematiklehrer fühlte er sich hier wie im Exil, immer stand er mit einem Bein in seiner württembergischen Heimat. Am liebsten wäre er nach Tübingen zurückgekehrt, um sein Theologiestudium abzuschließen. Inzwischen aber hat er seine Hoffnung, Pfarrer zu werden, aufgegeben und sich durch seine Heirat an den neuen Wohnort gebunden.

Neben der nahenden Vaterschaft beflügelt ihn sein soeben herausgebrachtes *Weltgeheimnis*. Voller Ungeduld wartet er auf ein Echo und wendet sich an Mästlin, um zu erfahren, »welches Glück Gruppenbach mit dem Vertrieb des Buches gehabt hat und ob inzwischen ein Mann von Namen Euch bekannt geworden ist, der seine Stimme für die Wahrheit abgibt«. Dabei denkt er vor allem an den dänischen Astronomen Tycho Brahe. Bisher allerdings hat es kaum Resonanz auf das Buch gegeben. »Es scheint, dass ich mich mit der Freude an meiner Spekulation zufriedengeben muss.«

Als Kepler diese Zeilen zu Papier bringt, hat er schon Post aus Italien erhalten. Zwei Exemplare seien von dem Mathematiker Galilaeus Galilaeus freundlich aufgenommen worden. Der ist zwar zu dieser Zeit noch kein Mann von Namen, aber Professor an einer renommierten Universität. Und sein Interesse an dem Buch geht immerhin so weit, dass er den Boten gebeten hat, ihm zwei weitere Exemplare zu schicken. Kein Wunder also, dass ihm Kepler begeistert antwortet.

Galileis Brief habe ihn gleich doppelt erfreut. »Einmal, weil damit die Freundschaft mit Euch, dem Italiener, geschlossen wurde, sodann wegen der Übereinstimmung in unseren Ansichten betreffs der kopernikanischen Kosmografie.« Er hoffe, dass Galilei das Buch inzwischen gelesen habe. »Das ist nämlich meine Art, alle, denen ich schreibe, zu drängen und sie um ihre unverfälschte Meinung zu bitten. Glaubet mir, die schärfste Kritik eines einzigen verständigen Mannes ist mir viel lieber als der gedankenlose Beifall des großen Haufens.«

Im Stillen mag er sich gedacht haben, dass die Kritik nicht allzu hart ausfallen wird. Er muss Galilei ja nicht erst für die kopernikanische Sichtweise gewinnen. Warum aber hält der Italiener mit seinen Erkenntnissen hinterm Berg, wenn er doch beklagt, dass diejenigen so selten seien, »die nach der Wahrheit streben«? Warum meint ein gestandener Professor, der ihn als »Gefährten der Wahrheit« begrüßt, sich selbst bedeckt halten zu müssen? Diese Frage beschäftigt Kepler, der seine Arbeit voller Enthusiasmus begonnen hat, am meisten.

### Plädoyer für ein kopernikanisches Bündnis

»Ihr gebt in klug verborgener Weise mit dem Beispiel Eurer Person die Mahnung, man solle vor der allgemeinen Unwissenheit weichen und sich nicht leichtfertig den wütenden Angriffen des Gelehrtenhaufens aussetzen oder entgegenstellen ... Allein, nachdem in unserer Zeit zuerst von Kopernikus und weiterhin von vielen sehr gelehrten Mathematikern der Anfang zu dem ungeheuren Werk gemacht worden ist und die Behauptung, dass sich die Erde bewegt, nicht mehr als etwas Neues gelten kann, wäre es doch wohl besser, durch gemeinsames Einstehen hierfür den einmal in Gang gebrachten Wagen ans Ziel zu reißen und den großen Haufen, der ja nicht so sehr die Gründe abwägt, durch gewichtige Stimmen allmählich mehr und mehr niederzudrücken, um ihn so vielleicht mit List zur Erkenntnis der Wahrheit zu bringen.«

Der fünfundzwanzigjährige Mathematiklehrer beginnt seine Sache gut, zeichnet allerdings ein übertrieben positives Bild der Lage. Die »vielen sehr gelehrten Mathematiker«, die bereits Anhänger des Kopernikus seien, lassen sich an den Fingern einer Hand abzählen. Galileis Brief ist die erste und einzige pro-kopernikanische Reaktion auf sein Buch, bis an sein Lebensende wird Kepler einer kleinen Minderheit angehören, die für das neue Weltbild streitet und sich immer wieder derselben Gegenargumente und theologischen Bedenken erwehren muss.

Gerade das macht seinen eindringlichen Appell umso begreiflicher. Kepler bemüht sich nach Kräften, seinen Kollegen umzustimmen, der von sich behauptet, die Ursachen vieler Naturerscheinungen mithilfe der kopernikanischen Theorie erklären zu können. »Mit Euren Gründen«, so Kepler, »würdet Ihr gleichzeitig auch den Genossen, die unter so vielen ungerechten Urteilen leiden, Hilfe bringen.«

Worum es sich bei diesen Naturerscheinungen handelt, hat Galilei offengelassen. Aber wahrscheinlich hat Kepler den richtigen Riecher, wie aus seinem Brief an den Kanzler des bayrischen Herzogs, Herwart von Hohenburg, wenige Monate später hervorgeht: Er vermutet, dass Galilei den Wechsel von Ebbe und Flut auf die Bewegung der Erde zurückführt. Tatsächlich wird Galilei später behaupten, die Gezeiten seien ein Echo des Meeres auf die Drehung des Globus um die Sonne und um seine eigene Achse. Diese Idee überzeugt Kepler nicht, da Ebbe und Flut ganz offensichtlich dem Lauf des Mondes folgen.

Gerne würde er mehr über Galileis wissenschaftliche Arbeiten erfahren, doch der möchte seine Position nicht durch ein voreiliges Plädoyer für die kopernikanische Theorie gefährden. Kepler selbst steht als Lehrer an einer Stiftsschule mit seinen astronomischen Interessen ziemlich allein da. Er sucht Anschluss an die Gelehrtenwelt und prescht mit einer Leidenschaft vor, die Galilei erst recht davor zurückschrecken lässt, hier gemeinsame Sache zu machen.

*Undurchsichtige Gedankenspiele*

Nachdem er in seinem Brief zunächst versucht hat, Galilei Mut zuzureden, kommt ihm beim weiteren Schreiben das Gespür für die Lage seines Gegenübers völlig abhanden. Obschon Galilei ihm seine Befürchtung eingestanden hat, sich mit einem Bekenntnis zu Kopernikus lächerlich zu machen, bedrängt ihn Kepler weiter. Er bringt Galilei damit nicht nur in die peinliche Situation, sich noch einmal für seine Zurückhaltung rechtfertigen zu müssen, sondern verwickelt ihn obendrein in ein undurchsichtiges und listiges Gedankenspiel.

Den stärksten Widerstand gegen Kopernikus sieht Kepler bei den Fachkollegen. »Da es zu ihrem Beruf gehört, geben sie keine Behauptung ohne Beweis zu.« Mit einer List könne man aber auch die Mathematiker umstimmen. Und dabei möchte er sich zunutze machen, dass es an jedem Ort in der Regel nur einen einzigen Mathematiker gebe.

Wer nun selbst als Mathematiker andere von der Richtigkeit der kopernikanischen Theorie überzeugen wolle, der solle von einem Gesinnungsgenossen einen Brief erwirken. »Durch Vorzeigen dieses Briefes (so ist mir auch der Eurige dienlich) kann er unter den Gelehrten die Meinung erwecken, wie wenn überall unter den Professoren der Mathematik Übereinstimmung herrschen würde.«

Dass eine derart konspirative Strategie bei Galilei nicht gut ankommt, könnte sich Kepler eigentlich denken. Der Mathematikprofessor hat ihm einen vertraulichen Brief geschrieben, den ersten überhaupt. Allein die Vorstellung, Kepler könnte nun mit diesem Brief bei anderen für das kopernikanische Weltbild werben, muss Galilei Unbehagen bereiten, zumal ihm schon Keplers Umfeld nicht ganz geheuer sein dürfte.

Galilei ist Katholik, Kepler Lutheraner und ein Schüler Michael Mästlins, der im *Weltgeheimnis* schon in den einleitenden Worten als Kronzeuge auftritt. In Italien ist dieser Mästlin seit der Kalenderreform bestens bekannt: als einer der Wortführer gegen die neue Zeitrechnung. Allen wissenschaftlichen Argumenten zum Trotz schreibt Mästlin gegen die Kalenderreform an und gilt seither bei katholischen Gelehrten als unbelehrbarer Ketzer.

Als Galilei das *Weltgeheimnis* bekommt, stehen Mästlins Werke schon auf dem Index der verbotenen Bücher, wie der Wissenschaftshistoriker Massimo Bucciantini in seiner detaillierten Analyse des Briefwechsels hervorhebt. Mästlins engstirniges Verhalten in der wichtigsten astronomischen Debatte des 16. Jahrhunderts wirft also möglicherweise auch auf seinen Schüler einen dunklen Schatten.

Inwieweit Galilei 1597 bereits in solchen Zusammenhängen denkt, ist ungewiss. Sein universitäres Umfeld in Padua ist tolerant gegenüber Andersgläubigen. Aber Keplers gedankliche Winkelzüge schüren eher die Befürchtung, dass der Umgang mit ihm unangenehme Folgen haben könnte, als sie abzubauen. In welchen Kreisen wird der Deutsche den Brief zur Sprache bringen? Was wird davon nach Italien durchsickern?

*Der übereifrige Mathematiker*

Als sei ihm bewusst geworden, zu weit gegangen zu sein, versucht Kepler das Steuer noch einmal herumzureißen. »Doch wozu bedarf es der List! Seid guten Mutes, Galilei, und tretet hervor! Wenn ich recht vermute, gibt es unter den bedeutenden Mathematikern Europas wenige, die sich von uns scheiden wollen. So groß ist die Macht der Wahrheit. Wenn Italien Euch zur Veröffentlichung weniger geeignet erscheint und wenn Ihr dort Hindernisse zu erwarten habt, so wird uns vielleicht Deutschland diese Freiheit gewähren. Aber genug hiervon. Teilet mir wenigstens privatim mit, wenn Ihr es nicht öffentlich tun wollt, was Ihr zum Vorteil des Kopernikus entdeckt habt.«

Keplers Aussichten, von Galilei »wenigstens privatim« zu erfahren, welche physikalischen Gründe seiner Meinung nach für Kopernikus sprechen, sinken von Absatz zu Absatz. Irrtümlicherweise hält er Galilei auch noch für einen erfahrenen Astronomen, der wie Brahe oder Mästlin regelmäßig eigene Beobachtungen anstellt: »Besitzt Ihr einen Quadranten, an dem Minuten und Viertelsminuten abgelesen werden können? Dann beobachtet um die Zeit des 19. Dezember die größte und kleinste Höhe des mittleren Schwanzsterns des großen Bären in derselben Nacht. Ebenso beobachtet um den 26. Dezember beide Höhen des Polarsterns. Den ersten Stern beobachtet auch um den 19. März 98 in seiner Höhe nachts um 12 Uhr, den zweiten um den 28. September ebenfalls um 12 Uhr.«

Mit dieser Anfrage versucht Kepler, Galilei in die Lösung eines bedeutenden astronomischen Problems einzubeziehen: die Messung der Fixsternparallaxe. Im kopernikanischen System vollführt die Erde im Laufe eines halben Jahres eine halbe Drehung um die Sonne. Man sieht daher einen bestimmten Stern einmal von dem einem Standpunkt aus, einmal aus einer völlig anderen Position. So wie ein ausgestreckter Daumen vor dem Hintergrund hin und her springt, wenn man rechtes und linkes Auge abwechselnd öffnet, sollte sich auch die Stellung des anvisierten Sterns im Jahreslauf um einen kleinen Winkel ändern.

Dem Astronomen Tycho Brahe ist es bis dahin nicht gelungen, eine solche Schwankung zu messen, die eine direkte Bestätigung für die kopernikanische Hypothese wäre. Auch deshalb lehnt er die ganze Theorie ab.

Wegen der unglaublich großen Entfernung der Sterne ist die Winkeldifferenz allerdings so klein, dass dieser Beweis erst dem Astronomen Friedrich Wilhelm Bessel mehr als zweihundert Jahre später glückt. Kepler macht sich wie alle seine Zeitgenossen völlig falsche Vorstellungen von den Ausmaßen des Universums. Zwei Wochen vor seinem Brief an Galilei hat er Mästlin um ähnliche Beobachtungsdaten gebeten. Mit dem Tübinger Professor ist er jedoch seit vielen Jahren befreundet, mit Galilei tritt er erstmals in Kontakt. Trotzdem behelligt er ihn wie selbstverständlich mit seinen Aufträgen.

Ein lockerer Umgangston unter Naturwissenschaftlern ist bis heute nicht unüblich. Kepler jedoch lässt das rechte Gefühl für Nähe und Distanz vermissen. Statt bei der ersten Tuchfühlung über kulturelle Grenzen hinweg behutsam vorzugehen, schreibt er dem stets auf Diskretion bedachten Florentiner in einer für ihn charakteristischen Mischung aus Unbekümmertheit und Ungeduld. Noch der letzte Satz missrät ihm zu einer Forderung: »Lebet wohl und antwortet mir mit einem recht langen Brief.«

Statt eines langen Briefes bekommt er gar keine Antwort mehr. Galilei zieht sich zurück. Was ein Gedankenaustausch zwischen zwei Forschern hätte werden können, die mit unterschiedlichen Argumenten die kopernikanische Idee stützen, endet schon nach einem einzigen Briefwechsel wieder.

Die beiden Mathematiker trennt dabei wohl nicht nur ihre unterschiedliche Arbeitsweise und Denkart, die für Galilei aus Keplers erstem Buch ersichtlich wird. Auch das Gravitationsfeld der Kirche ist kaum stark genug, um die beiden Fachkollegen gleich wieder auseinanderzureißen, nachdem sie gerade ihr gemeinsames Interesse an einem so bedeutenden Forschungsthema entdeckt haben. Es sind vielmehr zutiefst menschliche Beweggründe, Ängste und Leidenschaften, die einer Kooperation oder auch nur einer Annäherung zu diesem Zeitpunkt im Wege stehen.

Ihre missglückte Kommunikation ist geradezu typisch: Anstatt gemeinsam den eigentlichen Widerständen gegen eine reifende Erkenntnis entgegenzutreten, machen sich progressive Denker das Leben oft gegenseitig schwer. Kepler hat im Eifer eine Tür eingerannt, die erst einen Spalt weit offen stand. Vielleicht sitzt bei Galilei schon das Gefühl, sich entblößt zu haben, tief genug, um dem deutschen Forscher fortan aus dem Weg zu gehen. Er wird sich in den nächsten dreizehn Jahren gar nicht mehr zu Kopernikus äußern. Erst seine Entdeckungen mit dem Fernrohr liefern ihm völlig unerwartet ein so umfangreiches und anschauliches Beweismaterial, dass er meint, nun könnte sich niemand mehr der neuen Theorie entgegenstellen.

### Wissenschaft im Haifischbecken

Für Kepler ist Galileis Schweigen irritierend, vielleicht sogar beunruhigend. Aus seiner Korrespondenz der folgenden Jahre geht hervor, wie sehr ihm daran gelegen ist, den abgerissenen Faden wieder aufzunehmen.

Im Sommer 1599 zum Beispiel lässt er Galilei über den Engländer Edmund Bruce grüßen, der zu dieser Zeit in Padova lebt und, wie Galilei, des Öfteren Gast in Pinellis Salon ist. In einem Brief an Bruce drückt Kepler seine Verwunderung darüber aus, keine Antwort mehr von Galilei erhalten zu haben. Diesmal versucht er, Galilei über ein anderes wissenschaftliches Thema zu ködern: die Magnettheorie. Auf eine Rückmeldung wartet er jedoch vergeblich.

Ein paar Jahre später schreibt ihm derselbe Bruce, Galilei habe das *Weltgeheimnis* inzwischen nicht nur gelesen, der Paduaner Professor trage Keplers Entdeckungen seinen Zuhörern sogar als die eigenen vor. Keplers prompte Reaktion auf die Anschuldigungen ist wiederum bezeichnend für ihn: Er halte Galilei mitnichten zurück, seine Arbeit für sich in Anspruch zu nehmen. Erneut lässt er Galilei Grüße ausrichten, im selben Atemzug jedoch auch dem Bologneser Mathematikprofessor Giovanni Antonio Magini, dem Bruce näher steht und der in dieser Angelegenheit möglicherweise seine Finger im Spiel hat.

Ob er den Abbruch des Briefwechsels auch seiner eigenen Unbesonnenheit zuschreibt, ist nicht bekannt. Aber nur wenige Wochen nach dem Brief an Galilei hinterfragt Kepler seine Leidenschaften und reflektiert über sein Ungestüm, das ihn sein ganzes bisheriges Leben begleitet hat. Grund dafür sind die Sterne, genauer: »Merkur im Quadrat zu Mars«. Wegen seiner Jähheit und Begierde falle ihm schneller etwas zu sagen ein, »als er genau überlegen kann, als gut ist«, so Kepler über sich selbst. »Daher redet er andauernd unbedacht, daher schreibt er nicht einmal einen Brief gut aus dem Stegreif.« Nach einer kleinen Korrektur füge sich alles zum Besten, schiebt er mildernd nach.

Von nun an muss sich Kepler häufiger korrigieren. Denn während sein eigenes Wissenschaftsideal der offene und freie Gedankenaustausch ist, hat er es in der Gelehrtenwelt mit vielen eitlen, leicht reizbaren Naturen zu tun, die ihre Deutungshoheit und jeden noch so kleinen Wissensvorsprung wahren möchten.

In was für ein Haifischbecken er geraten ist, stellt er noch im selben Jahr nach einem an sich harmlosen Schreiben an den kaiserlichen Mathematiker Nicolai Reymers Bär, genannt Ursus, fest. Der peinliche Vorfall führt ihm vor Augen, was passieren kann, wenn Briefe zweckentfremdet und mir nichts, dir nichts in einem neuen Zusammenhang veröffentlicht werden.

Kepler hat Ursus in höchsten Tönen gelobt, ohne zu ahnen, dass dieser mit dem berühmten Astronomen Tycho Brahe so verfeindet ist, dass Brahe einen Prozess gegen Ursus anstrebt. Ohne

Keplers Wissen druckt Ursus genau diesen Brief in seinem Buch ab, und Kepler wird nun von Brahe vorgeworfen, Ursus über alle Mathematiker seiner Zeit, und damit auch über ihn selbst, gestellt zu haben. Durch seine unbedachte Äußerung wird Kepler in Prioritätsstreitigkeiten hineingezogen, die ihn eigentlich gar nichts angehen. Da er aber Brahes Mitarbeiter in Prag wird, sieht er sich sogar gezwungen, in dessen Auftrag eine Schrift gegen Ursus zu verfassen.

Brahe ist in Angelegenheiten dieser Art unnachgiebig. Der ehrgeizige, streitlustige Däne, der in einem Duell bereits ein Stück seiner Nase verloren hat und seither eine Goldprothese trägt, nimmt viel zu viele Herausforderungen an. Er verzettelt sich, wie Galilei in seinem letzten Lebensdrittel, auf Nebenschauplätzen, obschon er angesichts seiner Karriere allen Grund dazu hätte, gelassener zu reagieren.

*Der Chefastronom*

Tycho Brahe ist fünfundzwanzig Jahre älter als Kepler. Aus einer angesehenen Adelsfamilie stammend, machte er bereits mit siebzehn astronomische Beobachtungen und legte sich im Laufe des Studiums eine erste Sammlung von Instrumenten zur Himmelsbeobachtung zu. Mit ihnen betrachtete er im Jahr 1572 eine außergewöhnlich helle Lichtquelle am Himmel, die im Laufe weniger Wochen blasser wurde und danach noch etwa anderthalb Jahre lang im Sternbild Kassiopeia zu sehen war. Brahe wies durch präzise Messungen nach, dass es sich bei ihr nicht um eine atmosphärische Leuchterscheinung handelte, sondern um einen neuen Stern, heute würde man sagen: eine Supernova. Der Sternenhimmel konnte also nicht so unveränderlich sein, wie allgemein angenommen.

Fünf Jahre später tauchte ein großer Komet am westlichen Abendhimmel auf, den auch die beiden Jungen Kepler und Galilei sahen. Wieder war Brahe mit Instrumenten zur Stelle. Seinen Messungen zufolge befand sich der Komet viel weiter von der Erde entfernt als der Mond. Kometen waren demnach keine Irrlichter in der Lufthülle der Erde. Aufgrund seines großen Abstands von der Erde hätte der Komet außerdem die Kristallsphäre der Venus durchkreuzen müssen. Brahe folgerte daraus, dass es solche Himmelssphären oder Kugelschalen, an die die Naturphilosophen seit der Antike geglaubt hatten, nicht gibt. Mit wenigen präzisen Messungen zerstörte Brahe das alte Bild vom Kosmos.

Anerkennung hat er sich aber nicht nur durch die Beobachtung außergewöhnlicher Himmelsereignisse erworben. Nachdem er erkannt hatte, wie wichtig exakte Messungen in der Himmelskunde sind, baute er in seiner Heimat eine sagenumwobene Großforschungseinrichtung auf. Der dänische König, der wusste, was er an dem Wissenschaftler hatte, schenkte ihm ein ganzes Reich, die Insel Hven, wo der Astronom ein Observatorium nach seinen Wünschen errichten durfte. So entstand Uraniborg mit seinen Kuppelbauten und riesigen Messapparaturen, unter ihnen etwa ein Quadrant mit einem Radius von zweieinhalb Metern.

»Alles möge schweigen und Tycho anhören ..., der mit seinen Augen mehr sieht als viele andere mit der Schärfe ihres Geistes, von dem ein Instrument nicht durch mein und meiner ganzen Verwandtschaft Vermögen aufgewogen werden kann«, schreibt Kepler über ihn, noch bevor er dem Dänen das erste Mal begegnet ist. Nur vom Hörensagen kennt er die märchenhafte Forschungsanlage, die Armillarsphären, Sextanten und Himmelsgloben, mit deren Anfertigung Brahe Kunsthandwerker beauftragt und die kurzerhand ausgemustert werden, wenn sie den Genauigkeitsansprüchen des Astronomen nicht mehr genügen.

Brahe ist sich wie Galilei der engen Verbindung zwischen Forschung und Technik bewusst, beide arbeiten mit Handwerkern zusammen, um jene Präzisionsinstrumente zu erhalten, die ihren wissenschaftlich-mathematischen Vorgaben am ehesten entsprechen. Galilei widmet sich mit eher bescheidenen Mitteln innovativen Techniken, Brahe dagegen treibt die Messgenauigkeit mit seinen unter unvergleichlichem Aufwand hergestellten Apparaturen auf die Spitze.

Seine astronomische Datensammlung ist einmalig. Zusammen mit zahlreichen wissenschaftlichen Mitarbeitern hat er über zwei Jahrzehnte hinweg Nacht für Nacht die Wanderungen der Planeten verfolgt. Die systematischen Positionsbestimmungen, verbunden mit akribischen Zeitmessungen, sind um ein Vielfaches präziser als die des Kopernikus und all seiner Vorgänger.

Dabei sei die Kontinuität seiner Beobachtungen vielleicht noch bedeutender als die Genauigkeit der Daten, schreibt der Schriftsteller Arthur Koestler. »Man könnte beinahe sagen, Tychos Leistung wirke im Vergleich mit der früherer Astronomen wie ein Film, verglichen mit einer Sammlung von Standfotos.«

Diesen Trumpf spielt Brahe bei jeder Gelegenheit aus. Die Werte, die Kepler in seinem *Weltgeheimnis* benutzt habe, um seine These zu untermauern, seien längst überholt, bemängelt er in seinem ersten Brief an ihn. »Wenn man die wahren Exzentrizitäten bei den einzelnen Planetenbahnen, wie ich sie mir in einer Reihe von Jahren verschafft habe, anwenden würde, ließe sich eine genauere Prüfung ermöglichen.«

Sein Schreiben an Kepler vom 11. April 1598 ist trotz der Kritik voller Anerkennung für dessen Arbeit. Er lobt den Mathematiker für seinen Scharfsinn und ermuntert ihn dazu, auf diesem Weg fortzufahren. »Soweit ich Eure diesbezüglichen schwierigen Untersuchungen unterstützen kann, werdet Ihr mich keineswegs unzugänglich finden, besonders wenn Ihr mich einmal besucht und zu meiner Freude mündlich mit mir eine willkommene Unterhaltung über diese sublimen Dinge führt.«

Das ist mehr, als sich Kepler erhoffen durfte: Der berühmte Astronom lädt den Nachwuchswissenschaftler, der aufgrund seiner Begabung in seinem Forschungsteam vielleicht einmal eine wichtige Rolle spielen könnte, zu sich ein. Kepler müsste dazu nicht einmal nach Dänemark reisen, denn Brahe hat sich mit dem neuen dänischen König Christian IV. überworfen und seine Heimat verlassen. Von Kaiser Rudolf II. umworben, bereitet er sich darauf vor, die Stelle des kaiserlichen Hofmathematikers in Prag anzunehmen. Von dort aus bekräftigt er seine Einladung an Kepler noch einmal.

Auch gegenüber Mästlin erwähnt Tycho die außergewöhnlichen Fähigkeiten Keplers. Dem Professor sagt er jedoch klipp und klar, dass er den Grundgedanken in Keplers *Weltgeheimnis* für verfehlt hält. »Wenn die Verbesserung der Astronomie eher a priori mithilfe der Verhältnisse jener regulären Körper bewerkstelligt werden soll als aufgrund von a posteriori gewonnenen Beobachtungstatsachen, wie Ihr nahelegt, so werden wir schlechterdings allzu lange, wenn nicht ewig umsonst darauf warten, bis jemand dies zu leisten vermag.«

Mit seinen Briefen erreicht Brahe genau das, was er will: Er lenkt Keplers Aufmerksamkeit auf sein eigenes Beobachtungsprogramm. Geschickt ködert er den jungen Mathematiker, der sich am liebsten sofort daran machen würde, sein *Weltgeheimnis* noch einmal zu überprüfen, wenn Brahe ihm die dafür nötigen Messwerte zur Verfügung stellen würde.

Der aber denkt gar nicht daran, seine Beobachtungsdaten leichtfertig herauszurücken. Ehe er sie veröffentlicht, möchte er damit seine eigenen astronomischen Hypothesen prüfen.

Brahe hat ein Weltmodell entworfen, das ein seltsames Zwischending zwischen dem klassischen ptolemäischen und dem von Kepler und Galilei favorisierten kopernikanischen System darstellt. Er vermutet, dass zwar die Planeten Merkur und Venus, Mars, Saturn und Jupiter allesamt um die Sonne kreisen, sich aber gemeinsam mit ihr um die Erde drehen, die im Zentrum des Universums ruht. Damit wahrt Brahe etliche Vorzüge der kopernikanischen Hypothese, kommt aber ohne die schwer begreifliche Bewegung der Erde aus. Seine Theorie wird später von den Jesuiten verbreitet, Kepler und Galilei werden sich noch die Zähne an ihr ausbeißen.

*Vertreibung aus Graz*

Vorerst fehlen Kepler die finanziellen Mittel, um den Astronomen zu besuchen. Als Mathematiklehrer in Graz verdient er weniger als Kammerdiener oder Hofnarren. Doch es kommt noch schlimmer: Ein Jahr nach seiner Hochzeit steht er plötzlich mit völlig leeren Händen da.

In der Steiermark schlägt die Gegenreformation so stark wie in kaum einem anderen Teil des zersplitterten Reiches zu. Der junge Erzherzog Ferdinand ist im Frühling 1598 nach Italien gereist und dort mit dem Papst zusammengetroffen. Es heißt, er habe im Wallfahrtsort Loreto das Gelübde abgelegt, die Steiermark wieder zum rechten Glauben zurückzuführen. Wie ernst ihm damit ist, lässt er die Protestanten nach seiner Rückkehr sofort spüren. Für sie und ihre Glaubensrituale ist in diesem Land von nun an kein Platz mehr.

Die Priester werden des Landes verwiesen, die evangelische Stiftsschule, an der Kepler bislang gelehrt hat, wird geschlossen. Der Mathematiker verliert seine Arbeitsstelle und muss das Land verlassen. Nur wegen seiner guten Beziehungen zu den Jesuiten und einer für ihn erteilten Ausnahmeregelung darf er noch einmal zurückkehren. In der Angst, dass seine Familie auseinandergerissen wird, harrt er noch eine ganze Weile in Graz aus. Ein Wechsel des Wohnorts würde unter anderem den sicheren Verlust sämtlicher Güter seiner Frau mit sich bringen.

Die Lage in Graz aber verschärft sich von Monat zu Monat. Als Kepler sein Töchterchen zu Grabe tragen will, das, wie schon sein erstes Kind, bald nach der Geburt an einer Hirnhautentzündung gestorben ist, wird ihm eine deftige Strafe aufgebrummt. »Wer auf dem Friedhof das Trauergeleite zum Beten auffordert, wer einem Sterbenden Trost bringt, verfehlt sich auf Schwerste und gilt als Unruhestifter«, schreibt Kepler über die Schikanen. »Wer nach dem Geheiß Christi das Abendmahl empfängt, wer evangelische Predigten besucht, hat ein Majestätsverbrechen begangen. Wer Choräle in der Stadt singt, wer die Bibel Luthers liest, verdient aus dem Stadtgebiet verbannt zu werden.«

In seiner Verzweiflung fragt er sich, ob er wirklich auf seine Frau und ihr Vermögen größere Rücksicht nehmen dürfe als darauf, zu erfüllen, wozu ihn Natur und Lebensgang bestimmt hätten? Denn welches Schicksal ihn anderswo auch erwarte, es könne nicht schlimmer sein als das, was ihm in Graz bevorstünde.

»Inzwischen werden Kirchen, die vor wenigen Jahren erbaut wurden, zerstört«, schreibt er Mästlin im Herbst 1599. »Die Bürger in den Städten, die gegen den Befehl des Fürsten Diener der Kirche beherbergen, werden mit Waffengewalt zum Gehorsam gezwungen ... Ich spähe überall nach einer Gelegenheit aus, wie ich ohne Kosten nach Prag zu Tycho gelangen kann, wo ich vielleicht nach einem Besuch bei ihm Gelegenheit finden werde, mich auf die Wahl eines Wohnorts zu besinnen.«

*Die Begegnung mit Tycho Brahe*

Schließlich findet sich eine Möglichkeit. Ein Hofrat Rudolfs II. nimmt Kepler mit nach Prag, wo Brahe ein halbes Jahr zuvor seine Arbeit aufgenommen hat. Der Kaiser hat dem dänischen Mathematiker ein Einkommen von 3000 Gulden zugesagt, mehr als jedem seiner Hofbeamten. Um eine neue Sternwarte zu gründen, hat ihm Rudolf II. sogar drei Schlösser zur Auswahl gestellt – Wissenschaftsförderung vom Feinsten!

Kepler sucht den über fünfzigjährigen Astronomen – einen kräftigen Mann mit gezwirbeltem Schnurrbart – im Januar 1600 in seiner entstehenden Sternwarte auf. Ihre Begegnung wird zu einem der glücklichsten Zusammentreffen in der Geschichte der Astronomie, Kepler selbst spricht von Vorse-hung. Durch »göttliche Fügung« sei es ihm erlaubt worden, Tychos Beobachtungen zu benutzen.

Er erreicht Schloss Benatek zu einem Zeitpunkt, als die Umbauarbeiten in vollem Gange sind. An ein ruhiges Arbeiten ist kaum zu denken, doch Brahe sucht bereits händeringend nach fähigen Assistenten. Seinen langjährigen dänischen Mitarbeiter Christian Sörensen Longberg hat er gewinnen können, aber vom angeheuerten Christoph Rothmann fehlt jede Nachricht. Auf den Brandenburger Johann Müller wartet er noch, ebenso auf David Fabricius aus Ostfriesland – beide werden nur kurz in Prag bleiben.

Wie Kepler rasch bemerkt, fehlt dem Team ein Architekt, der die Beobachtungen und das reiche Material zusammenführt. Dabei denkt er natürlich an sich selbst. Für Brahe ist der Neuankömmling aber erst einmal nur ein Aspirant unter vielen.

Aus Keplers Vorhaben, sein *Weltgeheimnis* anhand der neuesten Messwerte zu bestätigen, wird erst einmal nichts. Nur beim Mittagessen wirft ihm Brahe ab und an ein paar Daten hin, »heute das Apogäum des einen, morgen die Knoten eines anderen Planeten«. Diese Häppchen bringen ihn nicht weiter. Seine Nerven werden womöglich auch durch die bissigen Kommentare von Brahes ständigem Begleiter bis aufs Äußerste gereizt, dem Zwergen Jepp, der beim Essen unter dem Tisch sitzt und unentwegt vor sich hin brabbelt. Brahes Mitarbeiter Longberg zufolge besitzt Jepp hellseherische Fähigkeiten, spielt aber wohl vor allem die Rolle eines Hofnarren.

Kepler empfindet die ganze Geheimhaltung von Daten in der Forschung als unredlich, sie stehe dem Fortschritt im Weg – ein bis heute viel diskutiertes Thema. Als »Übel für unsere Wissenschaft« bezeichnet er Brahes Verhalten in einem Brief an Giovanni Antonio Magini. Der Mathematikprofessor aus Bologna ist mit Brahe befreundet. Kepler, der nicht an sich halten kann, seine Gedanken »den Meistern der Wissenschaft mitzuteilen, damit ich durch ihre Hinweise sogleich in unserer göttlichen Kunst voranschreite«, trifft auch Magini gegenüber nicht den rechten Ton. Mit den Gepflogenheiten in der Gelehrtenwelt ist er immer noch nicht vertraut, seine Lehrjahre sind längst nicht abgeschlossen.

Die kurze Zusammenarbeit mit Tycho Brahe ist in vieler Hinsicht prägend für sein Fortkommen als Wissenschaftler. Brahe macht ihn mit neuen mathematischen Methoden vertraut und überzeugt ihn von der Bedeutung genauer Beobachtungen. Nach einiger Zeit überlässt er ihm schließlich die Positionsdaten eines einzelnen Planeten. Kepler soll sich voll und ganz auf die Bahn des Mars konzentrieren, statt gleich das ganze Weltgebäude auf einmal in Angriff zu nehmen.

Trotz der Übernahme dieser Aufgabe bleibt ihr Verhältnis gespannt. Der misstrauische Däne verpflichtet seine Assistenten schriftlich zur Geheimhaltung der Daten, Kepler seinerseits fällt es schwer, sich unterzuordnen. Angesichts der Notlage in Graz wünscht er sich möglichst rasch Sicherheiten, will sich nicht mit mündlichen Zusicherungen zufriedengeben, setzt einen peinlich genauen Arbeitsvertrag auf und gerät darüber so mit Brahe aneinander, dass er schließlich Hals über Kopf abreist und kurz darauf noch einen gepfefferten Brief nach Benatek schickt.

Schon wenige Tage später bereut er seinen Mangel an Selbstbeherrschung und bittet Brahe um Verzeihung. »Die Pläne, die Ihr gehegt, mich zu fördern, ersehe ich leicht aus dem, was Ihr meinetwegen unternommen habt ... Daher denke ich mit großer Niedergeschlagenheit daran, dass ich trotzdem von Gott und dem Heiligen Geist so sehr meinen Anfällen von Ungestüm und mei-

*Der Astronom Tycho Brahe, der bestbezahlte Wissenschaftler seiner Zeit, wie ihn ein Ölgemälde der dänischen Schule, 16. Jahrhundert, zeigt.*

nem kranken Gemüt überlassen worden bin, dass ich auf so viele und große Wohltaten hin, statt mich zu mäßigen, mit geschlossenen Augen mich drei Wochen lang störrischem Eigensinn gegenüber Eurer ganzen Familie hingab.«

Es gelingt ihm, die Sache wieder einzurenken. Brahe verspricht ihm, sich beim Kaiser für ihn einzusetzen. So reist Kepler in der Hoffnung auf eine baldige Abmachung nach Graz zurück.

Dort überschlagen sich die Ereignisse. Erzherzog Ferdinand ist unnachgiebig und lässt in der Steiermark dieselbe religiöse Strenge walten wie später als Kaiser Ferdinand II. im Dreißigjährigen Krieg. Mit der nächsten Säuberungswelle werden alle Protestanten des Landes verwiesen, die nicht dazu bereit sind, zum katholischen Glauben zu konvertieren. Kepler inklusive.

Er sei Christ, die Augsburger Konfession habe er aus der Belehrung seiner Eltern, in wiederholter Erforschung ihrer Begründung und in täglichen Erprobungen in sich aufgenommen. »An ihr halte ich fest. Heucheln habe ich nicht gelernt. Mit der Religion ist es mir ernst, ich treibe kein Spiel mit ihr.«

Nach sechs Jahren endet seine Zeit in Graz. Aus dem Theologiestudenten ist in dieser Zeit ein leidenschaftlicher Wissenschaftler geworden. Kurz vor der hastigen Abreise nach Prag beobachtet er mit einem selbst gebauten Projektionsapparat noch eine Sonnenfinsternis. In einem Brief, in dem er von seiner Verbannung spricht und davon, dass er den ganzen Hausrat zusammenpacken und sich binnen 45 Tagen außer Landes begeben muss, erzählt er zugleich von dem außergewöhnlichen Himmelsereignis:

»In der Zwischenzeit war ich ganz mit der Berechnung und Beobachtung der Sonnenfinsternis beschäftigt. Während ich auf die Herstellung eines besonderen Instruments und auf die Errichtung eines Gestells unter freiem Himmel bedacht war, hat ein anderer ebenfalls die Gelegenheit wahrgenommen, um eine andere Finsternis zu erforschen: Er hat zwar nicht bei der Sonne, aber in meinem Geldbeutel ein Schwinden verursacht, indem er mir 30 Gulden weggenommen hat. Wahrlich eine teure Finsternis! Aber ich habe aus ihr doch die Ursache ermittelt, warum der Mond bei Neumond in der Ekliptik einen so kleinen Durchmesser aufweist.«

Teil III
ZWISCHEN HIMMEL UND HÖLLE

# KURVEN IM KOPF
## Wie Kepler seine Planetengesetze findet

Auf der griechischen Insel Antikythera wohnen nur ein paar Dutzend Menschen. Sie liegt seit jeher abseits der üblichen Schifffahrtswege. Vor ihrer Küste sank im ersten Jahrhundert vor Christus ein reich beladenes Schiff. Vielleicht hatte der Meltemi oder ein anderer für die Ägäis typischer Sturm den Frachter vom Kurs abgebracht, das Schiff jedenfalls trieb auf die steile Ostküste zu und ging unter.

Zweitausend Jahre später stießen Taucher vor der Insel auf das Schiffswrack. Aus mehr als vierzig Metern Tiefe holten sie den schweren Arm einer Bronzestatue an Land und machten damit überhaupt erst auf das versunkene Schiff aufmerksam. Im Herbst 1900 schickte die griechische Regierung die Kriegsmarine an Ort und Stelle, um seine Fracht zu bergen: angefressene Marmor- und Bronzeskulpturen, Schwerter, Amphoren und Schmuck.

Die Marinetaucher förderten auch eine zerfallene Holzkiste zutage, die einen völlig verkrusteten Bronzeklumpen enthielt. Zusammen mit den anderen Fundstücken wurde die Schatulle zum Nationalmuseum nach Athen gebracht. Dort lag sie lange unbeachtet herum.

Was für einen archäologisch außergewöhnlichen Fund die Taucher geborgen hatten, stellte sich erst im Laufe von Forschungsarbeiten heraus, die sich bis ins Jahr 2008 hinein erstreckten. In dem vollständig korrodierten Bronzeklumpen ließen sich die Überreste von Zahnrädern erkennen. Mitte der 1950er-Jahre untersuchte der Wissenschaftshistoriker Derek de Solla Price von der Universität Yale das antike Fundstück mit modernen Instrumenten. Er machte Röntgenaufnahmen von dem zusammengebackenen Räderwerk und entdeckte bei der Durchleuchtung eine komplexe, in viele Einzelteile zerfallene Apparatur aus mehr als dreißig Zahnrädern unterschiedlicher Größe.

Jüngere Untersuchungen mit einem tonnenschweren Röntgentomografen haben bestätigt, was er vermutete: Es handelte sich um ein Planetarium. Das Zusammenspiel der Zahnräder spiegelte den Lauf der Sonne, des Mondes und der Planeten wider. Die Größe der Zahnräder, die zum Teil mehr als zweihundert winzige, von Hand gefeilte, dreieckige Zähne besaßen, war mit erstaunlicher Präzision auf die Umlaufgeschwindigkeiten von Sonne und Mond abgestimmt. Der Schreibweise der Monatsnamen zufolge stammte die Apparatur aus Korinth oder einer seiner Kolonien, zu denen auch Syrakus zählte. Möglich, dass sie in der mechanischen Tradition des Archimedes entstand.

Das zweitausend Jahre alte Getriebe war offenbar viel benutzt und an einigen Stellen repariert worden. Astronomen hatten damit Sonnen- und Mondfinsternisse im Voraus berechnet. Besonders überrascht zeigten sich die Forscher über die Entdeckung eines Bauteils, von dem man dachte, es sei erst sehr viel später erfunden worden: eines Differentialgetriebes. Schon damals vermittelte also ein solcher Adapter zwischen Zahnrädern mit unterschiedlichen Drehzahlen.

Bis zu dem sensationellen Fund der Himmelsuhr von Antikythera hatte man es kaum für möglich gehalten, dass schon im ersten vorchristlichen Jahrhundert ein solches Glanzstück der Feinmechanik existierte. Zwar hatte Cicero in seinen Schriften die bronzenen Planetarien des Archimedes bewundernd erwähnt, aber von den gepriesenen Künsten der Himmelsmechaniker fehlte jede sichtbare Spur. Das praktische Wissen ging im Lauf der Jahrhunderte verloren, während die Theorie über die Planetenbewegungen in den Schriften weiterlebte.

*Himmelsuhren*

In der Renaissance sind zahnradgetriebene Planetarien wieder en vogue. Als Wunderwerke der Technik werden sie an den Höfen der europäischen Herrscher und in privaten Kunstsammlungen vorgeführt. In Prag zum Beispiel baut der Schweizer Jost Bürgi Himmelsgloben und Planetarien im Auftrag des habsburgischen Kaisers, der einige dieser Schmuckstücke an einflussreiche Persönlichkeiten wie den englischen König Jakob I. verschenkt.

Kepler ist begeistert von Bürgis Arbeiten. Er selbst hat Pläne für eine Himmelsuhr gezeichnet und vor der Veröffentlichung seines *Weltgeheimnisses* ein Planetenmodell in Form eines silbernen Trinkbechers entworfen, das er dem Herzog von Württemberg zu widmen gedenkt. In seinen Briefen vergleicht er Gott mit einem Uhrmacher, der den Fluss der Zeit in ein kosmisches Räderwerk übertragen habe, oder nennt ihn einen Baumeister, der »jegliches so ausgemessen hat, dass man meinen könnte, nicht die Kunst nehme sich die Natur zum Vorbild, sondern Gott selber habe bei der Schöpfung auf die Bauweise des kommenden Menschen geschaut«.

Warum die Himmelsuhr von Antikythera und Bürgis Meisterwerke die Gedanken der Astronomen so gut widerspiegeln, lässt sich an den Bauplänen der Maschinen ablesen. Ihre Konstruktion beruht auf einer eingängigen geometrischen Sprache: Die Bewegungen der Himmelskörper werden auf Zahnräder übertragen und damit auf Kreise zurückgeführt.

Die einfache Mathematik der Kreise hat die Vorstellungswelt der Astronomen über Jahrtausende hinweg beherrscht. Von Platon und Aristoteles bis zu Kopernikus und Brahe kann man sich die Regelmäßigkeit, mit der die Sonne sich am Himmel bewegt und mit der die Sterne Nacht für Nacht wiederkehren, schlicht nicht anders erklären als durch in sich geschlossene Kreise.

Um diese Vorstellung nachzuvollziehen, braucht man sich nur hin und wieder die Sternbilder am Nachthimmel anzuschauen. Sie sehen immer gleich aus. All die Sterne, die mit bloßem Auge zu sehen sind, behalten ihre relativen Positionen zueinander über Jahre und Jahrhunderte bei. Es entsteht der Eindruck, als wären sie alle miteinander an einer sich drehenden Himmelskugel festgeheftet und deshalb an Kreisbahnen gebunden.

In dieser scheinbar unverrückbaren Ordnung tanzen bei genauerem Hinsehen lediglich ein paar Wandelsterne, die Planeten, aus der Reihe. Aber das ändert nichts an dem überwältigenden

Gesamteindruck. Die griechischen Naturphilosophen stellten sich den Kosmos als eine Kugel vor. Den Planeten, dem Mond und der Sonne wiesen sie dagegen jeweils eigene, gleichmäßig rotierende Kristallkugeln zu.

Das Bild der ruhenden Erde und der um sie herum rotierenden Sphären warf viele Fragen für die Physik auf. Welche Wechselwirkung gibt es zwischen den Sphären? Wie treiben sie sich gegenseitig an? Noch größere Herausforderungen aber, die dieses Weltmodell an die Wissenschaft stellte, kamen aus den Bereichen der Astrologie und der Seefahrt. Zur Navigation auf See, für eine präzise Ankündigung von Mondfinsternissen oder anderen Himmelsereignissen taugte das Modell nur bedingt. Man brauchte dafür differenzierte Rechenverfahren.

Apollonius von Perge war einer jener Mathematiker, die der Himmelskunde das dazu nötige Handwerkszeug bereitstellten. Im dritten Jahrhundert vor Christus wies er nach, dass sich jede geschlossene Kurve, und damit jede beliebige Planetenbewegung, mathematisch gesehen auf das Zusammenspiel verschiedener Kreise zurückführen lässt, nämlich auf Trägerkreise und Epizyklen, die ähnlich miteinander verzahnt sind wie die Räder in einem Uhrwerk.

Bis zu Keplers Zeit tauchen derartige Kreismodelle in immer neuen Spielarten auf. Auch Tycho Brahe schwört auf sie und gibt seinem Nachfolger den wohlgemeinten Rat: »Man muss die Umläufe der Gestirne durchaus aus Kreisbewegungen zusammensetzen. Denn sonst könnten sie nicht ewig gleichmäßig und einförmig in sich zurückkehren, und eine ewige Dauer wäre unmöglich, abgesehen davon, dass die Bahnen weniger einfach und unregelmäßiger wären und ungeeignet für eine wissenschaftliche Behandlung.«

Im Nachhinein wirkt Brahes eindringlicher Appell wie eine Vorahnung dessen, wozu sein Assistent einmal fähig sein würde: die Jahrtausende alte mathematische Sprache der Astronomie von Grund auf zu verändern. Das aber ist keineswegs Keplers erklärte Absicht. Er benutzt zunächst dieselben geometrischen Methoden wie seine Vorgänger. Trotzdem sind es ausgerechnet Brahes Daten, die ihn zur Erneuerung der Astronomie führen. Brahe stellt sogar noch die entscheidenden Weichen, indem er seinem übereifrigen Assistenten Zügel anlegt. Statt gleich den ganzen Kosmos in Angriff zu nehmen, solle sich Kepler zunächst ganz auf einen einzigen Planeten konzentrieren: den Mars.

*Erbe verpflichtet*

Im Oktober 1601 stirbt Brahe. Seinem Tod war ein allzu üppiges Gelage beim Grafen von Rosenberg vorausgegangen. Kepler zufolge hat Brahe trotz starken Harndrangs die Tafel nicht verlassen wollen und danach Fieber bekommen. Es heißt, er sei einem Blasenverschluss zum Opfer gefallen. So rückt Kepler im Alter von dreißig Jahren überraschend auf einen der begehrtesten Posten für Mathematiker seiner Zeit auf. Kaiser Rudolf II. überträgt ihm die Sorge für Brahes unvollendete Arbeiten.

So enthusiastisch Kepler sonst ist – diesmal hält sich seine Begeisterung in Grenzen. Er hat erlebt, wie der berühmte Brahe nach großen Versprechungen seitens des Kaisers um sein Gehalt betteln musste. Er selbst verbringt zwei geschlagene Monate mit »Antichambrieren«, ehe er sein erstes Geld als kaiserlicher Mathematiker bekommt.

Außerdem gibt es sofort Streit um Brahes astronomische Jahrbücher und seine Himmelsaufzeichnungen. Vieles darin dufte nach Ambrosia, hält Kepler fest. Dennoch kann er seine Arbeit nicht gleich beginnen. Die Rechte an dem Lebenswerk des akribischen Beobachters liegen nämlich bei Brahes Familie, der der Kaiser den Nachlass abkaufen möchte, ohne das Geld dafür locker zu haben. Die Erben fordern eine astronomische Summe dafür.

Kepler gerät zwischen die Fronten. Seine Hauptaufgabe, die ihm zwischenzeitlich wieder entzogen wird, besteht darin, die *Rudolfinischen Tafeln* herauszugeben, einen von sämtlichen Astronomen sehnlich erwarteten Himmelskatalog, mit dem er sich noch bis 1627 herumquälen wird. Brahes Erben und einige seiner ehemaligen Mitarbeiter wachen peinlich genau darüber, dass der Emporkömmling den Auftrag im Sinne des Meisters erfüllt. Bis an sein Lebensende lastet der gewaltige Nachlass auf seinen Schultern.

Neben dieser Fleißarbeit, die schier endlose Kalkulationen

erfordert, verfolgt er natürlich eigene Ziele. Unmöglich kann er sich ganz in den Dienst seines Vorgängers stellen, dessen wissenschaftliche Überzeugungen er nicht einmal teilt. Kepler hat sich vorgenommen, die Astronomie wieder mit der Physik verbinden.

Dazu ist er gezwungen, Kompromisse einzugehen. Brahes Familie muss er ein Mitspracherecht einräumen, was jegliche Veröffentlichungen der Daten seines Vorgängers betrifft. Keplers Hauptwerk, die *Neue Astronomie*, wird auch deswegen so unübersichtlich. Er behandelt darin nebeneinander das traditionelle geozentrische, das von Kopernikus entwickelte heliozentrische Weltmodell und Brahes gemischte Theorie. Im gesamten ersten Teil seines Buches springt er zwischen den verschiedenen Perspektiven hin und her.

Immer darauf bedacht, Brahe genügend zu würdigen, stellt er alle drei Hypothesen auf den Prüfstand und kommt zu dem Ergebnis, dass sie »in dem, was sie leisten, genau gleichwertig sind und auf eins hinauskommen«. Sie alle taugen gleichermaßen dazu, die Planetenpositionen vorherzusagen. Egal, ob man von der Erde aus rechnet oder von der Sonne, mathematisch ist ein Wechsel des Bezugsystems jederzeit möglich.

Allerdings vereinfacht oder verkompliziert sich die Sache je nach Blickwinkel. Was von der Erde aus gesehen verworren erscheint, fügt sich, wenn man die Sonne zum Mittelpunkt des Planetensystems macht, zu einer einsichtigen Ordnung.

Eine Entscheidung zwischen den Weltmodellen lässt sich letztlich nur mithilfe physikalischer Argumente treffen. Es ist die besondere Rolle der riesigen Sonne, die den Perspektivwechsel rechtfertigt. In Keplers Augen ist die einzig vernünftige Möglichkeit zu erklären, warum die Umlaufgeschwindigkeiten der Planeten umso höher werden, je näher sie der Sonne kommen, dass sie ihren Schwung von ihr erhalten. Die Sonne steht im Zentrum seiner neuen Himmelsphysik. Sie liefert ihm die Gründe, durch die »die kopernikanische Lehre als die wahre, die beiden anderen aber als falsch erwiesen werden«.

Michael Mästlin versucht noch, seinen ehemaligen Schüler von der fixen Idee einer Vermischung von Physik und Astronomie abzubringen. Sie könne zum »Ruin der ganzen Astronomie«

führen. Seit jeher sind physikalische Betrachtungen Sache der Naturphilosophie.

An dieses universitäre Schubladendenken fühlt sich Kepler aber nicht gebunden. Steckt die Himmelskunde nicht gerade deshalb in einer Krise, weil sich Physik und Astronomie über die Jahrhunderte immer weiter auseinanderentwickelt haben?

*Astronomie in der Krise*

Tatsächlich ist die Astronomie zu einer Disziplin für wenige Spezialisten geworden. Die Mathematik der Kreise ist im Lauf der Zeit so komplex geworden, dass sich einige Forscher genötigt sahen, das klassische Repertoire zu verlassen, um die Rechenprozeduren abzukürzen. Geometrische Hilfsmittel wie der von Claudius Ptolemäus eingeführte »Äquant« stören das ästhetische Empfinden vieler Mathematiker.

Nicht zuletzt aus diesem Grund begann Nikolaus Kopernikus drei Generationen vor Kepler mit dem Umbau des ganzen Systems. Auch Kopernikus sah im Kosmos ein perfektes Uhrwerk, in dem kein Rädchen überflüssig war. Daher wollte er die durch den ptolemäischen Äquanten infrage gestellte, aber aus seiner Sicht unverzichtbare Kreissymmetrie aufrechterhalten.

Das gelang ihm durch einen grandiosen Perspektivwechsel. Dem Mathematiker war klar geworden, dass sich die beiden Planeten Merkur und Venus kaum von der Sonne weg bewegen. Sie bleiben immer in deren Nachbarschaft und umkreisen sie. Vermutlich war dies der Ausgangspunkt für sein neues Planetenmodell, das er 1543 in seiner berühmten Schrift *De revolutionibus* vorstellte.

Kopernikus stellte das System vom Kopf auf die Füße. Die Erde sollte nicht mehr Zentrum der Welt sein, sondern bekam eine randständige Bahn zugewiesen. Zusammen mit den anderen Planeten kreiste sie um eine neue, geometrisch bestimmte Weltmitte, die sich in unmittelbarer Nähe der Sonne befand. Auf diese Weise entwirrte sich so manche Schleife im Lauf der Planeten. Kopernikus konnte auf mathematische Finessen wie den ungeliebten »Äquanten« verzichten, der Kosmos ähnelte nun wieder einem Räderwerk.

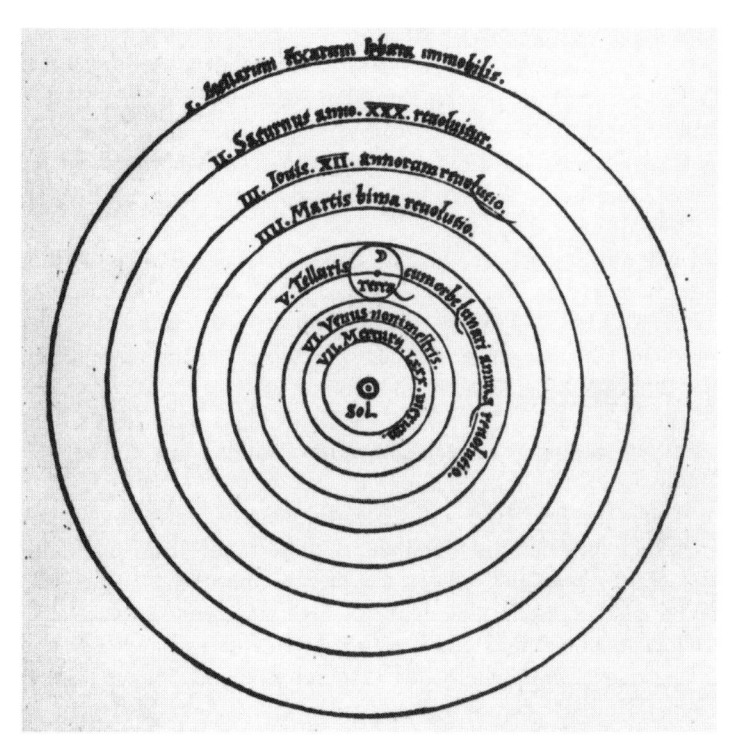

*Eine schematische Darstellung aus Kopernikus' Werk »De revolutionibus« mit der Sonne in der Mitte und den um sie kreisenden Planeten.*

Grundlage der kopernikanischen Himmelsmaschinerie waren allerdings sehr viele ineinandergreifende Rädchen. So großartig der gedankliche Sprung bei Kopernikus war, so traditionell sind seine sonstigen Vorstellungen und Begrifflichkeiten geblieben.

Der gefeierte Urheber des heliozentrischen Weltbilds habe die Mittelstellung der Sonne nicht angestrebt, sondern nur in Kauf genommen, urteilt der Wissenschaftsphilosoph Martin Carrier. »Erst im Rückblick kehren sich die Prioritäten um. Erst später wurde die Zentralstellung der Sonne wesentlich und die Gleichförmigkeit des planetaren Umlaufs belanglos.«

*Das neue Sonnensystem*

Genau dieser Wandel vollzieht sich in Keplers Werk. Er führt den von Kopernikus begonnenen Umbau konsequent fort. Und zwar, indem er zuerst die Rolle der Sonne neu interpretiert und ihr Kräfte zuschreibt, die alle Planeten auf ihren jeweiligen Bahnen halten.

Die Sonne ist Dreh- und Angelpunkt seines Modells, Kepler bezieht sämtliche Rechnungen auf sie. Nachdem er die Abstände zwischen Mars und Sonne neu ermittelt hat, erzielt er sofort wesentliche Verbesserungen. Anders als zuvor gedacht, bewegt sich der Planet nun bei seinen Umläufen immer in ein und derselben Ebene. »Auf diese Weise wird die Theorie des Mars höchst einfach«, so Kepler. Er ist sich sicher, die Planeten nun alle in gleicher Weise behandeln zu können.

Dabei greift er zwar auf das traditionelle Handwerkszeug zurück und versucht, die Marsbahn mithilfe zweier Kreise zu konstruieren. Allerdings füllt er das alte geometrische Modell mit neuen physikalischen Ideen, für die es so nie gedacht war.

Zunächst einmal stellt er sich vor, dass die rotierende Sonne den großen Umschwung der Planeten wie ein Schaufelrad in Gang hält. Die Sonne, so seine Idee, sendet neben dem Licht einen feinen Strom »immaterieller Spezies« aus. Diese versteht er als Träger einer Kraft, die mit der Entfernung abnimmt.

Damit die Planeten von dieser Kraft mitgerissen und im Kreis geführt werden, nimmt Kepler an, dass sich die Sonne um ihre eigene Achse dreht. Die von ihr ausgehende Kraft wird so zu einem Wirbel, dem die Himmelskörper mit einer gewissen Abschwächung folgen, je nach Entfernung unterschiedlich schnell. So meint er, die unterschiedlichen Geschwindigkeiten der Planeten halbwegs erklären zu können.

Die Planetenbahnen sind jedoch keine konzentrischen Kreise um die Sonne. In ihrem Jahreslauf entfernen sich Erde und Mars mal ein bisschen weiter von der Sonne, mal kommen sie ihr näher. Kepler zufolge werden diese Abweichungen von der Kreisbahn auf irgendeine Art und Weise durch die Planeten mit verur-sacht. Über die Natur dieser zweiten Kraft zerbricht er sich im Laufe der Jahre immer wieder aufs Neue den Kopf, ohne am Ende zu einer für ihn wirklich befriedigenden Lösung zu kommen.

Im Rückblick ist das verständlich. Keplers Verquickung von Mathematik und Physik ist glücklich und unglücklich zugleich. Sie ist wegweisend, weil sie die besondere Stellung der Sonne berücksichtigt und weil die Planetenbahn erstmals auf das Zusammenspiel von Kräften zurückgeführt wird. Sie ist irreführend, weil die bestimmenden Kräfte im Sonnensystem gar nicht kreisförmig wirken. Wie Isaac Newton Jahrzehnte später herausfindet, resultieren die Planetenbahnen aus zwei geradlinigen Kraftkomponenten: der Schwerkraft und der Trägheit der Himmelskörper.

Kepler startet also unter nur teilweise richtigen Prämissen. Während er den Mars mit mathematischen Methoden dingfest machen und seinen Lauf zugleich physikalisch interpretieren möchte, steht er selbst noch im Bann jener Kreisvorstellung, die er am Ende durchbricht. Als Mathematiker eröffnet er der Astronomie schließlich völlig neue Dimensionen, als Physiker bleibt er unter anderem deshalb auf halbem Wege zur Theorie Isaac Newtons stecken, weil er die tradierten Denkmuster doch nicht ganz abstreifen kann.

## Schwimmen gegen den Datenstrom

Seine größte Leistung in der Suche nach neuen Gesetzmäßigkeiten ist die Auswertung der Beobachtungsdaten Tychos Brahes. Wie lässt sich die Bahn des Mars aus diesem Wust von Daten herausschälen? Wie kann man, wenn man sich selbst auf der rotierenden Erde befindet, die sich wie auf einem Planetenkarussell um die Sonne dreht, die »wahre« Umlaufbahn eines anderen Planeten ermitteln?

In der Art und Weise, wie Kepler dieses Problem löst, zeigt er sein ganzes mathematisches Können. Erst einmal wählt er dazu viele geeignete Planetenkonstellationen aus. Zum Beispiel macht er sich zunutze, dass der Mars nach genau einem Umlauf um die Sonne wieder am selben Punkt ankommt, während sich die Erde nun woanders befindet. Man sieht den Planeten also nach einer jeden solchen Umlaufperiode aus einem anderen Blickwinkel.

DE MOTIB. STELLÆ MARTIS

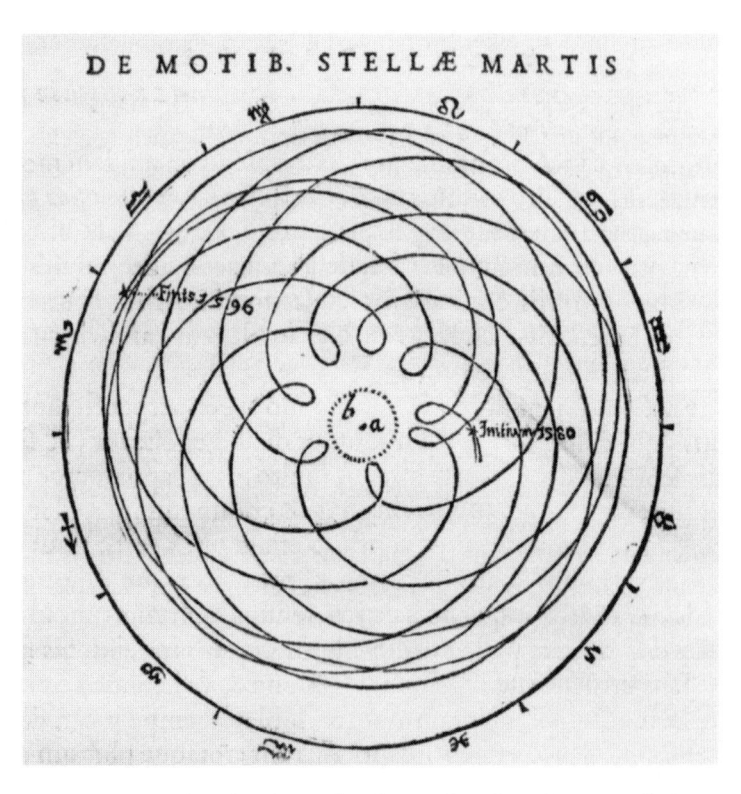

*Nimmt man an, dass die Erde still steht, werden die Bahnen der Planeten schleifenförmig und kompliziert. Die ausgedehnten Windungen des Mars etwa hätten dann die »Gestalt einer Fastenbrezel«, schreibt Kepler in seiner »Neuen Astronomie«.*

Kepler sucht sich entsprechende Daten zusammen, um die Planetenbahn daraus letztlich geometrisch zu ermitteln.

Die Beobachtungsdaten führen ihn zu wechselnden Annahmen über die Marsbahn. Unzählige Male wiederholt er seine Rechenprozeduren mit verschiedenen Datensätzen und kommt im Laufe der Jahre zu immer genaueren Ergebnissen.

Sein Vorgehen beschreibt er seinem in dieser Phase wichtigsten Briefpartner David Fabricius, einem ehemaligen Assistenten Brahes, im Juli 1603 so: »Ihr meint, dass ich mir zuerst irgendeine gefällige Hypothese ausdenke und mir selber bei ihrer Ausschmückung gefalle, sie dann aber erst an den Beobachtungen prüfe. Da täuscht Ihr Euch aber sehr! Wahr ist vielmehr, dass ich, wenn eine Hypothese mithilfe von Beobachtungen aufgebaut und begründet ist, hernach ein wundersames Verlangen verspüre zu untersuchen, ob ich darin nicht irgendeinen natürlichen, wohlgefälligen Zusammenhang entdecken kann.«

Zunächst sieht es so aus, als ergäbe die von ihm geometrisch aus zwei Kreisen zusammengesetzte Marsbahn wiederum einen exakten Kreis. Dieser »exzentrische« Kreis – er wird so genannt, weil die Sonne nun nicht mehr im Mittelpunkt des Kreises steht, sondern abseits davon – versetzt ihn in großes Entzücken. Der Mathematiker bedauert seine weniger erfolgreichen Vordenker: »Wer gibt mir nun eine Tränenquelle, dass ich den kläglichen Fleiß des Philipp Apian beweine.«

Als wäre der »exzentrische« Kreis bereits des Rätsels Lösung! Kepler hat noch lange mit dem Mars zu kämpfen, testet seine Berechnungen mit neuen Daten, verheddert sich, jubelt trotzdem, macht eigene astronomische Beobachtungen – schließlich zerplatzt sein Traum wie eine Seifenblase. Die Marsbahn ist nicht kreisförmig. Eine Differenz von nur acht Bogenminuten macht die wunderbare Symmetrie zunichte.

Acht Bogenminuten: Von der Erde aus gesehen, entspricht dieser Winkel etwa einem Viertel des Vollmonddurchmessers. Jeder andere Forscher hätte eine solche Abweichung wohl einfach als unvermeidlichen Fehler abgetan. Kepler dagegen nimmt die geringfügige Differenz von der Kreisbahn zum Anlass, noch einmal sorgfältig zu überprüfen, wie zuverlässig Tycho Brahes Beobachtungen tatsächlich sind. Sein Empirismus an dieser Stelle ist bewundernswert.

Über ein Jahr lang beschäftigt er sich intensiv mit der Ausbreitung des Lichts und der Funktion des menschlichen Auges, um etwaigen Sinnestäuschungen auf die Spur zu kommen. Er möchte unter anderem herausfinden, in welchem Maß das von den Himmelskörpern ausgehende Licht beim Durchqueren der

Erdatmosphäre vom ursprünglichen Kurs abgelenkt wird. Je tiefer die Gestirne am Horizont stehen, umso länger ist der Weg des Lichts durch die Lufthülle der Erde und umso größer die Ablenkung. Durch diese Lichtbrechung werden alle Gestirne leicht angehoben. So ist zum Beispiel die Sonne, wenn wir sie als Feuerball direkt am Horizont sehen, in Wirklichkeit schon unter der Horizontlinie verschwunden.

Kepler korrigiert alle Messwerte entsprechend und wählt besonders geeignete Datensätze für seine weiteren Berechnungen aus. Als er sich auf diese Weise vergewissert hat, dass die Unsicherheiten in Brahes Beobachtungsdaten nicht größer als etwa eine Bogenminute sind, sieht er sich außerstande, die krumme Marsbahn mit irgendwelchen Messfehlern zu entschuldigen.

Die Planetenbahn ist kein Kreis. Man müsse ihm sonst »nichtswürdige, gröbliche Fälschung« unterschieben. »Ich rede mit Euch, Ihr sachkundigen Astronomen, die Ihr wisst, dass sophistische Ausflüchte, die in anderen Wissenschaften so häufig sind, in der Astronomie niemand offen stehen.«

Ohne dass seine Zuversicht gebrochen wäre, fängt er wieder von vorn an. »Für uns, denen die göttliche Güte in Tycho Brahe einen so sorgsamen Beobachter geschenkt hat, ... geziemt es sich, dass wir dankbaren Sinnes diese Wohltat Gottes anerkennen und ... endlich die wahre Form der Himmelsbewegungen aufspüren.«

*Vom Kreis über das Oval zur Ellipse*

Nach dieser Einsicht kehrt er zu dem ursprünglichen Problem zurück, die exakte Bahn des Mars zu ermitteln, und kommt zunächst darauf, sie sei irgendwie eiförmig oder pausbäckig. Wieder verkalkuliert er sich, verheimlicht seine Irrgänge aber nicht etwa, sondern breitet seine Überlegungen vor seinem Publikum aus und schweigt auch nicht über die glücklichen Zufälle, die ihn schließlich auf den richtigen Weg bringen. Kepler lädt die Leser dazu ein, an seinem Erkenntnisprozess teilzunehmen: »Wenn Christoph Kolumbus, Magellan, die Portugiesen, von denen der erste Amerika, der zweite den Chinesischen Ozean und diese den Weg um Afrika entdeckt haben, von ihren Irrfahrten erzählen, so verzeihen wir ihnen nicht nur, sondern wir möchten ihre

Erzählungen nicht einmal missen, weil uns sonst die ganze große Unterhaltung beim Lesen entginge.«

Trotz solchen Auflockerungen ist seine *Neue Astronomie* ähnlich schwer lesbar wie Kopernikus' Buch *De revolutionibus*. Während Kopernikus jedoch einen glühenden Anhänger hatte, der seine Erkenntnisse bündig zusammenfasste und verbreitete, hat Kepler keinen solchen Schüler. Ständig bittet er seine Leser um Nachsicht wegen der Schwierigkeit des Stoffes. Wenn sie der mühseligen mathematischen Methoden überdrüssig würden, sollten sie Mitleid mit dem Autor empfinden, der sämtliche Rechnungen nicht nur viel öfter habe durchlaufen müssen, sondern auch habe hinnehmen müssen, dass die Ergebnisse oft recht mager ausfielen. Manchmal steht er nach monatelangem Hin und Her fast mit leeren Händen da. »Wie klein ist das Getreidehäufchen, das wir diesmal beim Dreschen bekommen haben!«

Das Werk ist nicht nur verworren, weil er ständig zwischen Mathematik und Physik hin und her springt, es ist auch fehlerhaft. Durch zwei Fehler, die sich wie durch ein Wunder gegenseitig aufheben, gelangt er zu einem Gesetz, das später als sein »zweites Planetengesetz« oder als »Flächensatz« in die Geschichte eingeht: Die Planeten ziehen nicht mit gleichbleibender Geschwindigkeit um die Sonne, sondern so, dass die Verbindungslinie zwischen Sonne und Planet in gleicher Zeit jeweils gleich große Flächen überstreicht.

Unmöglich kann er dieses Gesetz mit den mathematischen Mitteln seiner Zeit – ohne die Instrumente der Differential- und Integralrechnung – beweisen. Er weiß, dass er sich mit seinen gewagten Gedankensprüngen auf unsicherem Terrain bewegt. Doch wieder einmal führt ihn seine Intuition einen entscheidenden Schritt weiter. Als er endlich die richtige Konstruktion für die Umlaufbahn des Mars zu Papier gebracht hat, erkennt er sie allerdings nicht als solche. Noch einmal vergehen Monate, ehe er sich seiner Blindheit bewusst wird. »Oh, ich närrischer Kauz!«

Nach halsbrecherischen Berechnungen, die sich über fünf Jahre hingezogen haben, hat Kepler endlich die richtige Planetenbahn gefunden. Sie ist eine »vollkommene Ellipse«. Seine Hartnäckigkeit in der Beibehaltung der Fragestellung und seine

Kreativität in der Wahl der Herangehensweisen, sein mathematischer und physikalischer Instinkt haben ihn zu der vielleicht bedeutendsten Erkenntnis seiner gesamten Forscherkarriere geführt, einem Grundstein der modernen Astronomie.

Man könne von Kepler wie nur von wenigen großen Naturwissenschaftlern sagen, dass das, was er erreichte, nie erreicht worden wäre, wenn nicht er es getan hätte, so der Wissenschaftshistoriker Bruce Stephenson. Die Entdeckung der Ellipsenbahn sei so außerordentlich unwahrscheinlich gewesen und Keplers Weg zu dem Ergebnis so persönlich, »dass sie außerhalb jeder notwendigen Entwicklung lag«.

*Mathematische Gewissheit und physikalisches Nachspiel*

Kepler hält nun eine nach bestem Wissen geprüfte mathematische Formel in den Händen. In dieser Ellipsenformel hängt der jeweilige Ort des Planeten nur noch von zwei Parametern ab, die beide durch den Standpunkt der Sonne definiert sind. Die Sonne steht, wie er später sagen wird, genau im Brennpunkt der Ellipse. So kommt die Beziehung zwischen ihr und dem Planeten auf eine neue, allerdings für ihn nach wie vor schwer interpretierbare Art und Weise zum Ausdruck.

Es entspricht Keplers Naturell, dass er an dieser Stelle nicht abbricht, sondern weiter nach möglichen physikalischen Erklärungen sucht – und seien sie erst einmal noch so vage. Was hält die Planeten auf einer solchen Bahn?

Der kaiserliche Mathematiker schüttet ein Füllhorn von Ideen aus, beschwört Planetenseelen und Geister, um die Form der Marsbahn zu verstehen. Schließlich meint er, wenn die Planeten eine entsprechend ausgerichtete magnetische Kraft besäßen, dann könnten sie durch eine magnetische Kraftströmung der Sonne auf Kurs gehalten werden – ähnlich wie Boote durch die jeweilige Stellung ihres Ruders.

Während der schon früh begonnenen, etappenweisen Niederschrift der *Neuen Astronomie* hat Kepler die brandneue Theorie des Briten William Gilbert über den Erdmagnetismus kennengelernt. Gilbert war der Nachweis gelungen, dass magnetische Kräfte feste Körper durchdringen und auch durch den leeren

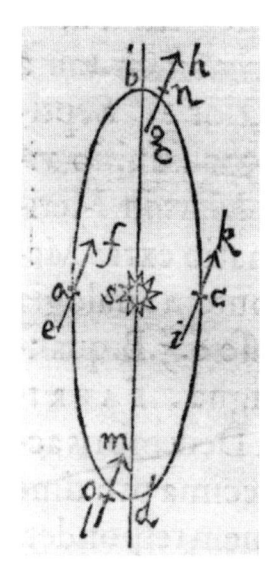

*Dass die Planeten bei ihrem Umlauf der Sonne mal näher kommen und sich dann wieder von ihr entfernen, führt Kepler auf magnetische Kräfte zurück. Die magnetische Achse der Planeten wirke dabei wie eine Art Steuerruder.*

Raum über größere Distanzen hinweg wirken können. Der Brite hatte auch darüber spekuliert, dass zwischen Erde und Mond eine solche Art der gegenseitigen Anziehung besteht.

Kepler greift diese Idee sofort auf. Im Vorwort seiner *Neuen Astronomie* stellt er analog zu Gilberts Fernwirkungskräften seine eigene Theorie der Schwerkraft vor. »Die Schwere besteht in dem gegenseitigen körperlichen Bestreben zwischen verwandten Körpern nach Vereinigung oder Verbindung«, so Kepler. »Wenn man zwei Steine an einen beliebigen Ort der Welt versetzen würde, ... dann würden sich jene Steine ähnlich wie zwei magnetische Körper an einem dazwischen liegenden Ort vereinigen, wobei sich der eine dem anderen um eine Strecke nähert, die der Masse des anderen proportional ist.«

An diese Erkenntnis anknüpfend, erläutert er die Ursache von Ebbe und Flut. Die Gezeiten kämen dadurch zustande, dass die bis zur Erde reichenden Kräfte des Mondes das Wasser anziehen. Seine Erläuterungen zur Schwerkraft und seine Beschreibung des Systems Erde-Mond klingen stellenweise so modern, dass man glauben könnte, er hätte alle Geheimnisse der Gravitation bereits gelüftet.

Aber der Gedanke einer allgemeinen Gravitationstheorie, die das gesamte kosmische System umfassen würde, liegt ihm noch fern. Auch wenn seine physikalischen Argumente in die richtige Richtung gehen, bleibt er in Ansätzen stecken. Erst Isaac Newton erkennt Jahrzehnte später, dass das irdische Zusammenspiel von Schwerkraft und Trägheitskraft auch die Planeten auf ihren elliptischen Bahnen hält.

Kepler fehlt der moderne Begriff der Trägheit, deren Wirkung man zum Beispiel erkennt, wenn ein Hammerwerfer seine Kugel zunächst im Kreis herumwirbelt und sie dann plötzlich loslässt: Die Kugel fliegt geradewegs mit gleichförmiger Geschwindigkeit weiter. Genau dasselbe gilt für die Himmelskörper – doch darauf muss man erst einmal kommen!

Bemerkenswert ist, dass Galilei in den Jahren 1602 bis 1609 mit ganz ähnlichen Problemen konfrontiert ist wie Kepler. Im Zuge seiner Laborexperimente in Padua beschäftigt sich der Mathematikprofessor mit der Bahn einer abgeschossenen Kugel, die Messungen führen ihn auf eine annähernd parabelförmige Bahn. Wie wir heute wissen, geht diese Flugbahn bei großen Distanzen in Keplers Ellipse über.

Galilei spaltet die Flugkurve in zwei Bewegungsanteile auf, wobei er sich im Unterschied zu Kepler nicht über ferne Himmelskörper Gedanken machen muss, sondern auf die Ergebnisse seiner Laborexperimente vor Ort zurückgreifen kann. Jede fliegende Kugel fällt irgendwann wieder zu Boden. Daher ist die eine Bewegungskomponente selbstverständlich nach unten, zur Erde hin gerichtet. Galilei findet bei seinen ausgetüftelten Versuchen heraus, dass es sich hierbei um eine gleichförmig beschleunigte Bewegung handelt.

Mit der zweiten, horizontalen Komponente nähert sich Galilei dem modernen Begriff der Trägheit. Die Kugel folgt während ihres Flugs der Tendenz, sich mit gleich bleibender Geschwindigkeit weiter zu bewegen. Seiner Ansicht nach würde sie, einmal auf ihre Flugbahn gebracht, letztlich immer parallel zum Erdboden weiter fliegen und einer Kreisfigur folgen. Sie würde sich weder dem Mittelpunkt der Erde nähern, noch sich von ihm entfernen.

Dieses »zirkuläre Trägheitsgesetz« ist eine Vorstufe des modernen, geradlinigen Trägheitsgesetzes. Isaac Newton wird Galileis Mechanik etwa achtzig Jahre später ebenso korrigieren wie Keplers Himmelsphysik. Er wird die Arbeiten beider Forscher in einer neuen Theorie zusammenführen und erweitern, weil er ihren inneren Zusammenhang erkennt: Die gekrümmte Parabel- oder Ellipsenbahn kommt durch eine Beschleunigung zustande, also durch eine Kraft, die den fliegenden Körper fortwährend von der ansonsten geradlinigen Bewegung ablenkt, ob diese Kraft nun von der Erde oder von der Sonne herrührt. Wie Newton selbst sagt, steht er mit dieser Einsicht auf den Schultern von Riesen.

## Die keplersche Wende

Die beiden einäugigen Riesen füllen ihre jeweiligen Lücken mit Spekulationen. Kepler etwa ist von den von ihm eingeführten Kräften selbst nicht bis ins Letzte überzeugt. Wo seine Erklärungen ins Stocken geraten, sieht er die künftigen Herausforderungen an die Wissenschaft. Sein größtes Verdienst ist, dass er den Planeten in seiner *Neuen Astronomie* als erster Forscher keine Kreise oder Kugelschalen mehr zuweist, sondern freie Bahnen: die keplerschen Ellipsen.

Der Mathematiker David Fabricius drängt ihn zwar dazu, die Ellipsen wieder fallen zu lassen. Fabricius möchte die Marsbahn weiterhin nach herkömmlicher Art durch eine Kombination von Trägerkreisen und Epizyklen darstellen, wie Kepler dies über lange Zeit hinweg selbst getan hat. Doch jetzt, nachdem er das ganze Drama tausendfach durchgespielt hat, kommt Kepler diese Argumentation als schiere Dogmatik vor: »Wenn Ihr aber von den Komponenten der Bewegung redet, so redet Ihr von etwas Gedachtem, das heißt, von etwas, was in Wirklichkeit nicht da ist. Denn nichts läuft am Himmel um, außer dem Planetenkörper selber, keine Bahn, kein Epizykel; das müsst Ihr ja wissen, der Ihr in die Astronomie Tychos eingeweiht seid«, schreibt er Fabricius im August 1607. »Hält man nun also an der Grundannahme fest, dass sich nichts bewegt außer den Planetenkörpern, so fragt es sich, was für eine Linie beim Umlaufen des Körpers entsteht. Darauf antworte ich nicht in hypothetischer Form, sondern aufgrund eines von geometrischen Beweisen gestützten Wissens.«

Die Ellipse als solche ist nicht mehr aus der Welt zu schaffen. Kepler hat die Schwelle zu einer neuen mathematischen Sprache überschritten. Regierten bis dahin einzig und allein Kreise am Himmel, sollen künftig auch weniger vollkommene, den Beobachtungen aber adäquate geometrische Formen und Gleichungen erlaubt sein.

Mit dieser epochalen Erkenntnis eröffnet Kepler der astronomischen Wissenschaft völlig neue Dimensionen. Das Kreismodell war bis zuletzt an mechanische Vorstellungen gekoppelt, an den Kosmos als Uhrwerk zum Beispiel oder an die Hypothese, dass miteinander verbundene, kristallene Kugelschalen die Planeten tragen. Eine Bewegung der Planeten auf Ellipsenbahnen fordert ein Umdenken in der Physik geradezu heraus. Genau wie die Wurfparabel kann auch die Ellipse in neuer Weise als zusammengesetzte Bewegung verstanden werden.

Die weitere Entwicklung der Astronomie hätte sich ohne Keplers Entdeckung womöglich um ein ganzes Jahrhundert verzögert. »Tatsächlich sind die Ellipsen Keplers viel revolutionärer für die Geschichte der Astronomie gewesen als die Heliozentrik des Kopernikus«, schreibt der Philosoph Jürgen Mittelstraß. Er spricht daher von einer »keplerschen Wende« statt von einer »kopernikanischen«.

Zumindest einige Zeitgenossen erkennen das innovative Potenzial der keplerschen Astronomie ziemlich schnell. Am 6. Februar 1610 schreibt der Brite William Lower an seinen Freund Thomas Harriot, er lese Keplers Buch mit großem Vergnügen, auch wenn dieser ihn mit seinen Äquanten und Epizyklen zur Verzweiflung bringe. Er träume manchmal sogar schon davon. Zwei Mal habe er das Buch bereits überflogen, nun sei er dabei, die Rechnungen im Einzelnen nachzuvollziehen.

Lower stößt sich an manchem Rechenfehler, ansonsten ist er voll des Lobes. Ihm gefällt, dass Kepler alle Bewegungen auf die Sonne bezieht und nicht wie Kopernikus auf den gedachten Mittelpunkt der Erdumlaufbahn, besonders aber, dass er die Astronomie der Kreise überwindet.

Der Brite hat eine ausgezeichnete Idee, in welche Richtung sich Keplers Theorie weiterentwickeln könnte: »Seine elliptische Planetenbahn scheint mir einen Weg aufzuzeigen, die unbekannten Wanderbewegungen der Kometen aufzuklären.« Denn während Keplers Ellipse im Fall der Erde fast kreisrund sei, beim Mars schon etwas gestreckter und länger, könnte sie für einige Kometen eine über weite Spannen nahezu geradlinige Bahn ergeben.

Mit dieser Vermutung liegt Lower genau richtig. Im Unterschied zu den Planeten sind Kometen nämlich ziemlich kleine Himmelskörper, die auf extrem lang gezogenen Ellipsenbahnen um die Sonne ziehen. Haben sie sich einmal von der Sonne entfernt, in deren Nähe sie leuchten, kehren sie erst nach Jahrzehnten wieder zurück. Ein Landsmann Lowers wird das Comeback eines solchen Kometen, des berühmten »Halleyschen Kometen«, vorhersagen. Sechsundsiebzig Jahre benötigt dieser Komet für einen Umlauf um die Sonne, Kepler, Lower und Harriot haben ihn im Jahr 1607 beobachtet und einen Ausschnitt seiner Bahn über einige Wochen hinweg vermessen.

»Achte vor allem auf Deine Gesundheit und halte die Korrespondenz mit Kepler aufrecht«, beendet Lower seinen Brief an Harriot. Der aber befolgt den Rat des Freundes nicht. Harriot, der wie kaum ein Zweiter dazu imstande gewesen wäre, Keplers Arbeit zu beurteilen, hat zu dieser Zeit anderes im Sinn. Er besitzt bereits ein eigenes Fernrohr und beobachtet damit den Mond, später die Satelliten des Planeten Jupiter und die Sonnenflecken.

Damit ist er nicht der Einzige. Kaum haben Lower oder Giovanni Antonio Magini in Bologna mit der schwierigen Lektüre der *Neuen Astronomie* begonnen, wird die gesamte astronomische Gemeinschaft von einem Goldrausch erfasst. Kepler inklusive.

# DER UNAUFHALTSAME AUFSTIEG
## Galilei im Zentrum der Macht

Ein Rohr und zwei Linsen. Ist Wissenschaft wirklich so einfach? Kaum hat Galilei seine sensationellen Entdeckungen veröffentlicht, herrscht Eventstimmung in der bis dahin als dröge geltenden Himmelskunde. Mathematiker und Philosophen, Fürsten und Kardinäle sind verrückt nach dem Vergrößerungsinstrument, mit dem das Auge riesige Distanzen scheinbar mühelos überwindet und das den Blick auf einen nie zuvor gesehenen Sternenhimmel eröffnet.

Der Entdecker braucht sich gar nicht darum zu bemühen, andere Forscher mitzuziehen. Selbst Galileis schärfste Widersacher, die die Existenz der Mondgebirge und der Jupitermonde zunächst abstreiten, haben nichts Eiligeres zu tun, als sich Linsen für ein Fernrohr zu beschaffen. Binnen weniger Monate machen Wissenschaftler überall in Europa eigene Himmelsbeobachtungen mit dem Teleskop, Christopher Clavius am Jesuitenkolleg in Rom sogar mit einem ganzen Forscherteam.

Einer seiner Mitarbeiter, Giovanni Paolo Lembo, engagiert sich besonders für die rasche Verbreitung des Instruments und der Entdeckungen. Nachdem er in Rom mehrere Fernrohre gebaut hat, schickt man den Jesuitenmathematiker nach Lissabon, wo diejenigen ausgebildet werden, die eine Missionsreise nach Übersee antreten, nach Südamerika, China oder Indien. »Es ist bemerkenswert, dass Lembo in einem Klassenraum unterrichtet hat, wie Fernrohre hergestellt werden«, sagt der Wissenschaftshistoriker Henrique Leitão. Mit den Missionaren gehen die neuen Kenntnisse in die ganze Welt.

Zunächst dauert es jedoch einige Monate, ehe Galileis Beobachtungen eine nach der anderen bestätigt werden – zu lange für den ehrgeizigen Professor, der den Erfolg so rasch wie möglich in klingende Münze umsetzen und für seinen nächsten Karrieresprung nutzen will. Wohl wissend, dass er seinen technischen Vorsprung auf Dauer nicht wird halten können. Dazu ist das Fernrohr ein zu simples und zu einfach nachzubauendes Gerät.

Beinahe sämtliche erhalten gebliebenen Briefe, die Galilei im Frühjahr 1610 schreibt, gehen an den toskanischen Staatssekretär. Nachdrücklich bewirbt er sich um eine Stelle als Hofphilosoph der Medici. Galilei will in seine Heimatstadt Florenz zurückkehren, in jene illustre Gesellschaft, in die ihn einst sein Vater eingeführt hat.

Der toskanische Großherzog, dem Galilei seine Entdeckungen und sein Forschungsinstrument gewidmet hat, zögert. Cosimo möchte erst einmal die Reaktionen aus dem In- und Ausland abwarten, um den Wert der Neuigkeiten zu prüfen. Werden sie zum Gesprächsstoff an den europäischen Höfen? Wie viel Unterhaltungswert und welchen Nutzen verspricht das Instrument? Wie viel Glanz kann dabei auf ihn selbst fallen?

Ob der Fürst selbst eine entsprechende Anfrage an den kaiserlichen Hof in Prag in die Wege leitet oder ob der Impuls dazu von Galilei kommt, ist nicht klar. Jedenfalls wird der toskanische Botschafter in Prag, Giuliano de' Medici, keine drei Wochen nach der Veröffentlichung des *Sternenboten* in die Angelegenheit eingeschaltet. Er soll den Mathematiker des Kaisers in Galileis Namen um ein fachmännisches Urteil bitten.

*Sein bester Helfer*

Es ist nach fast dreizehn Jahren die erste Nachricht, die Kepler von Galilei bekommt. Der Italiener hat ihm damals einen vielversprechenden Brief geschrieben und sich zum kopernikanischen Weltbild bekannt, hat weitere Exemplare seines *Weltgeheimnisses* angefordert, ihm aber anschließend den Rücken gekehrt. Galilei ist auch auf keines seiner späteren Gesprächsangebote mehr eingegangen, hat auf keines seiner inzwischen zahlreichen Bücher reagiert.

Nun sind ihre Rollen vertauscht. 1597 war Kepler der Debütant, Galilei dagegen schon seit einigen Jahren Professor an einer berühmten Universität. Damals hatte Kepler gerade seine allererste wissenschaftliche Veröffentlichung geschrieben und wollte Galileis Meinung dazu hören. Jetzt bestellt der toskanische Gesandte Kepler zu sich, liest ihm eine persönliche Note Galileis vor, überreicht ihm dessen erste wissenschaftliche Publikation, den *Sternenboten*, und lädt ihn nur wenige Tage darauf noch einmal zu sich ein, um zu erfahren, was er davon hält.

Johannes Kepler reagiert ausgesprochen großzügig. Als kaiserlicher Mathematiker steht er immer noch zu dem, was er 1597 in jenem Brief formuliert hat, der von Galileis Seite aus unbeantwortet geblieben ist: dass es nämlich besser wäre, durch gemeinsames Einstehen für die kopernikanische Idee »den einmal in Gang gebrachten Wagen ans Ziel zu reißen«.

In einem offenen Brief greift er Galilei jetzt mit Argumenten unter die Arme. Er habe die bescheidene Hoffnung, so Kepler, ihm auf diese Weise zu helfen, wie durch einen Schutzschild besser gewappnet zu sein »gegen die griesgrämiger Kritiker alles Neuen, denen das Unbekannte unglaubhaft, und alles, was jenseits der gewohnten Grenzpfähle der Aristotelischen Enge liegt, schädlich und gar frevelhaft vorkommt«.

Galilei hat Kepler damals als »Gefährten bei der Erforschung der Wahrheit« bezeichnet und ihn damit treffend charakterisiert. Kepler betrachtet die Wissenschaft als Erkenntnisprozess, der einer großen gemeinschaftlichen Anstrengung bedarf. Der »Freund der Wahrheit« engagiert sich auch diesmal; von der starken Rivalität, die Galilei und etliche andere Wissenschaftler umtreibt, ist bei ihm wenig zu spüren.

Kepler lässt keine Zweifel daran, dass mit dem Fernrohr eine neue Ära der Himmelskunde begonnen hat, dass nun »die Gespenster der Ungewissheit mit ihrer Mutter, der Nacht, vertrieben« sind. Obschon er nicht die Möglichkeit hat, selbst durch ein Fernrohr zu schauen, geht er auf alle Beobachtungen Galileis ein und nimmt den noch unbeglaubigten *Sternenboten* zum Anlass, einige seiner eigenen Annahmen über die Natur der Himmelskörper zu revidieren. Er sieht nun alle »Liebhaber wahrer Philosophie« zur Eröffnung großer Spekulationen aufgerufen. Seine

Begeisterung wirkt ansteckend. Keplers ausführlicher Kommentar erweist sich als eine wunderbare Ergänzung zu dem nüchternen Forschungsbericht Galileis, bestens dazu geeignet, einen Medici-Fürsten und ein breites Gelehrtenpublikum von Galileis Großtat zu überzeugen.

## Höhere Pläne

Für Galilei kommt das Gutachten wie gerufen. Allerdings fordert ihn Kepler an vielen Stellen dazu auf, deutlicher zu werden, seine Entdeckungen und das Instrument näher zu erläutern. Er wirft so viele Fragen auf, dass Galilei den fälligen Dankesbrief wohl schon deshalb mehrere Monate lange vor sich her schiebt. In Anbetracht dessen, was an Arbeit vor ihm liegt, hat er nicht die Muße, sich Keplers Mitteilungsdrang zu öffnen und auf all die offenen Punkte einzugehen, die zum gegenwärtigen Zeitpunkt kaum zu beantworten sind. Sie können größtenteils nur durch weitere Beobachtungen mit seinem Fernrohr geklärt werden.

Bisher ist ja erst der Anfang gemacht. Wer weiß, welche Himmelskörper und Phänomene da draußen noch einer Entdeckung harren? Ob zum Beispiel nicht auch Mars und Venus von Monden umgeben sind? Jeder dieser Planeten kann für neue Überraschungen sorgen, für jeden muss er den jeweils günstigsten Beobachtungszeitraum abpassen.

Statt auf Keplers Brief zu antworten, forciert Galilei seine Bewerbung und studiert mit aller gebotenen Aufmerksamkeit sämtliche gegenwärtig am Nachthimmel sichtbaren Planeten. Allen voran behält er die vier bereits entdeckten Jupitermonde im Auge. Er möchte die Umlaufbahn und Umlaufperiode jedes einzelnen Mondes möglichst genau bestimmen, ein Problem, dem er Hunderte von Nächten und zahllose Berechnungen widmet. Wenn die vier Monde so präzise wie die Zeiger einer Uhr um den Planeten laufen, könnte diese Himmelsuhr zu einer wichtigen Navigationshilfe für die Seefahrt und zu einer Methode der Bestimmung der Längengrade werden.

Wieder einmal treffen sich Galileis wissenschaftliche und seine ökonomischen Interessen. Zwar kann er die Früchte seiner

Beobachtungen in diesem Fall nur teilweise selbst ernten, aber der Däne Ole Römer setzt seine akribischen Messungen in der zweiten Hälfte des 17. Jahrhunderts fort. Römer macht dabei eine phantastische Entdeckung: dass sich das Licht nicht unendlich schnell ausbreitet, sondern eine begrenzte Geschwindigkeit hat, die Lichtgeschwindigkeit.

Der Abstand zwischen Erde und Jupiter verändert sich im Jahresgang der Planeten um die Sonne. Mal verringert sich ihre Distanz, dann wird sie wieder größer. Damit variiert auch die Zeit, die das Licht braucht, um vom Jupiter aus zur Erde zu gelangen. Römer misst diese Schwankungen und ermittelt aus ihnen die Lichtgeschwindigkeit. Er macht sich zunutze, dass die vier kleinen Monde zu exakt vorhersagbaren Zeitpunkten in den Schatten des großen Planeten Jupiter eintreten. Galilei kann diese Entwicklung zwar nicht vorhersehen, aber sein methodisches Vorgehen und sein Bemühen um präzise Messungen sind auch an dieser Stelle wegweisend.

### Abschied von Venedig

Neben den nächtlichen Sitzungen vor dem Fernrohr versäumt es Galilei nicht, Teleskope an Fürsten und Kardinäle zu schicken, deren Verbindungen ihm bei seiner Bewerbung nützlich sein könnten. Er lässt Keplers Gutachten zirkulieren und bekommt mit Rückendeckung aus Prag am 10. Juli 1610 endlich die ersehnte Zusage des toskanischen Großherzogs. Galilei darf das akademische Umfeld in Padua gegen das Hofleben in Florenz eintauschen, das seine Vorstellungswelt von Kindesbeinen an geprägt hat. Schon sein Vater Vincenzo hat Musik im Auftrag der Medici komponiert, jener Fürstenfamilie, die seit Jahrhunderten in der Toskana regiert und deren Wappen die Portale zahlloser Paläste und Plätze in Florenz schmücken. Von nun an wird Galileo Galilei als ihr Hofphilosoph firmieren.

Er verlässt die freie Republik Venedig, deren Geschäftigkeit seine bisherige Karriere nachhaltig geprägt hat. In den zurückliegenden Jahren hat er seine mechanischen Experimente zu einer umfassenden Bewegungslehre ausbauen können und grundlegende Prinzipien der Fall- und Wurfbewegung erkannt. In Venedig hat er viele technische Neuerungen für sich entdeckt, hat nach dem Verfahren »trial and error« immer wieder neue Anläufe genommen. Jetzt, da sich einer dieser Versuche bezahlt macht, verabschiedet er sich von der Universität Padua, die sein Gehalt als Professor gerade erst verdoppelt hat.

Der Politiker und Gelehrte Paolo Sarpi, der einer seiner wichtigsten Gesprächspartner bei den Fallexperimenten gewesen ist und sich auch beim Bau des Fernrohrs für Galilei stark gemacht hat, ärgert sich über dessen Abgang. Ihm ist schon übel aufgestoßen, dass Galilei im *Sternenboten* niemanden erwähnt, der ihm geholfen hat.

Aus den Briefen seines langjährigen Freundes Giovanni Francesco Sagredo dagegen spricht aufrichtiges Bedauern. Er befürchtet, Galilei könnte am Hof der Medici zum Opfer von Intrigen derer werden, die ebenfalls um die Gunst des Fürsten buhlen: »Ihr seid jetzt in Eurem edlen Vaterland«, schreibt er nach Florenz. »Ihr dient jetzt Eurem natürlichen Fürsten, einem großen, tugendhaften, jungen Mann mit einzigartigen Anlagen; aber hier hattet Ihr über diejenigen zu gebieten, die anderen Befehle erteilen, und brauchtet niemandem zu dienen außer Euch selbst, gerade so wie ein Herrscher des Universums.« Zwar gäben Tugend und Großherzigkeit des Fürsten Cosimo Anlass zur Hoffnung, dass Galileis Verdienste auch in Florenz gewürdigt und belohnt würden. »Doch wer kann sich auf dem tosenden Meer des Hofes sicher sein, nicht von den heftigen Stürmen der Eifersüchte, ich sage nicht, in den Untergang gerissen, aber wenigstens hin und her geworfen und aus der Ruhe gebracht zu werden?«

Sagredo glaubt nicht, dass Galilei in Florenz mit mehr Ruhe arbeiten kann. Und es beängstigt ihn regelrecht, dass sein Freund nun im direkten Einflussbereich Roms und der Jesuiten lebt. Wird er in Florenz nicht irgendwann zwangsläufig in Konflikt mit der Kirche geraten?

Genau wie Sarpi und viele andere Venezianer ist Sagredo ein politisch denkender Kopf. Sein republikanisch-aristokratischer Geist hat ihn zu einem Gegner der gegenreformatorischen Bestrebungen Roms und insbesondere der Jesuiten gemacht. Sarpi, einer der wichtigsten Außenpolitiker der Republik, bezahlt für seine politischen Überzeugungen beinahe mit dem Leben. Im Oktober 1607 wird er auf der Brücke von Santa Fosca in Venedig mit drei Messerstichen niedergestreckt, im Februar 1609 folgt ein zweites Attentat auf ihn.

Galilei hat sich für Venedigs politische Angelegenheiten zu keinem Zeitpunkt sonderlich interessiert und nie ein Hehl aus seinen höfischen Ambitionen gemacht. Er hört nicht auf die mahnenden Worte Sagredos und trennt sich von Freunden und Kollegen der Universität. Bei seinem Aufstieg nimmt er wenig Rücksicht auf andere, nicht einmal auf die eigene Familie.

*Familiäre Umbrüche*

Marina Gamba ist allem Anschein nach die einzige Frau in Galileis Leben, zu der er je ein längeres Verhältnis gehabt hat. Im Sommer 1610 reist er ohne sie nach Florenz, den Angaben mehrerer Galilei-Biografen zufolge heiratet sie bald nach seinem Weggang einen anderen.

Von den drei gemeinsamen Kindern, Virginia, Livia und Vincenzo, bleibt nur der Jüngste in der Obhut der Mutter. Vincenzo, nach Galileis Vater benannt, ist zu diesem Zeitpunkt gerade einmal vier Jahre alt. Die neunjährige Livia dagegen nimmt der Vater mit nach Florenz, die ein Jahr ältere Virginia hält sich zu diesem Zeitpunkt bereits bei ihrer Großmutter in der Toskana auf.

Mit den beiden Töchtern kommt Galilei vorübergehend bei seiner Schwester unter, ehe die Familie in ein eigenes Haus »mit hohem Terrassendach« umziehen kann, von dem aus sich ein weiter Blick in den Sternenhimmel eröffnet. Dort kümmert sich die Großmutter um die Kinder, während Galilei die ländliche Abgeschiedenheit bevorzugt. Er verbringt weniger Zeit am Hof des Fürsten als auf dem toskanischen Landsitz seines Freundes Filippo Salviati.

Seine Töchter möchte er so bald wie möglich in einem Kloster unterbringen, obschon sie noch viel zu jung dafür sind. Das offizielle Eintrittsalter von sechzehn haben sie noch längst nicht erreicht. Doch Galilei lässt sich von dem einmal gefassten Entschluss nicht abbringen, schaltet hochrangige Kirchenvertreter ein und bekommt wenige Jahre später dank seiner Beziehungen zu Kardinal Ottavio Bandini eine entsprechende Genehmigung. So finden sich die erst zwölf- und dreizehnjährigen Mädchen schließlich im Kloster San Matteo in Arcetri in der Nähe von Florenz wieder, wo sie dann auch ihr Gelübde ablegen und den Rest ihres Lebens verbringen werden. Die Jüngere wird depressiv, die Ältere behält ein sehr herzliches Verhältnis zu ihrem Vater, das in zahlreichen Briefen an ihn dokumentiert ist.

Mitten in den Turbulenzen des familiären und beruflichen Umbruchs, wenige Wochen vor dem Umzug nach Florenz, erhält Galilei erneut einen Brief von Kepler aus Prag. Dort haben die Nachrichten von den unbekannten Himmelskörpern für einigen Wirbel gesorgt, wie Galilei bereits aus mehreren Briefen des toskanischen Botschafters und seines Freundes Martin Hasdale erfahren hat.

Kepler kann nach wie vor keine Beweise für Galileis Behauptungen vorlegen. Knapp vier Monate nach seiner öffentlichen Lobrede auf den *Sternenboten* steht er mit seiner Einschätzung immer noch auf einsamem Posten und bittet Galilei dringend um die Angabe von Zeugen. Galilei ist in der prekären Lage, selbst noch keine Zeugen benennen zu können. Er entledigt sich der unangenehmen Aufgabe mit einem kurzen Schreiben.

Sein Antwortbrief vom 19. August 1610 ist ein Spiegel seiner momentanen Verfassung: Alles dreht sich nur um ihn und seine Projekte – Galilei ist nicht imstande, seine Routine auch nur für ein paar Zeilen zu durchbrechen und sich seinem Briefpartner zu öffnen. Er spricht von seinem neuen Titel, den fürstlichen Geschenken, die er erhalten hat, und den vielen Büchern, die er in Zukunft schreiben wird. Der ganze Brief strotzt vor Selbstherrlichkeit. Trotzdem ist er seinem Kollegen wirklich dankbar für die Unterstützung und hebt ihn aus der Masse derer heraus, die ihre »Augen gegenüber dem Licht der Wahrheit« zuhalten.

Bald darauf bricht Kepler die nächste Lanze für Galilei. Nachdem er endlich ein Fernrohr von anderer Seite bekommen und die vier Jupitermonde mit eigenen Augen gesehen hat, schreibt er noch im Herbst 1610 eine wissenschaftliche Abhandlung darüber. Der Schotte Thomas Segeth fügt der Schrift einige lateinische Verse hinzu.

In Florenz werden Segeths Worte »Viciste Galilei!« – »Du hast gesiegt, Galilei!« – dem Mathematiker des Kaisers in den Mund gelegt. Galilei ist in Hochstimmung. Durch Keplers philosophische Spekulationen will er sich jedoch nicht von seinem Kurs abbringen lassen. Warum sollte er die mühsam erworbenen Erkenntnisse jetzt, da selbst seine schärfsten Kritiker einlenken, durch theoretischen Ballast gefährden?

Giovanni Antonio Magini aus Bologna informiert ihn über eigene Beobachtungen mit dem Fernrohr, im November 1610 bekommen dann auch Christopher Clavius und seine Kollegen in Rom die Jupitermonde zu Gesicht. Damit ist das Fernrohr als wegweisendes Instrument der Forschung akzeptiert und die Existenz der neuen Himmelskörper bestätigt.

*Zauberhafte Venus*

Galilei legt sofort nach. Gerade in Florenz angelangt, verlagert sich seine Aufmerksamkeit bereits nach Rom. Wieder sucht er die Nähe zur Macht, um nun auch die allerhöchsten Weihen für seine Entdeckungen zu erhalten.

Christopher Clavius wird einmal mehr zu einer Schlüsselfigur für seine Karriere. Der Jesuitenmathematiker ist eine Instanz. Sein Urteil in astronomischen Fragen gilt in der katholischen Kirche noch immer als Prüfstein. Galilei hat ihn schon zu Beginn seiner wissenschaftlichen Laufbahn als Mentor gewinnen können, damals hat Clavius seine Bewerbung um eine Professur in Pisa zumindest indirekt unterstützt.

Nach Galileis Umzug ist der Chefmathematiker in Rom der Erste, mit dem er Kontakt aufnimmt, der Erste auch, den er am 30. Dezember 1610 über seine jüngste Entdeckung informiert: dass nämlich die Venus genau wie der Mond ab- und wieder zunimmt, sich mal kreisrund, mal nur als schmale Sichel zeigt. Diese an sich harmlose Beobachtung bedeutet de facto das Ende des antiken, aristotelisch-ptolemäischen Weltbilds mit der Erde im Zentrum und den um sie herum kreisenden Planeten.

Vor drei Monaten, berichtet Galilei, habe er damit begonnen, die Venus zu beobachten. Er habe sie zuerst als kleine, runde Scheibe gesehen. Während diese Scheibe nach und nach größer geworden sei, habe ihre Rundung auf der sonnenabgewandten Seite stückweise abgenommen. »In wenigen Tagen schmolz sie zu einem Halbkreis zusammen.«

Von da an sei die Venus von Woche zu Woche kleiner geworden, die Form des Planeten habe sich abhängig von seiner jeweiligen Stellung zur Sonne und den daraus resultierenden Beleuchtungsverhältnissen verändert. Galilei folgert aus diesen Beobachtungen, dass der Planet sein Licht ausschließlich von der Sonne erhält und dass »die Venus (und zweifellos macht Merkur dasselbe) um die Sonne kreist«.

Natürlich ist sich Galilei bewusst, was für ein brisantes Beweismaterial er seinem Briefpartner hier präsentiert. Aber ohne Umschweife macht er sofort den nächsten gedanklichen Schritt. Und der geht über die bloße Wahrnehmung hinaus. Galilei

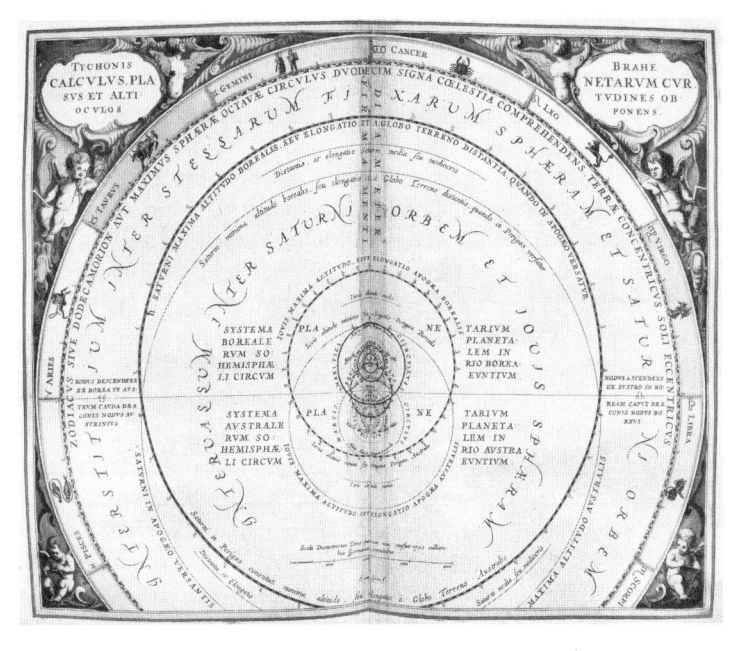

*Im tychonischen Weltmodell kreisen die Planeten um die Sonne und drehen sich gemeinsam mit dieser um die Erde, die in der Mitte des Kosmos ruht (Andreas Cellarius, 17. Jahrhundert).*

*Galilei im Zentrum der Macht*

schließt nämlich von der Venus auf sämtliche Planeten, die Erde eingeschlossen. Die Sonne, so schreibt er, sei »ohne jeden Zweifel das Zentrum aller großen Planetenumläufe«.

Genau wie Kepler, der die Ellipsenbahn des Mars auf das gesamte Planetensystem übertragen hat, formuliert Galilei aus einer Einzelbeobachtung heraus eine allgemeine Gesetzmäßigkeit. Eine andere Möglichkeit als das kopernikanische System gibt es für ihn nun nicht mehr, um die Phänomene vernünftig zu erklären. Das teilt er Clavius und innerhalb weniger Tage auch anderen Briefpartnern, unter ihnen Kepler, in aller Klarheit mit. Jetzt, nachdem er die Venusphasen mit dem Fernrohr gesehen hat, sind seine letzten Bedenken ausgeräumt.

Allerdings sind die Venusphasen allein kein Beweis für die Richtigkeit des kopernikanischen Systems. Immerhin kursieren neben der kopernikanischen und der ptolemäischen Theorie noch verschiedene andere astronomische Hypothesen. Diese berücksichtigen teilweise sogar bereits die von Galilei gemachten Beobachtungen – der Gedanke nämlich, dass die Venus um die Sonne laufen könnte, ist nicht ganz neu.

Mit bloßem Auge ist die Venus über etliche Monate hinweg als helles Licht in der Abenddämmerung zu sehen. Dann verschwindet der Planet für eine Weile, schließlich macht er in der Morgendämmerung als ein Pünktchen am Horizont wieder auf sich aufmerksam, das mit der Zeit heller wird und immer höher aufsteigt. Schon in der Antike vermuteten Sternengucker, dass es sich auch dabei um die Venus handelt. Der Planet hat erst etliche Monate Abend-, dann Frühschicht, er wechselt seinen Namen von Abendstern zu Morgenstern.

Dass die Venus mal voll ist und mal nur eine Sichel, kann man mit bloßem Auge nicht erkennen. Aber schon die Tatsache, dass sie sich genau wie der schwerer zu beobachtende Merkur immer nur in der Morgen- und Abenddämmerung zeigt, bedeutet, dass sich beide Planeten nie weit von der Sonne entfernen. Sie bleiben stets in Sonnennähe, mal gehen sie der Sonne ein bisschen voraus, mal folgen sie ihr.

Daher vermutete Martianus Capella aus Karthago schon im 5. Jahrhundert nach Christus, dass beide um die Sonne laufen.

400 Jahre später kam der Ire Johannes Scotus Eriugena darauf, dass neben Merkur und Venus womöglich auch Mars, Jupiter und Saturn um die Sonne ziehen. Kopernikus bezog schließlich konsequenterweise auch noch die Erde mit in den Planetenreigen um die Sonne ein.

Dass dieser Schluss nicht zwingend gezogen werden musste, zeigt Tycho Brahes Weltsystem, in dem der letzte kopernikanische Schritt fehlt. Im tychonischen Modell kreisen alle Planeten um die Sonne und gemeinsam mit dieser um den Globus, hier behält die Erde im Gegensatz zum kopernikanischen Weltbild ihre Sonderstellung. Sie wird nicht zu den Planeten in den Himmel erhoben.

Kepler hat das tychonische System in seiner *Neuen Astronomie* eingehend behandelt. Es ist genauso gut mit den Beobachtungsdaten in Einklang zu bringen wie das kopernikanische. Trotzdem hat er es verworfen: weil von der Sonne seiner Meinung nach eine motorische Kraft ausgeht, die alle Planeten mitreißt, und weil sich deren Bahnen auf Basis der kopernikanischen Theorie besonders elegant darstellen lassen.

Die meisten Astronomen aber schwenken im Anschluss an die Entdeckung der Venusphasen zu Brahes Theorie um. Im Jesuitenorden wird diese Zwischenlösung aus Geozentrik und Heliozentrik innerhalb weniger Jahre zum maßgeblichen Weltmodell. Es ist zwar eine eigenwillige mathematische Mischkonstruktion – vielen Gelehrten jedoch erscheint sie eher annehmbar als die Vorstellung, dass die Erde sich bewegt.

*Eine triumphale Romreise*

Um die anstehende Debatte möglichst rasch zu seinen Gunsten zu entscheiden, geht Galilei sofort in die Offensive. Wie wird der prominenteste jesuitische Astronom, der inzwischen über siebzigjährige Clavius, reagieren?

Galilei hat ihn bereits als vorsichtigen, zögerlichen Wissenschaftler kennengelernt. Clavius ist ein Skeptiker, ohne jedoch engstirnig oder verbohrt zu sein. Gerade erst hat er die Existenz der Jupitermonde bestätigt und seinen früheren Standpunkt in einem freundlichen Brief an Galilei korrigiert. Der Jesuitenpater hütet sich davor, die Thesen seines jüngeren Kollegen noch einmal unbedacht zu verwerfen, der über ein in der Astronomie völlig neues Beobachtungsinstrument verfügt.

»Wahrlich wäre dieses Instrument von unschätzbarem Wert, wenn es nicht so mühsam in der Handhabung wäre«, hat Clavius eingeräumt. Angesichts der Tücken der neuen Technik freut er sich auf Galileis baldigen Besuch in Rom. Dieser verspricht ihm zu zeigen, wie bereits ein paar einfache Hilfsmittel die nächtlichen Sitzungen am Fernrohr erleichtern.

Was Galilei vermutlich zu diesem Zeitpunkt noch nicht weiß und erst einige Wochen später erfahren wird: Clavius und seine rührigen Mitarbeiter sind bereits von sich aus auf die Venusphasen aufmerksam geworden. Schon deshalb hat er gut daran getan, sie schnellstmöglich über seine Entdeckung zu informieren. Sie wären ihm mit einer Veröffentlichung sonst womöglich noch zuvorgekommen. Ein Dreivierteljahr nach Erscheinen des *Sternenboten* hat er seinen technischen Vorsprung weitgehend eingebüßt.

Diese Zeit aber ist lang genug gewesen, um den größten erdenklichen Ruhm einzuheimsen. Seinen Besuch in Rom, der sich wegen seines chronischen Rheumas und der langsamen höfischen Bürokratie noch bis ins Frühjahr verzögert, erlebt der Siebenundvierzigjährige als Krönung seiner Laufbahn.

Der toskanische Gesandte in Rom nimmt den Hofphilosophen und seine beiden Diener am 29. März 1611 im Palast der Medici in Empfang. Durch seine neue Stellung öffnen sich Galilei in den kommenden Wochen Tür und Tor in der Heiligen Stadt. Noch am selben Tag besucht er den Kardinal Francesco Maria del Monte, wenige Tage darauf den Kardinal Maffeo Barberini, den späteren Papst Urban VIII., der den Entdecker von Beginn an bewundert.

Galilei kommt in Rom in Kontakt mit vielen potenziellen Gönnern und Mäzenen. Im Vatikan bündeln sich die Reichtümer und gegenreformatorischen Bestrebungen der katholischen Kirche, jeder Kardinal bemüht sich darum, sich und seine Familie mit dem Christentum, der Stadt und ihrer Kultur zu verbinden. Rom ist im Gegensatz zu Galileis Heimatstadt Florenz tatsächlich Weltstadt. Die toskanische Stadt zehrt nurmehr von dem teilweise bereits verblassenden Glanz vergangener Tage und von ihrem Image, einst Zentrum der internationalen Bankgeschäfte, des Humanismus und der bildenden Künste gewesen zu sein.

In Rom führt Galilei sein Fernrohr, das ferne Gebäude und Paläste ganz nah ans Auge des Betrachters heranholt, zu allen möglichen Anlässen vor. Tagsüber lassen Geistliche und Gelehrte ihre Blicke durch das wunderbare Instrument über die sieben Hügel der Stadt schweifen, nachts dürfen sie damit den Mond und die Planeten betrachten, die sich im Fernrohr nicht bloß als Lichtpunkte, sondern als kleine Scheibchen zeigen. Die Jupitermonde sind bald in aller Munde.

Mehrfach besucht Galilei Clavius und seine Mitarbeiter am Collegium Romanum. Dort veranstaltet man zu seinen Ehren sogar ein Fest, bei dem etliche Kardinäle zugegen sind. In einer Laudatio stellt der Astronom Odo van Maelcote Galileis Entdeckungen der Reihe nach vor, die Unregelmäßigkeit der Mondoberfläche wird von den Jesuiten genauso bestätigt wie die Existenz der Jupitermonde und der Venusphasen.

Wie sie zu interpretieren sind und welche Folgerungen daraus abgeleitet werden können, bleibt allerdings offen. Galileo hält sich mit seiner Meinung zurück, und Clavius, der zeit seines Lebens das ptolemäische System für das wahre gehalten hat und schon im Jahr darauf stirbt, möchte dieses Urteil den nachfolgenden Generationen überlassen. Es sei nun an ihnen, hält er fest, zu sehen, wie die Himmelskreise einzurichten sind, um die Phänomene zu retten.

Vermutlich erfährt Galilei nie, dass die Inquisition schon bei diesem Rombesuch im Frühjahr 1611 Erkundigungen über ihn einholt. Bei der entsprechenden Sitzung, in der nach Galileis Verbindungen zu anderen Personen gefragt wird, auf die das Heilige Offizium ein Auge geworfen hat, ist unter anderen Kardinal Roberto Bellarmino anwesend. Ein paar Tage zuvor hat er sich mit einem Fragenkatalog an Clavius und andere Mathematiker des Collegium Romanum gewendet, um sich von ihnen erläutern zu lassen, welche Beobachtungen Galileis als bestätigt gelten können und welche nicht.

Währenddessen hat Galilei weitere für ihn erfreuliche Begegnungen, etwa mit dem jungen Marchese Federico Cesi. Als Liebhaber und Mäzen der Wissenschaften hat Cesi die »Akademie der Luchse« gegründet, einen lockeren Zusammenschluss von Gelehrten, in den er Galilei aufnimmt. Der Marchese wird zu seinem wichtigsten Förderer in Rom.

Auch Papst Paul V. gewährt dem Mathematiker eine Audienz. Er habe Seiner Heiligkeit die Füße küssen dürfen, schreibt Galilei seinem Freund Filippo Salviati. Doch der Papst habe es nicht gestattet, »dass ich auch nur ein Wort auf Knien sagte«.

Das Ergebnis der Romreise fasst der Kardinal del Monte am 31. Mai 1611 in einem Brief an den Medici-Fürsten eindrucksvoll zusammen. Galilei habe seine Entdeckungen so gut präsentiert, dass alle Gelehrten und angesehenen Männer sie als völlig wahr und höchst bewundernswert anerkannt hätten. »Wären wir noch in der alten Römischen Republik, dann wäre ihm, glaube ich, auf dem Kapitol ein Denkmal errichtet worden, um seine außergewöhnlichen Verdienste zu würdigen.«

# AM RANDE DES ABGRUNDS
Keplers Schicksalsjahr

Johannes Kepler macht es seinen Zeitgenossen nicht immer leicht, ihn zu begreifen. Sein Stil ist oft umständlich, seine Herangehensweise an astronomische Fragen religiös inspiriert und mathematisch anspruchsvoll. In der geometrischen Architektur des Kosmos sieht er das Ergebnis der höchsten Stufe der Rationalität des Schöpfergottes. Daher sein Glaube an streng mathematische Naturgesetze.

In Graz hat er als Vierundzwanzigjähriger versucht herauszufinden, warum die Abstände der Planeten von der Sonne genau so sind, wie sie sind, und nicht anders. Generationen von Forschern nach ihm werden dasselbe probieren. Statt die Planetenbahnen durch regelmäßige Vielecke zu begrenzen, werden Keplers Nachfolger die Ordnung im Sonnensystem in mathematische Formeln fassen – aber genauso scheitern wie er.

Heute ahnen wir zumindest, warum. Im Zeitalter der Raumfahrt haben Forscher die komplexe Entstehungsgeschichte der Planeten ein Stück weit rekonstruieren können. Eine dauerhafte Ordnung und Harmonie, wie Kepler sie in seinem *Weltgeheimnis* aus einem geometrischen Schöpfungsplan heraus erklären wollte, hat sich als frommer Wunsch entpuppt. Die Planeten sind aus einem chaotischen Zusammenspiel von wachsenden und miteinander verschmelzenden Himmelskörpern hervorgegangen. Auch ihre jetzige Anordnung wird nicht ewig bestehen. »Das Sonnensystem ist nicht stabil«, sagt der Astrophysiker Günther Wuchterl. »Es ist nur alt.«

Kepler ist glücklicherweise nicht in der Sackgasse, die ihm mit dem *Weltgeheimnis* drohte, stecken geblieben. In Prag hat er sich einer neuen Aufgabe gestellt: die Bahn eines einzelnen Planeten zu berechnen. Die Lösung dieses äußerst schwierigen Problems hat ihm unter anderem die Bewunderung Albert Einsteins eingetragen.

»Er musste klar erkannt haben«, so Einstein, »dass ein noch so klares logisch-mathematisches Theoretisieren allein keine Wahrheit verbürgt, sondern dass die schönste logische Theorie in der Naturwissenschaft ohne Vergleich mit der exakten Erfahrung nichts bedeutet.« Ohne diese philosophische Einstellung wäre Kepler nie auf seine fundamentalen Planetengesetze gestoßen. »Wie viel Erfindungskraft und unermüdlich harte Arbeit nötig waren, um diese Gesetze herauszufinden und mit großer Präzision sicherzustellen, das vermögen wir heute kaum noch zu würdigen.«

### Einsteins Erfolgsgeschichte

Als Theoretiker fühlte sich Einstein seinem Vordenker besonders verbunden. Einstein verfügte über eine ähnliche, manchmal als naiv beschriebene Genialität wie Kepler. Auch er war ein Meister darin, einfache physikalische Fragen zu formulieren und dann nicht mehr locker zu lassen, vertiefte sich über Jahre in eine mathematisch abstrakte Theorie, die den Aufbau des Universums von Grund auf neu erklären sollte.

Einstein verzweifelte an den Berechnungen für seine Allgemeine Relativitätstheorie, sein größtes Projekt drohte an der komplizierten Mathematik zu scheitern. »Hilf mir, Grossmann, sonst werd ich verrückt!«, schrieb er 1912 an einen Freund, der ihn dann tatsächlich auf eine wichtige Fährte brachte, um mit einer neuen Geometrie auch mit vierdimensionalen Räumen fertig zu werden.

Ähnlich wie Kepler stand Einstein vor kaum überwindbaren mathematischen Hürden. Beide hatten die richtigen Formeln bereits auf dem Papier stehen und ließen sie wieder fallen, beide hatten wohlmeinende Ratgeber, die sie von ihren Plänen abbringen wollten: Michael Mästlin und Max Planck gelang es jedoch nicht, sie von ihren gewagten Ideen abzuhalten. »Als alter Freund muss ich Ihnen davon abraten«, so Planck gegenüber

Einstein, »weil Sie einerseits nicht durchkommen werden; und wenn Sie durchkommen, wird Ihnen niemand glauben.«

Wenn es schon heroisch und ziemlich hoffnungslos ist, einer Art Weltformel nachzujagen, ist es anscheinend noch heroischer und hoffnungsloser, die Fachkollegen davon überzeugen zu wollen, dass diese Formel richtig ist. Warum soll man eine neue mathematische Sprache wie die keplerschen Ellipsen oder Einsteins Tensoren in die Physik aufnehmen? Nur weil sich damit die Bewegungen der Himmelskörper in einer kompakteren Form darstellen lassen? Auch namhafte Physiker sehen darin keinen zwingenden Grund, »das gesamte physikalische Weltbild von Grund auf zu ändern«, wie es Einsteins Zeitgenosse Max von Laue einmal ausdrückte.

Kurioserweise wurde Einsteins Allgemeine Relativitätstheorie dennoch innerhalb weniger Jahre von vielen Kollegen akzeptiert. Er hätte länger darum kämpfen müssen, wenn unter seinen Anhängern nicht ein so tüchtiger Experimentator gewesen wäre: Arthur Eddington.

1919, kurz nach Ende des Ersten Weltkriegs, stellte Eddington zwei Forschungsexpeditionen auf die Beine, um eine Sonnenfinsternis zu beobachten. Die Wissenschaftler brachten von ihrer Reise das Ergebnis mit, dass Lichtstrahlen in der Nähe der Sonne den Einsteinschen Vorhersagen gemäß auf gekrümmten Bahnen laufen. Einsteins Allgemeine Relativitätstheorie hatte ihre Feuerprobe bestanden. Kurz darauf sprach man in allen großen Zeitungen von einer »Revolution in den Wissenschaften«.

*Dornröschenschlaf*

Kepler wartet zeit seines Lebens vergeblich auf eine solche Anerkennung. Seine astronomische Pionierarbeit entfaltet ihre volle Wirkung erst Jahrzehnte später, obschon sich auch aus seinen Planetengesetzen konkrete Vorhersagen ableiten lassen. Die Stärke der keplerschen Theorie liegt gerade darin, dass sie nicht nur Tycho Brahes Daten richtig wiedergibt – das wäre auch mit den alten Kreisfiguren möglich gewesen –, sondern dass ihr Horizont größer ist als der aller existierenden astronomischen Beobachtungen.

Allerdings kommt Kepler nicht darauf, dass auch Kometen in Ellipsenbahnen um die Sonne ziehen könnten. Er hält sie für kurzlebige Himmelskörper. Stattdessen riskiert er eine andere Prognose, und zwar für den Planeten Merkur, an dem später auch Einstein seine eigene Theorie prüfen wird.

Die Bahn des kleinsten, sonnennächsten Planeten ist sehr schwer zu bestimmen. Gestützt auf seine Ellipsentheorie, sagt Kepler voraus, der Planet werde zu einem bestimmten Zeitpunkt als dunkler Fleck an der Sonnenscheibe vorbeiziehen. Tatsächlich beobachtet der französische Astronom Pierre Gassendi 1631, wie sich Merkur exakt zu dem ermittelten Termin vor die Sonne schiebt. Der kleine schwarze Punkt bestätigt Keplers Planetengesetze bestens. Eine Feuerprobe wie im Falle Einsteins? Wohl kaum. Es herrscht Krieg, und für den winzigen Merkur interessiert sich niemand. Außerdem lebt Kepler zu diesem Zeitpunkt bereits nicht mehr. Er ist im Jahr zuvor gestorben.

Zu Lebzeiten erntet er für seine elliptische Theorie nicht den ihm gebührenden Beifall. Und das, obschon er sich auf das Lebenswerk Tycho Brahes hat stützen können, auf die seinerzeit besten Messungen der Planetenpositionen.

Als astronomischer Beobachter war Brahe eine Ausnahmeerscheinung, in Dänemark hatte er das Observatorium Uraniborg mit riesigen, extrem kostspieligen Instrumenten betrieben. Doch gerade das ist die Crux. Während das Fernrohr vergleichsweise leicht nachzubauen ist und sich innerhalb kurzer Zeit viele Forscher mit eigenen Augen von der Existenz der von Galilei entdeckten Jupitermonde überzeugen können, sind Brahes Präzisionsmessungen einzigartig. Ein zweites Uraniborg ist nicht in Sicht. Woher sollte also ein weiterer, gleichwertiger Datensatz kommen, mit dem die geringfügige Abweichung der Marsbahn von der Kreisform ans Licht gebracht werden könnte?

Wegen der extrem hohen Anforderungen an die Technik ist es de facto niemandem möglich zu prüfen, ob sich die Planeten auf den von Kepler berechneten Ellipsenbahnen um die Sonne bewegen oder nicht. Durch die Verdienste Brahes und seine eigene grandiose Einzelleistung hat er sich vom Rest der Forschung abgekoppelt. Ihm fehlt ein prominenter Skeptiker wie Christopher

Clavius, der Galileis Entdeckungen anfangs zwar müde belächelt, sie aber schließlich doch vor einem erlesenen Publikum in Rom feierlich bestätigt. Oder ein Widersacher wie Giovanni Antonio Magini in Bologna, der die Jupitermonde zuerst als optische Täuschungen hinstellt, dann selbst zum Fernrohr greift und Galilei dadurch noch stärker macht.

Obschon Magini Keplers *Neue Astronomie* aufmerksam liest, ist er vor allem auf Brahes Daten erpicht. Der Mathematiker aus Bologna beneidet Kepler um das Privileg, auf das reiche Erbe des Dänen zugreifen zu können, und schaut sich das Buch in erster Linie daraufhin an, ob er die darin angegebenen Messdaten für eigene Forschungen verwenden kann.

Keplers Theorie als solche erscheint ihm von vornherein völlig unglaubhaft. Denn für Magini und viele andere namhafte Astronomen an der Schwelle zum 17. Jahrhundert ist es eine ausgemachte Sache, dass der Globus im Mittelpunkt des Kosmos ruht und dass sich die Planeten auf Kreisbahnen bewegen. Mit seiner Planetentheorie ist Kepler seiner Zeit zu weit voraus. Er hat bereits den zweiten Schritt gemacht und das kopernikanische System in eine neue, mathematisch wenig vertraute Form gegossen – und das, während den meisten seiner Kollegen schon die Hypothese von einer bewegten Erde absurd vorkommt. Ist damit der Weg in seine zunehmende Isolation als Forscher bereits vorgezeichnet?

Die Ereignisse nach Galileis Fernrohrbeobachtungen sprechen eine ganz andere Sprache. Trotz der fehlenden Resonanz auf sein astronomisches Hauptwerk ist das Jahr 1610 noch einmal eines seiner produktivsten Forscherjahre, auf internationaler Bühne ist er so sichtbar wie nie zuvor.

Weil Kepler ein Forscher ist, der Neuigkeiten aus der Wissenschaft phasenweise wie Drogen aufnimmt, der originelle Rechenverfahren wie Logarithmen oder physikalische Messungen wie die des Magnetfelds der Erde sofort in seine Forschungen einfließen lässt, löst auch die Erfindung des Fernrohrs einen Schaffensrausch bei ihm aus. Galileis Entdeckungen inspirieren ihn zu neuen gedanklichen Höhenflügen.

*»Sehen heißt, die Reizung der Netzhaut fühlen«*

Kepler tut alles dafür, um seine eigenen Forschungen mit denen seines italienischen Kollegen zu verbinden. Nachdem er einen ausführlichen und viel gelesenen Kommentar zum *Sternenboten* geschrieben hat, widmet er sich ganz den neuen Vergrößerungsgläsern, deren Potenzial er zunächst nicht erkannt hatte. Er testet verschiedene Linsen und erprobt deren grundsätzliche Eigenschaften. Den ganzen Frühling und Sommer 1610 arbeitet er an einem Lehrbuch über Linsen, Brillen und Fernrohre, damit »sich fähige junge Leute und andere Jünger der Mathematik anreizen lassen, die Wirkungsweise dieser Instrumente« zu verstehen.

Bis dahin ist niemand auf die Idee gekommen, dass es noch viele andere Möglichkeiten geben könnte, optische Vergrößerungsinstrumente zu bauen. Kepler kombiniert systematisch konkave und konvexe Linsen miteinander und erläutert, wie sich Lichtstrahlen darin ausbreiten. Er beschreibt die Wirkungsweise des von Galilei benutzten Fernrohrs und entwirft eine Reihe neuer Apparaturen, darunter die Linsenanordnung für das Teleobjektiv und das »keplersche Fernrohr« aus zwei Konvexlinsen, das Galileis Konstruktion später ablösen wird.

Solche Erfindungen bilden den harten Kern seiner *Dioptrik*. Noch faszinierender aber ist die Gesamtkonzeption seiner Schrift. Keplers grundlegender Gedanke lautet: Von jedem Körper, ob er nun selbst leuchtet oder angestrahlt wird, geht ein ganzes Bündel von Lichtstrahlen aus. Diese Strahlen werden beim Übergang in jedes neue Medium gebrochen. So kommt zum Beispiel das Sonnenlicht von seinem ursprünglichen Kurs ab, wenn es in die Erdatmosphäre eindringt, wenn es auf Glas trifft, auf die Hornhaut oder Linse des menschlichen Auges.

Ausgehend von dieser These entwirft er eine Theorie des Sehens, in der er sich auf anatomische Studien des aus Basel stammenden Mediziners Felix Plater stützt. Kepler zufolge ist die Netzhaut der sehende Teil des Auges und nicht die Linse, der »Humor crystallinus«, wie etwa die angesehenen Universitätsmediziner in Padua vermuten. Erst auf der Netzhaut überlagern sich die durch die Pupille einfallenden Lichtstrahlen zu einem umgekehrten Bild.

»Die Netzhaut wird bemalt von den farbigen Strahlen der sichtbaren Welt«, so Kepler. »Diese Bemalung oder Illustrierung ist mit einer nicht bloß oberflächlichen Veränderung der Netzhaut verknüpft, ... sondern mit einer qualitativen, in die Substanz und den Sehstoff eindringenden. Dies leite ich aus der Natur des Lichtes her, das, wenn es stark und konzentriert ist, eine Brennwirkung ausübt.« Das ankommende Licht ruft Veränderungen der Retina hervor, die ans Gehirn weitergeleitet werden. »Sehen heißt, die Reizung der Netzhaut fühlen.«

Kepler beschreibt den Strahlengang und den Sehprozess in einer für seine Zeit unvergleichlichen Weise. Sein Lehrbuch zur Optik ist ein weiterer Beleg dafür, wie phantasievoll und kreativ er auf Anregungen von außen reagiert. Dominiert bei vielen Forschern die Skepsis, widmet er sich den Neuigkeiten mit echtem Interesse und nimmt die Erfindung des Fernrohrs zum Anlass, nach einer schlüssigen Erklärung für die Funktionsweise der seit Jahrhunderten verwendeten Linsen und Brillen zu suchen. Auch seine eigene Kurzsichtigkeit, deretwegen er ferne Objekte doppelt oder dreifach sieht und statt des einen Mondes manchmal »zehn oder mehr«, macht er zum Forschungsgegenstand.

Bei Kurzsichtigen liegt der Punkt, in dem sich die von Hornhaut und Linse gebündelten Lichtstrahlen treffen, zu weit vorn. Nachdem sich die Strahlen dort geschnitten haben, schreibt Kepler, laufen sie schon wieder auseinander, ehe sie auf die Netzhaut fallen. Daher reizen sie ein größeres Areal auf der Netzhaut und nicht nur einen Punkt. Durch ein konkaves Brillenglas kann der Brennpunkt jedoch nach hinten verschoben werden, so dass das Bild auf der Netzhaut wieder scharf wird.

Für die Lichtbrechung selbst findet er nur eine Näherungsformel. Seine experimentellen Daten sind nicht so gut wie die des Briten Thomas Harriot, mit dem er eine Weile in Briefkontakt gestanden hat, der die Ergebnisse seiner Studien aber lieber für sich behält.

Keplers Erkenntnisse auf dem Gebiet der Optik zählen zu seinen herausragenden Leistungen. »Johannes Kepler hat das alte Rätsel, wie denn das Auge die Bilder der sichtbaren Dinge aufnehme, gelöst«, so der Medizinhistoriker Huldrych M. Koelbing. Die Gabe genialer Intuition habe ihn dazu gebracht, bisher dunkle Sachverhalte zu durchschauen und auf einfache Gesetzmäßigkeiten zurückzuführen.»Er war der Erste, der das Auge als optisches Instrument richtig verstand.«

Allerdings greifen zunächst nur wenige Augenärzte oder Astronomen wie Christoph Scheiner seine Theorie auf. Und die dahinterliegende mathematische Theorie bauen Forscher erst in der zweiten Hälfte des 17. Jahrhunderts aus, unter ihnen Christian Huygens und Isaac Newton.

*Ein unvorhergesehener Brückenschlag*

Motiviert durch Galileis Entdeckungen, schreibt Kepler die *Dioptrik* binnen weniger Monate nieder. Im Vorwort spricht er dem Kurfürsten Ernst von Köln seinen Dank aus, der ihm Anfang September 1610 eines von Galileis Fernrohren für die Beobachtung der Jupitermonde zur Verfügung gestellt hat – eine von vielen zufälligen Begegnungen am Hof, von denen Kepler allerdings nicht mehr lange profitieren kann. Der sich zuspitzende Streit des Kaisers mit seinem Bruder wird in Kürze in einen Krieg einmünden.

Ernst von Köln und andere Reichsfürsten tagen schon seit dem Frühjahr in Prag. Als Botschafter reisen sie zwischen der kaiserlichen Residenz und Wien hin und her, um zwischen Rudolf II. und seinem Bruder Matthias zu vermitteln. Die beiden verfeindeten Habsburger sind nur schwer an den Verhandlungstisch zu bringen, eine Einigung zwischen ihnen scheint in wesentlichen Punkten unmöglich.

Die Nachfolge im Hause Habsburg ist zum Beispiel völlig ungeklärt. Rudolf II. hat nie geheiratet. Vergeblich haben sich seine Familie, seine politischen und geistlichen Berater darum bemüht, eine Ehe mit Isabella von Spanien einzufädeln. Achtzehn Jahre lang hat der Kaiser die spanische Infantin hingehalten und sich anschließend genauso wenig zu einer Vermählung mit der reichen Medici-Erbin Maria de' Medici, der schönen Julia d'Este, der Erzherzogin Anna von Tirol oder der Prinzessin Margarethe von Savoyen entschließen können. Er hat um sie werben, Bilder von ihnen malen und in seiner reichen Kunstgalerie aufhängen lassen – vergnügt hat er sich mit anderen Frauen. Ein abwechslungsreiches Liebesleben hat ihm schon immer mehr bedeutet als der Fortbestand der Dynastie.

Weil er die Krone aber auch nach seinem Tod nicht an den Bruder weitergeben will, fasst Rudolf II. mal seinen Vetter, den Erzherzog Leopold, als Thronfolger ins Auge, mal teilt er den Fürsten mit, doch noch heiraten zu wollen, um seinen Erstgeborenen zum Kaiser zu machen.

Im Oktober 1610 kommt es dennoch zu einer Art Friedensvertrag. Rudolf II. tritt die längst an seinen Bruder gefallenen Länder offiziell an diesen ab, Matthias erklärt, künftig keine Allianzen mehr gegen den Kaiser zu schließen. Außerdem verpflichten sich beide Seiten zur Abrüstung. Ihre Soldaten sollen laut Vertrag »binnen Monatsfrist« entlassen werden.

Der Kaiser treibt sein undurchsichtiges Spiel weiter. Entgegen der Vereinbarung löst Rudolf II. das Söldnerheer nicht auf, das Erzherzog Leopold, Bischof von Passau, in seinem Auftrag angeheuert hat. Er zögert die Sache so lange hinaus, bis die 12 000 Mann starke Armee am 21. Dezember 1610 die Grenze zu Österreich überschreitet. Angeblich hat Rudolf II. kein Geld, um die Landsknechte auszubezahlen. Nun werden sie von ihren Offizieren aus dem Bistum Passau, in dem es wirklich gar nichts mehr zu holen gibt, herausgeführt und dahin gelotst, wo sie sich auf eigene Faust das nehmen, was sie brauchen.

Der abenteuerliche Zug der Passauer Armee führt in den nächsten Monaten bis hinauf nach Böhmen. Wie Heuschrecken fallen Reiterei und Fußvolk über Höfe und Ortschaften her, fressen ganze Landstriche kahl, misshandeln die Bauern, schänden ihre Frauen, verbreiten Krankheiten und jene Schrecken, die auch der Bevölkerung von Böhmens Hauptstadt noch bevorstehen.

Vorerst ahnt in Prag noch niemand, dass der Tross in Kürze hier einfallen wird. Kepler wohnt mit seiner Familie nur wenige Schritte von der Karlsbrücke entfernt. Die fünfhundert Meter lange Steinbrücke ist die einzige Verbindung zwischen der Prager Altstadt und der gegenüberliegenden Seite der Moldau. Ein mächtiger Brückenturm, der im Ernstfall verriegelt werden kann, sichert die Altstadt und mit ihr das Kepler'sche Wohnhaus, wo der Astronom ein kleines Observatorium eingerichtet hat.

Im Spätherbst überlässt ihm Matthäus Wackher von Wackenfels für ein paar Wochen ein Fernrohr für nächtliche Beobachtungen. Der kaiserliche Hofrat hat ihn schon das ganze Jahr über mit Büchern unterstützt und mit ihm über Galileis Entdeckungen diskutiert. Gibt es irgendetwas, womit sich Kepler bei ihm bedanken könnte?

Bei einem seiner täglichen Spaziergänge über die Karlsbrücke denkt Kepler über ein Neujahrsgeschenk für seinen Freund und Gönner nach. Angesichts seiner finanziellen Misere löst sich ein Einfall nach dem anderen in Nichts auf. Da »fügte es der Zufall, dass sich der Wasserdampf durch die Kälte zu Schnee verdichtete und vereinzelte kleine Flocken auf meinen Rock fielen, alle waren sechseckig und mit gefiederten Strahlen«. Die kleinen Sterne, die vom Himmel fallen, erscheinen ihm gerade passend als Geschenk eines Mathematikers, der nichts hat. So macht er Wackher das Nichts oder »Nix« – so die lateinische Bezeichnung für Schneeflocke – zum Geschenk und widmet ihm eine Abhandlung über die sechseckige Gestalt der Eiskristalle.

*»Oh, du viel wissendes Rohr«*

Während er noch den Gründen für die Regelmäßigkeit der Flocken nachgeht, erhält er kurz vor Jahresende neue Nachrichten aus Italien. Galilei kündigt ihm die nächste Entdeckung an. Er schickt ihm »ein Anagramm über eine wichtige Beobachtung, die lange Kontroversen in der Astronomie zur Entscheidung bringen wird und im Besonderen einen schönen Beweis für den Aufbau der Welt im Sinn des Pythagoras und des Kopernikus enthält. Zu gegebener Zeit werde ich die Lösung des Rätsels und verschiedene Einzelheiten mitteilen.«

Wieder einmal hat der Entdecker die Neuigkeit verschlüsselt: »Haec immatura a me jam frustra legunter, o. y.«- »Dies wird von mir bereits zu früh vergeblich gesucht.«

Kepler zerbricht sich den Kopf darüber, wie sich die Buchstaben zu einem sinnvollen Text zusammensetzen lassen. Galilei habe ihn durch das Anagramm in einen erbärmlichen Zustand gebracht, schreibt er am 9. Januar 1611 nach Florenz und fleht seinen Kollegen an, ihn nicht länger hinzuhalten. Den beschwörenden Worten fügt er acht verschiedene Lösungsversuche bei, die seine vergebliche Mühe dokumentieren. Galilei solle sehen, dass er es mit einem echten Deutschen zu tun habe.

Diesmal spannt ihn Galilei nicht gar so lang auf die Folter. Als Kepler brieflich den Notstand ausruft, ist die Auflösung schon unterwegs nach Prag: »Cynthiae figuras aemulatur mater amorum.« – »Venus ahmt die Phasen des Mondes nach.«

Er habe die Venus zunächst als vollkommenen Kreis gesehen, später als Halbkreis, dann sichelförmig und als von der Sonne abgewandtes Horn. Diese wunderbare Beobachtung, so Galilei, sei ein ganz sicherer und sinnlich unmittelbar wahrnehmbarer Beweis dafür, dass sich die Venus um die Sonne bewege. Dies sei seither von den Pythagoreern, Kopernikus, Kepler und ihm selbst geglaubt, aber noch nie durch die Erfahrung bestätigt worden, so wie jetzt bei Venus und Merkur. So dürften sich also Kepler und die übrigen Kopernikaner mit Recht rühmen, »richtig philosophiert« zu haben, auch wenn es ihnen weiterhin passieren könnte, von der Allgemeinheit der büchergläubigen Philosophen für Toren, wenn nicht sogar für Narren gehalten zu werden.

Kepler reagiert euphorisch auf die Mitteilung. Der Italiener geht den lang erhofften und vielleicht entscheidenden Schritt auf ihn zu: Er stellt ihn in eine Reihe mit den Pythagoreern und mit Kopernikus!

Wieder hat Galilei mit seinem Teleskop einen Schleier gelüftet, hinter dem der Kosmos seine Geheimnisse verbirgt. Kepler jubelt: »Oh, du viel wissendes Rohr, kostbarer als jegliches Szepter! Wer dich in seiner Rechten hält, ist der nicht zum König, nicht zum Herrn über die Werke Gottes gesetzt!«

Die Venusphasen sind eine glänzende Bestätigung für das kopernikanische System, für das er seit Jahren Überzeugungsarbeit leistet und für das Galilei nun endlich offen Partei ergreift.

Blind vor Begeisterung, liest er das Beste für sich aus dessen Brief heraus. Unter anderem fasst er die wiederholte Erwähnung des Pythagoras als Zustimmung zu seinem Erstlingswerk, das *Weltgeheimnis*, auf. »Er weist damit auf mein vor 14 Jahren erschienenes *Mysterium Cosmographicum* hin, in dem ich die

Maße der Planetenbahnen aus der Astronomie des Kopernikus entnommen habe.«

Galilei hat sich in all den Jahren nie zu irgendeiner von Keplers Arbeiten geäußert. In seiner kurzen Mitteilung hat der Italiener seinem Vordenker lediglich das joviale Zugeständnis gemacht, »richtig philosophiert« zu haben, während er selbst Erfahrungstatsachen als Beweise vorlegen kann. Der »König« der Wissenschaften hält sein Fernrohr wirklich wie ein »Szepter« in den Händen.

Kepler aber klaubt sich seine eigene Wahrheit zusammen. Ein einziger Satz genügt ihm, um sich voll und ganz durch Galilei bestätigt zu sehen. Wieder einmal kann er seine Begeisterung nicht für sich behalten. Bei nächster Gelegenheit veröffentlicht er Galileis Brief. Und nicht nur den einen, sondern sämtliche verschlüsselten Botschaften und Auflösungen, die in den Monaten zuvor in Prag eingetroffen sind. Das alles versieht er mit eigenen, teils scherzhaften Anmerkungen. »Sollte die Venus nicht gehörnt sein, die täglich so vielen Hörner aufsetzt?« Eine besondere Pointe dabei: Es ist nicht der Entdecker selbst, sondern Kepler, der die bis dahin nur in privaten Mitteilungen zirkulierenden Neuigkeiten über Saturn und Venus zuerst publiziert.

Galileis Reaktion ist nicht bekannt. Wahrscheinlich bekommt er die *Dioptrik*, in deren Vorwort die Briefe stehen, allerdings nicht vor Ende 1612 zu Gesicht. Zu diesem Zeitpunkt sind die Venusphasen längst in aller Munde, auch er selbst hat sie seinen Lesern mittlerweile vorgestellt. Sein Ärger dürfte sich also in Grenzen gehalten haben, zumal Keplers Ausführungen wieder einmal äußerst schmeichelhaft für ihn sind.

»Du siehst also, nachdenklicher Leser, wie das Genie des wahrhaft hervorragenden Philosophen Galilei das Fernrohr gleichsam als Leiter zu gebrauchen weiß, auf der er die letzten und höchsten sichtbaren Zinnen der Welt besteigt, um dort alles unmittelbar in Augenschein zu nehmen, und wie er von dort zu diesen unseren Hüttchen, ich meine die Planetenkugeln, mit scharfem Auge herabschaut und scharfsinnig das Äußerste mit dem Innersten, das Oberste mit dem Untersten in solidem Urteil in Vergleich setzt.«

Weniger schmeichelhaft ist für Galilei, dass Kepler und nicht er selbst als Erster erläutert, wie und warum das Fernrohr funktioniert. Bisher war das Teleskop eine Art Blackbox. Viele von Galileis Freunden und Kollegen haben sich darüber beklagt, dass er sich im *Sternenboten* nicht zur Wirkungsweise des neuen Vergrößerungsinstruments geäußert habe. Nun hat der kaiserliche Mathematiker den optischen Code geknackt und gleich ein ganzes Buch dazu vorgelegt, auf das Galilei von seinem Gönner, dem Marchese Federico Cesi, und vielen anderen Gelehrten angesprochen wird.

Den erhaltenen Briefen zufolge verliert er Kepler gegenüber kein Wort darüber. Sein einzig bekanntes Urteil über die *Dioptrik* ist in den Tagebuchnotizen des Franzosen Jean Tarde festgehalten. Tarde besucht Galilei 1614 während einer Italienreise und unterhält sich mit ihm über die Konstruktion des Fernrohrs. Bei dieser Gelegenheit eröffnet Galilei seinem französischen Gast, Keplers Buch sei so undurchsichtig, dass es vielleicht nicht einmal der Autor selbst verstanden habe.

In Wirklichkeit ist das Buch von einer analytischen Klarheit, wie sie Galilei selbst erst fünfundzwanzig Jahre später auf dem Gebiet der Mechanik demonstriert. Aber statt sich auf ein Terrain zu begeben, auf dem er befürchten muss, ein anderer könnte ihm überlegen sein, entwertet er Keplers Leistung und macht dessen Buch lächerlich.

Nur auf dem Gipfel seines Ruhms, nach der Entdeckung der Venusphasen, fällt ein Teil der Ehre für den deutschen Kollegen ab: Kepler gehöre zu seinen Vordenkern, die »richtig philosophiert« hätten.

Der leidenschaftliche Kepler seinerseits schreibt sogleich einen weiteren Brief zu Galileis Verteidigung, als dieser von dem Philosophen Francesco Sizzi angegriffen wird und ihn um eine Stellungnahme bittet. Danach verstummt er. Fünfzehn Monate lang hört Galilei nichts mehr von ihm. Obschon das kopernikanische Weltbild durch die jüngste Entdeckung spürbaren Aufwind bekommt und er selbst prädestiniert dafür wäre, zu einem der Wortführer in den nun aufkommenden Debatten zu werden, zieht sich Kepler zurück.

*Krieg auf der Karlsbrücke*

Zu Beginn des Jahres 1611 ändern sich seine Lebensumstände dramatisch. Zwar hat seine Frau Barbara soeben eine schlimme Erkrankung halbwegs überstanden, aber »kaum erholte sie sich wieder, als drei meiner Kinder im Januar 1611 von den Pocken ergriffen wurden und alle gleichzeitig aufs schwerste daniederlagen«.

Während die Eltern voller Sorge um ihre achtjährige Tochter Susanna, den sechsjährigen Friedrich und den erst drei Jahre alten Ludwig sind, rückt am 14. Februar die 12 000 Mann starke Passauer Armee in Prag ein, die zuvor bereits Oberösterreich und Böhmen verwüstet hat. Nach kurzem Kampf erobern die Soldaten die Kleinseite der Stadt, entwaffnen die Bürger, besetzen Häuser und plündern Geschäfte. Unterdessen stoßen Teile der Reiterei über die Karlsbrücke in die Altstadt auf der anderen Seite der Moldau vor.

Das Kepler'sche Wohnhaus hinter dem Brückenturm steht plötzlich im Zentrum der Kampfhandlungen. Vor vier Jahren ist der Mathematiker mit seiner Familie hierher gezogen, nachdem sie Prag zwischenzeitlich wegen der Pest für einige Monate verlassen mussten. Nun brechen neue Feinde ein: Krieg, Anarchie und abermals Seuchen.

Der Bürgergarde gelingt es gerade noch rechtzeitig, das Fallgitter des Altstädter Brückenturms herunterzulassen. Lediglich ein kleiner Reitertrupp der Passauer fällt in die Altstadt ein und wird unmittelbar vor Keplers Wohnhaus von der Miliz niedergemacht. Kurz darauf steht ganz Prag in Waffen.

Unbeschreiblich sei die Erbitterung der Bevölkerung gegen den Vorstoß der Soldaten gewesen, schreibt der Historiker Peter Ritter von Chlumecky. »Die Alt- und Neustädter verschanzten sich, richteten gegen die Kleinseite Kanonen ... Es bot sich das seltene Schauspiel zweier Festungen dar, die, von einem breiten Strome getrennt, einander beschossen und wechselweise die Rolle von Belagerern und Belagerten zugleich übernommen hatten.«

Als bekannt wird, wie brutal die Passauer Soldaten auf der Kleinseite gegen die überwiegend protestantische Prager Bevölkerung vorgehen, kommt es auch in der Alt- und Neustadt zu gewaltsamen Übergriffen. Böhmische Heerhaufen, so Kepler, »aus Bauern zusammengelesen und eine drohende Haltung einnehmend«, durchkämmen die Stadt. Mit Mistgabeln und Piken bewaffnet, stürmen aufgehetzte Banden katholische Kirchen und Klöster, morden Jesuiten, Benediktiner und Franziskaner, denen man vorwirft, mit den Passauern unter einer Decke zu stecken.

Der Kaiser in seiner Burg auf dem Hradschin sieht tatenlos zu, wie die außer Kontrolle geratene Situation weiter eskaliert. Aus der Vogelperspektive schaut er hinunter auf den Altstädter Brückenturm, hinter dem sich Zehntausende bewaffnete Männer verbarrikadiert haben. Das mächtige Stadttor ist ihm einmal mehr ein Dorn im Auge.

Die Böhmen, die ihm keine zwei Jahre zuvor den Majestätsbrief abgetrotzt haben, geben sich erneut kämpferisch. Allerdings versucht die aufgebrachte Prager Bürgerschaft sofort, Verhandlungen mit dem Kaiser aufzunehmen. Rudolf II. jedoch kann sich weder dazu entschließen, den Landsknechten ihren Sold auszubezahlen und die ganze Horde zum Abzug zu bewegen, wozu ihm die Vertreter der Stadt sogar das Geld vorstrecken wollen, noch stellt er sich ganz hinter die Passauer Armee. Er möchte keinen Großangriff auf Prag erleben und die Stadt, die er selbst zu seiner Residenz gemacht hat, in Schutt und Asche sehen.

Am 19. Februar stirbt Keplers Sohn Friedrich. »Der Knabe war mit seiner Mutter so innig verbunden, dass man nicht sagen konnte, beide seien ›schwach vor Liebe‹, sondern vielmehr rasend vor solcher«, schreibt Kepler. »Und als sie eben wieder aufzuatmen schien, wurde sie ... im Innersten getroffen durch den Tod des Knäbleins, der für sie die Hälfte ihres Herzens war.«

Die Kampfhandlungen dauern an, die Stadt ist streckenweise von der Versorgung mit Lebensmitteln abgeriegelt, das Fleckfieber, von Läusen übertragen, grassiert in der Bevölkerung. Die Prager Bürger schicken Botschafter nach Wien, um den Bruder des Kaisers, Matthias, um Hilfe zu rufen.

Nachdem die Passauer Truppen die eine Seite der Stadt vier Wochen belagert und geplündert haben, wacht der immer mehr in Bedrängnis geratene Kaiser endlich auf. Plötzlich hat er doch

Geld genug, um den Söldnern einen Teil des Gehalts auszubezahlen und sie zum Abzug zu bewegen.

Kurz darauf rückt Matthias' Heer in Böhmen ein. In zähen Verhandlungen einigt er sich mit den böhmischen Ständen auf eine Reform der Verfassung, im Mai muss Rudolf II., der sich als unfähiger Herrscher erwiesen hat, die böhmische Königskrone an seinen Bruder abtreten. Von nun an lebt der Kaiser wie ein Gefangener im eigenen Palast.

Kepler der seit geraumer Zeit vom Hof keinerlei Bezahlung bekommen hat, sieht sich genötigt, rasch zu handeln. »Genau elf Jahre lang habe ich in Prag die Schwierigkeit mit dem mir zugewiesenen Hofgehalt durchgemacht zusammen mit meiner Frau, die um ihr Vermögen besorgt war und etwas Besseres wert gewesen wäre. Seit genau drei Jahren war ich darauf bedacht, den Hof zu verlassen und mich an einen ruhigeren Ort zu begeben, und habe schließlich, von drohenden unerträglichen Übeln gezwungen, in Sorge um die Meinigen einen gewaltsamen Ausbruch versucht.«

Gern wäre er an eine Universität gewechselt, nach Padua oder Wittenberg, noch lieber nach Tübingen, wo man ihn allerdings wegen seiner religiösen Überzeugungen ablehnt. Seine Frau hat sich in Prag nie wohlgefühlt. Um ihr und der Familie ein neues Zuhause zu geben, bewirbt sich Kepler kurzfristig an einer Schule in Linz um den Posten eines Mathematikers. Im Juni 1611 bekommt er die Zusage aus Oberösterreich und wird wieder Landschaftsmathematiker in der Provinz.

Kaum hat er die Stelle in der Stadt an der Donau angenommen und ist von dort nach Prag zurückgekehrt, wartet bereits die nächste Unglückbotschaft auf ihn. »Schon war der Ort bestimmt, wo ich hoffen konnte, dass es den Meinigen besser ergehen würde, soweit wir Menschen etwas sicher haben können. Da, in diesem Augenblick, traf mich jener Verlust; ich verlor die Gattin, und die Mühe, die ich mir hauptsächlich ihrer Erholung wegen gemacht hatte, war umsonst.«

Am 3. Juli 1611 stirbt seine Frau Barbara. »Betäubt durch die Schreckenstaten der Soldaten und den Anblick des blutigen Kampfes in der Stadt, verzehrt von der Verzweiflung an einer besseren Zukunft und von der unauslöschlichen Sehnsucht nach dem verlorenen Liebling, wurde sie zum Abschluss ihrer Leiden vom ungarischen Fleckfieber angesteckt (wobei sich ihre Barmherzigkeit an ihr rächte, da sie sich von dem Besuch der Kranken nicht abhalten ließ).«

Keplers Hoffnung auf einen Neubeginn ist durch den neuerlichen Schicksalsschlag zunichtegemacht. Plötzlich ist er ganz auf sich zurückgeworfen, steht allein mit der Sorge um die beiden Kinder da. Der Tod der Frau lässt alle zuvor gefassten Pläne sinnlos erscheinen. »Offenbar sollte ich daran erinnert werden, um wie viel besser der barmherzige Hirt der Seelen für sie gesorgt hat, er, dessen Stab und Stecken uns tröstet, wenn wir in Todesschatten wandeln.«

Was zieht ihn jetzt noch nach Linz, wo sich seine Frau vermutlich heimischer gefühlt hätte als in Prag, wo ihn selbst dagegen kaum Besseres erwartet als ehemals in Graz? In Linz hat er weder Familienangehörige, noch gibt es in der Stadt ein auch nur irgendwie mit Prag vergleichbares intellektuelles Umfeld.

In Prag zu bleiben ist für ihn nach den schrecklichen Ereignissen jedoch auch keine Alternative mehr. Unter der Regentschaft Rudolfs II., der zwar ein schwacher, aber toleranter Kaiser und ein außergewöhnlicher Förderer der Wissenschaft gewesen ist, hat die Stadt eine kulturelle Blütezeit erlebt. Die Entmachtung des Kaisers ist ein deutliches Signal dafür, dass diese Zeit nun zu Ende geht.

Rudolf II. lässt ihn vorerst nicht ziehen. Er will Kepler weiter in seiner Nähe haben. »Ich wurde mit der leeren Hoffnung auf Bezahlung durch Sachsen geködert«, schreibt Kepler über seine Verhandlungen. Bis zum Tod Rudolfs II. im Januar 1612 harrt er noch aus, dann verlässt er die Stadt, in der er seine größten wissenschaftlichen Leistungen vollbracht hat. Ob er in Linz ruhiger wird arbeiten können?

Auf dem Weg dorthin bringt er die beiden Kinder vorübergehend bei einer Witwe in Kunstadt unter. Von dort aus zieht er allein und vieler Hoffnungen beraubt dem neuen Wohnort entgegen.

# DER LETZTE BRIEF AN KEPLER
## Galilei und das Dekret gegen Kopernikus

In der Geschichte der Naturwissenschaften gibt es Phasen, in denen es zu einem durchgreifenden Umbau von Theorien kommt, die lange Zeit allgemein anerkannt gewesen sind. Das erste Drittel des 17. Jahrhunderts ist eine solche Periode. Eine neue Weltsicht bahnt sich den Weg. Galilei und Kepler arbeiten an neuen physikalischen Grundlagen und mathematischen Formalismen, denen der Mechanik und der Himmelsmechanik.

Wenn es um eine Neubestimmung der Grundbegriffe geht, sind die Erwartungen an wissenschaftliche Gipfeltreffen hoch. Gelehrte wie Matthäus Wackher von Wackenfels in Prag oder Markus Welser in Augsburg, Remo Quietano oder Federico Cesi in Rom versuchen, eine Diskussion zwischen den beiden Forschern anzuregen: Sie wollen die Meinung des einen zu den Arbeiten des jeweils anderen hören.

So wenig Kepler zunächst einer solchen Aufforderung bedarf, so sehr geht Galilei einem wirklichen Dialog aus dem Weg. Lebt Kepler für die Wissenschaft, macht Galilei in seinen Briefen deutlich, dass er auch von der Forschung lebt und diese weniger als kooperative, denn als kompetitive Angelegenheit betrachtet. Ihre Kommunikation scheitert an ihrem unterschiedlichen Temperament, ihren individuellen Ambitionen und wissenschaftlichen Fragestellungen.

Und sie scheitert auch daran, dass sich die beiden Forscher auf dem Gebiet der Astronomie begegnen, auf dem Kepler seit Jahren mit der Unterstützung und dem Widerspruch großer Lehrer gearbeitet hat, während Galileis wissenschaftliche Erkenntnisse hauptsächlich auf dem Gebiet der Mechanik gereift sind.

Kepler hat sein astronomisches Hauptwerk bereits geschrieben, für Galilei ist das Potenzial des Fernrohrs noch keineswegs ausgeschöpft.

Diese Schieflage spiegelt sich in ihrer gesamten Korrespondenz, die im Wesentlichen ein und demselben Muster folgt: Galilei hält Kepler über seine jeweils neuesten Beobachtungen mit dem Fernrohr auf dem Laufenden, der reagiert mit begeisterten Kommentaren, die Galileis Forschungen in einen größeren Kontext stellen, ihrerseits aber unbeantwortet bleiben.

*Warum schwimmt Eis oben?*

Im März 1611 bricht ihr Briefkontakt plötzlich ab. Während Galilei in Rom ins Rampenlicht der internationalen Wissenschaft tritt und die Gunst der höchsten Würdenträger der katholischen Kirche gewinnt, zieht sich der bislang so mitteilungsfreudige Kepler zurück, nachdem »außer dem öffentlichen Unglück und den Schrecken von außen her auch in meinem Hause das Verhängnis in mehrfacher Gestalt über mich hereingebrochen« ist. Durch die dramatischen Ereignisse in Prag wird er völlig aus der wissenschaftlichen Arbeit herausgerissen. Am 16. Juni 1611, in eben der Woche, in der Galilei seine triumphale Romreise glücklich beendet, nimmt Kepler einen Posten an einer kleinen evangelischen Schule in Linz an. Er muss sich mit einem Nebenschauplatz begnügen und noch dankbar dafür sein, dass er seinen Titel als kaiserlicher Mathematiker behalten darf, weil er die Arbeit an dem wertvollen Himmelskatalog, den *Rudolfinischen Tafeln*, zu Ende führen soll.

Galilei kann seine Forschungen in Florenz allerdings auch nicht in der gewünschten Weise fortsetzen. Die vielen Nächte vor dem Fernrohr, die Anstrengungen und Aufregungen der beiden zurückliegenden Jahre sind nicht spurlos an ihm vorbeigegangen. Rheuma und Fieberanfälle plagen ihn, nachts findet er keinen Schlaf mehr. Der schlimmste Feind seines Kopfes sei die dünne Luft im Arnotal. Der Hofphilosoph hält sich am liebsten außerhalb der Stadt in der Villa seines Freundes Filippo Salviati auf.

Dennoch muss er oft den Weg nach Florenz auf sich nehmen. Die Stellung bei den Medici bindet ihn stärker als erwartet in höfische Debatten ein. Er wird zu regelrechten Rededuellen in den Ring geschickt. Kontrahenten finden sich genug. Manch einer empfindet seinen neuen Titel als Provokation. Wie kann es sein, dass ein Mathematiker plötzlich zu solchen Ehren kommt?

Unerwartet heftig ist eine Kontroverse mit einer Gruppe Florentiner Gelehrter über die an sich harmlose Frage, warum Eis oben schwimmt. Das Thema verfolgt ihn über Jahre. Anfangs hat Galilei noch seinen Spaß an der intellektuellen Herausforderung, in der er endlich einmal wieder auf sein sorgfältiges Studium der archimedischen Schriften zurückgreifen kann. Außerdem beteiligt sich der Kardinal und spätere Papst Maffeo Barberini an der Diskussion und entpuppt sich in seinen Beiträgen einmal mehr als großer Anhänger Galileis.

Der Disput über schwimmende Körper will jedoch kein Ende nehmen. Eine Publikation seiner Gegner folgt auf die nächste, Galilei weiß bald nicht mehr, wie er »die Dummköpfe« noch zähmen soll, deren Argumente manchmal so dumm gar nicht sind.

Es bedarf eines Anstoßes von außen, ehe er seine astronomischen Studien zu Beginn des Jahres 1612 wieder mit gesteigertem Ehrgeiz aufnimmt. Und kaum liegen neue Forschungsergebnisse vor, greift Galilei noch einmal zur Feder. Er bricht sein langes Schweigen und informiert Kepler über seine Sonnenbeobachtungen.

### »Alle sind von der Wahrheit weit entfernt«

Sein Brief vom 23. Juni 1612 ist der letzte erhaltene Brief ihrer Korrespondenz, wenn man von einem belanglosen Empfehlungsschreiben für einen jungen Mann fünfzehn Jahre später absieht. Wie immer schreibt Galilei an den toskanischen Botschafter in Prag, über den der Kontakt auch bisher gelaufen ist. Er beginnt mit einer Entschuldigung: Verschiedene Zwischenfälle, allen voran seine gesundheitlichen Probleme, hätten ihn über Monate lahmgelegt.

Schon lange habe er nichts mehr von Kepler gehört. »Ich vermute, dass die zurückliegenden Tumulte der Grund dafür sind.« Jetzt aber würde er gern erfahren, wie es ihm gehe. »Ich glaube,

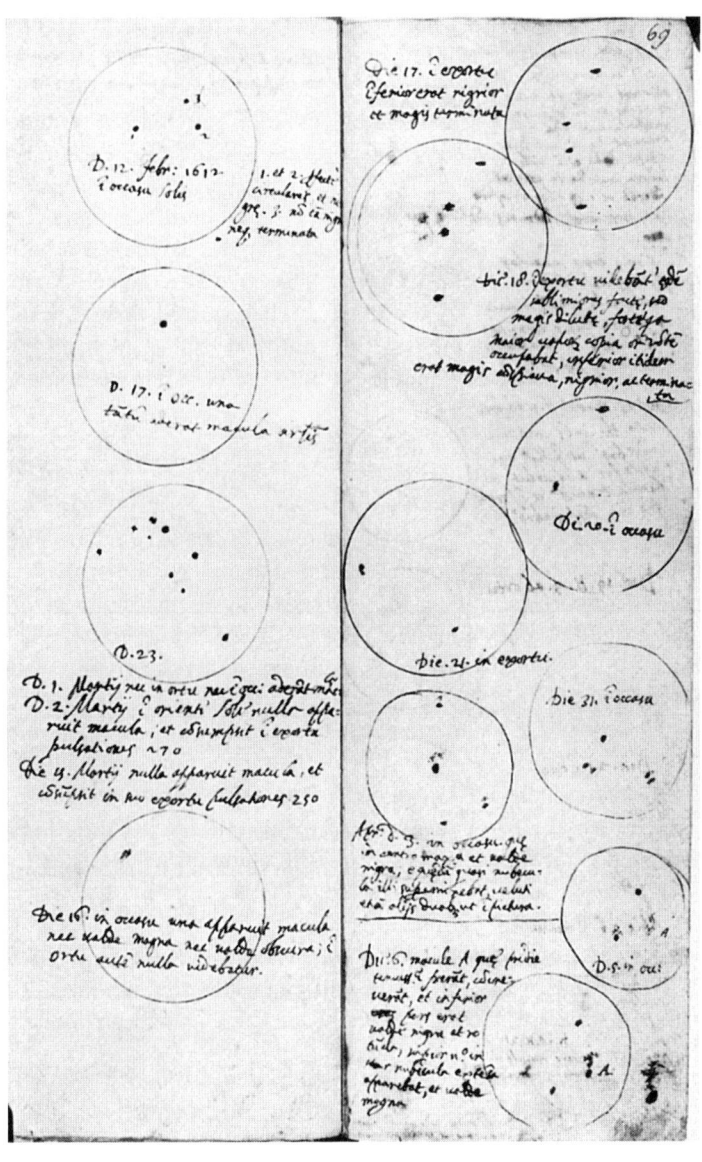

*Galileis allererste, noch wenig differenzierte Skizzen der Sonnenflecken zwischen Februar und April 1612.*

es würde ihn freuen zu hören, wie ich endlich die Umlaufzeiten der Jupitermonde bestimmt und genaue Tabellen dazu angelegt habe.«

Nach dieser Einleitung und einem Exkurs zu den Jupitermonden kommt er auf sein eigentliches Anliegen zu sprechen: die Erforschung der Sonne, seine letzte bedeutende Beobachtungsreihe mit dem Fernrohr, die letzte überhaupt in der ersten Hälfte des 17. Jahrhunderts. Erst Jahrzehnte später werden Astronomen den Horizont noch weiter hinausschieben können – dank einer neuen Verbindung von handwerklichem und wissenschaftlichem Wissen, einer neuen Schleiftechnik für die Glaslinsen und mit neuen Teleskopen, die Kepler bereits in ihren Grundzügen beschrieben hat.

»Etwa fünfzehn Monate oder mehr sind vergangen, seit ich erstmals einige dunkle Flecken auf der Sonne beobachtet habe«, so Galilei. »Schon im April vergangenen Jahres, als ich mich in Rom aufhielt, habe ich sie einigen Prälaten und anderen Herrschaften gezeigt.« Seither seien die Sonnenflecken auch andernorts beobachtet worden, und man habe verschiedene Meinungen dazu geäußert und publiziert. »Aber alle sind von der Wahrheit weit entfernt.«

Diese Wendung zielt zuallererst gegen den Jesuitenmathematiker Christoph Scheiner, dessen Abhandlung über die Sonnenflecken längst die Runde gemacht hat. Trotzdem meint Galilei, noch einmal die Nase vorn zu haben. Denn es reicht seiner Meinung nach bei Weitem nicht aus, ein Phänomen nur zu sehen – man muss es auch zu deuten wissen. Die richtige Interpretation der Flecken aber, dessen ist er sich sicher, hat er selbst nach monatelangen Aufzeichnungen gefunden. In dem nun beginnenden Streit um den Vorrang als Entdecker der Sonnenflecken, den Galilei bis an sein Lebensende austragen wird, käme ihm Keplers Beistand gerade recht.

Der unter einem Pseudonym auftretende Scheiner, Mathematiker an der Universität Ingolstadt, hat die Sonne von einem Kirchturm aus beobachtet. Um keine Schädigung des Augenlichts zu riskieren, hat er die Sonnenstrahlen mit gefärbten Gläsern abgeschwächt und seine Forschungen auf die frühen Morgen- und

Abendstunden konzentriert, in denen das Licht auf dem langen Weg durch die Atmosphäre gedämpft wird.

Scheiner bezweifelt, dass die durch das Fernrohr erkennbaren Flecken irgendetwas mit der Sonne selbst zu tun haben. Für ihn steht ihre Vollkommenheit nicht zur Disposition. Wahrscheinlicher ist seiner Ansicht nach, dass kleine Himmelskörper an der Sonnenscheibe vorbeiziehen und sie verdunkeln. Scheiner schließt daraus, dass es zwischen Erde und Sonne einen ganzen Schwarm solcher Gestirne gibt.

## Momentaufnahmen einer rotierenden Sonne

Der reiche Augsburger Patrizier Markus Welser hat Scheiners Arbeit gedruckt und etlichen Gelehrten zugeschickt, unter ihnen Kepler und Galilei, die unabhängig voneinander zu ganz ähnlichen Beurteilungen gekommen sind. Galilei hat sich mit seiner Entgegnung einige Monate Zeit gelassen.

Er müsse vorsichtiger sein als jeder andere, begründet er sein Zögern. Mit der Äußerung einer Hypothese müsse er so lange warten, bis er einen »mehr als sicheren Beweis« dafür habe, denn von den vielen »Gegnern des Neuen« würde ihm jeder Irrtum, und wäre er noch so verzeihlich, als grobe Fahrlässigkeit angekreidet. Lieber wolle er sich also damit begnügen, der Letzte zu sein, der einen richtigen Gedanken ausspricht, als anderen zuvorzukommen und dann das, was er überstürzt und ohne viel Überlegung angeführt habe, wieder korrigieren zu müssen.

Ganz so bescheiden ist Galilei aber doch nicht. Später behauptet er, lange vor Scheiner mit seinen Beobachtungen begonnen zu haben. Er datiert den vermeintlichen Beginn seiner Sonnenforschung immer weiter zurück, bezeichnet den hartnäckigen Konkurrenten schließlich als »Schwein« und »Esel«.

Dabei hat ihn erst Scheiners Vorstoß zu jener meisterhaften Untersuchung angestachelt, die der des Jesuitenmathematikers in nahezu allen Belangen überlegen ist. Galileis Sonnenfleckenzeichnungen sind beispiellos. Wo Scheiner kleine, scharf umrandete Objekte in seine Bildtafeln eingetragen hat, die seiner Vorstellung von Himmelskörpern Rechnung tragen, zeichnet Galilei die geheimnisvollen Flecken in ihrer ganzen Feinstruktur. In kunstvollen Miniaturen hält er fest, wie sie sich zusammenballen und in Fragmente auflösen, während sie über die Sonne wandern, wie ihre Helligkeit variiert und wie sich die dunklen Schatten schließlich zum Rand der Scheibe hin verkürzen, ehe sie verschwinden.

Die breit angelegte Beobachtungsreihe startet er zusammen mit dem Maler Ludovico Cigoli, mit dem er seit seiner Studienzeit befreundet ist. Die beiden spielen »über Bande«, wie der Kunsthistoriker Horst Bredekamp erläutert. Sie sitzen an unterschiedlichen Orten – Cigoli in Rom, Galilei in Florenz –, schicken sich ihre Zeichnungen zu und verbessern sukzessive ihre Beobachtungstechnik und Darstellungsweise.

Nachdem Galileos Schüler Benedetto Castelli einen Projektionsapparat konstruiert hat, mit dem sich das Bild der Sonne in einfacher Weise auf ein Blatt werfen lässt, arbeiten sie die innere Struktur der Flecken in allen Einzelheiten heraus. Gegen diese geballte Sachkenntnis kommt Scheiner nicht an. »Die beiden sich überlappenden Serien Galileis und Cigolis bilden das schwerlich überbietbare Ergebnis einer Forschergemeinschaft von Naturwissenschaftler und Künstler«, so Bredekamp.

Seine vorläufigen Resultate fasst Galilei in dem Brief an Kepler vom 23. Juni 1612 zusammen. Er habe Sonnenflecken gesehen, die sich innerhalb von zwei, drei oder vier Tagen auflösten, andere blieben für fünfzehn, zwanzig oder dreißig Tage erhalten oder noch länger. »Ihre Formen verändern sich und sind darüber hinaus völlig irregulär; sie verdichten sich und zerfallen, einige sind tief schwarz und andere weniger dunkel; oft teilt sich einer in drei oder vier, ein anderer in zwei oder drei Teile, oder sie vereinigen sich zu einem einzelnen.«

Galilei ist zu der Überzeugung gekommen, dass es sich bei den Flecken um wolkenartige Gebilde handelt, die an die Sonne gebunden sind. In ihrer Bewegung folgten alle der Rotation der Sonne, »die sich in etwa einem Mondmonat um sich selbst dreht«. Und zwar in derselben Drehrichtung wie die Planeten. Mit der Feststellung, dass die Sonne um ihre eigene Achse rotiert, endet sein prägnanter Forschungsbericht.

*Brisante Neuigkeiten?*

Der Brief erreicht Kepler auf Umwegen. Denn als der toskanische Botschafter, Giuliano de' Medici, im August 1612 vom Fürstentag zurückkehrt, ist Kepler schon nicht mehr in Prag. Der kaiserliche Mathematiker habe die Stadt inzwischen verlassen, teilt der Botschafter Galilei mit. Reich an Geistesgaben, aber vom Schicksal nicht gerade begünstigt, habe Kepler ein Angebot in Oberösterreich angenommen und seinen Wohnsitz nach Linz verlegt, wo er seinen Studien mit weniger Sorge um die häuslichen Dinge nachgehen könne. Den Brief Galileis werde Matthäus Wackher von Wackenfels weiterleiten.

Auch das braucht wohl eine Weile. »Wir in Linz«, so Kepler, »entbehren nämlich der Wohltat einer Post. Das Volk der Boten aber ist den Gelehrten feindselig gestimmt.« Mehrfach beschwert er sich über die Unzuverlässigkeit der Kuriere und ihre unverschämten Preise. Einige Briefe dringen gar nicht zu ihm durch, andere sind ein halbes Jahr oder noch länger unterwegs, so etwa ein Brief des Mathematikers Odo van Maelcote aus Brüssel vom Dezember 1612, der erst im Juli 1613 nach siebenmonatiger Odyssee bei ihm landet.

Maelcote äußert sich ebenfalls zum gegenwärtigen Topthema der Astronomie: der Entdeckung der Sonnenflecken. Der angesehene Mathematiker hat im Frühjahr 1611 bei der großen Feier am Jesuitenkolleg in Rom die viel beachtete Rede auf Galileis *Sternenboten* gehalten, ihm sind auch Keplers Werke »bestens bekannt«.

Von der *Neuen Astronomie* sei er ausgesprochen angetan, insbesondere von der Art und Weise, wie Kepler das ptolemäische, das kopernikanische und das tychonische Weltbild darin miteinander verglichen habe. Er berichtet seinem protestantischen Fachkollegen von eigenen Beobachtungen der Sonnenflecken – fragend und mit der Bitte, Kepler möge ihm seine Forschungsergebnisse mitteilen.

Liest man nach diesem Brief den Galileis, werden viele Unterschiede deutlich. Galilei spricht Kepler kein einziges Mal auf dessen astronomische Studien an, und das, obschon Kepler die Umdrehung der Sonne vorhergesagt hat. In seinen Briefen hat er

Galilei mehrfach mit dieser Hypothese konfrontiert. Wenn sich die Rotation der Sonne mit dem Fernrohr wahrnehmen ließe, dann hätte seine Planetentheorie »Grund, sich zu gratulieren«, hatte er ihm am 9. Januar 1611 geschrieben, wenige Monate bevor Galilei die Flecken auf der Sonne erstmals einigen Gelehrten in Rom zeigte.

Über all dies verliert Galilei kein Wort. Für ihn sitzt der Deutsche selbst in der Frage, die einen Kernpunkt seiner Theorie betrifft, lediglich im Publikum.

Keplers Antwortschreiben an Galilei ist nicht bekannt. Kein weiterer Brief aus ihrer Korrespondenz ist mehr auffindbar. Trotzdem kann es als gesichert gelten, dass ihr Austausch nicht im Sommer 1612 endet, sondern mindestens noch ein Jahr weitergeht. Denn als Kepler im Oktober 1616 noch einmal in einem anderen Kontext auf die Sonnenflecken zurückkommt, sagt er, in denselben Zeitraum zwischen 1612 und 1613 seien Galileis Briefe an Welser gefallen »und meine an Galilei«.

In seiner Antwort an Maelcote lobt er Galileis sorgfältige Untersuchung der Flecken. Aus dem Schreiben geht jedoch auch hervor, dass er dessen Prioritätsansprüche diesmal nicht unterstützen kann. Weder Galilei noch Scheiner sind in seinen Augen die Entdecker der Sonnenflecken. Wenn überhaupt, dann könnte dies am ehesten der Friese Johann Fabricius von sich behaupten, »der eine Schrift über diesen Gegenstand schon im Juni 1611 veröffentlichte«.

### Die Selbstbeschränkung des modernen Forschers

Die Beobachtung der Sonnenrotation hätte Galilei einmal mehr die Möglichkeit gegeben, auf Keplers Theorie einzugehen. Aber wieder enthält er sich jeglichen Kommentars.

Aufschlussreich für Kepler dürfte dagegen Galileis abschließende Publikation zu den Sonnenflecken sein, die er im Juli 1613 zu lesen bekommt. Zunächst grenzt sich Galilei darin gegenüber der aristotelischen Schulphilosophie ab, deren Ansichten er als Vorurteile entlarven möchte. Die von ihm nachgewiesene Veränderlichkeit der Sonne sei das »Grabgeläut oder vielmehr das jüngste Gericht« für jene Pseudowissenschaft.

Ein Wissenschaftler müsse sich auf das beschränken, was der Erfahrung zugänglich sei, jeder Akt der Spekulation müsse gegenüber anderen Aufgaben zurückgestellt werden. »Denn entweder wollen wir auf dem Weg der Spekulation versuchen, zur wahren Essenz und zum Innersten der natürlichen Substanzen vorzudringen, oder wir wollen uns damit begnügen, von einigen ihrer Eigenschaften Kenntnis zu erlangen.« Zur Essenz vorzustoßen sei jedoch sowohl bei den ganz nahen, elementaren Substanzen als auch bei den weit entfernten, himmlischen ein unmögliches Unternehmen und eine vergebliche Mühe. Eine derartige Erkenntnis sei uns für den Zustand der Seligkeit vorbehalten. »Aber wenn wir uns an das Verständnis einiger Erscheinungen halten, scheint es mir, dass wir nicht verzweifeln müssen und es selbst bei den von uns am weitesten entfernten Körpern erreichen können.«

Es sei nicht das primäre Anliegen der Wissenschaft, umfassende Theorien zu entwerfen – das bezeichnet er bei anderer Gelegenheit sogar als eitle Anmaßung –, sondern in wenigen Punkten Gewissheit zu erlangen. Er selbst wisse zum Beispiel viel eher, was die Sonnenflecken nicht sind, als was sie sind, es sei viel leichter, das Falsche aufzudecken, als das Wahre zu finden.

Diese Art der Selbstbeschränkung macht Galilei zu einer zentralen Figur in der Geschichte der Naturwissenschaften. Sein kritischer Rationalismus und seine skeptisch-prüfende Haltung haben entschieden zu seinem Ruf als Begründer der modernen Physik beigetragen.

Weil er die Schulphilosophie als derart festgefahren erlebt – genauer gesagt, sie so darstellt –, sieht man Galilei meist damit beschäftigt, die vermeintlichen Irrtümer anderer aufzudecken. Mit Verve kämpft er dafür, ein System von Vorurteilen in der Mechanik und Himmelsmechanik aufzulösen; in seinen oft bissigen, fast ausnahmslos in italienischer Sprache verfassten Streitschriften entfaltet sich sein rhetorisches Talent zur vollen Blüte.

Neben Galileis Selbstbeschränkung wirkt Keplers Anspruch, den göttlichen Schöpfungsplan entschlüsseln zu wollen, womit er gleich in seinem allerersten Werk, dem *Weltgeheimnis*, begonnen hat, vermessen. Aber genau darin sieht Kepler seine höchste Aufgabe als Wissenschaftler. Durch die Hintertür der Mathematik versucht er, ein möglichst umfassendes Bild von den Vorgängen im Kosmos zu gewinnen. Auf dem Weg dorthin kommt er zu bahnbrechenden Ergebnissen, verfängt sich aber auch immer wieder in der inneren Logik der Mathematik.

Wie vielschichtig und vielbezüglich Kepler im Vergleich zu Galilei ist, hat das Beispiel der Optik bereits deutlich gemacht: Von der Sonne bis tief hinein ins menschliche Auge verfolgt Kepler die Ausbreitung des Lichts und verbindet auf einzigartige Weise die Kenntnisse aus Astronomie, Physik und Medizin. Dagegen zielen Galileis Teleskop und etliche seiner sonstigen Forschungsinstrumente darauf ab, möglichst genau an einen Ort zu schauen und störende Einflüsse zu beseitigen. Vor sein schmales Fernrohr setzt er bezeichnenderweise noch eine Blende, die das Gesichtsfeld weiter verengt und unerwünschte Farbfehler eliminiert. Wie die Sonnenfleckenanalyse demonstriert, erreicht Galilei auf diese Weise eine beeindruckende Tiefenschärfe. Er beherrscht dieses Metier perfekt.

Doch so modern seine Selbstbeschränkung erscheint, so wenig ist Galilei dazu imstande, sich mit der Rolle zu begnügen, die dem Wissenschaftler durch sie zukommt: kein Universalgelehrter mehr zu sein, sondern nur ein Forscher mit spezifischem Horizont. Diese Rolle passt überhaupt nicht zu seinem Selbstbild als Hofphilosoph. In seinem übermäßigen Ehrgeiz beansprucht er immer wieder »die Wahrheit« für sich, setzt andere Forschungsmethoden und -ergebnisse herab und blendet aus, was nicht von ihm selbst kommt – auch Keplers Planetentheorie. »Dass in Galileos Lebenswerk dieser entscheidende Fortschritt keine Spuren hinterlassen hat«, so Albert Einstein, »ist ein groteskes Beispiel dafür, dass schöpferische Menschen oft nicht rezeptiv veranlagt sind.«

*Himmlische Kreise statt Ellipsen*

Keplers Planetentheorie trifft bei Galilei einen empfindlichen Nerv. Selbst Galileis Gönner, der Marchese Federico Cesi, versucht im Sommer 1612 vergeblich, eine Diskussion über die keplerschen Ellipsen mit ihm anzuzetteln. Cesi meint, Keplers

Planetenmodell sei plausibler als die vielen Kreisbahnen in den bisherigen Theorien. Galilei weicht auch ihm aus. Seine Vorstellungen von der Bewegung der Planeten unterscheiden sich von Grund auf von denen seines deutschen Kollegen. Wie diese aussehen, deutet er in seinem Traktat über die Sonnenflecken an. Quasi nebenbei lässt er hier erstmals Ergebnisse aus seinen langjährigen physikalischen Studien einfließen, und zwar Überlegungen zur Besonderheit der Kreis- und Rotationsbewegung: Wenn die Besatzung eines Schiffes die Segel einholt und mit den Ruderbewegungen aufhört, setzt dieses Schiff seinen Kurs zunächst mit der erreichten Geschwindigkeit fort. Angenommen, man könnte alle äußeren Widerstände wie die Reibung aufheben, »dann würde es sich auf dem ruhigen Meer weiterbewegen und unaufhörlich rund um unseren Globus fahren, ohne jemals anzuhalten«.

Dasselbe gilt Galilei zufolge für einen Ball, der auf einer glatt polierten Fläche rollt. Ist diese Ebene nach unten geneigt, wird der Ball beschleunigt, steigt die Ebene an, wird die Bewegung des Balles gebremst. Wenn sie dagegen weder nach unten noch nach oben geneigt ist, dann wird der rollende Ball weder beschleunigt noch gebremst. Er setzt seine ursprüngliche Bewegung unverändert fort. In Galileis Gedankenexperiment würde er immer weiter rollen, wenn man ihn auf einem den ganzen Globus umspannenden Tisch umlaufen ließe.

In diesem Zusammenhang spricht er von einer »neutralen« Bewegung, einer, die weder zum Mittelpunkt der Erde gerichtet ist noch sich von ihm entfernt. Schiff und Ball halten ihre Kreisbahn um die Erde. Galilei fasst diese Kreisbewegung als einen Zustand auf, der, einmal in Gang gesetzt, keinen weiteren Krafteinsatz erfordert.

Daher ist es für ihn geradezu selbstverständlich, dass sich auch die Himmelskörper auf Kreisbahnen bewegen. In diesem Fall gäbe es nämlich eine einfache Erklärung für die Unveränderlichkeit der kosmischen Ordnung: Wie Schiffe auf dem Ozean würden die Planeten und Monde ihre einmal vorgegebenen Bahnen schlicht beibehalten.

Galilei sagt dies nicht explizit. Aber etliche Wissenschaftshistoriker vermuten, dass die »neutrale« Bewegung das Bindeglied schlechthin zwischen seiner Mechanik und seiner Himmelsmechanik ist. Seine »eigentümliche Lehre vom unzerstörbaren Beharren der Kreisbewegung«, wie Emil Wohlwill sie nennt, schließt Keplers Theorie de facto aus. Entweder bewegen sich die Planeten von sich aus, oder sie erhalten ihren Impuls von der Sonne, entweder sie laufen auf Kreisbahnen um oder auf Ellipsen.

Das alles klingt in sich schlüssig. Wohlwill verweist aber gleichzeitig darauf, wie unabgeschlossen und in sich widersprüchlich Galileis Himmelsmechanik zumindest zu diesem Zeitpunkt noch ist. Unmittelbar nach der Veröffentlichung seiner Sonnenfleckenbeobachtungen greift er überraschend Keplers zentrale These von der motorischen Antriebskraft der Sonne auf, obschon sie ihm nach seinen Ausführungen zur »neutralen« Bewegung eigentlich völlig zuwiderlaufen laufen müsste.

In einem Brief an seinen Schüler Benedetto Castelli vom 21. Dezember 1613 bezeichnet es Galilei als »sehr wahrscheinlich und vernünftig«, dass die Sonne als oberstes Werkzeug der Natur, gleichsam als Herz der Welt, nicht nur – wie klar ersichtlich – Licht spendet, »sondern allen Planeten, welche sich um sie herumdrehen, Bewegung verleiht«. Es würde ausreichen, die Sonne zum Stillstand zu bringen, um das ganze System anzuhalten. Da sich die Sonne seinen Beobachtungen zufolge in derselben Richtung dreht, in der auch die Planeten um sie kreisen, drängt sich also auch ihm der Gedanke auf, dass beide Bewegungen miteinander zusammenhängen.

An dieser Idee hält Galilei mindestens einige Jahre fest, ohne dass er den Antrieb der Sonne näher charakterisieren würde. 1615 kommt er in zwei Briefen mit beinahe denselben Formulierungen darauf zurück. Die Entdeckung der Sonnenrotation führt ihn zumindest vorübergehend an Keplers Theorie heran.

Was Galilei hier »sehr wahrscheinlich und vernünftig« nennt, lässt sich mit seiner Bewegungstheorie und seinen sonstigen kosmologischen Gedanken allerdings nicht zusammenbringen. Diesen Widerspruch löst er nirgends auf, auch nicht, als er zwanzig Jahre später seinen berühmten *Dialog* vollendet, über den der folgenschwere Streit mit der Kirche ausbricht.

*Ketzerische Gedanken*

Galileis Freunde hatten ihn davor gewarnt, das freie geistige Umfeld der Universität Padua zu verlassen und in den Einflussbereich der Kirche zu ziehen. In Florenz kommen die ersten Angriffe gegen ihn aus den Reihen der Philosophen und haben nur zum Teil mit der kopernikanischen Theorie zu tun. Seine eigene Streitlust trägt wohl dazu bei, dass diese Auseinandersetzungen nach und nach heftiger werden. So wettert im November 1612 erstmals ein Dominikanerpater, Niccolò Lorini, gegen »Ipernicus oder wie er heißt«.

Kurz darauf muss Galileis Schrift über die Sonnenflecken durch die Zensur in Rom. Obschon er seine kopernikanischen Gedanken zu diesem Zeitpunkt noch ungefährdet äußern darf, wird er mehrfach dazu aufgefordert, das Manuskript zu überarbeiten.

Wie der Wissenschaftshistoriker William Shea und der Theologe Mariano Artigas dargelegt haben, versucht Galilei nun seinerseits, die Heilige Schrift zu seinen Gunsten auszuschlachten, bezeichnet die eigenen Ansichten als »von Gott inspiriert« und brandmarkt die seiner Gegner als »schriftwidrig«. Die Zensoren lassen das nicht durchgehen. Galilei darf weder behaupten, seine eigene Theorie stimme »mit den unbezweifelbaren Wahrheiten der Heiligen Schrift voll überein«, noch wird ihm erlaubt zu sagen, die seiner Gegner »widerspreche der Heiligen Schrift«. Am Ende muss er alle Verweise auf die Bibel streichen.

Der Brief an seinen Schüler Benedetto Castelli im Dezember 1613 markiert einen bemerkenswerten Wendepunkt in der Auseinandersetzung. Plötzlich zeigt sich die Mutter des toskanischen Großherzogs, Christine von Lothringen, beunruhigt durch die Anschuldigungen gegen Galilei. Um am Hof nicht in Misskredit zu geraten, sieht sich der Wissenschaftler erstmals dazu genötigt, in seinen Briefen an Castelli und später an die Großherzogsmutter schriftlich zu begründen, warum kein Widerspruch zwischen der kopernikanischen Theorie und der Bibel bestehe.

Die Bibel, so Galilei, mache nur Aussagen über das Seelenheil der Menschen. Sie sei nicht wörtlich zu nehmen, wenn es etwa um den Stillstand der Erde gehe. Er argumentiert hier ganz ähnlich wie Kepler, der im Vorwort seiner *Neuen Astronomie* geschrieben hatte, es sei nicht die Absicht der Heiligen Schrift, die Menschen über natürliche Dinge wie den Lauf der Gestirne zu belehren.

Doch es gibt einen wesentlichen Unterschied in ihrer Argumentation: Im Gegensatz zu Kepler behauptet Galilei, den biblischen Schreibern sei der wahre Aufbau der Welt durchaus bekannt gewesen. Und so möchte er einige Bibelstellen doch wörtlich verstanden wissen, zum Beispiel das Wunder Joshuas. Dieses Wunder soll darin bestanden haben, dass Gott die Stimme Joshuas erhörte, als dieser sagte: »Sonne, steh still über Gibeon!« Die Sonne blieb so lange stehen, bis das Volk der Israeliten an seinen Feinden Rache genommen hatte.

Galilei behandelt dieses biblische Wunder ganz anders als Kepler. In seinem Brief an Castelli will er den Nachweis erbringen, dass das Anhalten der Sonne nur im kopernikanischen Weltbild problemlos möglich ist, während man im geozentrischen System den ganzen Himmel damit durcheinanderbringen würde.

Solche eigenmächtigen und mathematisch spitzfindigen Auslegungen der Bibel machen ihn in den Augen seiner Gegner erst recht angreifbar. Hat nicht die römische Kirche genug damit zu kämpfen, dass Lutheraner und Calvinisten die Bibel nach eigenem Gutdünken deuten? Soll nun auch noch ein Mathematiker den katholischen Theologen erklären, wie sie die Heilige Schrift auszulegen haben?

*Die Denunziation*

Galilei ist seit der Entdeckung der Venusphasen fest davon überzeugt, dass das kopernikanische Weltmodell den wirklichen Verhältnissen entspricht. Er möchte die Kirche davor bewahren, voreilige Schlüsse aus den Passagen der Bibel zu ziehen, die die Natur betreffen. In seinem Eifer manövriert er sich in den kommenden Jahren tiefer und tiefer in diese heikle Angelegenheit hinein.

Am 21. Dezember 1614 greift der Dominikaner Tommaso Caccini die ganze Mathematikerzunft bei einer Predigt in Florenz an, zwei Monate später denunziert sein Ordensbruder Niccolò Lorini Galilei bei der Inquisition, nachdem er in Besitz einer Abschrift des Briefes an Castelli gelangt ist. Wie jede ordentliche Denunziation spart sie nicht mit Hinweisen darauf, dass Galilei mit dubiosen Gestalten wie Paolo Sarpi in Venedig verkehre, Kontakte zu Deutschen, also Ketzern, pflege und abwertend von den Kirchenvätern spreche.

Spätestens jetzt, da die Inquisition tätig wird, wäre äußerste Vorsicht geboten. Dem toskanischen Gesandten zufolge ist Rom in diesen Zeiten nicht der Ort, »um über den Mond zu debattieren und neue Ideen zu vertreten«. Papst Paul V. will den durch die Reformation verloren gegangenen Einfluss der katholischen Kirche zurückgewinnen, die wichtigsten Mittel dazu sind die strengen Bestimmungen des Konzils von Trient.

Der Kardinal-Inquisitor Roberto Bellarmino, einer der herausragenden Intellektuellen in Rom, erteilt Galilei den Rat, die Grenzen der Philosophie nicht zu überschreiten. Die Auslegung der Schrift sei Sache der Theologen.

Doch auch unter den Vertretern der Kirche haben Kopernikus, Kepler und Galilei inzwischen Anhänger gefunden. Ein Mönch aus Neapel, der Karmeliter Paolo Antonio Foscarini, bringt die kopernikanische These in einem Büchlein unters Volk. Foscarini prüft alle zweifelhaften Stellen der Bibel daraufhin, wie sie mit der neuen Theorie in Einklang zu bringen sind. Der Handlungsbedarf vonseiten der Kirche wird nun noch deutlicher.

Im Einklang mit dem Konzil besteht Bellarmino auf einer wörtlichen Auslegung der Bibel. An Foscarini schreibt er: Nur wenn es einen Beweis für die Bewegung der Erde gäbe, wäre es notwendig, mit viel Bedacht an die Auslegung entsprechender Schriftstellen heranzugehen. Doch ein solcher Beweis liege nicht vor. Bellarmino betrachtet das kopernikanische Modell als rein mathematische Hypothese, und im Zweifelsfall dürfe man sich nicht von der Auslegung der Heiligen Schrift durch die Kirchenväter entfernen.

Galilei nimmt sich die Ratschläge der Kardinäle Bellarmino, Bar-berini und seiner Freunde in Rom nicht zu Herzen, sondern geht in die Offensive. Er reist persönlich in die Heilige Stadt und zieht seine letzte Trumpfkarte: Dem jungen Kardinal Alessandro d'Orsini, den er für seine Ideen hat gewinnen können, gibt er für ein Gespräch mit dem Papst neues Beweismaterial mit auf den Weg. Mit einer soeben erst ausgearbeiteten Theorie über Ebbe und Flut meint er, einen Beweis dafür gefunden zu haben, dass die kopernikanische Lehre richtig ist. Nur auf einer bewegten Erde kann es seiner Ansicht nach zu einem Phänomen wie den Gezeiten kommen.

Sein Engagement und seine Anwesenheit in Rom schaden ihm jedoch mehr, als dass sie ihm helfen. Der toskanische Gesandte in Rom warnt den Medici-Fürsten in Florenz, Galilei sei ungestüm und leidenschaftlich und setze sich großen Gefahren aus. Wenige Wochen später, im Februar 1616, beginnen die entscheidenden Sitzungen des Heiligen Offiziums. Die Schrift des Kopernikus wird so lange verboten, bis sie entsprechend korrigiert ist, das Buch des Karmeliters Foscarini sogar mit einem Bann belegt, sämtliche Exemplare werden vernichtet.

Galilei selbst kommt mit einem blauen Auge davon. In dem Dekret wird der Hofphilosoph des toskanischen Großherzogs nicht namentlich genannt. Es gibt keinen Prozess gegen ihn, keines seiner Werke wird auf den Index gesetzt. Bellarmino ermahnt ihn »nur« dazu, die kopernikanische Lehre künftig nicht mehr als Tatsache zu vertreten. Von demselben Kardinal lässt er sich anschließend schriftlich bestätigen, dass er nicht persönlich bestraft worden sei oder der Lehre habe abschwören müssen. Sogar der Papst empfängt ihn am 11. März 1616 noch einmal zu einer Audienz.

Am Tag danach berichtet Galilei dem toskanischen Staatssekretär, er habe Seine Heiligkeit bei dieser Gelegenheit auf die Böswilligkeit seiner Verfolger und ihre falschen Verleumdungen hingewiesen. »Und hier antwortete er mir, dass ihm meine Rechtschaffenheit und Aufrichtigkeit im Geiste wohlbekannt gewesen seien … Seine Heiligkeit und die gesamte Kongregation hätten eine so hohe Meinung von mir, dass man den Verleumdern nicht leichtfertig das Ohr schenken würde.« Zu dem spektakulären Prozess gegen ihn kommt es erst siebzehn Jahre später.

# UNHEILBRINGENDE KOMETEN
## Inmitten des Krieges: Keplers Kritik an Galilei

Die Fallhöhe ist groß zwischen Keplers internationalem Aktionsradius am Hof des toleranten Kaisers in Prag und der eher kleingeistigen Atmosphäre in Linz. Der Mathematiker hat auf dem Höhepunkt seines Schaffens keine geeignete Stelle für sich gefunden. Die evangelische Landschaftsschule in Linz ist noch unbedeutender als die in Graz, nur auf Fürsprache einiger Aristokraten ist hier für ihn ein neuer Posten eingerichtet worden. Schulleitung und Lehrerkollegium sind von der Sonderregelung nicht gerade begeistert.

Der Neuanfang wird ihm durch unerwartete Konflikte erschwert. Was für ihn zunächst viel schlimmer ist als die Diskrepanz zwischen seinen überragenden Fähigkeiten als Wissenschaftler und seiner neuen Stellung: In Linz beschuldigt man ihn gleich nach seiner Ankunft der Ketzerei.

Im Sommer 1612 hatte sich Kepler vertrauensvoll an den obersten Pastor der lutherischen Gemeinde, Daniel Hitzler, gewandt, um ihm seine religiösen Zweifel zu eröffnen. Seit seiner Jugend glaubt er nicht an die reale Gegenwart Jesu Christi beim Abendmahl, sondern steht in dieser Frage den Calvinisten näher.

Hitzler hat dieselbe kirchliche Ausbildung in Württemberg durchlaufen wie Kepler. Er fühlt sich der orthodoxen Haltung der lutherischen Kirche in jeder Hinsicht verpflichtet. Anders als Keplers Pastor in Prag ist Hitzler nicht dazu bereit, dem Neuankömmling das Abendmahl zu erteilen, falls dieser nicht der im Konkordienbuch formulierten lutherischen Lehrmeinung ohne Vorbehalt zustimmt.

Eindringlich appelliert Kepler an das Konsistorium in Stuttgart, man möge ihn zum Abendmahl zulassen, holt sich dort aber sofort die nächste Abfuhr. In Württemberg stellt man sich hinter Hitzler und wirft Kepler Ketzerei vor. Ob nun ein halber oder ein ganzer Calvinist, er missachte mit seiner Haltung »die tröstliche, in Gottes Wort gegründete Lehre«. Bis in Galileis Kreise dringt das Gerücht vor, Kepler sei ein Calvinist.

Der studierte Theologe ist schwer getroffen, spricht in vielen Briefen von seinen inneren Konflikten. »Ich könnte den ganzen Streit niederschlagen, wenn ich die Konkordienformel vorbehaltlos unterschreiben würde. Allein es steht mir nicht zu, in Gewissensfragen zu heucheln.« Er sei nur dann zur Unterschrift bereit, wenn man seine schon erwähnten Einschränkungen zulassen würde. An dem Theologengezänk wolle er sich nicht beteiligen.

Seinen ehemaligen Theologieprofessor Matthias Hafenreffer fleht er an, man möge den Ausschluss vom Abendmahl rückgängig machen. Der fühlt sich ihm zwar verbunden, bleibt jedoch bis zuletzt bei seinem ablehnenden Urteil. »Wenn Ihr unseren brüderlichen Mahnungen noch länger widerstrebt, sehen wir keine Heilung für die unglückselige Wunde, die Euch durch das Schwert der Torheit der menschlichen Vernunft geschlagen wurde ... Wer mit der orthodoxen Kirche nicht den gleichen Glauben bekennt und ausübt, wie könnte der mit der Kirche, von der er abweicht, die gleichen Sakramente genießen?«

Bis an sein Lebensende bleibt Kepler vom Abendmahl ausgeschlossen. Die Gerüchte um seine eigenwilligen Ansichten in Glaubensfragen machen in Linz vom ersten Tag an die Runde. Sie stehen seinem Wunsch, sich hier in Ruhe eine neue Existenz aufzubauen, von Beginn an im Weg.

*Der Brautreigen*

Unterwegs nach Oberösterreich hat er seine beiden Kinder Susanna und Ludwig in die Obhut einer Witwe gegeben, wissend, dass dies nur eine vorübergehende Lösung sein kann. Kepler sucht eine Frau. Der Wissenschaftler, »dessen Mannesalter den Gipfel überschritten hat und bereits zur Neige geht, dessen Affekte sich beruhigt haben, dessen Körper von Natur saftlos und weich ist«, wie er über sich selbst sagt, möchte noch einmal heiraten. In einem Brief vom 23. Oktober 1613 schildert der nunmehr Einundvierzigjährige einem unbekannten Freiherrn, wie er in den beiden zurückliegenden Jahren nicht weniger als elf Anläufe genommen habe, eine passende Partnerin zu finden: Die Erste, die er ins Auge fasste, war eine Witwe, die ihm seine frühere Frau noch vor ihrem Tod »nicht undeutlich empfohlen« hatte. Doch war er letztlich froh, dass nichts daraus wurde. Die mehrfache Mutter, die in verwickelten finanziellen Verhältnissen lebte, entschied sich nach Beratung mit ihrem Schwiegersohn gegen die Verbindung. »Um die Wahrheit zu gestehen: Ich betrieb etwas Unpassendes, weil nämlich das Mitleid gegen die zu Heiratende ein Akt der Pietät gegen die Verstorbene war, an sich etwas Gutes, aber Unpassendes, weil, wer eine Frau sucht, anderes tun muss.«

Die zurücktretende Mutter brachte sofort ihre älteste Tochter ins Spiel. »Die Abscheulichkeit des Plans traf mich zutiefst«, so Kepler, »und doch fing ich an, die Partie zu erforschen. Während ich inzwischen mein Sinnen von den Witwen zu den Jungfrauen lenkte, ... nahmen mich der Anblick und die gefälligen Züge der Anwesenden gefangen.« Seinem Auge entging jedoch nicht, dass die Jungfrau mit mehr Genüssen aufgewachsen war, als es ihre Verhältnisse zuließen. Außerdem wollte die Mutter ein etwas höheres Alter der Tochter abwarten, Kepler dagegen musste Prag schnell verlassen. So zerschlug sich auch dieser Plan.

Die Dritte hatte ihre Treue bereits einem anderen versprochen, der sich zwar als »Hurenbock« herausstellte, die Sache aber dadurch zu einem für Kepler nicht gerade angenehmen Spottspiel machte.

Die Vierte war zugleich die erste Linzerin. Und obwohl man ihm »wegen ihrer Mittellosigkeit abriet, obgleich auch andere wegen ihrer Größe und ihrer athletischen Gestalt abrieten, hing ich doch an diesem Plan fest und hätte ihn vielleicht zu früh zum Abschluss gebracht, wenn nicht Liebe und Vernunft mir inzwischen mit vereinten Kräften die Fünfte aufgedrängt hätten, die, als sie zum Vergleich mit der Vierten kam, in ungewissem Wettstreit besonders an Ansehen der Familie und Würde des Gesichtsausdrucks, aber auch wegen einiger Mittel und der Mitgift unterlag, aber besonders durch Liebe und durch mein Zutrauen zu ihrer Demut, Schlichtheit, Emsigkeit und Liebe zu den Stiefkindern siegte. An ihr gefiel mir, dass sie Waise und alleinstehend war, was ich bei einer anderen abgelehnt hätte, denn ihre Armut zog keine Furcht vor bedürftigen Verwandten nach sich.«

Die Fünfte, Susanna Reuttinger, wird schließlich seine Frau. Doch als er eine Woche vor der Eheschließung den hier zitierten Brief an einen nicht näher bekannten Baron schreibt, fragt er sich immer noch, »warum, da sie mir doch bestimmt war, Gott es zugelassen hat, dass sie im Verlauf eines Jahres sechs Rivalinnen erdulden musste«.

Es lag an seinem eigenen forschenden Geist. Kepler habe das Problem, die richtige Frau unter den elf Anwärterinnen zu finden, so ziemlich auf die gleiche Weise gelöst, wie er die Marsbahn fand, schreibt der Schriftsteller Arthur Koestler. »Er beging eine Reihe Irrtümer, die sich als verhängnisvoll hätten erweisen können, glich sie aber wieder aus und merkte bis zum letzten Augenblick nicht, dass er die richtige Lösung bereits in den Händen hielt.«

Allerdings folgte Kepler bei seiner Brautschau auch zu vielen gut gemeinten Ratschlägen. Seine eigene Stieftochter zum Beispiel empfahl ihm eine Frau höheren Standes, die Sechste. Kepler prüfte auch sie. Ihr Adel erweckte bei ihm schon durch seine bloße Existenz den Verdacht des Hochmuts.

Die Siebte kam ebenfalls aus Adelskreisen, die sich anbahnende Beziehung brachte ihm nur Kummer – und für die Frauengemächer ziemlich viel Gesprächsstoff.

Kepler suchte einmal mehr Rat bei den Sternen und wandte sich, »den Frauensalons zürnend und daher nicht sehr beruhigten Gemüts, zu den Bürgerlichen, die an den Übertritt zum Adel dachten; aus diesen wählte ich auf den Rat eines Freundes die Achte aus«. Die Frau war recht vermögend, besaß eine haushälterische Erziehung und bescheidene Sitten. Doch sein schlechter Ruf in religiösen Fragen hielt sie von einer Ehe ab.

Nach den vielen Misserfolgen bei der Brautwerbung war Kepler bei der Neunten zögerlich, ließ zu viel Scheu und Vorsicht walten, die ihm als Unentschlossenheit ausgelegt wurden.

So kam er zur Zehnten, die ihm von einer ihm freundschaftlich verbundenen Bürgersfrau empfohlen worden war. Sie war jedoch in seinen Augen allzu hässlich und passte überhaupt nicht zu ihm, »ich dünn, saftlos, zart, sie klein und fett, aus einer durch überflüssiges Fett ausgezeichneten Familie. Großer Verdruss entstand aus dem Vergleich mit der Fünften, entfachte aber die Liebe zu jener nicht aufs Neue.«

Schließlich die Elfte, wieder Wohlstand, Adel, Tüchtigkeit, aber auch sie war noch nicht alt genug. Kepler geduldete sich zwar Monat um Monat, nur um schließlich doch seine allerletzte Absage zu bekommen. »Da nun alle Ratschläge meiner Freunde erschöpft waren, ... kehrte ich bei der Abreise nach Regensburg zur Fünften zurück und gab und empfing das Treueversprechen.« Dem Briefpartner listet er noch einmal die Vorzüge der mittellosen, aber sittsamen, geduldigen und vor allem weder hochmütigen noch verschwenderischen Susanna Reuttinger auf. Dann lädt er ihn für den 30. Oktober zur Hochzeit ein.

## Der Hexenprozess gegen die »Keplerin«

Kepler und seine vierundzwanzigjährige Frau ziehen gemeinsam mit den Kindern nach Linz. Als Wissenschaftler ist er hier viel einsamer als zuvor. In Linz findet er keine Gesprächspartner vom Schlag eines Matthäus Wackher von Wackenfels mehr, der immer über die neuesten Entwicklungen in der Wissenschaft auf dem Laufenden gewesen ist und ihn mit Büchern und Instrumenten versorgt hat. Auch fehlt ihm jenes Panoptikum der Technik, darunter Fernrohre, Linsen und Spiegel, das der Kaiser in seiner Kunstkammer in Prag zusammengesammelt hatte und auf das Kepler beim Schreiben seiner *Dioptrik* hat zugreifen können. Von nun an verlaufen seine Forschungen weitgehend ohne äußere Anregungen.

Das erhoffte Echo auf seinen großen kopernikanischen Entwurf ist ausgeblieben, wie weit sein Engagement in der Debatte über die Sonnenflecken reicht, lässt sich den Quellen nur noch bruchstückhaft entnehmen. Die Spuren seiner Korrespondenz mit Galilei und vielen anderen Gelehrten verlieren sich.

Zwischenzeitlich habe er »geradezu die Astronomie selber« vergessen, teilt Kepler einem Briefpartner 1615 als Entschuldigung für sein langes Schweigen mit. Einige Jahre später wird er sogar sagen, dass ihm das, was er über die physikalischen Ursachen der Bewegung der Himmelskörper ausgeführt habe, mittlerweile nicht mehr so wichtig sei. Vielmehr verlange sein Geist nun abzuschweifen »auf die Formen und die Seelen, auf Gott selbst, den Schöpfer des Werkes«.

Seine nur zögerlich wieder in Gang kommenden astronomischen Studien sind eingeklemmt zwischen existenziellen Sorgen und bedrückenden Erfahrungen in den Vorkriegs- und Kriegsjahren. Hat schon das Gerede über seinen Ausschluss vom Abendmahl der Familie zugesetzt, wiegen die Anschuldigungen gegen seine Mutter Katharina noch schwerer. Sie ist im württembergischen Leonberg von einer Nachbarin und deren Sippe der Hexerei bezichtigt worden.

Ganz Württemberg wird im Vorfeld des Dreißigjährigen Krieges vom Hexenwahn erfasst. So müssen in Schwäbisch Gmünd in den Jahren 1613 bis 1617 fünfzig Frauen den qualvollen Tod auf dem Scheiterhaufen sterben, in Ellwangen sind es zur selben Zeit etwa vierhundert, oft ältere, alleinstehende Frauen wie die »Keplerin«, denen schwarze Magie nachgesagt wird, die den »bösen Blick« besitzen, die Unwetter und Wölfe herbeirufen.

Der Untervogt Lutherus Einhorn aus Leonberg weiß, wie man solche Unholdinnen zur Rechenschaft zieht und auf den Scheiterhaufen bringt. Katharina Kepler ist nur eine von fünfzehn Frauen, gegen die er ein Verfahren einleitet. Nachdem sein erster rüder Versuch, ein Geständnis aus ihr herauszupressen, an der Standhaftigkeit der »Keplerin« gescheitert ist, findet er die nötige Beweislast bei einem zwölfjährigen Mädchen, das plötzliche Schmerzen im Arm verspürt, als die »Keplerin« an ihr vorbeigeht. Nach diesem offensichtlichen Hexenschuss, unter dem das Mädchen noch lange zu leiden hat, nimmt der Rechtsweg seinen Gang.

Katharina Kepler unternimmt mehrere Versuche, persönlich mit dem Untervogt zu verhandeln, mal zusammen mit ihrem Sohn Christoph, mal allein. Den Darstellungen von Lutherus Einhorn zufolge ist sie in der Absicht gekommen, ihn mit einem silbernen Becher zu bestechen. Auf diesen Skandal hin folgt der erste Haftbefehl gegen sie.

Von ihren Kindern überredet, sucht Katharina Kepler das Weite. Ende 1616 nimmt Johannes Kepler seine alte Mutter zu sich nach Linz. Ein Dreivierteljahr später will sie jedoch wieder in ihre Heimat zurück, um dort für ihr Recht und ihre Ehre zu kämpfen. Sie ist in mancher Hinsicht ähnlich starrköpfig wie ihr Sohn, der ihr nach Württemberg hinterhereilt.

Die Reise ist lang. »Da ich das im Voraus wusste«, so Kepler, »nahm ich mir einen gefälligen Begleiter für meine Studien mit.« Er liest den *Dialog über die alte und die neue Musik*, den Galileis Vater geschrieben hat. Schon lange beschäftigt ihn die Verbindung von Mathematik und Musik. Und obschon sich seine eigene Musikauffassung deutlich von der Vincenzo Galileis unterscheidet, findet er bei dem Musiktheoretiker »einen ausgezeichneten Schatz alten Wissens«.

Um einen Prozess gegen seine Mutter zu stoppen, pendelt Kepler zwischen Linz, Regensburg und Württemberg hin und her. In Deutschland beginnt zu dieser Zeit der Dreißigjährige Krieg, und zwar von Böhmen aus, wo der Machtkampf zwischen dem Kaiser und den Ständen unverändert weitergeht. Die böhmischen Ritter und Barone haben Matthias als neuen König von Böhmen anerkannt. Über dessen designierten Nachfolger, Ferdinand von Österreich, ist jedoch ein neuer Streit entbrannt, den eine kleine Gruppe böhmischer Adliger im Mai 1618 auf landestypische Weise mit einem Fenstersturz beendet. Kurz darauf wählen die böhmischen Stände den Pfalzgrafen Friedrich zum neuen König.

Die Revolte in der Prager Residenz endet für die kaiserlichen Statthalter der Überlieferung nach in einem Misthaufen. Der Staatsstreich hat dennoch tödliche Folgen, denn das Haus Habsburg nimmt den Fenstersturz natürlich nicht hin. Der erzkatholische Ferdinand von Österreich, unter dessen Schreckensregiment Kepler schon in Graz gelitten hat und der 1619 zum Kaiser ernannt worden ist, holt zu einem Gegenschlag aus, der nicht nur Böhmen zum Ziel hat, sondern sich nach und nach gegen alle protestantischen Widersacher im Reich richtet. Angeführt vom General Tilly marschieren die kaiserlichen Söldnertruppen im Sommer 1620 in Linz ein.

Die Besetzung der Stadt weckt bei Kepler schlimmste Befürchtungen. In Oberösterreich sind in den Jahrzehnten zuvor viele Bürger und Adlige zum Protestantismus konvertiert. Dieser Bewegung wird nun ein rasches Ende gesetzt, Kepler droht eine ähnliche Situation, wie er sie schon einmal in Graz erlebt hat. Zum Schutz nimmt er seine Familie im September 1620 vorübergehend nach Regensburg mit und macht sich von dort zum wiederholten Mal nach Württemberg auf.

In der Zwischenzeit ziehen die verstärkten Truppen des Kaisers in Böhmen ein. Ferdinands Armee bezwingt das dort zusammengezogene Heer des Winterkönigs in der Schlacht am Weißen Berg, erobert Prag und macht mit den Anführern des Umsturzes kurzen Prozess. Unter den Hingerichteten ist auch Keplers Freund, der Mediziner Johannes Jessenius.

Unterdessen geht in Württemberg der Hexenprozess gegen seine Mutter in die entscheidende Phase. Die dreiundsiebzigjährige »Keplerin« ist in Kerkerhaft gekommen. Lange liegt sie in Ketten, während sich das Verfahren hinzieht. Das Urteil lautet auf »territio verbalis« und wird am 28. September 1621 vollstreckt:

Man führt der Angeklagten die zur Folter bestimmten Instrumente vor und erläutert ihr die bevorstehende Tortur. Aber aus Katharina Kepler ist kein Geständnis herauszupressen. Selbst wenn man ihr alle Adern einzeln aus dem Leib ziehen wolle, werde man sie nicht dazu bringen. Sie weist sämtliche neunundvierzig »Schmachpunkte« zurück.

Ähnlich lang wie die Anklage ist die mehr als hundert Seiten umfassende Verteidigungsschrift, die ihr Sohn von Juristen hat ausarbeiten lassen. Das Schlimmste wird durch sie noch einmal verhindert. Nach dem Verhör muss Katharina Kepler freigelassen werden. Die tapfere, aber gedemütigte Frau überlebt die Haft lediglich um ein halbes Jahr.

*Sphärenmusik*

Trotz Krieg, Hexenprozess und vielen privaten Krisensituationen schreibt Kepler in Linz noch mehrere große Werke. 1617 geht der erste Band seines umfassenden astronomischen Lehrbuchs, der *Epitome*, in Druck. Darin stellt er seine Planetentheorie noch einmal in klarer Form dar.

Den zweiten Band hat er bereits begonnen, außerdem neue Planetentafeln erstellt, als seine Tochter Katharina schwer erkrankt. Das Mädchen, nach Keplers Mutter benannt, stirbt am 9. Februar 1618, wenige Monate zuvor hatten Susanna und Johannes Kepler bereits ihr erstes gemeinsames Töchterchen, Margareta Regina, zu Grabe tragen müssen. Von ihren insgesamt sieben Kindern wird nur ein einziges das Erwachsenenalter erreichen.

Den doppelten Verlust können die Eheleute nur schwer verwinden. »Ich legte daher die Tafeln beiseite, da sie Ruhe erfordern, und lenkte meinen Geist auf die Vollendung der Harmonik.« Mit dem Tod der beiden Kinder konfrontiert, versucht Kepler, über die Grenzen des Lebens hinauszuschauen. Im Bewusstsein der Vergänglichkeit sucht er die Einheit mit Gott und vertieft sich in Gedanken über eine vollkommene Ordnung des Kosmos. Binnen weniger Monate schreibt er seine *Weltharmonik*, deren Vorarbeiten bis in die Zeit in Graz zurückreichen und die auf einer ähnlichen Grundidee aufbaut wie sein *Weltgeheimnis*.

»O Du, der Du durch das Licht der Natur das Verlangen nach dem Licht Deiner Gnade in uns mehrest, um uns durch dieses zum Licht Deiner Herrlichkeit zu geleiten, ich sage Dir Dank, Schöpfer, Gott, weil Du mir Freude gegeben hast an dem, was Du gemacht hast, und ich frohlocke über die Werke Deiner Hände. Siehe, ich habe jetzt das Werk vollendet, zu dem ich berufen ward.«

Es ist die Sprache eines Mystikers, der die Herrlichkeit der göttlichen Schöpfung preist, die sich in der Musik genauso widerspiegele wie in den Bewegungen der Planeten. Die *Weltharmonik* ist eine kosmische Zusammenschau unter dem Primat der reinen Geometrie. Sie eröffnet dem Leser eine Welt der regulären Figuren, der fünf-, sieben- und zwölfeckigen Vielecke und Sterne, darunter solche, mit denen sich eine Ebene lückenlos parkettieren lässt.

Aus der Geometrie regelmäßiger Polygone leitet er alle möglichen konsonanten musikalischen Intervalle ab: von der großen und kleinen Terz über die Quarte, Quinte, große und kleine Sexte bis zur Oktave. Kepler studiert die Harmonien in der Musik, kommt zu den Urbildern der universellen Harmonien, die der Mensch in sich trage, springt zur Astrologie und den Wirkungen ihrer Aspekte auf die menschliche Seele.

Erst im letzten Teil verwandeln sich auch die Bewegungen der Planeten in eine fortwährende, mehrstimmige Musik, die zwar nicht durch das Ohr, wohl aber durch den Geist erfassbar sei. Der unermessliche Ablauf der Zeit wird so zu einer einzigen großen Symphonie. Das Buch, ganz gleich ob für die Gegenwart oder die Nachwelt geschrieben, »möge hundert Jahre seines Lesers harren, hat doch auch Gott sechs Jahrtausende auf den Beschauer gewartet«. Nämlich auf ihn, Kepler.

Die *Weltharmonik* bleibt ein singuläres Werk. Weder Musik- noch Naturwissenschaftler werden an Keplers harmonische Spekulationen anknüpfen. Dennoch findet sich ausgerechnet hier, verborgen zwischen Fünfecksternen und Doppeloktaven, jene Zauberformel, aus der Isaac Newton das Gravitationsgesetz ableiten wird: Keplers »drittes Planetengesetz«, das die Umlaufzeiten zweier Planeten und ihre mittleren Abstände von der Sonne in ein festes Verhältnis setzt.

Kepler entdeckt das Gesetz am 15. Mai 1618. Augenblicklich besiegt es die Finsternis seines Geistes, »wobei sich zwischen meiner siebzehnjährigen Arbeit an den tychonischen Beobachtungen und meiner gegenwärtigen Überlegung eine so treffliche Übereinstimmung ergab, dass ich zuerst glaubte, ich hätte geträumt und das Gesuchte in den Beweisunterlagen vorausgesetzt. Allein es ist ganz sicher und stimmt vollkommen.«

Die Formel, in einem Moment äußerster Klarheit aufgetaucht, scheint auf geheimnisvolle Weise mit seinen Gedanken zum pythagoreischen Musiksystem verbunden zu sein. Vielleicht ist es kein Zufall, dass das Verhältnis von 3 zu 2 für das Intervall der Quinte den Exponenten seiner für die Nachwelt so wertvollen astronomischen Gleichung bestimmt. Während sich Kepler über sein aus geometrischen Mustern zusammengesetztes Parkett bewegt, macht er eine gedankliche Pirouette, plötzlich dreht sich alles um ein bestimmtes Zahlenverhältnis. Sein ganzes astronomisches Wissen strömt in diesen Wirbel hinein und verdichtet sich zu einer mathematischen Formel, die bis heute Gültigkeit hat: Die dritten Potenzen der mittleren Abstände zweier Planeten von der Sonne verhalten sich so wie die zweiten Potenzen, also die Quadrate, ihrer Umlaufzeiten.

## Kepler auf dem Index

Die *Weltharmonik* ist ein weiteres Bekenntnis Keplers zum kopernikanischen Weltbild. Dass die katholische Kirche Kopernikus mittlerweile auf den Index gesetzt hat, war Kepler zunächst entgangen. Er erfährt es erst, als Galilei über einen Mittelsmann ein Exemplar seines Lehrbuchs, der *Epitome*, anfordert.

»Aufs Dringendste« erbittet sich Kepler den Wortlaut des römischen Dekrets. Er will wissen, ob das Verbot auch für Österreich gilt. Was soll in diesem Fall aus seinen Werken werden? Was hat er für die Verbreitung der *Weltharmonik* zu befürchten?

In Deutschland hat man gegen den Druck des Buches nichts einzuwenden. »Als ich ... darüber die katholischen Räte am kaiserlichen Hof befragte, sagten sie, es scheine kein Verstoß gegen die katholische Lehre vorzuliegen.« Und in Italien?

Im Frühjahr 1619 wendet sich Kepler mit einem Schreiben an die italienischen Buchhändler. Sie sollten das Buch an die Gelehrten weitergeben, die es mit einer besonderen Genehmigung lesen dürfen. Sich selbst stellt er als guten Christen vor, der auch die katholische Lehre anerkenne, und als einen allmählich ziemlich alten Schüler des Kopernikus. Jetzt aber habe »das schroffe Vorgehen Einzelner, die die astronomischen Lehren nicht am rechten Ort und nicht nach gehöriger Methode vortrugen, dazu geführt ..., dass das Lesen des Kopernikus, das seit fast 80 Jahren vollkommen frei gewesen ist (seit der Widmung des Werks an Papst Paul III.), solange untersagt wurde, bis das Buch verbessert würde«.

Der Vorwurf ist unter anderem an Galileis Adresse gerichtet, der seine Sache, wie Kepler erfahren hat, in Rom allzu rigoros behandelt habe. Kepler ist direkt davon betroffen. Im Mai 1619 wird seine *Epitome* verboten, von italienischen Mathematikern allerdings weiterhin gelesen.

Zahlreiche Dokumente belegen, dass Kepler und Galilei auch in diesen Jahren zumindest indirekt miteinander in Verbindung stehen. Trotzdem sind mit dem Dekret gegen Kopernikus und dem Beginn des Dreißigjährigen Krieges neue zentrifugale Kräfte ins Spiel gekommen, die die Wissenschaft an den Rand drängen und ihre Protagonisten auseinandertreiben. Galilei hatte sich schon vorher dadurch verdächtig gemacht, Kontakt zu Ketzern zu pflegen. Jetzt gelten Mathematiker wie Kepler in Rom in doppeltem Sinn als irrgläubig: nicht nur ihrer religiösen, sondern auch ihrer wissenschaftlichen Überzeugungen wegen.

Kepler publiziert inzwischen wieder eifrig, um Galilei ist es stiller geworden. Zwar verschickt er nach wie Fernrohre an Adressaten in ganz Europa, aber nach seinem kometenhaften Aufstieg scheint sein Licht in Italien allmählich zu verblassen. Der Hofphilosoph der Medici hat seit Jahren keine neuen Entdeckungen mehr gemacht, nun darf er auch seine kopernikanischen Gedanken nicht mehr offen vertreten.

Im März 1616 wird ihm der Mund verboten. Untätig muss er zusehen, wie immer mehr Gelehrte, darunter die einflussreichen Jesuiten am Collegium Romanum, zu Verfechtern des tychonischen Weltbilds werden, das den empirischen Befunden genauso Rechnung trägt wie das kopernikanische, ohne dass die zentrale Stellung der Erde dafür aufgegeben werden müsste.

## Galilei contra Tycho

Im Jahr 1618 feiert Tycho Brahe ein fulminantes Comeback. In der zweiten Jahreshälfte tauchen nacheinander drei Kometen am Nachthimmel auf, die ersten seit der Erfindung des Fernrohrs. Plötzlich stehen Brahes Kometenbeobachtungen von 1577 und 1585 noch einmal im Mittelpunkt astronomischer Debatten.

Die Jesuiten nutzen ihr europäisches Wissenschaftsnetz, um die drei Kometen, die allgemein als Unheilsboten gelten, von verschiedenen Standorten aus zu beobachten, insbesondere den letzten und hellsten von ihnen. Galilei dagegen droht die nächste Schlappe. »Während der ganzen Zeit, die man den Kometen sehen konnte, lag ich krank im Bett.«

Als guter Katholik hat er im Mai desselben Jahres eine Pilgerreise nach Loreto unternommen, einen Ort, der für Wunderheilungen bekannt ist. Doch im September sind seine Fieberanfälle und rheumatischen Beschwerden zurückgekehrt. Monatelang hütet er das Bett. Der Forscher, dessen Name in ganz Europa mit dem Fernrohr gleichgesetzt wird, auf dessen wissenschaftliche Expertise nun der französische König, der Erzherzog Leopold von Österreich, der Fürst Federico Cesi und die ganze »Akademie der Luchse« in Rom warten, kann keine systematischen Kometenbeobachtungen anstellen.

Als im Herbst und Winter 1618 die Diskussion über die Kometen entbrennt, empfängt Galilei in seiner wunderschönen Villa mit Blick über Florenz ein paar Freunde, denen er seine Ansichten über die Natur der Kometen erläutert. Wortführer in der öffentlichen Debatte aber sind in Italien die Jesuiten. Sie bestätigen Brahes Messungen, aus denen er abgeleitet hatte, dass es sich bei den Kometen um Himmelskörper handelt, die sich außerhalb der Mondbahn bewegen. Auch Kepler stimmt seinem ehemaligen Lehrer in diesem Punkt zu. In einer langen wissenschaftlichen Abhandlung wirft er den Blick noch einmal zurück zu dem außergewöhnlichen Kometen aus dem Jahr 1607, der später als »Halleyscher Komet« berühmt wird.

Galilei meldet sich erst zu Wort, als die Kometen wieder vom Nachthimmel verschwunden sind. In der Kometenschrift des Jesuitenpaters Orazio Grassi findet er etliche Angriffspunkte, die er in deftigen Kommentaren öffentlich macht. Damit will er wenigstens seine Überlegenheit als Philosoph unter Beweis stellen.

Das von Galilei entworfene Bild lässt sich mit wenigen Worten folgendermaßen beschreiben: Während der Hofphilosoph der Medici das Bett hütete, tobte draußen die Dummheit. Galilei stellt sämtliche Beobachtungen seiner Kollegen grundsätzlich infrage. Sie hätten ja nicht einmal nachgewiesen, dass die Kometen reale Objekte seien. Er selbst hat eine alternative Hypothese: dass es sich bei den Kometen um bloße Lichtreflexe in der Erdatmosphäre handele, also um optische Erscheinungen wie Nordlichter oder Regenbögen und nicht um Himmelskörper.

Diese traditionelle Vorstellung passt in Galileis Kosmologie. Schon Jahre zuvor hat er darüber spekuliert, die Ausdünstungen der Erde und der anderen Planeten könnten sich geradewegs bis zur Sonne ausbreiten. Solche Materieströme rufen seiner Ansicht nach beim Auftreffen auf die Sonne die dunklen Sonnenflecken hervor. In Galileis Bild wird die Sonne mit Materie aus dem sie umgebenden Kosmos »gefüttert« und gibt ihrerseits Licht zurück.

Mit dem Jesuiten Grassi liefert er sich eine Auseinandersetzung über die Kometen, die sich über mehr als sieben Jahre hinzieht. Er charakterisiert den Kontrahenten als blinden Gefolgsmann Tycho Brahes, der seine Argumente willkürlich zusammensuche und erdichte. Grassi glaube wohl, in der Wissenschaft müsse man irgendeinem berühmten Autor folgen. Aber die Philosophie sei kein von Menschen erfundenes Buch wie die *Ilias* oder der *Rasende Roland*: »Die Philosophie ist in jenem großartigen Buch geschrieben, das uns ständig offen vor Augen steht (ich meine das Universum), aber man kann es nicht verstehen, wenn man nicht zuvor die Sprache lernt und sich mit den Zeichen vertraut gemacht hat, in denen es geschrieben ist. Es ist in mathematischer Sprache geschrieben, und die Buchstaben sind Dreiecke, Kreise und andere geometrische Figuren, ohne die es dem Menschen unmöglich ist, auch nur ein einziges Wort zu verstehen; ohne sie ist es ein vergebliches Herumirren in einem dunklen Labyrinth.«

Es sind solche Passagen, die Galileis umfangreiche Kometenschrift, den *Saggiatore* oder *Goldwäger*, auszeichnen. Um sich aus der Defensive zu befreien, bietet er seine ganze Redekunst auf. Wie einem Karikaturisten gelingt es ihm, den Jesuiten Grassi in einen engstirnigen Schulphilosophen zu verwandeln, obschon man einige Argumente Galileis genauso gegen ihn selbst wenden könnte: Ohne Anschauung des Universums und ohne Kenntnis der Mathematik keine Philosophie – und nun will ausgerechnet derjenige, der die Kometen erklärtermaßen nicht beobachtet hat, diejenigen belehren, die hingeschaut haben?

Dass der Jesuitenpater empirische Belege für seine Interpretation der Kometen vorlegt, wiegt in Galileis Augen wenig. Denn Grassis Beweisführung enthält viele Ungereimtheiten. Galilei fällt über jede fragwürdige Formulierung her und holt gleichzeitig gegen Tycho Brahe aus.

Schon Brahe habe in seinen Werken »die elementarsten Kenntnisse der Mathematik« vermissen lassen, die tychonische Planetentheorie kommt ihm wie eine groteske Mischung aus dem alten ptolemäischen und dem kopernikanischen System vor. Sie sei nicht abgeschlossen und keine eigenständige schöpferische Leistung wie die seiner Vorgänger Ptolemäus und Kopernikus. Galilei bezeichnet Brahes Weltmodell als null und nichtig.

## In der Gunst des neuen Papstes

Durch seine deftige Polemik macht er sich viele Jesuiten, zu denen er bis zum Tod von Christopher Clavius ein so gutes Verhältnis gehabt hatte, endgültig zu Feinden. Dagegen erntet er in der höfischen Gesellschaft, in der er verkehrt, viel Beifall für seinen *Saggiatore*. Besonders glücklich ist der Umstand, dass gerade zu der Zeit, als das Buch in Rom gedruckt werden soll, ein neuer Papst gewählt wird: der ihm freundschaftlich verbundene Maffeo Barberini. Nur wenige Wochen vor der Papstwahl hat er sich bei Galilei für die Betreuung seines Lieblingsneffen, Francesco Barberini, bedankt. Zuvor hatte er Galilei ein Gedicht geschickt und dessen Entdeckungen gerühmt. Die salbungsvollen Zeilen sind unterzeichnet mit »come fratello« – »wie ein Bruder«.

Galilei widmet die Kometenschrift dem neuen Papst, Urban VIII., sie ist sein philosophisch-literarisches Entree in das hoffnungsvolle Pontifikat. Dieser lässt sich daraus vorlesen. Außerordentlich gut gefällt ihm Galileis eingestreute Fabel von dem Mann, der die Ursache für einen bestimmten Ton finden möchte und dabei entdeckt, dass Töne in der Natur auf unzählbar viele verschiedene Weisen erzeugt werden. Ein und derselbe Ton kommt mal von einem Vogel her, dann von einer Flöte, von den Angeln der Tür, die sich öffnet, von Orgeln und Saiteninstrumenten. Am Ende möchte der Forscher wissen, wie eine Grille den Ton hervorbringt. Er durchtrennt ein paar dünne Stränge in ihrem Körper und tötet die Grille dabei. So raubt er ihr nicht nur die Stimme, sondern nimmt ihr auch das Leben, »und konnte nicht mehr klären, ob das Lied von diesen Strängen ausgegangen war«.

Die Natur, deutet Galilei mit seiner Fabel an, ist viel reicher, als sich der Mensch vorstellen kann. Wer diese Vielfalt missachtet und mit übertriebenem Eifer zu Werk geht, zerstört das eigentliche Ziel der Wissenschaft. Urban VIII. stimmt diesem Lob auf den Reichtum und die Unergründlichkeit der göttlichen Schöpfung in jeder Hinsicht zu. Bei Galileis nächstem Rombesuch im Frühjahr 1624 empfängt er ihn sechs Mal zu längeren Gesprächen. Noch einmal hört man in Rom das alte »Du hast gesiegt, Galilei!«

Aber es ist nicht der alte Galilei, der hier auftritt, nicht der Entdecker der Jupitermonde, auch nicht der zwar verspätete, aber bessere Beobachter der Sonnenflecken, sondern der nun ganz in seiner Rolle als Hofphilosoph aufgehende Denker, Erzähler, Polemiker. Keine seiner bisherigen Veröffentlichungen ist so weitschweifig und voller wissenschaftsphilosophischer Gedanken wie der *Saggiatore* – und in keiner liegt er in der eigentlichen Sache so daneben.

*Kepler contra Galilei*

Im Oktober 1624 bekommt Kepler das Buch bei einem längeren Aufenthalt am kaiserlichen Hof in Wien zu Gesicht. Er liest den Text mit anderen Augen als der Papst. Nicht nur, weil er die Kometen selbst beobachtet hat. Mit Sicherheit fühlt sich Kepler durch den *Saggiatore* auch persönlich angegriffen. Seine eigenen Forschungen beruhen wesentlich auf Brahes Beobachtungsdaten, mit der Polemik gegen Brahe untergräbt Galilei auch seine, Keplers Autorität.

Zwar wolle er sich aus dem Streit mit Grassi heraushalten, so Kepler. Die Stellen aber, an denen Galilei an die Sache Tychos rühre, dürfe er nicht übergehen: Er wolle nicht den Eindruck erwecken, er habe nicht das Herz gehabt, ihn zu verteidigen. Das tut er Punkt für Punkt im Anhang einer 1625 gedruckten Schrift.

Selbstverständlich sei das tychonische Modell ein vollständiges Weltsystem wie das ptolemäische und das kopernikanische. In seiner *Neuen Astronomie* habe er ausführlich dargelegt, dass es genau wie diese mit den Beobachtungen in Einklang stehe. Würde man mit Galileis Kriterien an Kopernikus herantreten, müsse man diesem noch viel eher die Originalität absprechen, weil schon lange vor Kopernikus Aristarch die heliozentrische Theorie vertreten habe.

Der Vorwurf, die vielen verschiedenen Messungen der Kometenpositionen an unterschiedlichen Orten Europas passten nicht zusammen, könne auch für Galilei kein Grund sein, deshalb gleich alle zu verwerfen, inklusive der Beobachtungen Tychos. Galilei selbst wisse doch sehr wohl, echte Münzen von Falschgeld zu unterscheiden. Er wisse auch, was für ein Unterschied bestehe zwischen der unglaublichen Gewissenhaftigkeit, mit der Tycho seine Messungen gemacht habe, und der Trägheit vieler anderer Männer in dieser schwierigen Materie. Wer könne so dreist sein, irgendeinen anderen Mathematiker in dieser Hinsicht mit Tycho messen zu wollen? Tycho selbst habe sich damit zurückgehalten, andere für ihre Beobachtungen zu kritisieren. Bei der Auswahl der besten Daten aber habe er dieselben Maßstäbe an andere gelegt wie an sich selbst.

Kepler meint, Galilei könne nur im Eifer des Wortgefechts derart über Tycho geurteilt haben. Mit einer gewissen Ironie nimmt er Galilei sogar in Schutz gegen Verdächtigungen, die besagen, der Neid auf Tychos Autorität habe ihn angetrieben. Nebenbei streift er auch die wenigen Passagen, in denen er selbst namentlich zitiert wird.

Im *Saggiatore* hat Galilei seinen deutschen Kollegen an einer Stelle als einen »nicht weniger freien und aufrechten als intelligenten und gebildeten« Mann bezeichnet, ihn dann aber sogleich für seine Zwecke vereinnahmt. Kepler kann wenig mit Galileis Behauptung anfangen, die Kometen seien Reflektionen des Lichts an aufsteigenden Dünsten der Erde. Doch gerade in diesem Zusammenhang benennt Galilei ihn als Zeugen. Er habe ihn hier falsch zitiert, schreibt Kepler.

Schon in einem Brief an Remo Quietano einige Jahre zuvor hat Kepler darauf hingewiesen, dass die Kometen mit den Gestirnen auf- und untergehen und dass sie von verschiedenen Ländern aus an derselben Stelle am Himmel zu sehen seien. Schon damals fragte er sich, wie das mit Galileis Hypothese in Einklang zu bringen sei. Galilei hat auch jetzt nirgends dargelegt, wie sich das Bild des Kometen in seiner Theorie abhängig vom jeweiligen Stand der Sonne verändert.

Kepler hält ihm seine eigenen Ideen von der Natur der Kometen entgegen, deren Kopf er als kugelförmig verdichteten Nebel bezeichnet. Der Schweif dagegen sei »eine Ausströmung aus dem Kopf, die durch die Strahlen der Sonne nach der von ihr abgewandten Seite herausgetrieben wird. Für dieses Ausströmen wird der Kopf selbst an- und schließlich aufgebraucht, sodass der Schweif gleichsam der Tod für den Kopf ist.« Das klingt modern. Kepler zieht allerdings nicht in Betracht, dass Kometen erst nach mehreren Umläufen um die Sonne auf diese Weise verlöschen. Er hält sie für viel kurzlebiger.

Sein Ton gegenüber Galilei ist gewohnt höflich, humorvoll, an vielen Stellen anerkennend. Er lobt dessen Buch, das wegen der scharfsinnigen Berechnungen allgemein empfohlen und von Studenten der Philosophie gern gelesen werde. Dennoch sind Keplers Ausführungen seine erste und einzige deutliche Kritik an seinem kopernikanischen Weggefährten.

### Galileis Rückzug

Galilei wird sofort von mehreren Seiten in Briefen, die ihn aus Rom, Cesena, Bologna und Venedig erreichen, auf die Einwände des kaiserlichen Mathematikers angesprochen. Natürlich will er dessen Kritik nicht einfach auf sich sitzen lassen.

Am 17. Januar 1626 schreibt er an Cesare Marsili in Bologna, er verstehe, um die Wahrheit zu sagen, äußerst wenig von Keplers Schrift, wisse aber nicht, ob das seinem eigenen mangelnden Fassungsvermögen oder dem extravaganten Stil des Autors zuzuschreiben sei. »Es scheint mir, dass er, weil er seinen Tycho nicht gegen meine Anfechtungen verteidigen kann, sich damit beholfen hat, etwas zu schreiben, was andere nicht verstehen und was vielleicht nicht einmal er selbst verstehen kann.« Eine bereits bekannte Wendung Galileis in solchen Fällen.

Nur vierzehn Tage später kündigt er an: »In meinem Dialog werde ich Raum genug haben, mich gegen die haltlosen Einwände Keplers zu verteidigen.« Am 28. März schreibt er Marsili, er sehe sich gezwungen, auf Keplers Appendix zu reagieren, das sei er dessen und seinem eigenen Ruf schuldig. Es sei ein Leichtes, Keplers Argumente zu entkräften, er wisse nur noch nicht, in welcher Form er seine Entgegnung am besten publizieren solle. Am 25. April ist er sich darüber immer noch nicht im Klaren. Am 27. Juni entschuldigt er sich bei Marsili dafür, dass er weiterhin mit seiner Antwort in Verzug sei, verschiedene Dinge hätten ihn davon abgehalten. Am 17. Juli taucht die Sache dann nicht mehr wie bisher zu Beginn, sondern erst ganz am Ende seines Briefes an Marsili auf. Ein weiteres Mal bedauert er es, dass sich seine Stellungnahme verzögert. Erst im August ist anscheinend genügend Gras über die Sache gewachsen, dass er stillschweigend darüber hinweggehen kann.

Diese Zeugnisse sind das Protokoll eines Aufschubs und Rückzugs. Über Monate hinweg drängt es Galilei, Kepler Paroli zu bieten. Seine abwehrenden Gesten sind genau wie sein sonstiges Verhalten im Kometenstreit ein Beispiel für das, was Albert Einstein einmal auf die prägnante Formel gebracht hat: »Ein Wissenschaftler ist eine Mimose, wenn er selbst einen Fehler gemacht hat, und ein brüllender Löwe, wenn er bei anderen einen entdeckt.«

Die rhetorischen Waffen, die Galilei in seiner Propagandaschrift benutzt hat, bleiben diesmal stumpf. Mit solchen Mitteln sind Keplers Einwände nicht zu entkräften. Da Galileis eigene Hypothesen über die Kometen auf schwachen Füßen stehen und er sie nicht durch Beobachtungsdaten belegen kann, wird er von Monat zu Monat leiser.

Während er bereits an seinem kopernikanischen *Dialog* arbeitet, sitzt ihm Kepler mit seiner Kritik aber zumindest eine Zeit lang im Nacken. Könnte der kaiserliche Mathematiker, der ihn vor fünfzehn Jahren in den Himmel gehoben und der sich nun auf unerwartete Weise in Erinnerung gerufen hat, am Ende noch zu seinem Gegenspieler werden? Im August 1627 schickt Galilei ihm noch einmal einen Brief: ein förmliches Empfehlungsschreiben für einen jungen Mann. Der Versuch einer Kontaktaufnahme?

*Auch aus Linz vertrieben*

Kepler hat Oberösterreich zu diesem Zeitpunkt schon verlassen. Die kaiserlichen Söldnertruppen, angeführt von den Feldherrn Tilly und Wallenstein, haben binnen weniger Jahre nahezu das ganze Reichsgebiet unter ihre Kontrolle gebracht. Ferdinand II. ist auf dem Höhepunkt seiner Macht angelangt und will das Rad der Geschichte mit aller Gewalt zurückdrehen. Er fordert, dass jeglicher Kirchenbesitz, der seit dem Augsburger Religionsfrieden 1555 säkularisiert worden ist, der katholischen Kirche zurückerstattet werden soll.

Es sind düstere Jahre für die Protestanten im Reich. Die Nichtkatholiken in Linz werden schikaniert und aus der Stadt ausgewiesen. Kepler, der sich wiederholt für eine Versöhnung der Konfessionen einsetzt, gerät erneut zwischen die Fronten.

In Linz hatte er zuletzt noch mit dem Druck der *Rudolfinischen Tafeln* begonnen, an denen er fünfundzwanzig Jahre gearbeitet hatte. Monatelang war er durch Deutschland gereist, um wenigstens einen Teil der Druckkosten zusammenzubekommen. Als sich dann im Frühjahr 1626 die Bauern in ganz Oberösterreich erhoben und Linz belagerten, ging die Druckerei in Flammen auf. Sollten all die Mühen umsonst gewesen sein? Wo konnte er mit den finanziellen Ressourcen, die ihm geblieben waren, noch eine Druckerei finden, um Tycho Brahes Lebenswerk zum Abschluss zu bringen? »Welchen Ort soll ich wählen, einen schon verwüsteten oder einen, der erst noch verwüstet wird?«, fragt er sich angesichts seiner hoffnungslosen Lage.

Kepler findet keine dauerhafte Heimat mehr. Seine Familie bringt er erneut nach Regensburg und begibt sich anschließend nach Ulm, wo er seine letzte astronomische Arbeit unter persönlichen Opfern vollendet. Sie möge »ein günstiges Vorzeichen für einen nahen Friedensschluss bedeuten«, schreibt er in seiner Widmung an den Kaiser.

Die *Rudolfinischen Tafeln* werden in den nächsten hundert Jahren der Himmelskatalog schlechthin für die Wissenschaft sein. Die Zuverlässigkeit der darin enthaltenen Daten von etwa tausend Sternen wird wesentlich zur Anerkennung des kopernikanischen Systems beitragen, für das sich Kepler zeit seines Lebens eingesetzt hat. Der Krieg aber tritt entgegen Keplers Hoffnung in eine neue Phase unbeschreiblicher Grausamkeit ein. Nach der Zerstörung Magdeburgs und anderer Städte bleibt nichts als verbrannte Erde übrig.

# DER GETEILTE HIMMEL
Galileis Prozess und die Entstehung des
neuzeitlichen Weltbilds

Plötzlich gehört der Himmel mir allein: Neuntausend Sterne, mehr als man in einer klaren Nacht mit bloßem Auge sehen kann. Und vor mir ein Pult voller blauer und roter Knöpfe. Etwas zögerlich blende ich mit einem Dimmer den Mond ein, dann die barocken Sternbilder. Vor der Tür telefoniert der Leiter des Berliner Planetariums, Jochen Rose, mit seinem Handy, während das Sternenkarussell im Kuppelsaal allmählich in Fahrt kommt. Im Osten tauchen ständig neue Sterne und Sternbilder auf, seit Menschengedenken kehren sie Nacht für Nacht wieder.

Während die vielen Sterne über das ganze Himmelsgewölbe verteilt sind, laufen die wenigen Planeten auf einem schmalen Gürtel in der Kuppel, dem Tierkreis. Er sei die Laufbahn der Planeten, sagt Rose, als er zu seinem Schaltpult zurückkehrt. Die Sternbilder, die diesen Tierkreis formieren, sind seit der Antike überliefert: Widder und Stier, Zwillinge, Krebs, Löwe, Jungfrau, Waage, Skorpion, Schütze, Steinbock, Wassermann und Fische. Sie bilden das Bühnenbild, vor dem die Sonne und die Planeten wandern.

Im Zeitraffer fahren sie über das Gewölbe. Die ganze Szenerie spiegelt dem Betrachter zweierlei vor: erstens, dass er sich der Mitte der Welt befindet, an dem Punkt, um den sich alles dreht, und zweitens, dass sämtliche Himmelskörper deshalb mit so schöner Regelmäßigkeit wiederkehren, weil sie auf Kreisbahnen umherziehen. Schwer einzusehen, dass beides eine Illusion sein soll.

In unseren hell erleuchteten Städten verliert sich das Funkeln der Sterne und Planeten. Im Planetarium dagegen kann man noch einmal nachvollziehen, wie und warum sich das kosmologische Weltbild erst an der Schwelle zur Neuzeit so grundlegend geändert hat.

## Ein kosmologisches Quartett

Der künstliche Sternenhimmel macht es möglich, das Rad der Zeit beliebig weit zurückdrehen. Zum Beispiel bis zum Mittwoch, den 13. November 1577: An diesem Tag steht der dreißigjährige Tycho Brahe kurz vor Sonnenuntergang an einem seiner Teiche auf der dänischen Insel Hven und angelt Fische fürs Abendessen. Plötzlich entdeckt er am westlichen Abendhimmel, über dem Kopf des Sternbilds Schütze, einen außergewöhnlich hellen Stern. Mit zunehmender Dunkelheit wird der Stern größer und nimmt die Form eines Kometen an. Sein langer, leicht gebogener Schweif zeigt in Richtung Steinbock.

Über ganz Europa ist der Komet wochenlang zu sehen. Im süddeutschen Leonberg steigt der kaum sechsjährige Johannes Kepler mit seiner Mutter auf einen Hügel, um den Schweifstern und vermeintlichen Unglücksboten zu bestaunen. Auch der dreizehnjährige Galileo Galilei, Klosterschüler in der Abtei von Vallombrosa in der Nähe von Florenz, beobachtet das beeindruckende Himmelsschauspiel.

Brahe stellt fest, dass sich der Komet quer zu den Planeten bewegt. Wenn es also, wie seinerzeit allgemein angenommen, kristallene Kugelschalen im Kosmos gäbe, die die Planeten tragen, würde der Komet sie auf seiner Bahn durchstoßen. Wenige präzise Messungen genügen Brahe, um die alte Vorstellung vom Kosmos als Zwiebel konzentrischer Kristallsphären zu zerstören.

Trotzdem erliegt auch er der Illusion, dass alle Planeten bei ihren Umläufen Kreisbahnen beschreiben. Bis an sein Lebensende hält Brahe außerdem an der Überzeugung fest, dass die Erde im Zentrum des Universums ruht. Zwar erkennt er viele Vorzüge des kopernikanischen Weltmodells, aber den letzten, entscheidenden Perspektivwechsel macht Brahe nicht mit. Seiner Ansicht nach sprechen vor allem die Alltagserfahrung und physikalische Überlegungen gegen eine Bewegung der Erde.

Sein Schüler, der kurzsichtige Junge aus Süddeutschland, arrangiert Brahes Beobachtungsdaten zu einer neuen Ordnung. Kepler gelingt es als erstem Forscher, das ungemein komplexe mathematische Problem zu lösen und die »wahren« Bewegungen der Planeten zu ermitteln. Wir, die Zuschauer des Sternenspektakels im Planetarium, wandern demnach auf der rotierenden Erde um die Sonne, und zwar nicht auf Kreisbahnen, sondern wie alle Planeten auf einem elliptischen Kurs.

Kepler gibt auch eine neue Ursache für die Himmelsbewegungen an. Statt von Kristallsphären spricht er von Anziehungskräften im Sonnensystem. Damit nimmt er einen wesentlichen Gedanken der modernen Gravitationstheorie vorweg. Was ihm allerdings nicht glückt: Brahes physikalische Einwände gegen eine Bewegung der Erde und das kopernikanische System nachhaltig zu entkräften.

Genau hier setzt Galilei an, der seine Vorstellungen vom Aufbau der Welt mit einiger Verzögerung darstellt. Erst in seinem kosmologischen Spätwerk führt er aus, warum wir von einer Bewegung der Erde nichts mitbekommen, warum uns trotz der rasenden Umdrehung des Globus und seiner Fahrt um die Sonne nicht ständig ein Gegenwind um die Ohren bläst. Er begründet die neue kopernikanische Astronomie mit einer neuen Physik.

Galileis Forschungen ergänzen aber nicht einfach diejenigen Keplers – sie widersprechen ihnen sogar. Die physikalischen Überlegungen, mit denen er das kopernikanische Weltbild stützt, sind mit den keplerschen Ellipsen nicht zusammenzubringen. Für Galilei bleibt der Kreis die natürliche Bahn, auf der sich die Gestirne bewegen.

Im Rückblick erscheint es wie ein Anachronismus, dass Brahe nach Kopernikus immer noch die Erde für die Mitte der Welt hält und dass Galilei nach Kepler immer noch die Kreisbahn favorisiert. Solche Vergleiche zeigen aber lediglich, dass die Forschung nicht geradlinig fortschreitet. Wegen der spezifischen Fragestellungen einzelner Wissenschaftler fügen sich vorhandene Bausteine immer wieder in überraschender Weise zu neuen Modellen zusammen.

Erkenntnisse werden nicht einfach akkumuliert, sondern führen zu unterschiedlichen Theorien mit charakteristischen Stärken und Schwächen. Auch Konzepte, die sich später als richtig herausstellen, haben zunächst rein hypothetischen Charakter. Sie müssen sich behaupten und durchsetzen. Die Umbruchphase vom 16. zum 17. Jahrhundert ist in dieser Hinsicht besonders dynamisch. Die Auseinandersetzung um neue Weltbilder, die plötzlich entstehen und neben alte Vorstellungen treten, wird ungewöhnlich heftig geführt.

*Generationenwechsel in der Wissenschaft*

Das Dekret gegen Kopernikus im Jahr 1616 hat die Debatte nicht beendet. Zwar sind Galileis Forschungen dadurch ins Stocken geraten. Aber nach der Wahl eines neuen Papstes hat er sofort wieder Hoffnung für sein ambitioniertes kopernikanisches Projekt geschöpft. Er möchte sein Lebenswerk nun endlich krönen.

Dafür wählt Galilei die literarische Form eines Dialogs zwischen drei Personen. Neben seinen langjährigen Freunden Filippo Salviati und Giovanni Francesco Sagredo tritt als weiterer Gesprächsteilnehmer eine Kunstfigur darin auf: Simplicio, die Karikatur eines Schulphilosophen und Aristotelikers. Diesem Einfaltspinsel werden alle Argumente in den Mund gelegt, die gegen das kopernikanische System sprechen. Er muss sie peu à peu zurücknehmen. Der Autor selbst tritt in den Hintergrund, lässt seine eigene Meinung dennoch mehr als deutlich werden – ein riskantes Spiel angesichts des römischen Verbots.

Im Herbst 1629 schreibt Galilei an Elia Diodati in Paris, er habe die Arbeit an seinem *Dialog* nach drei Jahren endlich wieder aufgenommen. Wenn er gut durch den Winter komme, werde er das Werk mit Gottes Gnade zum Abschluss bringen. Dem Briefpartner verspricht er den Nachweis, dass alles, was Brahe und andere gegen Kopernikus eingewendet hätten, haltlos sei.

Haltlos? Brahes Messungen der Planetenpositionen gelten als die mit Abstand präzisesten in der gesamten Geschichte der Astronomie. Allerdings hat Galilei gar nicht die Absicht, die Umlaufbahnen der Planeten Punkt für Punkt aus Beobachtungsdaten zu rekonstruieren. Dieser in seinen Augen pedantischen Arbeit sind Brahe und Kepler nachgegangen. Der fünfundsechzigjährige Hofphilosoph der Medici beschreitet andere Wege. Er möchte die physikalischen Prinzipien herausarbeiten, die dem Bau der Welt zugrunde liegen.

Dafür braucht er keine *Rudolfinischen Tafeln*. Als die umfangreiche Datensammlung, die Kepler für die Wissenschaft aufbereitet hat, nach Italien gelangt, reicht Galilei sie gleich an seinen Schützling Bonaventura Cavalieri weiter, einen jungen Mathematiker, den Galilei für die Professur in Bologna empfohlen hat. Bei ihm ist der Himmelskatalog in guten Händen. Cavalieri studiert die Tafeln zusammen mit Keplers Lehrbüchern. Es dauert nicht lange, bis er die keplerschen Planetengesetze in seine Vorlesungen aufnimmt. »Ich lese die Theorien der Planeten aus Sicht der vier hauptsächlichen Autoren, also Ptolemäus, Kopernikus, Tycho und Kepler«, teilt er seinem Mentor Galilei mit.

Die meisten europäischen Mathematiker hätten zu dieser Zeit wohl dieselbe Liste bedeutender Astronomen aufgestellt, um das Spektrum der unterschiedlichen Hypothesen zum Aufbau der Welt aufzuzeigen. Galilei hingegen sieht sich selbst als einzig legitimen Nachfolger des Kopernikus und als Erneuerer der Astronomie. Ihm allein sei es gegeben, »alle neuen Phänomene am Himmel zu entdecken, und niemandem sonst«.

Konsequenterweise heißt sein großes Werk, dessen Titel er wenige Monate nach Cavalieris Brief auf Wunsch des Papstes noch einmal ändern muss, *Dialog über die beiden hauptsächlichen Weltsysteme, das ptolemäische und das kopernikanische*. Die Theorien der beiden größten zeitgenössischen Astronomen, Brahe und Kepler, kommen darin nicht vor. Sie werden von Galilei schlicht ignoriert.

Parallel zu Galileis *Dialog* veröffentlicht Cavalieri ein völlig anderes Buch. Es ist ein Fachbuch über Kegelschnitte, eine Klasse mathematischer Figuren, zu der sowohl die Wurfparabel gehört, die Galilei in Padua untersucht hat, als auch die keplersche Ellipse. Inspiriert durch die Arbeiten beider Forscher, bringt Cavalieri ihre Erkenntnisse auf der Ebene der Mathematik zusammen. Diesmal wird er noch deutlicher: Kepler habe die Kegelschnitte »in höchstem Maße geadelt, indem er uns mit klaren Beweisgründen in seiner *Neuen Astronomie* und seiner *Epitome* gezeigt hat, dass die Umlaufbahnen der Planeten um die Sonne keine Kreisbahnen sind, sondern Ellipsen«.

Eine unmissverständliche Aussage! Vor allem Keplers Lehrbuch hat dem jungen Wissenschaftler vor Augen geführt, welche Vereinfachungen die Ellipsenbahnen für die ganze Astronomie mit sich bringen. Warum geht Galilei diesen Schritt nicht mit?

Auch er hat sich eingehend mit den Kegelschnitten befasst, bei der Analyse der Flugkurven von Geschossen hat er aus demselben mathematischen Fundus der Ellipsen, Parabeln und Hyperbeln geschöpft. Trotzdem ist Galilei den keplerschen Ellipsenbahnen von Beginn an nicht mit dem unvoreingenommenen Blick Cavalieris begegnet. Er ist gefangen im goldenen Käfig seiner Überheblichkeit und seiner Überzeugungen.

*Kreis oder Ellipse?*

Das Buch der Philosophie sei in der Sprache der Mathematik geschrieben, so Galileis, so auch Keplers Ansicht. Galilei aber beschreibt mithilfe der Mathematik zuallererst irdische Prozesse wie Fall- und Wurfbewegungen. Dabei muss er von Einflüssen wie dem Luftwiderstand oder der Reibung abstrahieren. Der Physiker Galilei darf es mit der Beobachtung nicht allzu genau nehmen.

Ein Kanonier zum Beispiel würde die Flugbahn eines Geschosses niemals als Parabel beschreiben. Galilei dagegen hat in seiner Zeit in Padua eine solche Flugbahn berechnet. Seine mathematische Flugkurve ist das Resultat zweier Bewegungen: einer horizontalen und einer vertikalen. In Galileis Augen würde die Kugel immer weiter fliegen, ihre horizontale Bewegung würde unaufhörlich fortbestehen und in einen Kreis um das Erdzentrum einmünden, wenn keine störenden Einflüsse vorhanden wären. Doch genau die gibt es: in Form der Schwere. Sie zwingt der Kugel eine nach unten gerichtete, beschleunigte Bewegung auf. Beide Komponenten zusammen ergeben die parabelförmige Flugkurve.

Anders die Planeten. Ihre Bewegungen stellt sich Galilei als ungestörte Kreisläufe vor. Denn seine Auffassung von der Kreisbewegung als einem Zustand, der keiner dauernden Kraftwirkung bedarf, fügt sich bestens in das Bild einer immerwährenden kosmischen Ordnung ein. An dieser Vereinfachung festzuhalten sei daher absolut folgerichtig gewesen, urteilt der Philosoph Karl Popper. Wer das nicht einsehe, verkenne Galileis historische Situation.

Galilei projiziert die Ergebnisse aus seiner Mechanik an den Himmel und geht zu den Beobachtungsdaten der Astronomen auf Distanz. Kepler dagegen glaubt an mathematische Gesetze im Kosmos, die in aller Strenge gelten. Auf der Erde mag das Chaos regieren, am Himmel herrscht eine aus seiner Sicht perfekte Ordnung. Daher will er die Welt genau so beschreiben, wie sie ist: ausgehend von Tycho Brahes präzisen astronomischen Messwerten. Sie erst bringen ihn dazu, die vielen Kreise am Himmel durch eine einzige »vollkommene« Ellipse zu ersetzen. Das mathematische Gesamtbild wird dadurch einfacher, erfordert aber ein bis dahin unbekanntes Spiel der Anziehungskräfte.

Keplers Himmelsphysik unterscheidet sich grundlegend von Galileis physikalischem Denken. Für den Italiener sind alle Spekulationen über Anziehungskräfte völlig überflüssig, die keplerschen Ellipsenbahnen nichts als Gespenster, die es zu verscheuchen gilt. Als er erstmals mit ihnen konfrontiert wurde, hatte er die Kreisbahn als Grundelement seiner Bewegungslehre bereits gefunden. Sein »zirkuläres Trägheitsgesetz« ernsthaft zu hinterfragen und zu korrigieren wird Cavalieri und anderen jüngeren Forschern vorbehalten bleiben.

»Eine neue wissenschaftliche Wahrheit pflegt sich nicht in der Weise durchzusetzen, dass ihre Gegner überzeugt werden und sich als belehrt erklären«, so der Physiker Max Planck, »sondern dadurch, dass die Gegner allmählich aussterben und dass die heranwachsende Generation von vornherein mit der Wahrheit vertraut gemacht ist.«

*Gottes großer Wurf*

Bemerkenswert ist, wie Galilei die Kreisbahnen der Planeten in seinen *Dialog* einführt. Gleich in den ersten Passagen mahnt er die Leser, die Grundlagen des Weltgebäudes müssten unerschütterlich fest sein. Wer den Aufbau des Universums verstehen wolle, dürfe nicht blind der Autorität des Aristoteles vertrauen.

Denn bei diesem seien Anzeichen dafür zu finden, »dass er die Absicht hat, uns falsche Karten in die Hände zu spielen, den Bauplan dem fertigen Gebäude anzupassen, nicht aber das Gebäude nach den Vorschriften des Planes aufzurichten«.

Die Karte, die Galilei seinen Lesern in die Hände spielt, trägt die Aufschrift »Kosmos«. Der Begriff komme von nichts anderem her als von der im Weltall herrschenden höchsten Ordnung.

Salviati: »Nach Feststellung eines solchen Prinzips lässt sich ohne Weiteres schließen, dass, wenn die Hauptmassen des Weltalls vermöge ihrer Natur beweglich sind, ihre Bewegungen unmöglich geradlinig oder anders als kreisförmig sein können. Der Grund ist ganz einfach und liegt auf der Hand. Denn was sich geradlinig bewegt, verändert seinen Ort und entfernt sich im Fortgang der Bewegung mehr und mehr vom Ausgangspunkt und von allen im Lauf der Bewegung erreichten Punkten. Käme nun einem Körper solche Bewegung von Natur aus zu, so wäre er von Anfang an nicht an seiner natürlichen Stelle, mithin die ganze Anordnung der Teile der Welt keine vollkommene.«

Eben noch hat er gegen Aristoteles polemisiert, nun greift Galilei auf ganz ähnliche metaphysische Konzepte zurück. Der Kunsthistoriker Erwin Panofsky vermutet, dass sich in solchen Passagen auch Galileis ästhetisches Urteil spiegelt. Galilei ist nicht bloß Wissenschaftler, in Florenz schätzt man ihn auch als Kunstkritiker. Panofsky zufolge lassen sich seine künstlerischen Auffassungen – insbesondere seine Neigung zum Purismus und zum Klassizismus – und sein wissenschaftliches Denken nicht voneinander trennen: Nur die Kreisbahn ist eine für die Himmelskörper würdige Form, die keplersche Ellipse dagegen lediglich ein deformierter Kreis.

Die Schöpfung stellt sich Galilei etwa folgendermaßen vor: Gott lässt sämtliche Planeten von einem Punkt aus in den Kosmos fallen. Sie fliegen zuerst auf geraden Bahnen und schwenken, nachdem sie ihre Geschwindigkeiten erreicht haben, in ewige Kreisbewegungen um die Sonne ein.

Um die Hypothese von Gottes großem Wurf zu untermauern, verweist Galilei auf die Mathematik. Er habe den Punkt berechnet, von dem aus alles begann, und dabei eine gute Übereinstimmung mit den Beobachtungen gefunden. Konkrete Ergebnisse seiner Berechnungen verschweigt er allerdings.

Sein Hinweis aber genügt, um Generationen von Forschern nach ihm, darunter Isaac Newton, dazu zu bringen, das Urfall-Modell zu prüfen. Es könnte immerhin eine Erklärung dafür liefern, warum die Geschwindigkeiten der inneren Planeten Venus und Merkur, die eng um die Sonne kreisen, so viel höher sind als die der äußeren Planeten Jupiter und Saturn: Die ursprüngliche Fallstrecke vom Anfangspunkt der Schöpfung bis zu ihrem Bestimmungsort war länger, die Planeten wurden, gemäß dem galileischen Fallgesetz, über eine größere Distanz hinweg beschleunigt.

In jüngerer Vergangenheit haben sich Historiker auf die Suche nach Galileis Rechnungen gemacht und sie tatsächlich in seinen Schriften entdeckt. In einem in Florenz aufbewahrten Manuskript finden sich Diagramme und Tabellen, in denen die Abstände der Planeten von der Sonne und ihre jeweiligen Umlaufgeschwindigkeiten festgehalten sind. Sie stammen aus den Jahren zwischen 1597 und 1603.

»Die Daten, die Galilei dafür benutzt hat, sind aus Keplers *Weltgeheimnis* entnommen«, so der Wissenschaftshistoriker Jochen Büttner. Aber während Kepler im *Weltgeheimnis* an einen geometrischen Schöpfungsplan Gottes dachte, hatte Galilei einen physikalischen Schöpfungsakt im Sinn. Büttner hat die Berechnungen rekonstruiert und festgestellt, dass Galilei seine Hypothese keineswegs empirisch belegen konnte. Die vermeintlichen Fallstrecken der Planeten führen nicht zu einem gemeinsamen Anfangspunkt zurück. Von der behaupteten »guten Übereinstimmung« keine Spur. Das ist für Galilei aber kein Grund, sein hübsches Modell aufzugeben.

*Zwei Forscher, zwei Gedanken*

Das kleine Beispiel belegt, dass Galilei Keplers Forschungsarbeit vom allerersten Briefkontakt an wahrgenommen hat. Nicht von ungefähr hat er sich sämtliche Bücher Keplers kommen lassen. Sie sind eine wichtige Inspirationsquelle für ihn: hier entnimmt er einen Datensatz, dort knüpft er an die Theorie von der motorischen Antriebskraft der Sonne an, um das Wunder Joshuas –

»Sonne, steh still!« – zu erklären. Selbst die von Kepler ermittelte geradlinige Kometenbahn, die so gar nicht zu Galileis himmlischen Kreisbewegungen passt, lässt eine alternative Deutung zu: Galilei verlegt die geradlinige Bahn kurzerhand in die Erdatmosphäre und spricht die Vermutung aus, dass es sich bei Kometen um atmosphärische Leuchterscheinungen handelt.

Wo immer er Ideen und Konzepte Keplers aufgreift, stellt er sie in einen neuen Kontext. Stets macht er etwas Eigenes daraus. Er habe Kepler immer wegen seines freien und feinen Verstandes geschätzt, schreibt er einem Briefpartner im November 1634. »Nur meine Art zu philosophieren war von seiner sehr verschieden.« Vielleicht, so Galilei, hätten sie manchmal über dieselben Dinge geschrieben und für eine wahre Naturerscheinung ein und dieselbe wahre Ursache angegeben. »Aber das trifft nicht einmal auf ein Prozent meiner Gedanken zu.«

Es ist der einzige Brief, in dem Galilei über seine Wertschätzung für Kepler und ihre unterschiedlichen Denkweisen spricht. Sein Fazit überrascht. Wer sich den beiden Forschern aus heutiger Perspektive nähert, sieht zunächst einmal ihre alles andere in den Schatten stellende gemeinsame kopernikanische Grundüberzeugung: Beide stehen für eine neue Weltsicht.

Während Kepler sich Galilei genau deshalb so verbunden fühlt, betont dieser ausschließlich ihre Differenzen. Seinem Resümee zufolge liegen ihre Auffassungen so weit auseinander, dass sein eigener physikalischer Unterbau und Keplers Himmelsdach an keiner Stelle richtig zusammenpassen. »Die« kopernikanische Theorie existiert demnach zu Beginn des 17. Jahrhunderts bereits nicht mehr. Stattdessen hat sie sich unter den verschiedenen Blickwinkeln der Wissenschaftler in verschiedene Modelle aufgefächert.

*Galileis neue Physik*

Nicht nur aus diesem Grund ist Galileis *Dialog* ein völlig anderes Buch als Keplers *Neue Astronomie*. Galilei schreibt nicht in der sperrigen Gelehrtensprache Latein, sondern in einem wunderbaren Italienisch. Er benutzt so gut wie keine Daten und auch keine komplexe Mathematik, sondern umschreibt seine Erkenntnisse mit Bildern und Analogien. Und während sich Kepler in seinem Werk mit allen großen kosmologischen Theorien auseinandersetzt und zwischen den Modellen hin und her springt, hat Galileis *Dialog* eine klare erzählerische Linie.

Das Buch ist ein literarisches Meisterwerk und eine von Anfang bis Ende geplante Überführung eines frei erfundenen Gegners. Der Auseinandersetzung mit dem kongenialen Wissenschaftler Kepler geht Galilei aus dem Weg, indem er die Kreisbahn von vorneherein zur natürlichen Bewegung der Himmelskörper erklärt. Danach schlägt er eine völlig andere Richtung ein.

Galilei möchte mit seinem *Dialog* nämlich plausibel machen, warum wir weder von der Drehung der Erde um ihre Achse noch von ihrer Umlaufbewegung irgendetwas spüren. Albert Einstein meinte, »dass gerade in dem Ringen mit diesem Problem Galileos Originalität sich besonders imponierend zeigt«.

Tycho Brahe hatte eine Umdrehung der Erde kategorisch ausgeschlossen. Unter anderem versuchte er, die kopernikanische These mit Hilfe der aristotelischen Physik zu widerlegen: Würde die Erde rotieren, könnte ein Stein, den man von einem hohen Turm zu Boden fallen lässt, nicht am Fuß des Turms ankommen. Die Erde würde sich in der Zwischenzeit unter dem fallenden Stein wegdrehen, er würde ins Hintertreffen geraten.

Dieses Experiment interpretiert Galilei völlig anders als sein Vorgänger. Er sieht im freien Fall keine einfache Bewegung wie Aristoteles, sondern eine zusammengesetzte: Solange der Stein auf der Spitze des Turms ruht, nimmt er mit derselben Geschwindigkeit an der Umdrehung der Erde teil wie der Turm. Auch wenn er fallen gelassen wird, behält er diese Geschwindigkeit bei. Deshalb entfernt er sich während des Falls keinen Zentimeter vom Turm. Am zweiten Tag seines *Dialogs* illustriert Galilei die zusammengesetzte Bewegung am Beispiel einer Schiffstour.

Salviati: »Schließt Euch in Gesellschaft eines Freundes in einen möglichst großen Raum unter dem Deck eines großen Schiffes ein. Verschafft Euch dort Mücken, Schmetterlinge und ähnliches fliegendes Getier; sorgt auch für ein Gefäß mit Wasser und kleinen Fischen darin; hängt ferner oben einen kleinen Eimer auf, welcher tropfenweise Wasser in ein zweites enghalsiges, daruntergestelltes Gefäß träufeln lässt. Beobachtet nun sorgfältig, solange das Schiff stille steht, wie die fliegenden Tierchen mit der nämlichen Geschwindigkeit nach allen Seiten des Zimmers fliegen. Man wird sehen, wie die Fische ohne irgendwelchen Unterschied nach allen Richtungen schwimmen; die fallenden Tropfen werden alle in das untergestellte Gefäß fließen ...«

All dieser Dinge solle man sich sorgfältig vergewissern. Und darauf achten, was geschieht, wenn das Schiff seine Fahrt aufgenommen hat. »Ihr werdet – wenn nur die Bewegung gleichförmig ist und nicht hier- und dorthin schwankend – bei allen genannten Erscheinungen nicht die geringste Veränderung eintreten sehen. Aus keiner derselben werdet ihr entnehmen können, ob das Schiff fährt oder stille steht.«

Genau dasselbe gelte für einen Stein, den man vom Schiffsmast fallen lasse. Egal ob das Schiff vor Anker liegt oder sich mit gleichbleibender Geschwindigkeit bewegt – der Stein komme immer am Fuß des Mastes an. Auch ohne das Experiment je durchgeführt zu haben, ist sich Galilei gewiss, dass das Ergebnis genau so ausfällt.

Der Franzose Pierre Gassendi macht wenige Jahre später die Probe aufs Exempel. Er lässt tatsächlich einen Stein vom Mast einer schnell fahrenden Galeere der französischen Flotte hinunterfallen. Solche Ruderschiffe erreichen seinerzeit kurzfristig Spitzengeschwindigkeiten von 18 Kilometern pro Stunde, also etwa fünf Metern pro Sekunde. Ein Stein, aus fünfzehn oder zwanzig Metern Höhe fallen gelassen, hätte demnach der traditionellen, aristotelischen Bewegungslehre zufolge etliche Meter zurückbleiben müssen. Gassendis Experiment spricht klar für Galileis Sicht und gegen die alte Lehre.

Eine Lehre, die Kepler und die meisten seiner Zeitgenossen nie ernsthaft infrage stellen. Obschon Kepler die Bewegung der Planeten mathematisch richtig beschreibt und ganz modern von physikalischen Anziehungskräften spricht, denkt er gleichzeitig noch in den alten aristotelischen Kategorien. In seinen Augen setzt jede Bewegung eine Kraft voraus, die Geschwindigkeit verhält sich genau proportional zur wirkenden Kraft.

Erst Galilei krempelt die aristotelische Physik um: Nicht nur die Ruhe ist von Dauer, sondern auch die Bewegung mit einer gleichbleibenden Geschwindigkeit. Was einmal in Fahrt gekommen ist, fährt von sich aus weiter. Lediglich die Änderung der Geschwindigkeit, also eine Beschleunigung oder Bremsung, erfordert den Einsatz einer Kraft. Galileis Physik macht den Weg frei für eine neue mathematische Beschreibung der Natur.

## Unter dem vorläufigen Schutz des Papstes

Aus dem Fallexperiment lässt sich allerdings nicht schließen, ob sich die Erde wirklich dreht oder nicht, ob das kopernikanische System richtig ist oder falsch. Beides ist möglich. Ein derart offenes Ende des *Dialogs* wäre ganz im Sinne des Papstes. Es wäre ein weiterer Beleg für die Unergründlichkeit der göttlichen Schöpfung, von der Galilei schon in seinem *Saggiatore* gesprochen hatte.

Im Frühjahr 1630 unterhält sich Galilei mit Urban VIII. über den bevorstehenden Druck seines *Dialogs*. Der Papst gibt ihm positive Signale und stellt ihm sogar eine großzügige Pension in Aussicht. Wie Galilei versteht er sich als Intellektueller, beide stammen aus angesehenen Florentiner Familien.

Unter den Adelsgeschlechtern in Rom muss sich der Papst seine Beziehungen jedoch erst noch schaffen. Maffeo Barberini wählt dazu den typischen Weg: Er ernennt nach seinem Amtsantritt seine Neffen zu Kardinälen und seine Freunde zu hochrangigen Kirchendienern, tritt als Förderer von Künstlern und Wissenschaftlern wie Galilei in Erscheinung.

Den größten Ehrgeiz steckt Urban VIII. in Bauprojekte. Ganz Rom bepflastert er mit seinem Familienwappen, den Bienen. Die Heilige Stadt wird einer architektonischen Gehirnwäsche unterzogen, für die der Papst das Kolosseum als Steinbruch nutzt und den verbliebenen Bronzebelag vom Dach des Pantheons abnehmen lässt. In Rom heißt es noch heute über ihn: »Was die Barbaren nicht schafften, das schafften die Barberini.«

Statt wie seine beiden Vorgänger die Gegenreformation mit allen Mitteln zu fördern und Kaiser Ferdinand II. im Krieg gegen die Protestanten zu unterstützen, schaut Urban VIII. vor allem auf seine familiären Interessen. Im Laufe seines Pontifikats gerät er deswegen zunehmend unter Druck.

Als besonders schweren Fehler kreidet man ihm seine Posi-

*Der Tempel der Astronomie, den Kepler für seine »Rudolfinischen Tafeln« entworfen hat. Die Säulen bilden Hipparchos und Ptolemäus, Kopernikus und Tycho Brahe. Für sich selbst hat Kepler dagegen einen bescheidenen Platz im Sockel unten links am Arbeitstisch sitzend gewählt.*

tion im Erbfolgestreit um das Herzogtum Mantua an. In dieser heiklen Auseinandersetzung macht sich der Papst zum Verbündeten Frankreichs und bezieht Stellung gegen die spanisch-habsburgische Seite. Der oberste Kirchenfürst möchte die in Italien ohnehin schon übermächtigen Spanier nicht noch weiter stärken.

Der sich anbahnende oberitalienische Krieg bindet wichtige Truppenkontingente des Kaisers. Dessen oberster Heerführer, Wallenstein, spricht sich gegen ihn aus und wird im August 1630 abgesetzt. Zur selben Zeit fällt aus dem Norden der Schwedenkönig Gustav Adolf nach Deutschland ein. Seine Kanonenarmee bringt die Wende im Dreißigjährigen Krieg, der fast schon für die katholische Seite entschieden schien.

*Keplers Tod*

Kepler steht seit 1628 in Wallensteins Diensten. Nachdem er die *Rudolfinischen Tafeln* fertiggestellt hatte, sah er seine wichtigste Aufgabe als kaiserlicher Mathematiker erfüllt – ohne dass er je richtig dafür bezahlt worden wäre. Der Kaiser schuldet ihm genau 11 817 Gulden. Es ist das ganze »in dreißig Jahren erworbene Vermögen«, das weder Kepler selbst noch seine Erben je erhalten werden. Nach gängiger Praxis hat Ihre Majestät diese Schuld auf andere abgewälzt, auf Städte wie Nürnberg, die sich bereits durch anfallende Militärabgaben finanziell überfordert sehen.

Bei seinem vergeblichen Versuch, im verwüsteten Deutschland sein Geld einzutreiben, ist Kepler an den sternengläubigen Wallenstein geraten, der ihm eine lukrative Stelle im entlegenen Sagan angeboten hat, einer Provinzstadt in Schlesien. Es heißt, Wallenstein spiele mit dem Gedanken, dort eine Universität zu gründen. Sogar eine eigene Druckerpresse und Geld fürs Papier stellt er Kepler zur Verfügung.

Wallensteins Entlassung schreckt Kepler schon bald nach dem Umzug wieder auf. Vermutlich aus Sorge um die Zukunft seiner Familie bricht der Achtundfünfzigjährige im Herbst 1630 zu seiner letzten Reise auf. Während Galilei die abschließenden Korrekturen an seinem *Dialog* vornimmt, einem Buch, das in Kepler seinen kompetentesten Kritiker erwartet, reitet dieser auf einer alten Mähre von Sagan über Nürnberg nach Regensburg. Der Mathematiker möchte auf dem dort zu Ende gehenden Fürstentag sein Geld einklagen.

Am 2. November 1630 kommt er, geschwächt von der sechshundert Kilometer weiten Reise, in Regensburg an. Kepler nimmt Quartier im Haus eines Freundes. Drei Tage später wird er von Fieber befallen, das immer stärker wird. Er verliert das Bewusstsein, am 15. November stirbt er fern von der Familie.

Vier Tage darauf wird er als Lutheraner außerhalb der Stadtmauern begraben, der Friedhof mitsamt der Grabstätte in den folgenden Kriegsjahren zerstört. Nur die Inschrift seines schlichten Grabsteins, die er selbst bestimmt hatte, ist im Wortlaut erhalten geblieben. Ihre Übersetzung aus dem Lateinischen: »Habe die Himmel erforscht, jetzt irdische Schatten durchmess' ich. Himmelsgeschenk war der Geist, schattenhaft liegt nun der Leib.«

## Eine juristische Hängepartie

In Italien wütet in diesem Winter 1630/31 die Pest. Über Florenz ist eine Quarantäne verhängt worden, Tausende fallen der Seuche zum Opfer. Galilei hat sich in seinem Landhaus verbarrikadiert. Die Angst, er könnte sterben, ehe sein *Dialog* gedruckt worden ist, hält den siebenundsechzigjährigen Mathematiker fest im Griff.

Die Zeit spielt gegen ihn. Sein Augenlicht wird allmählich schwächer, und sein wichtigster Förderer in Rom, der Fürst Federico Cesi, ist im vergangenen Sommer gestorben. Statt in Rom möchte Galilei den *Dialog* nun schnellstmöglich in Florenz drucken lassen. Vorher jedoch muss das Werk die kirchliche Zensur passieren, und dieses Verfahren wird zu einer nervenaufreibenden Hängepartie.

Jedermann weiß um das Dekret gegen Kopernikus und um die inzwischen offene Feindschaft zwischen Galilei und einigen Jesuitenmathematikern in Rom. Jedermann weiß aber auch um Galileis gute Verbindungen zum Papst.

Urban VIII. will in dieser Sache persönlich entscheiden. Statt die Angelegenheit ihren normalen Gang nehmen zu lassen, versucht er, Institutionen wie das Heilige Offizium und die Index-kongregation zu umgehen. Gleichzeitig versäumt er es jedoch, Galileis Manuskript selbst zu lesen, und bürdet die hauptsächliche Verantwortung für die Druckgenehmigung dem Palastmeister Niccolò Riccardi auf.

Die Verhältnisse sind äußerst verwickelt. Riccardi ist selbst ein Verehrer Galileis, muss aber einsehen, dass dieser in seinem Buch nicht nur hypothetisch von Kopernikus spricht. Stattdessen versucht Galilei nachzuweisen, dass der stete Wechsel von Ebbe und Flut nur dann begreiflich ist, wenn sich die Erde bewegt. In dem Hin- und Herschwappen der Meere sieht Galilei einen klaren Beleg für die kopernikanische Theorie. Deshalb hat er sein Buch zuerst *Dialog über Ebbe und Flut* nennen wollen. Der Papst ist gegen diesen Titel. Überhaupt passt es ihm eigentlich nicht, dass Galilei die kopernikanische These so unverblümt vertreten will.

Riccardi steckt in der Klemme. Hinzu kommt, dass Galilei nicht noch länger auf eine Genehmigung warten will. Da eine Antwort aus Rom schon seit Monaten aussteht, schaltet er den Großherzog der Toskana ein. Von nun an übt der toskanische Botschafter in Rom Druck auf Riccardi aus – so lange, bis dieser schließlich nachgibt.

Dies tut er allerdings nur unter der Bedingung, dass Galilei im Vor- und Nachwort deutlich macht, die kopernikanische Theorie lediglich als Hypothese vertreten zu wollen. Im Juli 1631 schickt er ihm ein entsprechendes Vorwort und die Anweisung zu, am Schluss des Buches müssten noch einmal dieselben Argumente wie in der Einleitung aufgegriffen werden. Danach gibt Riccardi die Verantwortung schlechten Gewissens an den Inquisitor in Florenz ab, der die Gedanken des Papstes noch weniger kennt als er.

*Die Verurteilung*

Das bis dahin größte Werk Galileis wird Anfang 1632 in Florenz gedruckt. Zur selben Zeit kommt es im Vatikan zu einem Eklat: Der Wortführer der spanischen Opposition, Kardinal Borgia, greift Urban VIII. wegen seiner mangelnden Unterstützung im Kampf gegen die Protestanten scharf an. Er hält ihm vor, entweder nicht willens oder nicht imstande zu sein, die Interessen der katholischen Kirche zu verteidigen. Unter den anwesenden Kardinälen bricht ein Tumult aus, die Schweizergarde muss einschreiten, um die drohenden Handgreiflichkeiten abzuwenden.

Nach diesem Vorfall zieht sich Urban VIII. wutentbrannt in seine Residenz zurück, das prächtige Castel Gandolfo, das er sich außerhalb Roms hat anlegen lassen. Aus Angst vor einem Attentat empfängt er vorerst niemanden mehr, überall wittert er Verschwörung und Konspiration, entlässt hochrangige Mitarbeiter wie seinen Sekretär Giovanni Ciampoli, einen wichtigen Fürsprecher Galileis.

Die Krise der katholischen Kriegsparteien wird plötzlich vielerorts in Europa zur Schicksalsfrage Einzelner. Der Schwedenkönig Gustav Adolf hat mittlerweile nahezu das gesamte Reichsgebiet jenseits der Alpen unter seine Kontrolle gebracht. Im Frühjahr 1632 ruft der Kaiser in höchster Bedrängnis den zwei Jahre zuvor entlassenen Wallenstein an die Spitze des Heeres zurück. Der kluge Stratege kommt, sieht und siegt noch im selben Jahr gegen die Schweden und Gustav Adolf fällt – nur zwei Jahre später lässt der Kaiser den ihm zu mächtig gewordenen Wallenstein ermorden.

In den Turbulenzen des Krieges droht selbst Urban VIII. seine Autorität einzubüßen. Nie zuvor haben es die Kardinäle gewagt, dem Papst unmissverständlich ins Gesicht zu sagen, dass er in Rom nicht seine persönlichen und familiären Interessen zu verteidigen habe, sondern die der Kirche. Von nun an schlägt Urban VIII. einen anderen Kurs ein.

Galileis soeben gedruckter *Dialog* fällt ihm am Tiefpunkt seines Pontifikats in die Hände. Er hatte Galilei einen hypothetischen Ausgang für das Werk aufgetragen, an dessen Schluss die Allmacht Gottes stehen sollte. Doch gerade diese Passage hat Galilei dem dümmsten der drei Gesprächspartner in den Mund gelegt: Simplicio. Es bedarf wohl nur noch weniger Hinweise von außen, den Papst glauben zu machen, dass eben dieser Simplicio eine Karikatur seiner selbst sein soll.

Urban VIII. ist aufgebracht. Nach Ciampoli nun also auch Galilei! Als der toskanische Botschafter, Francesco Niccolini, ihm bei einer Audienz entgegnet, Galilei habe alle Wege der Zensur ordnungsgemäß durchlaufen, reagiert Urban VIII. mit einem Zornesausbruch. Derselbe Papst, der vorher hatte verlauten lassen, unter ihm wäre es niemals zu einem Dekret gegen Kopernikus gekommen, bezeichnet Galileis Buch nun als schlimmste Schädigung der Kirche. Man werde jedes einzelne Wort darin prüfen.

Der sich anschließende Inquisitionsprozess wird bis heute von Wissenschaftlern, Theologen und Historikern kontrovers diskutiert. Weder ist er ein Ruhmesblatt für die Kirche, deren Zensur versagt hat und deren Inquisitoren mit dem Inhalt des Werks überfordert sind, noch für den Angeklagten.

Galilei ist kein Märtyrer der Wissenschaft. Nicht nur unterlässt er es, die kopernikanische Lehre vor dem Gericht zu verteidigen – er verrät sie sogar. Beim zweiten Verhör am 12. April 1633 versteigt er sich zu der Behauptung, er habe im *Dialog* Kopernikus widerlegen wollen. Nur in seinem Übereifer und seiner Unachtsamkeit habe er für die falsche Seite zu gute Argumente ersonnen – eine offensichtliche Heuchelei und Verhöhnung des Gerichts.

Von dem Verhör kehrt Galilei nach Aussage des toskanischen Botschafters »mehr tot als lebendig« zurück. Er hat einen schweren Fehler begangen. Neben dem Papst fühlt sich nun auch das Heilige Offizium hintergangen.

Es folgen zwei weitere Verhöre bis zum endgültigen Urteil. Am 22. Juni 1633 führt man Galilei in einen schmucklosen Raum der Kirche Santa Maria sopra Minerva. Sieben Kardinäle sind zugegen, als der Neunundsechzigjährige niederkniet und den Urteilsspruch entgegennimmt.

Galilei wird dazu aufgefordert, seine Ketzerei sofort und öffentlich zu widerrufen. Das Buch werde verboten, er selbst zu einer unbefristeten Haftstrafe verurteilt. In den nächsten drei Jahren solle er jede Woche sieben Bußpsalmen sprechen. Immer noch kniend, verliest Galilei den für ihn vorbereiteten Widerruf und schwört der kopernikanischen Lehre ab: »Aufrichtigen Herzens und ungeheuchelten Glaubens« verabscheue er seine Irrtümer und Ketzereien.

Die Legende will es dabei nicht belassen. Sie gibt dem Wissenschaftler das letzte Wort: »Und sie bewegt sich doch!«, soll er gesagt haben, als er sich wieder von den Knien erhebt. Galilei ist klug genug, nun zu schweigen und alles zu tun, was die Kirche von ihm verlangt.

*Heimkehr*

Wenige Tage darauf verlässt er die Heilige Stadt in einem Zustand völliger Verzweiflung. Der toskanische Botschafter hat erreicht, dass seine Haft in einen Hausarrest im Palast des Erzbischofs Ascanio Piccolomini in Siena umgewandelt wird. Galilei aber verflucht die Wissenschaft und das Buch, das er geschrieben hat. Er verbringt schlaflose Nächte im Bischofspalast, schreiend und in Raserei, sodass Piccolomini daran denkt, ihn ans Bett zu fesseln, um Schlimmeres zu verhindern.

Seit Jahren ist Piccolomini ein Bewunderer Galileis. Er behandelt den Verurteilten wie einen Ehrengast und bemüht sich, ihn wieder aufzubauen, indem er andere Gelehrte zu Tischgesprächen einlädt oder ihn in aktuelle technische Debatten wie das Gießen einer neuen Glocke einbindet. Nach und nach gelingt es dem einfühlsamen Erzbischof, Galileis Gedanken wieder auf die Forschung zu lenken. Und zwar auf jene Experimente und materialwissenschaftlichen Studien, die seit Galileis Zeit in Padua liegen geblieben sind.

Damals hatte Galilei erstaunliche Wege und Methoden gefunden, kurze Zeitabschnitte zu messen und schnelle Fall- und Flugbewegungen festzuhalten; als einer der ersten Forscher hat er die Mechanik mathematisiert und dazu in seinem Labor gezielte Experimente durchgeführt. Auf diese Weise ist er unter anderem zu seinen Bewegungsgesetzen vorgestoßen.

Die wertvollen Ergebnisse und Manuskripte sind über all die Jahre unveröffentlicht geblieben, weil ihn das Fernrohr und die kopernikanische Theorie ganz in ihren Bann gezogen haben. Von der römischen Kirche verurteilt, beginnt der Wissenschaftler erst jetzt und unter dem Obdach, das ihm die Kirche in Siena gewährt, sein für die Wissenschaft bedeutendstes Werk zu schreiben: seinen *Dialog über die Mechanik*, eine der wichtigsten Grundlagen der modernen Physik.

Ein halbes Jahr später darf Galilei in seine Villa in Arcetri bei

Florenz zurückkehren. Dort wird er den Rest seines Lebens unter Hausarrest verbringen. Weitgehend abgeschnitten vom Hof und nur noch durch Briefe in Kontakt mit anderen Gelehrten, schließt er seine *Mechanik* im hohen Alter ab. Ob er das Werk auch ohne die Verurteilung noch rechtzeitig angegangen wäre?

Sein Nachruhm ist in vielfacher Weise mit dem Inquisitionsprozess verknüpft. Durch die Verurteilung avanciert Galilei erst recht zum Helden. Mit der katholischen Kirche steht seinem Genie der mächtigste und vermeintlich finsterste Rivale gegenüber, der über Jahrhunderte hinweg als Erzfeind der Wissenschaft angeprangert werden wird.

Eine Pointe dabei: Nur der Papst hat den Forscher vor seiner größten Blamage bewahrt. Galilei meint nämlich, das kopernikanische System durch seine Gezeitentheorie beweisen zu können. Dieser Beweis ist aber nicht schlüssig, und glücklicherweise hat der Papst darauf bestanden, dass der ursprüngliche Titel *Dialog über Ebbe und Flut* geändert worden ist. Galilei wäre wohl kaum von der Nachwelt für ein Werk derart gefeiert worden, das schon auf dem Buchdeckel eine falsche Behauptung propagiert. Neu betitelt dagegen kann der *Dialog über die beiden hauptsächlichen Weltsysteme, das ptolemäische und das kopernikanische* von der Wissenschaft als pro-kopernikanische Schrift hochgehalten und gegen die Ignoranz der Kirche gewendet werden.

## *Im Strom der Gezeiten*

Seinen größten Trumpf hat Galilei erst im Schlussteil des *Dialogs* ausgespielt. In ihm blickt er auf seine Zeit in der Lagunenstadt Venedig zurück, wo Gassen und Plätze bei Flut immer wieder unter Wasser stehen. Seither hat ihm das Phänomen viel Kopfzerbrechen bereitet. Wie es zu den Gezeiten kommt, erläutert er am Beispiel jener Transportschiffe, die Süßwasser nach Venedig bringen.

Salviati: »Stellen wir uns vor, eine solche Barke komme mit mäßiger Geschwindigkeit durch die Lagune und fahre das Wasser, womit sie beladen ist, ruhig dahin. Nun aber erleide sie eine merkliche Verringerung der Geschwindigkeit, sei es, dass sie aufs Trockene aufläuft oder sich sonst ein Hindernis ihr in den Weg stellt. Dann wird das in der Barke befindliche Wasser nicht sofort, wie diese selbst, den erlangten Antrieb verlieren, sondern ihn beibehalten und vorne nach dem Bug hinströmen; dort wird es merklich steigen.«

Galilei sieht völlig richtig, dass auch das Wasser in den Meeresbecken einem Geschwindigkeitswechsel nicht so rasch folgen kann wie die feste Erde. Es staut sich dort, wo Flut herrscht. Aber wodurch wird die Beschleunigung verursacht? Galilei meint, die Lösung dafür direkt im kopernikanischen System finden zu können: Die Erde dreht sich von West nach Ost um ihre eigene Achse. Währenddessen wandert sie auch auf ihrem Kurs um die Sonne weiter. Galilei hat den originellen Einfall, dass sich diese beiden Geschwindigkeiten auf der sonnenfernen Seite der Erde addieren, während das Wasser auf der sonnennahen Seite auf die Differenz aus Bahngeschwindigkeit und Rotationsgeschwindigkeit reagiert. Auf diese Weise, denkt er, entstehe eine periodische Beschleunigung und Verzögerung an der Erdoberfläche.

Galilei versucht, Ebbe und Flut allein aus seiner Bewegungslehre heraus zu erklären – obschon sein Modell ganz offensichtlich nicht zu den Erfahrungstatsachen passt. Zum Beispiel verspätet sich die Flut von Tag zu Tag um fünfzig Minuten. Das ist dieselbe Zeit, um die sich der Aufgang des Mondes von einem Tag zum nächsten verzögert – ein klarer Hinweis auf den Einfluss des Erdtrabanten. Kepler hat die Gezeiten nicht zuletzt deshalb auf eine Anziehungskraft des Mondes zurückgeführt. In Galileis Theorie gibt es für diese regelmäßige Verzögerung keine Erklärung. Sie widerspricht nahezu allen bekannten Gezeitenphänomenen.

»Dass nach seiner Theorie täglich nur einmal Flut und Ebbe auftreten sollte, übersieht Galilei natürlich nicht«, hält der Physiker Ernst Mach fest. »Er täuscht sich aber über die Schwierigkeiten hinweg.« Die komplizierte Form der Meeresbecken und die Eigenschwingungen des Wassers lassen ihm einigen Spielraum für entsprechende Ausflüchte.

Hätte er sich je auf eine Debatte mit Kepler über die Gezeiten eingelassen, die dieser schon 1597 suchte, wären sie vielleicht gemeinsam einer Lösung nähergekommen. Beide haben entscheidende Fährten aufgenommen. Erst Isaac Newton wird zu der Einsicht gelangen, dass die von Kepler eingeführten Anziehungskräfte im Sonnensystem eben die von Galilei gesuchten Beschleunigungen hervorrufen. Albert Einstein wird schließlich noch einen Schritt weiter gehen: Seine Erkenntnis, dass Gravitation und beschleunigte Bewegung einander äquivalent sind, ist ein Schlüssel zur Allgemeinen Relativitätstheorie.

Angesichts solcher Entwicklungen fragt man sich, wohin ein Gedankenaustausch die beiden Protagonisten der neuzeitlichen Wissenschaft geführt hätte. Wie hätte ein kreativer Geist wie Kepler, der vor den kompliziertesten mathematischen Berechnungen nicht zurückschreckte, wohl reagiert, wenn Galilei ihn mit seiner Bewegungslehre konfrontiert hätte?

Man kann sich wunderbare Debatten ausmalen, ähnlich wie die zwischen Albert Einstein und Niels Bohr, die die Wissenschaft bis heute beflügeln. Aber die historische Chance verstreicht ungenutzt. Stattdessen greift Galilei zu einem Mittel, das Wissenschaftler häufig einsetzen, wenn sie ihr eigenes fragiles Gedankengebäude nicht gefährden und über neue Ideen wie Anziehungskräfte, eine gekrümmte Raumzeit oder Schwarze Löcher gar nicht erst diskutieren wollen: Sie bezeichnen die Ansichten ihrer Kollegen als absurd.

Salviati: »Von allen bedeutenden Männern aber, die dieser wunderbaren Naturerscheinung ihr Nachdenken gewidmet haben, wundere ich mich zumeist über Kepler, mehr als über jeden anderen. Wie konnte er, bei seiner feinen Gesinnung und seinem durchdringenden Scharfblick, wo er die Lehre von der Erdbewegung in den Händen hatte, Dinge anhören und billigen wie die Herrschaft des Mondes über das Wasser, die verborgenen Qualitäten und was an Kindereien mehr sind?«

*Keplers »Kindereien«*

Es ist Galileis einziger überlieferter Kommentar zu Keplers Himmelsphysik. Das Schlagwort »Kindereien« wird bis heute gern dazu benutzt, den Kontrast zwischen den beiden Forschern zu verdeutlichen. Hier der nüchterne Beobachter und Experimentator Galilei, dort der schwärmerische Theoretiker und Metaphysiker Kepler – auf diese kurze Formel wird der Gegensatz zwischen ihnen oft gebracht und als unüberbrückbar dargestellt.

Albert Einstein war da völlig anderer Meinung. Er hat die Untrennbarkeit von Theorie und Empirie in Galileis Werk hervorgehoben: »Es ist oft behauptet worden, dass Galileo insofern der Vater der modernen Naturwissenschaft sei, als er die empiristische, experimentelle Methode gegenüber der spekulativen, deduktiven Methode durchgesetzt habe. Ich denke jedoch, dass diese Auffassung genauerer Überlegung nicht standhält. Es gibt keine empirische Methode ohne spekulative Begriffs- und Systemkonstruktion; und es gibt kein spekulatives Denken, dessen Begriffe bei genauerem Hinsehen nicht das empirische Material verraten, dem sie ihren Ursprung verdanken. Solche scharfe Gegenüberstellung des empirischen und deduktiven Standpunkts ist irreleitend, und sie lag Galilei ganz ferne.«

Zu unterschiedlichen Zeiten ihrer Laufbahn und je nach Kontext werfen sich Galilei und Kepler in dem Zusammenspiel aus Theoriebildung und Beobachtung mal mehr auf die eine, mal mehr auf die andere Seite. Galilei präsentiert sich nach seinen teleskopischen Entdeckungen als nüchterner Beobachter. Als Hofphilosoph der Medici in Florenz treten dagegen seine spekulativen Interessen deutlich in den Vordergrund. Nonchalant sieht er über Erfahrungs- und Messwerte hinweg.

Man kann viel in den Vorwurf an Kepler hineininterpretieren. Vermutlich handelt es sich auch bei den »Kindereien« bloß um eine von Galileis typischen Abwehrgesten. Denn aus seiner privaten Korrespondenz geht hervor, dass ihm eine Anziehungskraft des Mondes schon bald gar nicht mehr so ungeheuerlich vorkommt: Nach der Veröffentlichung des *Dialogs* wird Galilei von Gelehrten wie dem Franzosen Jean-Jacques Bouchard für seine Gezeitentheorie kritisiert. Wenig später entdeckt der fast schon erblindete Wissenschaftler eine periodische Taumelbewegung des Mondes: die Libration. Ihretwegen sieht man nicht immer genau die Vorderseite des Mondes. Mal kann man ein bisschen über seinen rechten, mal über seinen linken Rand hinausschauen.

Galilei stellt fest, dass es drei Perioden dieser Taumelbewegung gibt: eine tägliche, eine monatliche und eine jährliche. »Was würden Sie nun sagen«, fragt er seinen venezianischen Briefpartner

Fulgenzio Micanzio im November 1637, »wenn Sie diese drei Perioden des Mondes mit den täglichen, monatlichen und jährlichen Perioden des Meeres vergleichen, über die, nach übereinstimmender Meinung aller, der Mond Gebieter und Vorsteher ist?«

Micanzio ist verwirrt. Hat Galilei in seinem *Dialog* nicht gerade eine Anziehungskraft des Mondes als Ursache für Ebbe und Flut kategorisch ausgeschlossen? Über Monate hinweg versucht er, Galilei zu entlocken, was diese Taumelbewegung für seine Gezeitentheorie bedeutet. Er setzt sich sogar dafür ein, dass Galileis Entdeckung der Libration veröffentlicht wird.

Galilei laviert, weicht Micanzio aus und lenkt ihn mit Anfragen über bestimmte Flutereignisse ab. »Natürlich konnte er niemals öffentlich eingestehen, dass sein wertvollster Beweis der Bewegung der Erde, genau der Beweis, der Grund für seinen Sturz war und den ›größten Skandal im Christentum‹ ausgelöst hatte, gar kein Beweis war«, so der Wissenschaftshistoriker Ronald Naylor.

*Der Mythos Galilei*

Wissenschaft wird oft als Erfolgs- und Entdeckungsgeschichte dargestellt. Dem ist auch in diesem Buch viel Raum gewidmet worden. Der Bogen spannt sich von der Entwicklung des Fernrohrs als Forschungsinstrument über die Beobachtung der Mondgebirge und der Sonnenflecken bis hin zur Berechnung der Ellipsenbahnen der Planeten und der theoretischen Beschreibung neuer optischer Instrumente. Galilei und Kepler leisten Bahnbrechendes. Sie stellen sich den Herausforderungen der Forschung mit außergewöhnlicher Leidenschaft, mit Phantasie und Scharfsinn. Ihre Pionierleistungen sind Eckpfeiler der neuzeitlichen Wissenschaft.

In der Gegenüberstellung der beiden Forscher zeigt sich aber auch, wie begrenzt die Reichweite ihrer jeweiligen Theorien ist, wie beide an traditionellen Vorstellungen festhalten und an vielen Fragen scheitern. Besonders deutlich wird dabei, dass Forschung an den Grenzen des Wissens unsicher und kontrovers ist. »Richtig« oder »falsch« sind in einem solchen Kontext mitunter keine brauchbaren Kategorien. Gerade deshalb ist die Diskussion unterschiedlicher Auffassungen ein so wesentlicher Bestandteil des Erkenntnisprozesses. Der Deutsche und der Italiener gehen je unterschiedlich mit dieser Herausforderung um: Während Kepler die Fachkollegen dazu auffordert, über die Konsequenzen aus Galileis Entdeckungen nachzudenken und seinem Beispiel zu folgen, stempelt Galilei dessen Ergebnisse als »Kindereien« ab.

Die Urteile großer Forscher haben seit jeher besonderen Einfluss auf die Fach- und Nachwelt. Galileis Standpunkten ist im Lauf der Geschichte sehr viel Gewicht beigemessen worden. Vor allem seine starke Polarisierung zwischen dem »Licht der Wahrheit« einer richtig verstandenen Forschung und der blinden Begriffsgläubigkeit der Schulphilosophen und Theologen hat einen großen Reiz auf die sich institutionell etablierende Wissenschaft ausgeübt.

Allerdings verraten seine heftigen, von ihm selbst angezettelten Kontroversen mit Jesuiten wie Christoph Scheiner oder Orazio Grassi oft mehr über seine eigene Person als über den Stand der Mathematik und Naturphilosophie seiner Zeit. Jesuitenmathematiker haben parallel zu ihm Teleskope gebaut, die Venusphasen entdeckt und ihn trotzdem in Rom für seine Himmelsbeobachtungen gefeiert. Mit einer systematischen Untersuchung der Sonnenflecken haben sie vor ihm begonnen, und zumindest einige von ihnen haben zunächst ebenfalls mit der kopernikanischen Theorie geliebäugelt. Im Kometenstreit hat Galilei an ihren ernst zu nehmenden Beobachtungen vorbeiargumentiert. Durch seine heftigen Polemiken gegen Kollegen wie Scheiner oder Grassi hat er die wissenschaftliche Gemeinschaft gespalten, sich selbst und den jesuitischen Forschern geschadet.

Längst weiß man auch, dass Galilei kein Gegner der Kirche war, sondern ein gläubiger Katholik und gefallener Günstling des Papstes. Trotzdem wird das Verhältnis von Religion und Wissenschaft immer wieder an seinem Prozess aufgehängt.

Kepler, der als Gläubiger aktiv für einen Dialog zwischen den Kirchen eintritt und als Forscher für den offenen wissenschaftlichen Gedankenaustausch, gibt hier ein ganz anderes Beispiel. Toleranz ist ihm das oberste Gebot, das die Gegensätze zwischen Glauben und Wissenschaft aufhebt. In seiner Forschung gewinnen mathematisch strenggültige Naturgesetze ihre volle Überzeugungskraft gerade durch den christlichen Schöpfungsgedanken.

In unserer Phantasie lebt das bereits zitierte »Und sie bewegt sich doch!« genauso hartnäckig weiter wie die angeblichen Fallexperimente vom »Schiefen Turm« in Pisa. Kepler lässt wenig Raum für solche Legenden. Er legt über sein Leben und seine Wissenschaft ständig Rechenschaft ab. Im Unterschied zu heutigen Forschern verwischt er auch die Spuren und Irrwege seiner Arbeit nicht.

Von der Fachwelt wird ihm das oft als Schwäche angekreidet. Aber es ist gerade auch eine der größten Gaben Keplers, dass er so authentisch mit sich ist. Die vielen von ihm selbst offengelegten Schattierungen seiner Forscherpersönlichkeit machen den Erkenntnisprozess als solchen in einzigartiger Weise transparent.

Keplers schöpferische Leistungen speisen sich aus einer barocken Vielfalt geistiger Strömungen und einer Flut von Ideen, die erst nach und nach den Filter der Forschung passiert haben. Einige davon waren der Nachwelt schon bald nicht mehr geheuer. Sie passen bis heute schlecht zum Selbstbild der Naturwissenschaften und schon gar nicht zu ihrem Geniekult.

Galilei ist in vieler Hinsicht moderner. Er schreibt seine Entdeckungsgeschichten um und kreiert sein eigenes Image, das sich wunderbar als Projektionsfläche für seine Zeitgenossen und spätere Forschergenerationen eignet. Sein letzter Schüler und erster Biograf Vincenzo Viviani setzt dieses Werk fort. Viviani macht einen Wunderknaben und jungen Heros aus ihm – ein Bild, das über Jahrhunderte nachwirkt. Nur langsam bringen Wissenschaftshistoriker ans Licht, welche Einflüsse Galileis Weg als Forscher geprägt haben, wem er entscheidende Kenntnisse verdankt und wann genau es ihm wie gelingt, etablierte Vorstellungen zu überwinden.

*Das Weltgeheimnis*

Viel deutlicher manifestieren sich die Gräben und Umbrüche, die die Phase der entstehenden Naturwissenschaften charakterisieren, in Keplers Lebensweg – angefangen bei seinem ersten Buch, dem *Weltgeheimnis*. Aus ihm spricht der studierte Theologe, der werdende Mathematiker und Renaissancemensch Kepler, der von der Heiligen Dreifaltigkeit bis zu den platonischen Körpern vieles miteinander in Verbindung bringt. Trotzdem ist dieses Werk sein Entree in die Wissenschaft. Es enthält viele Leitmotive seiner späteren Forschung und bringt ihn mit großen Astronomen wie Tycho Brahe zusammen, die ihn glücklicherweise fördern, ohne die Flügel seiner Phantasie völlig zurechtzustutzen.

Kepler ist ein Freigeist. Ohne seine außergewöhnliche gedankliche Freiheit, seine grenzenlose Neugier und seinen Scharfsinn wäre es ihm niemals möglich gewesen, seine Planetengesetze in ein physikalisch auch nur irgendwie begreifliches Modell einzubetten und Anziehungskräfte im Sonnensystem zu postulieren. Seine Karriere als Forscher ist ein herausragendes Beispiel für Einsteins Auffassung, dass es eine alleingültige »wissenschaftliche Methode« nicht gibt.

Galilei überlebt den jüngeren Kepler um elf Jahre. Im Alter von 77 Jahren stirbt er am 8. Januar 1642 einsam und erblindet in seiner Villa in Arcetri. Als der Großherzog seinem Hofphilosophen ein würdevolles Marmorgrab errichten möchte, weiß die römische Kirche dies zu verhindern. Erst hundert Jahre später erhält Galilei in der Kirche Santa Croce in Florenz ein prächtiges Grabmal. In seiner Heimatstadt wird sein wissenschaftliches Erbe bis heute in beispielhafter Weise gepflegt. Für Kepler, den immer wieder Vertriebenen, gibt es keinen solchen Ort.

Die beiden berühmtesten Werke Galileis hat Kepler nie kennengelernt. Seine große Bewunderung für Galilei beruht nur bedingt auf einer Auseinandersetzung mit dessen tatsächlichen Leistungen. Sie gilt weder allein dem Wissenschaftler Galilei noch seiner Person, sondern entspringt vornehmlich seinen eigenen Sehnsüchten und Träumen. Vermutlich hat der Autor des *Weltgeheimnisses* mit den Jahren erkannt, dass Galilei seinem eigenen Forscherideal nicht entspricht. Dennoch hat Kepler, auch hier seiner Zeit voraus, den ersten Grundstein für den »Mythos Galilei« gelegt.

# ZEITTAFELN

## GALILEO GALILEI

1564 Am 15. Februar wird Galileo Galilei als erster Sohn von Giulia und Vincenzo Galilei in Pisa geboren
1581 Beginn des Medizinstudiums in Pisa
1585 Ohne Studienabschluss verlässt Galilei die Universität, arbeitet als Mathematiklehrer in Florenz und setzt seine Studien privat fort
1589 Galilei wird Lektor für Mathematik in Pisa
1592 Lehrstuhl an der Universität Padua
1597 Erster Briefwechsel mit Kepler und Bekenntnis zum kopernikanischen Weltbild
1600 Galileis erste Tochter kommt zur Welt; mit der Venezianerin Marina Gamba, die er nie heiratet, hat er zwei weitere Kinder
1604 Entdeckung des Fallgesetzes; in seinem Labor intensiviert Galilei seine experimentellen Arbeiten und bestimmt unter anderem die Wurfparabel
1609 Aus dem holländischen Fernrohr macht Galilei ein Forschungsinstrument, beobachtet und zeichnet die Gebirge auf dem Mond
1610 Entdeckung von vier Monden Jupiters, Beobachtung des Venusumlaufs um die Sonne; Galilei wird zum Hofphilosophen der Medici in Florenz ernannt und trennt sich von Marina Gamba
1611 Triumphale Romreise
1613 Galileis erstes kopernikanisches Werk wird gedruckt, die *Briefe über die Sonnenflecken*
1615 Galilei wird bei der Inquisition angezeigt
1616 In Rom ergeht ein Dekret gegen die kopernikanische Lehre; Galilei wird ermahnt, diese nicht mehr zu vertreten
1623 Dem neuen Papst, Urban VIII., widmet Galilei seine Kometenschrift *Il Saggiatore*
1632 Galilei veröffentlicht den *Dialog über die beiden hauptsächlichen Weltsysteme*
1633 Inquisitionsprozess gegen Galilei; der *Dialog* wird verboten, der Wissenschaftler zu unbefristetem Hausarrest verurteilt
1637 Galilei entdeckt die Libration des Mondes und verliert bald darauf sein Augenlicht
1638 In Leiden wird der *Dialog über die Mechanik* gedruckt, der Galileis materialwissenschaftliche und mechanische Studien aus der Zeit in Padua zusammenfasst
1642 Am 8. Januar stirbt Galilei in Arcetri bei Florenz

## JOHANNES KEPLER

1571 Johannes Kepler kommt am 27. Dezember als erster Sohn von Katharina und Heinrich Kepler in Weil der Stadt zur Welt
1591 Beginn des Theologiestudiums in Tübingen
1594 Vor Abschluss des Studiums wird Kepler als Landschaftsmathematiker nach Graz geschickt
1597 Keplers Erstlingswerk, das *Weltgeheimnis*, erscheint; Heirat mit Barbara Müller, mit der er fünf Kinder hat, drei davon sterben früh
1600 Ausweisung aus Graz; Zusammenarbeit mit dem berühmten Astronomen Tycho Brahe in Prag
1601 Nach Brahes Tod wird Kepler zum Kaiserlichen Mathematiker ernannt und soll dessen Erbe verwalten
1604 Keplers erstes Buch zur Optik erscheint
1609 In Heidelberg wird die *Neue Astronomie* gedruckt, die seine ersten beiden Planetengesetze enthält; im Anschluss Kepler schreibt seinen *Traum vom Mond*
1610 Beginn der intensivsten Phase der Korrespondenz mit Galilei; Kepler erklärt in seiner *Dioptrik* die Funktionsweise des Fernrohrs und des menschlichen Auges
1611 Keplers Frau Barbara stirbt infolge der Kriegswirren in Prag; er gibt seine Stelle auf und wird Landschaftsmathematiker in Linz
1612 Ausschluss vom lutherischen Abendmahl wegen unorthodoxer religiöser Ansichten
1613 Ehe mit Susanna Reuttinger; von ihren sieben gemeinsamen Kindern erreicht nur eines das Erwachsenenalter
1615 Keplers Mutter wird als Hexe verklagt, der Prozess dauert bis 1621 an
1618 Kepler schreibt seine *Weltharmonik* und findet das dritte Planetengesetz
1627 In Ulm lässt Kepler die *Rudolfinischen Tafeln* drucken
1628 Als Mathematiker in Wallensteins Diensten in Sagan
1630 Am 15. November stirbt Kepler in Regensburg

## WELTGESCHEHEN

- 1543 Nikolaus Kopernikus veröffentlicht sein Werk *De revolutionibus*
- 1564 Papst Pius IV. bestätigt die gegenreformatorischen Beschlüsse des Konzils von Trient
- 1569 Erste moderne Weltkarte in Mercatorprojektion
- 1571 Die christliche Flotte besiegt die osmanischen Seestreitkräfte in Lepanto
- 1580 Der Humanist Michel de Montaigne begründet die Kunstform des Essays
- 1582 Einführung des bis heute gültigen Gregorianischen Kalenders in den katholischen Ländern
- 1600 William Shakespeare schreibt den *Hamlet*; erste Aufführung einer Oper in Florenz; William Gilbert entdeckt den Erdmagnetismus; in Rom wird der Naturphilosoph Giordano Bruno auf dem Scheiterhaufen verbrannt
- 1608 Der Brillenmacher Hans Lipperhey stellt in Holland erstmals ein Fernrohr vor
- 1618 Mit dem Prager Fenstersturz beginnt der Dreißigjährige Krieg
- 1623 Wilhelm Schickard baut in Tübingen die erste Rechenmaschine
- 1625 Der Niederländer Hugo Grotius legt mit seiner Schrift *Über das Recht des Krieges und des Friedens* die Basis für das Völkerrecht
- 1630 Die protestantischen Schweden greifen in den Krieg ein, der bereits für die katholische Seite entschieden schien
- 1636 Stiftung der ersten nordamerikanischen Universität in Harvard
- 1637 Der Mathematiker und Philosoph René Descartes veröffentlicht seinen *Discours de la méthode*
- 1643 Evangelista Torricelli, ein Schüler Galileis, erfindet das Quecksilberbarometer zur Luftdruckmessung
- 1648 Der Westfälische Friede beendet den Dreißigjährigen Krieg

# PERSONENREGISTER

Adriaanszon, Jakob 25
Al-Chazini, Abd ar-Rahman 152
Aldrin, Edwin 48
Amberger, Paulus 187
Andreä, Jakob 145
Apian, Philipp 225
Apollonius von Perge 148, 217
Archimedes von Syrakus 148-153, 156f., 183, 215, 268
Arendt, Hannah 10
Ariosto, Ludovico 55, 121
Aristarch von Samos 299
Aristoteles 82, 84, 115, 128, 157, 159, 165, 216, 236, 242, 274, 307, 311, 314f.
Armstrong, Neil 48
Artigas, Mariano 279
Augustus, Kaiser 96

Bacci, Girolamo 29
Bandini, Kardinal Ottavio 241
Bär, Nicolai Reymers 201f.
Barberini, Francesco 297
Barberini, Kardinal Maffeo siehe Urban VIII., Papst
Bardi, Giovanni de' 125f.
Barovier, Angelo 23
Bayern, Herzog Albrecht V. von 121
Bayern, Herzog Wilhelm V. von 93
Bayern, Kurfürst Maximilian I. von 197
Bedini, Silvio 27
Behringer, Wolfgang 136
Bellarmino, Kardinal Roberto 247, 281f.
Beni, Paolo 89
Bessel, Friedrich Wilhelm 199
Biagioli, Mario 102f.
Blumenberg, Hans 160
Böhmen, Pfalzgraf Friedrich von 289f.
Bohr, Niels 326
Borghese, Kardinal Scipio 93
Borgia, Gaspare (Kardinal) 320
Borro, Girolamo 129
Borromeo, Kardinal Carlo 123f.
Bouchard, Jean-Jacques 327
Brahe, Tycho 38-43, 78, 116, 142, 176, 190-192, 194, 198f., 201-210, 216-219, 223-226, 231, 245, 251-253, 273, 292, 294-300, 302, 305-308, 310, 314, 331, 333
Bredekamp, Horst 64, 272
Bruce, Edmund 200f.
Bruno, Giordano 78, 84f., 190, 334
Bucciantini, Massimo 198
Bürgi, Jost 39, 216
Burton, Robert 55
Büttner, Jochen 312

Caccini, Tommaso 280
Calvin, Johannes 123, 136, 145, 280, 283f.
Capella, Martianus 244
Capello, Bianca siehe Medici, Bianca de'
Capra, Baldassare 185
Cardano, Giambattista 155
Cardano, Girolamo 152, 155, 163-165
Carrier, Martin 221
Cäsar, Gajus Julius 96, 161
Castelli, Benedetto 272, 278-281
Cavalieri, Bonaventura 308-310
Cesare d'Austria, Don Julio 44f.
Cesi, Marchese Federico 248, 261, 266, 276f., 295, 319
Chlumecky, Peter Ritter von 262
Ciampoli, Giovanni 321
Cicero 215
Cigoli, Ludovico 65, 130,272
Clavius, Christopher 30, 96, 110, 154, 158, 189, 234, 242, 244-247, 252f., 297
Collins, Michael 48-51
Contarini, Giacomo 183, 186
Cornaro, Fam. 58
Coryate, Thomas 181-183, 186
Cremonini, Cesare 100
Cyrano de Bergerac 55

d'Este, Julia 256
d'Orsini, Kardinal Alessandro 282
Dänemark, König Christian IV. von 204
Dänemark, König Friedrich II. von 203
Dante Alighieri 121, 156, 160
Daston, Lorraine 160
Dauber 142
de Solla Price, Derek 214

*Personenregister* 335

del Monte, Kardinal Francesco Maria 93, 156, 246, 248
del Monte, Marchese Guidobaldo 153, 156, 179, 181, 185
Descartes, René 334
di Giorgio, Francesco 179
Diodati, Elia 307
Donato, Leonardo 32
Drake, Francis 10
Drake, Stillman 131
Dürer, Albrecht 65

Eddington, Sir Arthur 251
Einhorn, Lutherus 288
Einstein, Albert 16, 174-176, 250-252, 276, 301, 314, 326f., 331
Enzensberger, Hans Magnus 148
Eremita, Daniel 72
Eriugena, Johannes Scotus 245
Etrurien, Großherzog von 80
Euklid 130, 146, 148, 156, 169
Eyck, Jan van 65

Fabricius, David 43, 208, 224, 231, 274
Ferdinand II., Kaiser *siehe* Österreich, Erzherzog Ferdinand von
Fernando Álvarez de Toledo, Herzog von Alba 138
Foscarini, Paolo Antonio 281f.

Galilaeus Galilaeus siehe Galilei, Galileo
Galilei, Galileo 11f., 17-23, 25-36, 41f., 46, 54f., 57-64, 66-70, 73f., 76-103, 104-117, 120-123, 125f., 128-133, 135, 142, 146, 148-160, 165f., 176-192, 194-203, 205, 230f., 234-248, 253f., 256, 258-261, 264, 266-282, 284, 287, 289, 293-301, 304-307, 309-316, 318-334
Galilei, Galileo (Bonaiuti) 129
Galilei, Giulia, geb. Ammanati 120f., 332
Galilei, Livia 180, 240f.
Galilei, Michelangelo 121
Galilei, Vincenzo jr. 184, 240
Galilei, Vincenzo sen. 120-122, 125-132, 151, 154f., 157, 159, 180, 238, 289, 332
Galilei, Virginia 180, 182, 240f.
Gamba, Marina 18, 182f., 240, 332
Garin, Eugenio 165
Gassendi, Pierre 252, 315
Gerlach, Stephan 44
Gilbert, William 228f., 334

Godwin, Francis 55
Goldast, Melchior 100f.
Grafton, Anthony 164
Grassi, Orazio 295f., 298, 329
Gregor VIII., Papst 162
Grossmann, Marcel 250
Grotius, Hugo 334
Gruppenbach, Georg 194
Gualterotti, Francesco Maria 91
Guiccardini, Piero 281f.
Guldenmann, Melchior 135, 141, 172
Gustav II. Adolf, König von Schweden 318, 321

Habsburg, Kaiser Rudolf II. von 11, 38-40, 43-45, 72-77, 79, 105-107, 109, 112, 133, 149, 204, 207, 210, 216, 218, 242, 256f., 263-265, 283, 287, 289
Habsburg, Matthias von 43, 72f., 75, 105f., 112, 256f., 263f., 289
Hafenreffer, Matthias 284
Halley, Edmond 233, 295
Harriot, Thomas 22, 60, 62, 158, 232f., 255
Hasdale, Martin 104, 106f., 108, 241
Heinrich IV., König von Frankreich 75, 93, 105
Hessen, Landgraf Wilhelm IV. von 190
Hevelius, Johannes 66
Hieron II. von Syrakus 149
Hipparchos 78
Hitzler, Daniel 283f.
Hohenburg, Herwart von 196
Hooke, Robert 62f.
Horky, Martin 99f., 107f.
Hudson, Henry 51
Humboldt, Caroline von 98
Humboldt, Wilhelm von 98
Husel 142
Huygens, Christian 256

Ibel, Thomas 151
Ipernicus *siehe* Kopernikus, Nikolaus

Jaeger 142
Jakob I., König von England 89, 105, 216
Janssen, Zacharias 25
Jepp (Zwerg) 207, 208
Jessenius, Johannes 113, 290

Karl V., Kaiser 44
Kepler, Barbara, geb. Müller 40, 112, 171-174, 194, 206, 262-265, 333

Kepler, Christoph 139, 288
Kepler, Friedrich 78, 262f.
Kepler, Heinrich jr. 138-140
Kepler, Heinrich sen. 135-137, 137-143, 333
Kepler, Johannes 10-12, 37-47, 49-52, 54-56, 60, 67, 72-88, 91, 93, 97, 99-101, 104, 106-117, 123, 126, 133-137, 139-148, 152, 159, 161-176, 181, 186-190, 192-210, 213f., 214, 216-220, 222-233, 235-238, 241f., 244f., 249-268, 270-278, 280f., 284-295, 298-303, 305f., 308-315, 318f., 325-333
Kepler, Katharina jr. 291
Kepler, Katharina sen. 56, 133-143, 288-291, 305, 333
Kepler, Ludwig 262, 265, 284, 287, 302
Kepler, Margareta Regina 291
Kepler, Margarethe 139
Kepler, Sebald 134, 137, 141, 143, 171
Kepler, Susanna (Tochter) 44, 262, 265, 284, 287, 302
Kepler, Susanna, geb. Reuttinger 286f., 291, 302, 333
Ketterle, Wolfgang 16f., 35
Kleber 142
Klemens VIII., Papst 162, 206
Koelbing, Huldrych M. 255
Koestler, Arthur 205, 286
Köln, Kurfürst Ernst von 93, 106f., 112f., 256
Kolumbus, Christoph 33, 79f., 89-92, 226
Kopernikus, Nikolaus 41-43, 46, 51f., 67, 70f., 78f., 109, 113, 115-117, 124, 162, 165, 167-171, 175f., 187-192, 195-200, 203, 205, 216, 219-222, 227, 232, 235f., 244f., 253, 258-261, 273, 279-282, 287, 293f., 297-302, 305-308, 313f., 316, 319f., 322-325, 332f.

Lamberini, Daniela 184
Langren, Michael Florent van 65
Laue, Max von 251
Leitão, Henrique 234
Lembo, Giovanni Paolo 234
Lendlin 141
Leonardo da Vinci 64f., 67, 177-179, 186
Leopold, Silke 126
Lipperhey, Hans 24f., 30, 32, 334

Longberg, Christian Sörensen 207f.
Lorhard 142
Lorini, Niccolò 279, 281
Lothringen, Christine von *siehe* Medici, Christine de'
Lower, William 232f.
Ludwig XIII., König von Frankreich 295
Luther, Martin 33, 123, 133, 135f., 145, 149, 161f., 189f., 197, 206, 280, 283, 319, 333

Mach, Ernst 325
Maelcote, Odo van 247, 273f.
Magagnati, Girolamo 22f.
Magellan, Ferdinand 226
Magini, Giovanni Antonio 75f., 96-100, 106f., 109, 115, 153f., 179, 188f., 201, 208, 233, 242, 253
Manso, Giovanni Battista 89
Mari, Francesco 155
Marsili, Cesare 300f.
Mästlin, Michael 147, 161f., 167, 171f., 174, 194, 197-199, 204, 206, 219, 250
Mayor, Michel 86
Mazzoleni, Marco Antonio 19
Mazzoni, Jacopo 156, 188
Medici, Alessandro de' 121
Medici, Antonio de' 69
Medici, Bianca de' 154f.
Medici, Christine de' 155, 279
Medici, Giuliano de' 79, 104, 107, 113, 115, 235f., 241, 268, 273
Medici, Großherzog Cosimo I. de' 120, 122
Medici, Großherzog Cosimo II. de' 19, 68, 73, 80, 92, 94f., 102f., 235, 237-240, 248, 267, 279, 282, 294f., 308, 332
Medici, Großherzog Ferdinand I. de' 94, 154-156, 166, 205
Medici, Großherzog Ferdinand II. de' 130, 320, 327, 331
Medici, Großherzog Francesco de' 122, 155f.
Medici, Katharina de' 138
Medici, Lorenzo Pierfrancesco de' 90f.
Medici, Maria de' 105, 256
Mercator, Gerhard 333
Metius von Alkmaar *siehe* Adriaanszon, Jakob
Micanzio, Fulgenzio 328
Mittelstraß, Jürgen 232
Möchel, Jakob 134

*Personenregister* **337**

Molesini, Giuseppe 29
Montaigne, Michel de 129, 333
Montalbano, Alessandro Graf 18
Morosini, Francesco 181
Müller, Jobst 172f.
Müller, Johann 207
Murr 142

Naylor, Ronald 328
Newton, Isaac 43, 174, 176, 223, 230f., 256, 292, 312, 326
Niccolini, Francesco 320-323
Nicolò, Pre Theodoro de 185

Orsini, Herzog Paolo Giordano 93
Österreich, Erzherzog Ferdinand von 205, 210, 289f., 302, 316, 318, 321
Österreich, Erzherzog Leopold von 72, 105, 257, 295

Panofsky, Erwin 311
Paul III., Papst 293
Paul V., Papst 103, 248, 281f.
Peri, Jacopo 128
Petrarca, Francesco 121
Philipp IV., König von Spanien 93
Piccolomini, Erzbischof Ascanio 323
Piersanti, Alessandro 29
Pinelli, Giovanni Francesco 181, 192, 200
Pius IV., Papst 123, 180
Planck, Max 250, 310
Plater, Felix 254
Platon 169, 171, 175, 192, 216
Plutarch 55, 60, 74, 82f.
Popper, Karl 310
Porta, Giambattista della 80
Priuli, Antonio 31f.
Ptolemäus, Claudius 78, 80, 163f., 190f., 220, 242, 244, 247, 273, 297f., 308, 324
Puccini, Bernardo 184
Pythagoras 127, 131, 192, 258f.

Queloz, Didier 86
Quietano, Remo 266, 299

Raffael 65
Regius, Johannes 142
Renn, Jürgen 158, 186
Riccardi, Niccolò 320
Ricci, Ostilio 65, 129f., 152f., 179
Riekher, Rolf 28
Ries, Adam 152
Rollenhagen, Gabriel 51

Römer, Ole 238
Rose, Jochen 304
Rosenberg, Graf Peter von 218
Rothmann, Christoph 190, 207

Sagredo, Giovanni Francesco 29, 181, 239f., 307
Salviati, Filippo 57, 240, 248, 267, 307, 311, 315, 324, 326
Santini, Antonio 30
Sarpi, Paolo 18-20, 239, 281
Savoyen, Margarethe von 256
Scheiner, Christoph 256, 270-272, 274, 329
Schickard, Wilhelm 334
Schütz, Wolfgang 137
Schwendi, Lazarus von 140
Segeth, Thomas 91, 241f.
Sennett, Richard 178
Sforza, Herzog Lodovico 177
Shakespeare, William 334
Shea, William 279
Sirtori, Girolamo 22
Sizzi, Francesco 261
Spangenberg 141
Spanien, Isabella von 256
Speidel (Studienkollege von K.) 142
Stephenson, Bruce 228

Tarde, Jean 261
Tasso, Torquato 181
Tengnagel, Franz 112
Tilly, Johann Tserclaes von 289, 302
Tirol, Anna von 256
Tizian 185
Torricelli, Evangelista 157, 334

Urban VIII., Papst 246, 268, 281, 297f., 307f., 316, 318-322, 324, 329, 332
Ursinus, Benjamin 112
Ursus siehe Bär, Nicolai Reymers

Valleriani, Matteo 33, 186
Vergil 166
Verne, Jules 87
Vesalius, Andreas 116
Vespucci, Amerigo 90-92, 116
Vinta, Belisario 92f., 101, 235, 282
Vischerin, Maria 137
Vitruv 149-151
Viviani, Vincenzo 129f., 330

Wackher von Wackenfels, Matthäus 39, 45f., 76-79, 113, 258, 266, 273, 287

Wallenstein, Albrecht von 73, 180, 302, 318, 321, 333
Welser, Markus 266, 271, 274
Willach, Rolf 30
Winterkönig siehe Böhmen, Pfalzgraf Friedrich von
Wohlwill, Emil 87, 278
Worden, Alfred 49
Wotton, Sir Henry 89

Wuchterl, Günther 249
Württemberg, Herzog Johann Friedrich von 75, 133f., 140, 171, 216

Zarlino, Gioseffo 127f.
Zeiler 142
Zugmesser, Eitel 106f., 113, 185
Zweig, Stefan 34, 91

# LITERATURNACHWEIS

Grundlegend für die Arbeit an diesem Buch sind die Gesamtausgaben der Schriften Galileis und Keplers:
Galilei, Galileo: *Le Opere di Galilei*; herausgegeben von Antonio Favaro; Giunti Barbera Editore, Firenze, 1890–1909 (Nachdruck 1968)
Kepler, Johannes: *Gesammelte Werke*; herausgegeben von der Kepler-Kommission, München, 1937ff.

Ungemein erleichtert wurde die Recherche durch die Tatsache, dass Galileis Schriften und Briefe inklusive Kommentaren und Querverweisen für jedermann im Internet abrufbar sind über: http://moro.imss.fi.it/lettura/Lettura WEB.DLL?AZIONE=CATALOGO
Etwas auch nur irgendwie Vergleichbares gibt es für Kepler nicht. Sein Nachlass, für den sich in Deutschland lange Zeit niemand interessierte, liegt in Russland, die Folgen von Keplers Heimatlosigkeit sind bis heute sichtbar. Gegenüber der Galilei-Gesamtausgabe hinkt die Arbeit an Keplers Werk Jahrzehnte hinterher. Eine umfangreiche Edition von Keplers Briefen, aus der – wo nicht anders angegeben – in diesem Buch zitiert wird, ist:
Caspar, Max und Dyck, Walther:
*Johannes Kepler in seinen Briefen*; Oldenbourg Verlag, München, 1930

Eine wichtige Quelle ist außerdem die maßgebliche Kepler-Biografie von Max Caspar:
Caspar, Max: *Johannes Kepler*; Verlag für Geschichte der Naturwissenschaften und der Technik, Stuttgart, 1995
Beiden Forschern, Galilei und Kepler, hat sich der Wissenschaftshistoriker Massimo Bucciantini gewidmet, dessen Arbeit sich einige Anregungen für das vorliegende Buch verdanken:
Bucciantini, Massimo: *Galileo e Keplero*; Giulio Einaudi editore, Turin, 2003

Teil 1
DER BLICK DURCHS FERNROHR

*Die Welt hinter den geschliffenen Gläsern*
*Wie Galileo das Fernrohr noch einmal erfindet*

Die Erfindung des Teleskops in den Niederlanden hat van Helden im Detail rekonstruiert, in die allgemeine Vorgeschichte des Fernrohrs und der Linsen hat Willach neue, interessante Einblicke gewonnen. Lane gibt eine Übersicht über Venedigs Handel im 16. Jahrhundert. Aus Galileis *Sternenbote* wird hier zitiert nach der Ausgabe von Mudry.

Bedini, Silvio: »The instruments of Galileo Galilei«; aus: *Galileo. Man of Science*; McMullin, Ernan (Hrsg.); Basic Books; New York, 1967

Camerota, Michele: *Galileo Galilei e la cultura scientifica nell'eta della controriforma*; Salerno Editrice, Roma, 2004

Claus, Reinhart: »Was leisten Galileis Fernrohre?«; *Sterne und Weltraum*, Heidelberg, 12/1993

Distefano, Giovanni: *Atlante storico di Venezia*; Supernova, Venezia, 2007

Drake, Stillman: *Essays on Galileo and the History and Philosophy of Science*, Vol. III; University of Toronto Press; Toronto, 1999

Favaro, Antonio: *Galileo Galilei e lo studio di Padova*; Editrice Antenore, Padova, 1966

Helden, Albert van: »The invention of the Telescope«; *Transactions of the American Philosophical Society*, Vol. 67, Part 4, Philadelphia, 1977

Jaschke, Brigitte: *Glasherstellung*; Deutsches Museum, München, 1997

Kuisle, Anita: *Brillen*; Deutsches Museum, München, 1997

Lane, Frederic: *Storia di Venezia*; Einaudi, Torino, 1978

Machamer, Peter (Hrsg.): *The Cambridge companion to Galileo*; Cambridge University Press; Cambridge; 1999

Mudry, Anna (Hrsg): *Galileo Galilei. Schriften, Briefe, Dokumente*; Rütten & Loening, Berlin, 1987

Riekher, Rolf (Hrsg.): *Johannes Kepler. Schriften zur Optik*; Verlag Harri Deutsch, Frankfurt/Main, 2008

Ringwood, Stephen D.: »A Galilean telescope«; *Quarterly Journal of the Royal Astronomical Society*, Vol. 35, University of Sussex; 1994

Shirley, John W.: *Thomas Harriot. A Biography*; Oxford, 1983

Strano, Giorgio (Hrsg.): *Il telescopio di Galilei*; Giunti Barbera, Firenze, 2008

Tucci, Ugo: *Mercanti, navi, monete nel Cinquecento veneziano*; Il Mulino, Bologna, 1981

Valleriani, Matteo: »A view on Galileo's ricordi autografi. Galileo practitioner in Padua«; aus: Montesinos, José und Solís, Carlos (Hrsg.): *Largo Campo di filosofare*; Fundacíon Canaria Orotava de Historia de la Ciencia, Orotava 2001

Valleriani, Matteo: *Galileo Engineer*; The Boston Studies in the Philosophy of Science, Boston, 2009 (im Druck)

Willach, Rolf: »Der lange Weg zur Erfindung des Fernrohrs«; aus: Hamel, Jürgen und Keil, Inge (Hrsg.): *Der Meister und die Fernrohre*; Harri Deutsch Verlag, Frankfurt/Main, 2007

Wohlwill, Emil: *Galilei und sein Kampf für die kopernikanische Lehre*; Verlag von Leopold Voss, Leipzig, 1909

Zuidervaart, Huib (Hrsg.): *Embassies of the king of Siam sent to his excellency prince Maurits, arrived in the Hague on 10 September 1608*; Peter Louwman, Wassenaar, 2008

*Eine mathematische Himmelsleiter Keplers Traum vom Mond*

Die Prager Verhältnisse zur Zeit Rudolfs II. schildern Chlumecky, aber auch der schöne Bildband von Fucikova. Aus Keplers *Astronomia Nova* wird zitiert nach der Übersetzung von Krafft, aus dem *Traum vom Mond* nach Günther.

Bärwolf, Adalbert: *Brennschluss. Rendezvous mit dem Mond*; Ullstein Verlag, Frankfurt/Main 1969

Bialas, Volker: *Johannes Kepler*; C.H. Beck Verlag, München, 2004

Chlumecky, Peter Ritter von: *Carl von Zierotin und seine Zeit. 1564–1615*; Verlag von U. Nitsch, Brünn, 1862

Evans, Robert: *Rudolf II. and his world*; Clarendon Press, Oxford, 1973

Fucikova, Eliska: *Rudolf II. und Prag*; Verwaltung der Prager Burg, Prag, 1997

Görgemanns, Herwig: *Untersuchungen zu Plutarchs Dialog »De facie in orbe lunae«*; Carl Winter Universitätsverlag, Heidelberg, 1970

Günther, Ludwig: *Keplers Traum vom Mond*; Verlag von B. G. Teubner, Leipzig, 1898

Hammer, Franz (Übersetzung), Leh-

mann, Werner (Hrsg.): *Johannes Kepler; Unterredung mit dem Sternenboten*; Kepler Gesellschaft, Weil der Stadt, 1964
Krafft, Fritz (Hrsg.): *Johannes Kepler. Astronomia Nova*; Marix Verlag, Wiesbaden, 2005
List, Martha und Gerlach, Walther (Hrsg.): *Johannes Kepler. Somnium*; Faksimiledruck der Ausgabe von 1634; Otto Zeller, Osnabrück, 1969
Mann, Golo: *Wallenstein*; S. Fischer Verlag, Frankfurt/Main, 1971
Mann, Golo und Nitschke, August (Hrsg.): *Propyläen Weltgeschichte*, Bd. 7: *Von der Reformation zur Revolution*; Ullstein Verlag, Frankfurt/Main, 1986
Roeck, Bernd (Hrsg.): *Deutsche Geschichte in Quellen und Darstellung*, Bd. 4: *Gegenreformation und Dreißigjähriger Krieg*; Reclam Verlag, Stuttgart, 1996
Schreiber, Hermann: *Geschichte der Alchemie*; area verlag, Erftstadt, 2006
Schwarzenfeld, Gertrude von: *Rudolf II. Ein deutscher Kaiser am Vorabend des Dreißigjährigen Krieges*; Verlag Georg D. W. Callwey, München 1961
Swinford, Dean: *Through the Daemon's Gate. Kepler's Somnium, Medieval Dream Narratives and the Polysemy of Allegorical Motifs*; Routledge, New York, 2006
Trunz, Erich (Hrsg.): *Wissenschaft und Kunst im Kreise Kaiser Rudolfs II. 1576–1612*; Kieler Studien zur Deutschen Literaturgeschichte, Band 18; Karl Wachholtz Verlag, Neumünster, 1992
Walter, Ulrich: *Zu Hause im Universum*; Rowohlt Verlag, Berlin, 2002

*Das neue Universum*
*Galilei, der Augenmensch*

Über Galilei, den Künstler, hat Bredekamp ein beeindruckendes Buch geschrieben. In vieler Hinsicht inspirierend ist der Band von Kemp. Aus Galileis *Sternenboten* wird zitiert nach Mudry.

Blumenberg, Hans (Hrsg.): *Galileo Galilei. Sidereus Nuncius. Nachricht von neuen Sternen*; Insel Verlag, Frankfurt, 1965
Bredekamp, Horst: *Galilei. Der Künstler*; Akademie Verlag, Berlin, 2007
Casini, Paolo: »Il dialogo di Galilei e la luna di Plutarco«; aus: *Novità celesti e crisi del sapere*; Galluzzi, Paolo (Hrsg.); Giunti Barbera, Florenz, 1984
Drake, Stillman: *Galileo at Work*; The University of Chicago Press, Chicago, 1978
Holton, Gerald: *Einstein, die Geschichte und andere Leidenschaften*; Vieweg Verlag, Braunschweig/Wiesbaden; 1998
Hooke, Robert: *Micrographia or some physiological descriptions of minute bodies made by magnifying glasses with observations and inquiries thereupon*; Dover Publications, New York, 1961
Kemp, Martin: *Bilderwissen*; Dumont, Köln, 2003
Lefèvre, Wolfgang, Renn, Jürgen und Schoepflin, Urs (Hrsg.): *The power of images in early modern science*; Birkhäuser Verlag; Basel, 2003
Lücke, Theodor (Hrsg.): *Leonardo da Vinci. Tagebücher und Aufzeichnungen*; Paul List Verlag, Leipzig, 1952
Mudry, Anna (Hrsg): *Galileo Galilei. Schriften, Briefe, Dokumente*; Rütten & Loening, Berlin, 1987
Padova, Thomas de und Staude, Jakob: »Galilei, der Künstler. Ein Interview mit Horst Bredekamp«; *Sterne und Weltraum*, Bd. 12/07, Spektrum der Wissenschaft, Heidelberg, 2007

*Warum ist es nachts dunkel?*
*Kepler und die Sternstunde der Wissenschaft*

Sämtliche Schriften Keplers, die die Optik betreffen, hat Riekher in einem schön kommentierten Sammelband neu herausgegeben. Keplers *Unterredung mit dem Sternenboten* wird hier zitiert nach der Übersetzung von Hammer, der *Sternenbote* nach Mudry.

Bukovinska, Beket: *Stravederi oder Fernrohre in der Kunstkammer Rudolfs II*; Studia Rudolphina, Bulletin of the Research Center for Visual

Arts and Culture in the Age of Rudolf II., Academy of Sciences of the Czech Republic, 2005
Bukovinska, Beket: »Scientifica in der Kunstkammer Rudolfs II«; aus: *Tycho Brahe and Prague: Crossroads of European Science*; Verlag Harri Deutsch, Frankfurt/Main, 2002
Chlumecky, Peter Ritter von: *Carl von Zierotin und seine Zeit. 1564–1615*; Verlag von U. Nitsch, Brünn, 1862
Evans, Robert: *Rudolf II. and his world*; Clarendon Press, Oxford, 1973
Grafton, Anthony: »Humanism and Science in Rudolphine Prague. Kepler in Context«; aus: *Literary Culture in the Holy Roman Empire 1555–1720*; Parente, James A. (Hrsg.); University of North Carolina Press, Chapel Hill, 1991
Hammer, Franz (Übersetzung), Lehmann, Werner (Hrsg.): *Johannes Kepler. Unterredung mit dem Sternenboten*; Kepler Gesellschaft, Weil der Stadt, 1964
Mann, Golo und Nitschke, August (Hrsg.): *Propyläen Weltgeschichte*, Bd. 7: *Von der Reformation zur Revolution*; Ullstein Verlag, Frankfurt/Main, 1986
Mudry, Anna (Hrsg): *Galileo Galilei. Schriften, Briefe, Dokumente*; Rütten & Loening, Berlin, 1987
Riekher, Rolf (Hrsg.): *Johannes Kepler. Schriften zur Optik*; Verlag Harri Deutsch, Frankfurt/Main, 2008
Rosen, Edward (Hrsg.): *Kepler's Conversation with Galileo's sidereal messenger*; Johnson Repr. Corporation, New York, 1965
Schemmel, Matthias: »Wie entstehen neue Weltbilder?«; *Sterne und Weltraum*, Bd. 12/08, Spektrum der Wissenschaft, Heidelberg, 2008
Smolka, Josef: *Rudolf II. und die Mondbeobachtung*; Studia Rudolphina, Bulletin of the Research Center for Visual Arts and Culture in the Age of Rudolf II., Academy of Sciences of the Czech Republic, 2005

*Vom Wunsch, einem Fürsten zu dienen Professor Galilei wird Hofphilosoph*

Galileis höfische Ambitionen werden besonders eindrucksvoll in dem Buch von Biagioli (1999) dargestellt. Vespuccis Reisebericht hat Wallisch übersetzt und kommentiert. Aus Galileis Briefen wird hier zitiert nach Mudry.

Biagioli, Mario: Galilei. *Der Höfling*; Fischer Verlag, Frankfurt/Main, 1999
Biagioli, Mario: *Galileo's instruments of credit*; The University of Chicago Press, Chicago, 2006
Camerota, Michele: *Galileo Galilei e la cultura scientifica nell'eta della controriforma*; Salerno Editrice, Roma, 2004
Fernandez-Armesto, Felipe: *Amerigo: the man who gave his name to America*; Weidenfeld & Nicolson, London, 2006
Fölsing, Albrecht: *Galileo Galilei. Prozess ohne Ende*, Piper Verlag, München, 1983
Nüsslein-Volhard, Christiane: »Lieber Herr Trabant«; aus: *Gegenworte: Zeitschrift für den Disput über Wissen* Heft 7; Berlin Brandenburgische Akademie der Wissenschaften, Berlin, 2001
Schecker, Heinz: *Das Prager Tagebuch des Melchior Goldast von Haiminsfeld in der Bremer Staatsbibliothek*; Winter, Bremen, 1931
Sydow, Anna (Hrsg.): *Wilhelm und Caroline von Humboldt in ihren Briefen*, Bd. III; Mittler, Berlin, 1909
Wallisch, Robert: *Der Mundus Novus des Amerigo Vespucci*; Verlag der Österreichischen Akademie der Wissenschaften, Wien, 2002
Westfall, Richard S.: »Science and Patronage. Galileo and the Telescope«; *Isis* 76; Chicago, 1985
Wohlwill, Emil: *Galilei und sein Kampf für die kopernikanische Lehre*; Verlag von Leopold Voss, Leipzig, 1909
Zweig, Stefan: *Amerigo. Die Geschichte eines historischen Irrtums*; Bermann-Fischer, Stockholm, 1944

»*Lasst uns über die Dummheit der Menge lachen!*«
*Keplers leidenschaftliche Briefe mit fragwürdigem Echo*

Auf die Auseinandersetzung zwischen Magini und Galilei geht Wohlwill in seinem herausragenden Galilei-Klassiker ein. Aus Keplers *Unterredung mit dem Sternenboten* wird zitiert nach der Übersetzung von Hammer.

Blumenberg, Hans: *Die Lesbarkeit der Welt*; Suhrkamp Verlag, Frankfurt/Main, 1986
Camerota, Michele: *Galileo Galilei e la cultura scientifica nell'eta della controriforma*; Salerno Editrice, Roma, 2004
Caspar, Max: *Johannes Kepler*; Kohlhammer Verlag, Stuttgart, 1948
Hammer, Franz (Übersetzung), Lehmann, Werner (Hrsg.): *Johannes Kepler. Unterredung mit dem Sternenboten*; Kepler Gesellschaft, Weil der Stadt, 1964
Koestler, Arthur: *Die Nachtwandler*; Scherz, Bern, 1959
Lemcke, Mechthild: *Johannes Kepler*; Rowohlt, Hamburg, 1995
Wohlwill, Emil: *Galilei und sein Kampf für die kopernikanische Lehre*; Verlag von Leopold Voss, Leipzig, 1909


Teil 2
DER ITALIENER UND DER DEUTSCHE

*Der Lautenspieler*
*Musik und Mathematik im Hause Galilei*

Über die Jugend Galileo Galileis gibt es nur wenige Dokumente, gute Darstellungen finden sich bei Camerota oder Fölsing. Das Leben und Werk seines Vaters Vincenzo Galilei hat vor allem Palisca erforscht, dem sich viele Angaben in diesem Abschnitt verdanken. Die Auszüge aus der Übersetzung des *Dialogs über die Mechanik* stammen von Oettingen, aus Montaignes *Essais* wird zitiert nach dem von Wuthenow herausgegebenen Band.

Alberigo, Giuseppe: *Karl Borromäus*; Aschendorff Verlag, Münster, 1995
Blumenberg, Hans: *Die Lesbarkeit der Welt*; Suhrkamp Verlag, Frankfurt/Main, 1986
Camerota, Michele: *Galileo Galilei e la cultura scientifica nell'eta della controriforma*; Salerno Editrice, Roma, 2004
Cleugh, James: *Die Medici*; Piper Verlag, München, 2002
Coelho, Victor (Hrsg.): *Music and Science in the age of Galileo*; Kluwer Academic Publishers, Dordrecht 1992
Drake, Stillman: *Galileo Studies*; The University of Michigan Press, Ann Arbor, 1970
Finscher, Ludwig (Hrsg.): *Die Musik in Geschichte und Gegenwart; Allgemeine Enzyklopädie der Musik*; Sachteil, Bd. 6; Gemeinschaftsausgabe der Verlage Bärenreiter und J. B. Metzler, Kassel und Stuttgart, 1997
Finscher, Ludwig (Hrsg.): *Die Musik in Geschichte und Gegenwart; Allgemeine Enzyklopädie der Musik*; Personenteil, Bd. 7; Gemeinschaftsausgabe der Verlage Bärenreiter und J. B. Metzler, Kassel und Stuttgart, 2002
Fölsing, Albrecht: *Galileo Galilei. Prozess ohne Ende*; Piper Verlag, München, 1983
Galilei, Vincenzo: *Fronimo*; American Institute of Musicology, Hänssler-Verlag, Neuhausen-Stuttgart, 1985
Guicciardini, Francesco: *Storia d'Italia*, Vol. 1; Garzanti, Editore, 1988
Kristeller, Paul Oskar: *Der italienische Humanismus und seine Bedeutung*; Verlag Helbing & Lichtenhahn, Basel/Stuttgart, 1969
Leopold, Silke: »Die Anfänge von Oper und die Probleme der Gattung«; *Journal of Seventeenth-Century Music* (Vol. 9, No. 1), 2003
Leopold, Silke: »Die Oper im 17. Jahrhundert«; aus: *Handbuch der musikalischen Gattungen*, Bd. 11; Mauser, Siegfried (Hrsg.); Laaber-Verlag, 2004
Montaigne, Michel de: *Tagebuch einer Reise durch Italien*; Insel Verlag, Frankfurt/Main, 1988

Oettingen, Arthur von (Hrsg.): *Galileo Galilei. Unterredungen und mathematische Demonstrationen über zwei neue Wissenszweige, die Mechanik und die Fallgesetze betreffend*; Wissenschaftliche Buchgesellschaft Darmstadt, 1973
Palisca, Claude V.: *Girolamo Mei. Letters on ancient and modern music to Vincenzo Galilei and Giovanni Bardi*; American Institute of Musicology, 1960
Palisca, Claude V.: *The »Camerata Fiorentina«*; Leo S. Olschki Editore, Firenze, 1972
Palisca, Claude V.: »Vincenzo Galilei's Counterpoint Treatise«, *Journal of the American Musicological Society* 9, 1956
Palisca, Claude V. (Hrsg.): *Vincenzo Galilei: Dialogue on ancient and modern music*; Yale University Press, New Haven, 2003
Rempp, Frieder: *Die Kontrapunkttraktate Vincenzo Galileis*; Arno Volk Verlag Hans Gerig, Köln, 1980
Salvestrini, Francesco: *Santa Maria di Vallombrosa*; Leo S. Olschki Editore, Firenze, 1998
Wuthenow, Ralph-Rainer (Hrsg.): *Michel de Montaigne*; Essais, Insel Verlag, Frankfurt/Main, 1976
Zaminer, Frieder (Hrsg.): *Geschichte der Musiktheorie*, Band 7: *Italienische Musiktheorie im 16. und 17. Jahrhundert*; Wissenschaftliche Buchgesellschaft, Darmstadt, 1989
Zarlino, Gioseffo: *Theorie des Tonsystems*; Verlag Peter Lang, Frankfurt am Main, 1989

*»Ich wollte Theologe werden«*
*Keplers Weg vom Soldatensohn zum Mathematiklehrer*

Eine umfassende Darstellung der Kindheit und Jugend Keplers liefert Caspar. Die Zitate aus den Selbstzeugnissen Keplers stammen von Hammer, der Wortlaut der Denkschrift des kaiserlichen Rats Lazarus von Schwendi ist Roeck entnommen.

Behringer, Wolfgang: *Kulturgeschichte des Klimas. Von der Eiszeit bis zur globalen Erwärmung*; Verlag C.H. Beck, München, 2007
Behringer, Wolfgang und Lehmann, Hartmut und Pfister, Christian (Hrsg.): *Kulturelle Konsequenzen der »Kleinen Eiszeit«*; Veröffentlichungen des Max-Planck-Instituts für Geschichte, Band 212; Vandenhoeck & Ruprecht, Göttingen, 2005
Caspar, Max: *Johannes Kepler*; Kohlhammer Verlag, Stuttgart, 1948
Hammer, Franz: *Bürgermeister Sebald Kepler und die Wirtschaft »Zum Engel«*; Heimatverein Weil der Stadt, Berichte und Mitteilungen, Buchdruckerei Scharpf, Weil, 1967
Hammer, Franz (Hrsg): *Johannes Kepler. Selbstzeugnisse*; Friedrich Frommann Verlag, Stuttgart-Bad Cannstatt, 1971
Hübner, Jürgen: *Johannes Kepler als Theologe*; Heimatverein Weil der Stadt, Berichte und Mitteilungen, Buchdruckerei Scharpf, Weil, 1971
Mannsperger, Eugen: *Freiheit und Abhängigkeit der Reichsstadt Weyl*; Heimatverein Weil der Stadt, Berichte und Mitteilungen, Buchdruckerei Scharpf, Weil, 1967
Mannsperger, Eugen: *Weyl und die Reformation*; Heimatverein Weil der Stadt, Berichte und Mitteilungen, Buchdruckerei Scharpf, Weil, 1967
Reitlinger, Edmund: *Johannes Kepler*; Carl Grüninger Verlag, Stuttgart, 1868
Roeck, Bernd (Hrsg.): *Deutsche Geschichte in Quellen und Darstellung*, Bd. 4: *Gegenreformation und Dreißigjähriger Krieg*; Reclam Verlag, Stuttgart, 1996
Schmidt, Justus: *Johann Kepler*; Rudolf Trauner Verlag, Linz, 1970
Schütz, Wolfgang: *Die Hexenverfolgung in der Reichsstadt Weil 1560–1629*; Heimatverein Weil der Stadt, Berichte und Mitteilungen, Buchdruckerei Scharpf, Weil, 2005/2006
Sutter, Berthold: *Der Hexenprozess gegen Katharina Kepler*; Kepler-Gesellschaft, Weil der Stadt, 1979
Württembergisches Statistisches Landesamt: *Beschreibung des Oberamts Leonberg*; Verlag W. Kohlhammer; Stuttgart, 1930

*Die Goldwaage*
*Galilei auf den Spuren des Archimedes*

Für Archimedes und seine Bedeutung für neuzeitliche Wissenschaft ist Dijksterhuis eine reichhaltige Quelle, interessant für den Laien ist auch das kurzweilige Archimedes-Buch von Netz und Noel. Die Auszüge aus Galileis Manuskript *Die Waage* stammen aus Mudry.

Archimedes: *Die Quadratur der Parabel und über das Gleichgewicht ebener Flächen oder über den Schwerpunkt ebener Flächen*; Ostwalds Klassiker, Leipzig, 1923
Archimedes: *Kugel und Zylinder*; Ostwalds Klassiker, Leipzig, 1987
Archimedes: *Über schwimmende Körper und Die Sandzahl*; Ostwalds Klassiker, Leipzig, 1987
Biagioli, Mario: *Galilei. Der Höfling*; Fischer Verlag, Frankfurt/Main, 1999
Blumenberg, Hans: *Die Sorge geht über den Fluss*; Suhrkamp Verlag, Frankfurt/Main, 1987
Boyer, Carl B.: *Galileo Man of Science. Galileo's place in the history of mathematics*; London, 1967
Cassirer, Ernst: *Individuum und Kosmos in der Philosophie der Renaissance*; Teubner Verlag, Leipzig, 1927
Daston, Lorraine: *Wunder, Beweise und Tatsachen*; Fischer Taschenbuch Verlag, Frankfurt/Main, 2001
Dijksterhuis, Eduard Jan: *Archimedes*; Princeton University Press; Princeton, 1987
Dijksterhuis, Eduard Jan: *Archimedes und seine Bedeutung für die Geschichte der Wissenschaft*; Carl Schünemann Verlag, Bremen, 1952
Dijksterhuis, Eduard Jan: *Die Mechanisierung des Weltbildes*; Carl Schünemann Verlag, Bremen, 1952
Drake, Stillman: *Essays on Galileo and the History and Philosophy of Science*, Vol. 1; University of Toronto Press, Toronto, 1999
Enzensberger, Hans-Magnus: *Zugbrücke außer Betrieb. Die Mathematik im Jenseits der Kultur*; A K Peters, LTD, Massachusetts, 1999
Evans, Colin: *Die Leiche im Kreuzverhör*; Birkhäuser Verlag, Basel, 1998
Fontana, Domenico (Hrsg.: Conrad, Dietrich): *Del modo tenuto nel trasportare l'obelisco vaticano*; Verlag für Bauwesen, Berlin, 1987
Ibel, Thomas: *Die Waage im Altertum und Mittelalter*; K.B. Hof- und Univ.-Buchdruckerei von Junge & Sohn, Erlangen, 1906
Koyré, Alexandre: *Leonardo, Galilei, Pascal. Die Anfänge der neuzeitlichen Wissenschaft*; Fischer Verlag; Frankfurt, 1998
Mari, Francesco: in: *British Medical Journal* (Bd. 333, S. 1299), 2006
Montaigne, Michel de: *Tagebuch einer Reise durch Italien*; übersetzt von Otto Flake, Insel Verlag, Frankfurt/Main, 1988
Mudry, Anna (Hrsg): *Galileo Galilei. Schriften, Briefe, Dokumente* (Bd. 1); Rütten & Loening, Berlin, 1987
Netz, Reviel und Noel, William: *Der Kodex des Archimedes*; C.H. Beck, München, 2007
Remmert, Volker R.: *Ariadnefäden im Wissenschaftslabyrinth*; Peter Lang, 1998
Renn, Jürgen: »Galileis Revolution und die Transformation des Wissens«; *Sterne und Weltraum*, Bd. 11/08, Spektrum der Wissenschaft, Heidelberg, 2008
Schneider, Ivo: *Archimedes*; Wissenschaftliche Buchgesellschaft, Darmstadt, 1979
Shea, William R. und Artigas, Mariano: *Galileo Galilei. Aufstieg und Fall eines Genies*; Primus Verlag, 2006
Vitruvius Pollio, Marcus: *Zehn Bücher über Architektur*; Wissenschaftliche Buchgesellschaft, Darmstadt, 1987
Witmer, Richard (Hrsg.): *Cardano, Girolamo. The great art or the rules of algebra*; M.I.T. Press, Cambridge, 1968

*Geheimnisse des Himmels und der Ehe*
*Was Kepler aus den Sternen liest*

Keplers *Weltgeheimnis* hat Krafft zusammen mit der *Weltharmonik* und Keplers astrologischem Werk *Tertius interveniens* in einem sehr schönen Band herausgebracht, aus dem hier zitiert wird. Wer sich für die Astrologie interes-

*Literaturnachweis* 345

siert, dem gibt von Stuckrad einen guten historischen Überblick. Cardanos Autobiografie *De vita propria* ist immer noch lesenswert, aus seinem Werk *Libelli quinque* wird zitiert nach Grafton.

Betsch, Gerhard und Hamel, Jürgen (Hrsg.): *Zwischen Copernicus und Kepler. M. Michael Maestlinus Mathematicus Goeppingensis 1550–1631*; Verlag Harri Deutsch, Frankfurt/Main, 2002

Cardano, Girolamo: *De vita propria*; Kösel-Verlag, München, 1969

Caspar, Max: *Johannes Kepler*; Kohlhammer Verlag, Stuttgart, 1948

Fölsing, Albrecht: *Albert Einstein*; Suhrkamp Verlag, Frankfurt/Main, 1993

Garin, Eugenio: *Astrologie in der Renaissance*; Campus Verlag, Frankfurt/Main, 1997

Grafton, Anthony: *Cardanos Kosmos*; Berlin Verlag, Berlin, 1999

Hammer, Franz (Hrsg): *Johannes Kepler. Selbstzeugnisse*; Friedrich Frommann Verlag, Stuttgart-Bad Cannstatt, 1971

Holton, Gerald: *Einstein, die Geschichte und andere Leidenschaften*; Vieweg, Wiesbaden, 1998

Hübner, Jürgen: *Die Theologie des Johannes Kepler zwischen Orthodoxie und Naturwissenschaft*; Mohr Siebeck Verlag, Tübingen, 1975

Krafft, Fritz (Hrsg.): *Johannes Kepler. Was die Welt im Innersten zusammenhält*; Marix Verlag, Wiesbaden, 2005

Neffe, Jürgen: *Einstein*; Rowohlt, Hamburg, 2005

Rosen, Edward: *Three Copernican treatises*; Dover Publ.; New York, 2004

Stiehle, Reinhardt (Hrsg.): *Johannes Kepler. Von den gesicherten Grundlagen der Astrologie*; Chiron Verlag, Tübingen, 1998

Stuckrad, Kocku von: *Geschichte der Astrologie*; C.H. Beck, München, 2003

Sutter, Berthold: *Keplers Stellung innerhalb der Grazer Kalendertradition des 16. Jahrhunderts*; *Johannes Kepler 1571–1971, Gedenkschrift der Universität Graz*; Leykam-Verlag, Graz, 1975

Sutter, Berthold: *Graz. Keplers Lebensschule 1594–1600*; Heimatverein Weil der Stadt, Berichte und Mitteilungen, Buchdruckerei Scharpf, Weil, 1975

Thiel, Erika: *Geschichte des Kostüms*; Henschel Verlag; Berlin, 2000

Vogtherr, Thomas: *Zeitrechnung. Von den Sumerern bis zur Swatch*; C.H. Beck, München 2001

Zekl, Hans-Günter: *Das neue Weltbild*; Meiner, Hamburg, 1990

## Gefährten bei der Erforschung der Wahrheit
## Galilei, der heimliche Kopernikaner

Der Auszug aus Leonardos Brief an den Herzog von Mailand ist Lücke entnommen, die schöne *Beschreibung von Venedig* von Thomas Coryate wird zitiert nach Heintz und Wunderlich. Renn und Valleriani haben Galileis Verbindungen zum Arsenal eingehend studiert. Den Brief Galileis an Kepler analysiert Bucciantini ausführlich. Die Zitate aus Ptolemäus' Werk stammen von Manutius und Neugebauer, die aus Keplers *Weltgeheimnis* von Krafft.

Alertz, Ulrich: *Vom Schiffbauhandwerk zur Schiffbautechnik*; Verlag Dr. Kovac, Hamburg, 1991

Bellone, Enrico: *Galileo Galilei*; Spektrum der Wissenschaft, Heidelberg, 1998

Bucciantini, Massimo: *Galileo e Keplero*; Giulio Einaudi editore, Turin, 2003

Davis, Robert C.: *Shipbuilders of the Venetian Arsenal*; Johns Hopkins University Press, London, 1991

Distefano, Giovanni: *Atlante storico di Venezia*; Supernova, Venezia, 2007

Drake, Stillman: *Galileo at Work*; The University of Chicago Press, Chicago, 1978

Favaro, Antonio: *Galileo Galilei e lo studio di Padova*; Editrice Antenore, Padova, 1966

Franzoi, Umberto: *Paläste und Kirchen entlang des Canal Grande in Venedig*; Storti Edizione, Venezia, 1999

Gargiulo, Roberto: *La battaglia di Lepanto*; Edizione Bibliotheca dell'Immagine, Pordenone, 2004

Granada, Miguel A.: *Sfere solide e cielo fluido*; Edizione Angelo Guerini e Associati; Milano, 2002

Guilmartin, John Francis: *Gunpowder & Galleys. Changing technology and Mediterranean warfare at sea in the 16th Century*; Conway Maritime Press, London, 2003

Heintz, Birgit und Wunderlich, Rudolf (Hrsg.): Thomas Coryate. *Beschreibung von Venedig 1608*; Manutius Verlag, Heidelberg, 1988

Kemp, Martin: *Leonardo*; Oxford University Press, Oxford, 2004

Klein, Stefan: *Da Vincis Vermächtnis oder Wie Leonardo die Welt neu erfand*; Fischer Verlag, Frankfurt, 2008

Krafft, Fritz (Hrsg.): *Johannes Kepler. Was die Welt im Innersten zusammenhält*; Marix Verlag, Wiesbaden, 2005

Lücke, Theodor (Hrsg.): *Leonardo da Vinci. Tagebücher und Aufzeichnungen*; Paul List Verlag, Leipzig, 1952

Manutius, K. und Neugebauer, Otto (Hrsg.): *Claudius Ptolemäus. Handbuch der Astronomie*; B.G. Teubner Verlaggesellschaft, Leipzig, 1963

Oettingen, Arthur von (Hrsg.): *Galileo Galilei. Unterredungen und mathematische Demonstrationen über zwei neue Wissenszweige, die Mechanik und die Fallgesetze betreffend*; Wissenschaftliche Buchgesellschaft Darmstadt, 1973

Renn, Jürgen und Valleriani, Matteo: *Galileo and the Challenge of the Arsenal*; Letture Galileane, Florenz, 2001

Renn, Jürgen: »Galileis Revolution und die Transformation des Wissens«; *Sterne und Weltraum*, Bd. 11/08, Spektrum der Wissenschaft, Heidelberg, 2008

Rosen, Edward: »Galileo and Kepler. Their first two contacts«; *Isis*, Vol. 57, Nr. 2; The University of Chicago Press, 1996

Schilling, Heinz: *Konfessionalisierung und Staatsinteressen. Internationale Beziehungen 1559–1660*; Ferdinand Schöningh, Paderborn, 2007

Sennett, Richard: *Civitas. Die Großstadt und die Kultur des Unterschieds*; Fischer Verlag, Frankfurt/Main, 1994

Settle, Thomas B.: *Ostilio Ricci, a Bridge between Alberti and Galileo*; Actes du XII. Congrès International d'Histoire des Sciences, Paris, 1968

Valleriani, Matteo: *Galileo Engineer*; The Boston Studies in the Philosophy of Science, Boston, 2009 (im Druck)

Wiedemann, Hermann: *Montaigne und andere Reisende der Renaissance. Das Itinerario von de Beatis, das Journal de Voyage von Montaigne und die Crudities von Thomas Coryate*; Wissenschaftlicher Verlag Trier, 1999

»Seid guten Mutes, Galilei, und tretet hervor!«
**Kepler im Haifischbecken der Wissenschaft**

Wer sich über Keplers Verhältnis zu Tycho Brahe informieren möchte, dem sei das Buch von Kitty Ferguson empfohlen. Eine detaillierte Lebensbeschreibung Brahes hat Dreyer geschrieben.

Andritsch, Johann: *Gelehrtenkreise um Johannes Kepler in Graz; Johannes Kepler 1571–1971, Gedenkschrift der Universität Graz*; Leykam-Verlag, Graz, 1975

Blumenberg, Hans (Hrsg.): *Galileo Galilei. Sidereus Nuncius. Nachricht von neuen Sternen*; Insel Verlag, Frankfurt, 1965

Bucciantini, Massimo: *Galileo e Keplero*; Giulio Einaudi editore, Turin, 2003

Caspar, Max: *Johannes Kepler*; Kohlhammer Verlag, Stuttgart, 1948

Dreyer, John Louis Emil: *Tycho Brahe*; Verlag der G. Braun'schen Hofbuchhandlung, Karlsruhe, 1894

Ferguson, Kitty: *Tycho & Kepler*; Walker Publishing, New York, 2002

Lombardi, Anna Maria: *Johannes Kepler*; Spektrum der Wissenschaft, Heidelberg, 2000

Wolfschmidt, Gudrun (Hrsg.): *Nicolaus Copernicus. Revolutionär wider Willen*; Verlag für Geschichte der Naturwiss. und der Technik, Stuttgart, 1994

Teil 3
ZWISCHEN HIMMEL
UND HÖLLE

*Kurven im Kopf*
*Wie Kepler seine Planetengesetze findet*

Auf Kopernikus und seine Vorgeschichte wirft Carrier einen frischen Blick. Keplers *Neue Astronomie* hat Krafft neu herausgebracht und kommentiert, woraus hier zitiert wird. Wer sich mit dem heute zum Teil nicht mehr gängigen astronomischen Vokabular vertraut macht, der erhält in diesem Werk einen guten Einblick in Keplers mathematisches und physikalisches Denken.

Bialas, Volker: »Keplers Weg der Erforschung der wahren Planetenbahn«; aus: Dick, Wolfgang und Hamel, Jürgen (Hrsg.): *Beiträge zur Astronomiegeschichte*, Bd. 1; Verlag Harri Deutsch, Frankfurt/Main, 1998
Carrier, Martin: *Nikolaus Kopernikus*; Verlag C.H. Beck, München, 2001
Caspar, Max: *Johannes Kepler*; Kohlhammer Verlag, Stuttgart, 1948
Donahue, William H.: »Kepler's first thoughts on oval orbits«; *British Journal for the History of Astronomy*, Cambridge, 1993
Donahue, William H.: »Kepler's invention of the second planetary law«; *British Journal for the History of Science*, Cambridge, 1994
Dreyer, John Louis Emil: *Tycho Brahe*; Verlag der G. Braun'schen Hofbuchhandlung, Karlsruhe, 1894
Ferguson, Kitty: *Tycho & Kepler*; Walker Publishing, New York, 2002
Freeth, Tony et al.: »Decoding the ancient Greek astronomical calculator known as the Antikythera Mechanism«; aus: *Nature*, Vol. 444; London, 2006
Freeth, Tony et al.: »Calendars with Olympiad display and eclipse prediction on the Antikythera Mechanism«; aus: *Nature*, 454; London, 2008
Gingerich, Owen und Voelkel, James: »Giovanni Antonio Maginis ›Keplerian‹ Tables of 1614 and their implications for the reception of Keplerian Astronomy in the Seventeenth Century«; aus: *Journal for the History of Astronomy*, Vol. 32; Cambridge, 2001
Graßhoff, Gerd: »Mästlins Beitrag zu Keplers ›Astronomia Nova‹«; aus: Betsch, Gerhard und Hamel, Jürgen (Hrsg.): *Zwischen Copernicus und Kepler. M. Michael Maestlinus Mathematicus Goeppingensis 1550–1631*; Verlag Harri Deutsch, Frankfurt/Main, 2002
Krafft, Fritz (Hrsg.): *Johannes Kepler. Astronomia Nova*; Marix Verlag, Wiesbaden, 2005
Krafft, Fritz, Meyer, Karl und Sticker, Bernhard (Hrsg.): *Internationales Kepler-Symposium Weil der Stadt 1971*; Verlag Dr. H. A. Gerstenberg, Hildesheim, 1973
Lombardi, Anna Maria: *Johannes Kepler*; Spektrum der Wissenschaft, Heidelberg, 2000
Mittelstrass, Jürgen: *Die Rettung der Phänomene*; Walter De Gruyter, Berlin, 1962
Repcheck, Jack: *Copernicus' Secret*; Simon & Schuster, New York, 2007
Shirley, John W.: *Thomas Harriot. A Biography*; Clarendon Press, Oxford, 1983
Stephenson, Bruce: *Keplers physical astronomy*; Springer-Verlag; New York, 1987
Voelkel, James R.: *The composition of Kepler's Astronomia Nova*; Princeton University Press; Princeton, 2001

*Der unaufhaltsame Aufstieg*
*Galilei im Zentrum der Macht*

Über Galileis Romreise kann man unter anderem in der ausführlichen Galilei-Biografie von Camerota mehr erfahren.

Biagioli, Mario: *Galilei. Der Höfling*; Fischer Verlag, Frankfurt/Main, 1999
Biagioli, Mario: *Galileo's instruments of credit*; The University of Chicago Press, Chicago, 2006
Bucciantini, Massimo: *Galileo e Keplero*; Giulio Einaudi editore, Turin, 2003
Camerota, Michele: *Galileo Galilei e la cultura scientifica nell'eta della controriforma*; Salerno Editrice, Roma, 2004

Distefano, Giovanni: *Atlante storico di Venezia*; Supernova, Venezia, 2007
Drake, Stillman: *Galileo at Work*; The University of Chicago Press, Chicago, 1978
Hammer, Franz (Übersetzung), Lehmann, Werner (Hrsg.): *Johannes Kepler. Unterredung mit dem Sternenboten*; Kepler Gesellschaft, Weil der Stadt, 1964
Shea, William R. und Artigas, Mariano: *Galileo Galilei. Aufstieg und Fall eines Genies*; Primus Verlag, 2006
Wohlwill, Emil: *Galilei und sein Kampf für die kopernikanische Lehre*; Verlag von Leopold Voss, Leipzig, 1909

*Am Rande des Abgrunds*
*Keplers Schicksalsjahr*

Zu Albert Einstein hat Fölsing eine wunderbare Biografie geschrieben, Einsteins Kommentare zu Keplers Werk stammen aus seinem Vorwort zu Baumgardt. Dass sich Kepler auch mit Fragen der Festkörperphysik befasst hat, ist seiner hübschen Schrift *Vom sechseckigen Schnee* bei Goertz zu entnehmen.

Baumgardt, Carola: *Kepler. Leben und Briefe*; Limes Verlag, Wiesbaden, 1953
Blumenberg, Hans (Hrsg.): *Galileo Galilei. Sidereus Nuncius. Nachricht von neuen Sternen*; Insel Verlag, Frankfurt, 1965
Bucciantini, Massimo: *Galileo e Keplero*; Giulio Einaudi editore, Turin, 2003
Caspar, Max: *Johannes Kepler*; Kohlhammer Verlag, Stuttgart, 1948
Chlumecky, Peter Ritter von: *Carl von Zierotin und seine Zeit. 1564–1615*; Verlag von U. Nitsch, Brünn, 1862.
Fölsing, Albrecht: *Albert Einstein*; Suhrkamp Verlag, Frankfurt/Main, 1993
Goertz, Dorothea (Hrsg.): *Kepler, Johannes. Vom sechseckigen Schnee*; Akademische Verlagsgesellschaft Geest & Portig K.-G.; Leipzig 1987
Hammer, Franz: »Kepler als Optiker«; aus: *Forschungen und Fortschritte*, Nr. 26; Johann Ambrosius Barth, Leipzig, 1939
Krafft, Fritz, Meyer, Karl und Sticker, Bernhard (Hrsg.): *Internationales Kepler-Symposium Weil der Stadt 1971*; Verlag Dr. H. A. Gerstenberg, Hildesheim, 1973
Lindberg, David C.: »Optics in Sixteenth-century Italy«; aus: *Novità celesti e crisi del sapere*; Galluzzi, Paolo (Hrsg.); Giunti Barbera, Florenz, 1984
Lindberg, David C.: *Auge und Licht im Mittelalter. Die Entwicklung der Optik von Alkindi bis Kepler*; Suhrkamp Verlag, Frankfurt am Main, 1987
Mann, Golo und Nitschke, August (Hrsg.): *Propyläen Weltgeschichte*, Bd. 7: *Von der Reformation zur Revolution*; Ullstein Verlag, Frankfurt/Main, 1986
Riekher, Rolf (Hrsg.): *Johannes Kepler. Schriften zur Optik*; Verlag Harri Deutsch, Frankfurt/Main, 2008
Roeck, Bernd (Hrsg.): *Deutsche Geschichte in Quellen und Darstellung*, Bd. 4: *Gegenreformation und Dreißigjähriger Krieg*; Reclam Verlag, Stuttgart, 1996
Schmitz, Emil-Heinz: *Handbuch zur Geschichte der Optik*, Bd. 1; Wayenborgh, Bonn, 1981
Schwarzenfeld, Gertrude von: *Rudolf II. Ein deutscher Kaiser am Vorabend des Dreißigjährigen Krieges*; Verlag Georg D. W. Callwey, München 1961
Shirley, John W.: *Thomas Harriot. A Biography*; Clarendon Press, Oxford, 1983
Tarde, Jean: *À la rencontre de Galilée. Deux Voyages en Italie*; Moureau, Francois und Tetel, Marcel (Hrsg.); Slatkine, Genf, 1984
Trunz, Erich (Hrsg.): *Wissenschaft und Kunst im Kreise Kaiser Rudolfs II. 1576–1612*; Kieler Studien zur Deutschen Literaturgeschichte, Bd. 18; Karl Wachholtz Verlag, Neumünster, 1992
Wuchterl, Günther: »Die Ordnung der Planetenbahnen. Die Titius-Bode-Reihe und ihr Scheitern«; aus dem Dossier »Planetensysteme«, Sterne und Weltraum, Heidelberg, 2004

Der letzte Brief an Kepler
Galilei und das Dekret gegen Kopernikus
Galileis Auseinandersetzung mit der Kirche hat Bieri sehr schön dokumentiert, die Sonnenfleckenzeichnungen hat Bredekamp neu bewertet. Was den Briefwechsel zwischen Galilei und Kepler betrifft, kommt Bucciantini zu einer anderen Einschätzung als der Autor dieses Buches.

Berthold, Gerhard: *Der Magister Johann Fabricius und die Sonnenflecken*; Verlag von Veit & Comp., 1894
Biagioli, Mario: *Galileo's instruments of credit*; The University of Chicago Press, Chicago, 2006
Bieri, Hans: *Der Streit um das kopernikanische Weltsystem im 17. Jahrhundert*; Peter Lang, Bern 2007
Bredekamp, Horst: *Galilei. Der Künstler*; Akademie Verlag, Berlin, 2007
Bucciantini, Massimo: *Galileo e Keplero*; Giulio Einaudi editore, Turin, 2003
Drake, Stillman (Hrsg.): *Galileo Galilei. Dialogue concerning the two chief world systems, Ptolemaic & Copernican*; University of California Press, Berkeley und Los Angeles, 1953
Hardi, Peter, Roth, Markus und Schlichenmaier, Rolf: »Vom Kern zur Korona«; aus: *Physik Journal*, Bd. 3, 2007; Wiley-VCH; Weinheim, 2007
Koyré, Alexandre: Leonardo, Galilei, Pascal. *Die Anfänge der neuzeitlichen Wissenschaft*; Fischer Verlag, Frankfurt, 1998
Montesinos, José und Solís, Carlos (Hrsg.): *Largo Campo di filosofare*; Fundacíon Canaria Orotava de Historia de la Ciencia, Orotava 2001
Montinari, Maddalena (Hrsg.): *Galileo Galilei. Istoria e dimostrazioni intorno alle macchie solari e loro accidenti*; Roma Edizione Theoria, 1982
Padova, Thomas de und Staude, Jakob: »Galilei, der Künstler. Ein Interview mit Horst Bredekamp«; *Sterne und Weltraum*, Bd. 12/07, Spektrum der Wissenschaft, Heidelberg, 2007
Shea, William: »Galileo, Scheiner and the Interpretation of Sunspots«; *Isis* 61; Chicago, 1970
Shea, William R. und Artigas, Mariano: *Galileo Galilei. Aufstieg und Fall eines Genies*; Primus Verlag, 2006
Voelkel, James R.: *The composition of Kepler's Astronomia Nova*; Princeton University Press; Princeton, 2001
Wohlwill, Emil: *Galilei und sein Kampf für die kopernikanische Lehre*; Verlag von Leopold Voss, Leipzig, 1909

Unheilbringende Kometen
Inmitten des Krieges: Keplers Kritik an Galilei
Keplers philosophisches Denken findet bei Bialas eine besondere Würdigung. Wer sich für den Hexenprozess gegen Katharina Kepler interessiert, dem kann das Buch von Sutter empfohlen werden. Aus der *Weltharmonik* wird hier zitiert nach Krafft.

Besomi, Ottavio und Helbing, Mario (Hrsg.): *Galileo Galilei e Mario Giuducci. Discorso delle comete*; Editrice Antenore, Roma-Padova, 2002
Besomi, Ottavio und Helbing, Mario (Hrsg.): *Galileo Galilei. Il Saggiatore*; Editrice Antenore, Roma-Padova, 2005
Bialas, Volker: *Johannes Kepler*; C.H. Beck Verlag, München, 2004
Bucciantini, Massimo: *Galileo e Keplero*; Giulio Einaudi editore, Turin, 2003
Caspar, Max: *Johannes Kepler*; Kohlhammer Verlag, Stuttgart, 1948
Drake, Stillman and O'Malley, C.D.: *The controversy on the Comets of 1618*; University of Pennsylvania Press, Philadelphia, 1960
Knobloch, Eberhard und Segre, Michael (Hrsg.): *Der unbändige Galilei*; Franz Steiner Verlag, Stuttgart, 2001
Koestler, Arthur: *Die Nachtwandler*; Scherz, Bern, 1959
Krafft, Fritz, Meyer, Karl und Sticker, Bernhard (Hrsg.): *Internationales Kepler-Symposium Weil der Stadt 1971*; Verlag Dr. H. A. Gerstenberg, Hildesheim, 1973
Krafft, Fritz (Hrsg.): *Johannes Kepler. Was die Welt im Innersten zusammenhält*; Marix Verlag, Wiesbaden, 2005
Lerner, Michel-Pierre: »Tycho Brahe Censured«; aus: *Tycho Brahe and*

Prague: Crossroads of European Science; Verlag Harri Deutsch, Frankfurt/Main, 2002
Lombardi, Anna Maria: *Johannes Kepler*; Spektrum der Wissenschaft, Heidelberg, 2000
Mann, Golo und Nitschke, August (Hrsg.): *Propyläen Weltgeschichte*, Bd. 7: *Von der Reformation zur Revolution*; Ullstein Verlag, Frankfurt am Main, 1986
Roeck, Bernd (Hrsg.): *Deutsche Geschichte in Quellen und Darstellung*, Bd. 4: *Gegenreformation und Dreißigjähriger Krieg*; Reclam Verlag, Stuttgart, 1996
Schütz, Wolfgang: *Die Hexenverfolgung in der Reichsstadt Weil 1560–1629*; Heimatverein Weil der Stadt, Berichte und Mitteilungen, Buchdruckerei Scharpf, Weil, 2005/2006
Sutter, Berthold: *Der Hexenprozess gegen Katharina Kepler*; Kepler-Gesellschaft, Weil der Stadt, 1979
Wohlwill, Emil: *Galilei und sein Kampf für die kopernikanische Lehre*; Verlag von Leopold Voss, Leipzig, 1909

*Der geteilte Himmel*
*Galileis Prozess und die Entstehung des neuzeitlichen Weltbilds*

Die beiden Dialoge Galileis zur kopernikanischen Lehre (Strauss) und zur Mechanik (von Oettingen) sind auch heute noch eine wunderbar anregende Lektüre. Zu Galileis Prozess gibt es sehr viele unterschiedliche Ansichten, einen guten Einblick in dessen Verlauf liefern Fölsing oder Shea und Artigas. Zu der interessanten Einschätzung, dass Galilei Keplers Ellipsenbahnen aus ästhetischen Gründen ablehnt, kommt Panofsky – seine These geht über die Ausführungen in diesem Kapitel hinaus. Galileis *Dialog* wird nach der Übersetzung von Strauss zitiert.

Beltrán Marì, Antonio (Hrsg.): *Galileo Galilei. Dialogo sopra i due massimi sistemi del mondo*; Biblioteca Universale Rizzoli, Milano, 2008
Biagioli, Mario: *Galilei. Der Höfling*; Fischer Verlag, Frankfurt/Main, 1999
Bieri, Hans: *Der Streit um das kopernikanische Weltsystem im 17. Jahrhundert*; Peter Lang, Bern 2007
Büttner, Jochen: »Galileo's Cosmogony«; aus: Montesinos, José und Solís, Carlos (Hrsg.): *Largo Campo di filosofare*; Fundacíon Canaria Orotava de Historia de la Ciencia, Orotava 2001
Cavalieri, Bonaventura: *Lo specchio ustorio, ovvero trattato delle Settioni Coniche et alcuni loro mirabili effetti intorno al Lume, Caldo, Freddo, Suono e Moto ancora*; Bologna,1631
Drake, Stillman (Hrsg.): *Galileo Galilei. Dialogue concerning the two chief world systems, Ptolemaic & Copernican*; University of California Press, Berkeley and Los Angeles, 1953
Dreyer, John Louis Emil: *Tycho Brahe*; Verlag der G. Braun'schen Hofbuchhandlung, Karlsruhe, 1894
Fölsing, Albrecht: *Galileo Galilei. Prozess ohne Ende*; Piper Verlag, München, 1983
Godman, Peter: *Die geheime Inquisition. Aus den verbotenen Archiven des Vatikans*; List Verlag, München, 2001
Hartner, Willy: »Galileo's contribution to astronomy«; *Vistas in Astronomy*, Vol. 11, 1969
Holton, Gerald: *Einstein, die Geschichte und andere Leidenschaften*; Vieweg, Wiesbaden, 1998
Knobloch, Eberhard und Segre, Michael (Hrsg.): *Der unbändige Galilei*; Franz Steiner Verlag, Stuttgart, 2001
Koyré, Alexandre: *Leonardo, Galilei, Pascal. Die Anfänge der neuzeitlichen Wissenschaft*; Fischer Verlag, Frankfurt, 1998
Mach, Ernst: *Die Mechanik in ihrer Entwicklung*; Brockhaus, Leipzig, 1921
Mann, Golo: *Wallenstein*; S. Fischer Verlag, Frankfurt am Main, 1971
Mann, Golo und Nitschke, August (Hrsg.): *Propyläen Weltgeschichte*, Bd. 7: *Von der Reformation zur Revolution*; Ullstein Verlag, Frankfurt/Main, 1986
Mudry, Anna (Hrsg.): *Galileo Galilei. Schriften, Briefe, Dokumente*; Rütten & Loening, Berlin, 1987
Naylor, Ron: »Galileo's Physics for a

rotating earth«; aus: Montesinos, José und Solís, Carlos (Hrsg.): *Largo Campo di filosofare*; Fundacíon Canaria Orotava de Historia de la Ciencia, Orotava 2001

Nowotny, Helga: *Unersättliche Neugier. Innovation in einer fragilen Zukunft*; Kulturverlag Kadmos, Berlin, 2005

Oettingen, Arthur von (Hrsg.): *Galileo Galilei. Unterredungen und mathematische Demonstrationen über zwei neue Wissenszweige, die Mechanik und die Fallgesetze betreffend*; Wissenschaftliche Buchgesellschaft Darmstadt, 1973

Panofsky, Erwin: *Galileo as a Critic of the Arts*; Nijhoff; Den Haag, 1954

Popper, Karl R.: *Objektive Erkenntnis: ein evolutionärer Entwurf*; Hoffmann und Campe, Hamburg, 1984

Risch, Matthias: »Piere Gassendi und die kopernikanische Zeitenwende«; aus: *Physik in unserer Zeit*, Wiley-VGH, Weinheim, 2007

Schramm, Matthias: »Das Urteil im Prozess gegen Galilei«; aus: Ulmer, Karl (Hrsg.): *Die Verantwortung der Wissenschaft*; Bouvier Verlag, Bonn, 1975

Shea, William R. und Artigas, Mariano: *Galileo Galilei. Aufstieg und Fall eines Genies*; Primus Verlag, 2006

Strauss, Emil: *Dialog über die beiden hauptsächlichen Weltsysteme*; Kumpf & Reis, Frankfurt/Main 1891

## ABBILDUNGSNACHWEIS

S. 8, 9, 114, 124, 170, 221: akg-images
S. 21, 53 (unten), 209, 243, 317: Bridgeman Berlin
S. 26, 61, 95, 269: BNCF
S. 53 (oben): Digital Vision London
S. 144: Kepler-Gesellschaft e.V. Weil der Stadt
S. 173: Kepler-Festschrift, Regensburg 1930
S. 224, 229: Le Scienze

# DANK

Ich danke allen, die mich bei diesem Projekt unterstützt haben. Für die kritische Durchsicht des Manuskripts oder von Auszügen daraus gilt mein besonderer Dank meiner Frau Anne, Jochen Büttner, Britta Egetemeier, Stefan Klein, Ernst Kühn, Adolph Kunert, Silke Leopold, Rolf Riekher, Wolfgang Schütz, Anne Tucholski und Barbara Wenner. Alle Fehler im Text sind selbstredend meine.

Die Triangel

Andromeda

Widder

DIE FISCHE

Wallfisch

Baten Kaitos